高职高专系列教材

一体化液压与气压传动技术

主　编　李绍华　陈福恒　程　刚

副主编　胡德文　孙永华　丁明伟　赵训茶

山东大学出版社

高职高专系列教材
编委会成员名单

出版说明

江泽民同志在党的十六大报告中指出："教育是发展科学技术和培养人才的基础，在现代化建设中具有先导性全局性作用，必须摆在优先发展的战略地位。……加强职业教育和培训，发展继续教育，构建终身教育体系。"职业教育作为我国教育事业的一个重要的组成部分，改革开放以来，尤其是近年来获得了长足发展。据不完全统计，目前全国各类高等职业学校有近千所，仅山东省就有五十多所，为国家和地方培养了一大批高素质的劳动者和专门人才。与此相适应，教材建设也硕果累累，各出版社先后推出了多部具有高职特色的高职高专教材。但总体上看，与迅猛发展的高职教育相比，教材的出版相对滞后，这不仅表现在教材品种相对较少，更表现在内容的针对性不强，某些方面与高职的专业设置、培养目标相去甚远。同时，地方性、区域性的高职教材也稍嫌不足。以山东省为例，作为一个经济强省、人口大省、教育大省，迄今为止，居然没有一套统编的，与山东省社会、经济、文化发展相适应的高职教材，严重地制约了我省高职高专教育的发展。

有鉴于此，我们在山东省教育厅的领导与支持下，依据教育部《高职高专教育基础课程教学基本要求》和《高职高专教育专业人才培养目标及规格》，并结合我省高职院校及专业设置的特点，组织省内二十余所高职院校长期从事高职高专教学和研究的专家、教授，编写了这套"高职高专系列教材"。该教材充分借鉴近年来国内高职高专院校教材建设的最新成果，认真总结和汲取省内高职院校和成人高校在教育、培养新时期技术应用性专门人才方面所取得的成功经验，以适应高职院校教学改革的需要为目标，重点突出实用性、针对性，力求从内容到形式都有一定的突破和创新。本系列教材拟分批出版一百余种。出齐后，将涵盖山东省高职高专教育的基础课程和主干课程。

编写这套教材，在我们是一次粗浅的尝试，也是一次学习、探索和提高的机会。由于我们水平有限，加之编写时间仓促，本教材无论在内容还是形式上都难免会存在这样那样的缺憾或不足，敬请专家和读者批评指正。

高职高专系列教材编写委员会
2018 年 7 月

前言

本书是顺应全国高职教育的发展，结合山东省经济发展和制造业需求，总结山东劳动职业技术学院五十多年的办学经验，在山东省教育厅科研课题研究成果的基础上开发的理论与实训融为一体的系列教材中的一本。

近年来，陈福恒承担了山东省教育厅《模块化理论在机械设计与制造专业的应用研究》和《"教学做"模式下一体化教材建设研究》两个研究项目，研究成果打破了原有高职教育以理论教学为主、实训教学为辅的职业教育模式，改革创新为以实训教学为主、理论教学为实训服务的新模式。按照国家职业标准，以技能训练为核心、理论知识够用为度作为人才培养的目标定位。打破原有的课程体系，将理论知识按照需要融入实训（技能训练）课题中，建立起以技能训练内容为主线、技能训练课题为基本单元的一体化课题模块，课题模块按照需要组合成模块课程，形成全新的一体化课程体系。由一体化教师（教师团队）在一体化教学场地完成一体化教学任务，通过适合职业需求的考核评价指标体系考核效果，从而形成了全新的理论实训一体化教学模式。顺应了社会岗位需求，突出了职业能力、应用能力、动手能力的培养。

本书涵盖了本专业培养目标要求的全部内容，从液压与气压传动技术应用的实际需要出发，以学院液压与气动实验台、M1432外圆磨床及其他典型设备为载体，全面介绍了液压与气压传动技术的工作原理、结构组成与特点、回路组装实践、应用实例分析、系统日常维护和故障处理，形成全新的理论实训一体化模块课程体系，突破了机械类专业一体化教学的瓶颈。

本书是机械设计与制造专业的一门核心课程，在编写过程中，贯彻少而精和理论实训一体的原则，强调针对性和实用性。本书具有如下特点：

（1）教材结构"模块化"。一个模块一个知识点或一个回路，重点突出，主题鲜明。模块化课程结构以其良好的弹性和便于综合的特点适应了职业教育的多种需求。

（2）教材内容与教学规律相统一。本书在内容安排上贯彻了先感性后理性、从宏观到微观的原则。在学习各元件结构之前，首先介绍与该元件应用有关的典型回路或系统，及其在回路中的安装位置、作用，然后重点介绍元件的结构原理及其在回路中的应用，使元件与系统有机结合起来。

(3)教材结构符合学生认知规律。本书在结构上采用任务驱动形式，课题以回路设计为主线，围绕典型回路展开，由浅入深，循序渐进。

(4)教材体系与生产实践相统一。本书有针对性地对典型液压设备的工作原理、调试、故障诊断和分析进行了详细的阐述，还着重介绍基本原理在现代工业技术上的应用，以典型的数控机床、加工中心为例，力求反映我国液压与气压行业的最新情况。

(5)在全面阐述液压与气压传动基本内容的基础上，所举实例均为当前各行业主流、成熟的实用技术，同时兼顾先进性和前瞻性，注意反映我国在液压与气压传动技术上的新进展。

本书可供高职高专机械制造类、交通运输类、电力技术类、建筑设备类、水利水电设备类等专业使用，也可作为技工院校技师、在职职工培训等技术工人学习液压与气压传动理论和实训一体化的教材。

本书由山东劳动职业技术学院组织编写。李绍华、陈福恒、程刚任主编，胡德文、孙永华、丁明伟、赵训茶任副主编，参加编写的还有赵训茶。具体的编写分工是：模块一由陈福恒编写；模块二由丁明伟和陈福恒编写；模块三、九、十二、附录由李绍华编写；模块四由胡德文和程刚编写；模块五由赵训茶编写；模块十实训部分和模块六由胡德文编写；模块七由丁明伟编写；模块十理论部分和模块八、十一由孙永华编写。

本书在编写过程中得到薛彦登副教授、济南柴油机有限责任公司王其工程师的指导和帮助，在此表示衷心的感谢。

由于编者水平有限，书中难免存在不足之处，敬请广大读者批评指正。

编者
2018 年 7 月

目　录

模块一　液压传动基础知识

课题一　认知液压传动工作原理与组成

目标任务

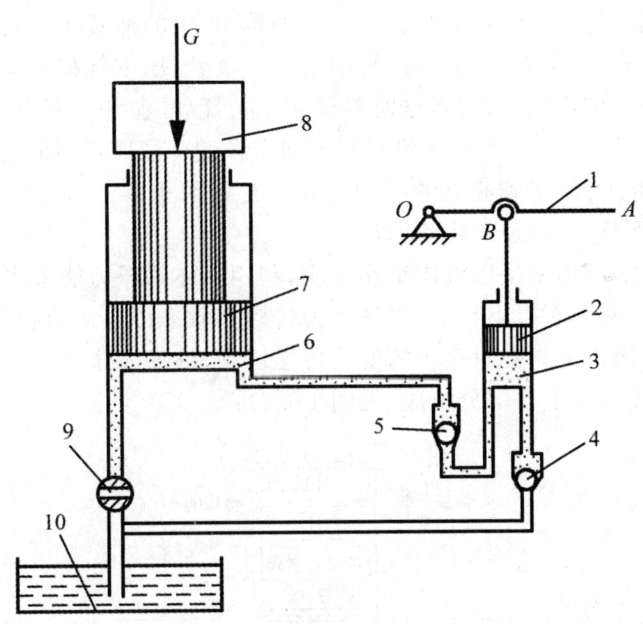

图 1-1-1　液压千斤顶

1—杠杆　2—小活塞　3、6—液压缸　4、5—单向阀　7—大活塞　8—重物　9—截止阀　10—油箱

目标及要求

(1)参观液压实训室和典型应用设备,掌握液压传动的工作原理与组成。

(2)掌握液压传动的优缺点。

(3)了解液压传动的应用与发展。

(4)掌握液压油的性质与种类,会选用液压油。

授课 No. 1——液压传动工作原理与组成

一部功能完整的机器设备一般由动力装置、传动装置、执行装置和控制装置组成。传动装置有机械传动、电力传动、液体传动(液压传动和液力传动)和气压传动等形式。液压与气压传动是以流体(液体和气体统称为流体)作为工作介质,利用压力能进行能量传递和控制的传动技术。

一、液压传动的工作原理与组成

液压系统以液体为工作介质,而气动系统是以气体为工作介质。两种工作介质的不同在于液体几乎不可压缩,而气体却具有明显的可压缩性。液压与气压传动在基本工作原理、元件的结构及回路的组成等方面是极为相似的。以图 1-1-1 所示的液压千斤顶为例来介绍液压传动的工作原理。

液压缸 3 和 6 的活塞和缸体之间保持良好的配合关系,不仅活塞能在缸内滑动,而且配合面之间又能实现可靠的密封。当向上抬起杠杆 1 时,小活塞 2 向上运动,小缸 3 下腔容积增大,形成局部真空,此时单向阀 5 关闭,油箱 10 中的油液在大气压的作用下通过单向阀 4 进入小液压缸的下腔,完成一次吸油过程。接着,压下杠杆 1,小活塞 2 向下移动,小缸下腔容积减小,腔内压力升高,这时单向阀 4 关闭,小缸下腔的压力油就打开单向阀 5 挤入到大缸 6 的下腔,推动大活塞将重物 8 向上顶起一段距离,如此反复地提压杠杆 1,就可以使重物不断上升,达到起重的目的。如果打开截止阀 9,大缸下腔通油箱,大活塞在自重作用下向下移动,迅速下降到原位。

由上例可见,液压传动是以液体工作介质,利用液体的压力能来实现运动和力的传递的一种运动方式。它具有以下特点:以液体为传动介质来传递运动和动力;液压传动必须在密闭的容器内进行;依靠密封容积的变化传递运动;依靠液体的静压力传递动力。

液压传动装置由以下几部分组成(见图 1-1-2):

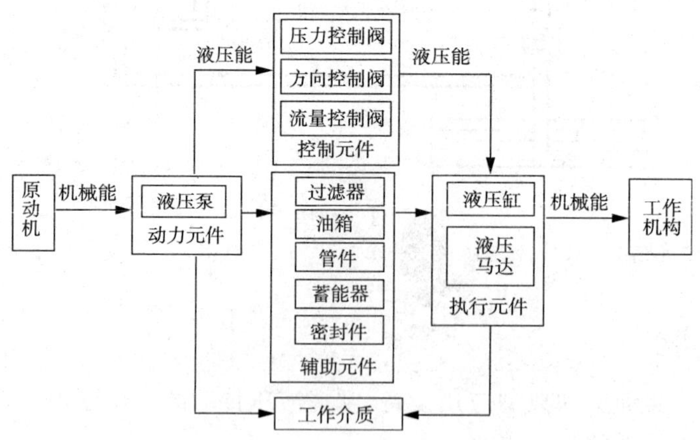

图 1-1-2 液压系统的组成

动力元件。将原动机输出的机械能转换成工作流体的压力能的装置，如液压泵。

执行元件。将工作流体的压力能重新转变为机械能，推动负载往复直线运动或回转运动的装置，如液压缸、液压马达等。

控制元件。调控液压系统中工作流体的压力、流量、方向的装置，不做能量的转换，如压力控制阀、流量控制阀和方向控制阀等。

辅助元件。上述三种元件之外，保证系统正常工作必不可少的其他元件，在系统中起到输送、储存、加热、冷却、过滤和测量等作用，它们对保证液压系统工作的可靠、稳定起着重大的作用。如管接头、油管、油箱、过滤器、蓄能器、压力表等。

工作介质。传递能量的流体——液压油，它直接影响液压系统的性能和可靠性。

二、液压传动的标准图形符号

如图 1-1-1 所示的液压千斤顶的工作原理图为结构原理图，其中的元件用结构(或半结构)式的图形来表示，直观且容易理解。实际生产应用中的液压系统图的图形较复杂，绘制也较困难。为了简化液压系统的表示方法，往往将结构(或半结构)式的图形简化，采用标准图形符号来绘制液压系统工作原理图。标准图形符号脱离了元件的具体结构，只表示元件的功能、控制方法及外部连接，方便阅读、分析、设计和绘制。我国制定了液压与气动图形符号标准 GB/T 786.1-1993 就属于职能符号，如图 1-1-3 所示为液压千斤顶的职能符号图。

当有些特殊或专用的元件无法用标准图形表达时，仍可使用结构示意图。

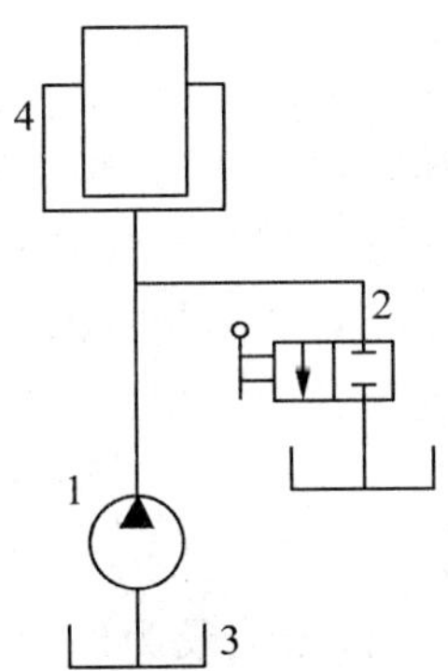

图 1-1-3　液压千斤顶的工作原理图(职能符号)

1—液压泵　2—换向阀　3—油箱　4—柱塞缸

三、液压传动的特点

(一)优点

(1)由于液压传动是油管连接，所以借助油管的连接可以方便灵活地布置传动机构，这是比机械传动优越的地方。

(2)可在大范围内实现无级调速。

(3)液压传动装置重量轻、结构紧凑、惯性小。

(4)传递运动均匀平稳,负载变化时速度较稳定。

(5)液压传动容易实现自动化。借助于各种控制阀,特别是采用液压控制和电气控制结合使用时,能很容易地实现复杂的自动工作循环,而且可以实现遥控。

(6)液压装置易于实现过载保护。借助于设置溢流阀等实现过载安全保护,同时液压件能自行润滑,因此使用寿命长。

(7)液压元件已实现了标准化、系列化和通用化,便于设计、制造和推广使用。

(二)缺点

(1)液压传动是以液压油为工作介质,在相对运动表面间不可避免地存在漏油等因素,同时油液又不是绝对不可压缩的,因此使得液压传动不能保证严格的传动比,因而液压传动不宜应用在传动比要求严格的场合。

(2)为了减少泄漏,以及为了满足某些性能上的要求,液压元件的配合件制造精度要求较高,加工工艺较复杂。

(3)液压传动对油温的变化比较敏感,温度变化时,液体黏性变化,引起运动特性的变化,使得工作的稳定性受到影响,所以它不宜在温度变化很大的环境条件下工作。

(4)液压系统发生故障不易检查和排除。

(5)液压传动要求有单独的能源,不像电源那样使用方便。

(6)由于采用油管传输压力油,距离越长,沿程压力损失越大,故不宜远距离输送动力。

四、液压系统的应用和发展

(一)液压传动的应用

液压传动由于优点很多,所以在国民经济各部门都得到了广泛的应用。但各部门应用液压传动的出发点不同:工程机械、矿山机械、建筑机械、压力机械所采用的原因是结构简单、输出力量大;航空工业所采用的原因是重量轻、体积小;金切机床、自动生产线、数控设备、加工中心等应用液压传动是因为其能方便的实现无级调速,冲击小,工作平稳,可以频繁的换向,易于实现自动化。

为此,液压传动常用在机床的如下一些装置中:

进给运动传动装置。这项应用在机床上最为广泛,磨床的砂轮架,卧式车床、转塔车床、自动车床的刀架或转塔刀架,磨床、钻床、铣床、刨床的工作台或主轴箱,组合机床的动力头和滑台等,都可采用液压传动。这些部件有的要求快速运动,有的要求慢速运动(2mm/min),有的则要求快慢速运动。这些部件的运动多半要求有较大的调速范围,要求在工作中无级调速:有的要求持续进给;有的要求间歇进给;有的要求在负载变化下速度仍然能保持恒定;有的要求有良好的换向性能。所以,采用液压传动是最合适的选择。

往复运动传动装置。龙门刨床的工作台、牛头刨床或插床的滑枕都可以采用液压传动来实现其所需的高速往复运动,前者的运动速度可达 60～90m/min,后两者可达 30～50m/min。这些情况下采用液压传动,可以在减少换向冲击、降低能量损耗、缩短换向时间等方面起作用。

回转运动传动装置。车床主轴可采用液压传动来实现无级变速的回转主体运动,但这一应用目前还不普遍。

仿形装置。车、铣、刨床的仿形加工可采用液压伺服系统来实现，精度可达 0.01～0.02mm。此外，磨床上的成形砂轮修正装置和标准丝杠校正装置，亦可采用这种系统。

辅助装置。机床上的夹紧装置，变速操纵装置，丝杠螺母间隙消除装置，垂直移动部件的平衡装置，分度装置，工件和刀具的装卸、输送、储存装置等，都可以采用液压传动来实现。这样做可有利于简化机床结构，提高机床的自动化程度。

步进传动装置。数控机床上工作台的直线或回转步进运动，可根据电气信号迅速而准确地由电液伺服系统来实现。开环系统定位精度较低（<0.01mm），但成本低；闭环系统则定位精度和成本都较高。

静压支承。重型机床、高速机床、高精度机床上的轴承、导轨和丝杠螺母机构，如果采用液压系统来作静压支撑，可得到很高的工作平稳性和运动精度，这是近年来的一项新技术。

液压传动在各个行业中的应用，如表 1-1-1 所示。

表 1-1-1　　液压传动在各类机械中的应用

行业名称	应用举例	行业名称	应用举例
工程机械	挖掘机、装载机、推土机等	轻工机械	打包机、注塑机等
矿山机械	凿岩机、开掘机、提升机、液压支架等	灌装机械	食品包装机、真空镀膜机、化肥包装机
建筑机械	打桩机、液压千斤顶、平地机等	汽车工业	高空作业车、自卸式汽车、汽车起重机
冶金机械	轧钢机、压力机、步进加热炉等	铸造机械	砂型压实机、加料机、压铸机等
锻压机械	压力机、模锻机、空气锤等	纺织机械	织布机、抛砂机、印染机等
机床	磨床、铣床、刨床、拉床、压力机、组合机床、自动机床、数控机床、加工中心等	起重运输机械	起重机、叉车、装卸机械等

（二）液压传动技术的发展

相对于机械传动，液压传动是一门新的技术。液压传动起源于 1654 年帕斯卡提出的静压传动原理。1795 年，第一台水压机问世，至今已有约二百年的历史。液压传动的推广应用，得益于 19 世纪崛起并蓬勃发展的石油工业。最早成功应用液压传动装置的是舰艇上的炮塔转位器。第二次世界大战期间，由于军事工业需要反应快、精度高、功率大的液压传动装置，所以，又进一步推动液压技术的发展。随后液压技术迅速转向民用工业，在机床、工程机械、农业机械、汽车等行业逐步推广。20 世纪 60 年代以来，随着原子能、空间技术、计算机技术的发展，液压技术得到了极大的推广，并渗透到各个工业领域。当前液压技术正向高压、高速、高效、高寿命、低噪声、大功率、高度集成化方向发展。同时，新型液压元件和液压系统的计算机辅助设计（CAD）、计算机辅助测试（CAT）、计算机实时控制技术、机电一体化技术、可靠性技术、计算机仿真和优化设计技术以及污染控制技术等方面，也是当前液压传动与控制技术的发展与研究方向。

五、技能训练——参观认识液压实验台和 M1432A 型万能外圆磨床

（一）参观液压实训室

操作实验台上由教师构建好的磨床工作台模拟控制系统，如图 1-1-4 所示。

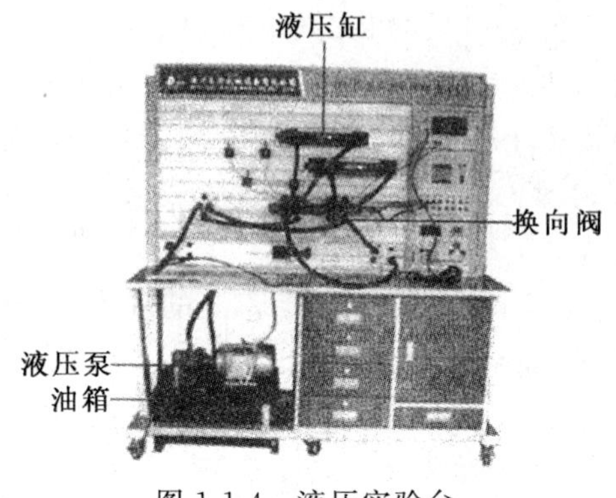

图 1-1-4　液压实验台

1. 动力元件

液压泵在电机的带动作用下转动，输出高压油，把电动机输出的机械能转换成液体的压力能，为整个液压系统提供动力的元件。

2. 执行元件

液压缸在高压油的推动下移动，可以对外输出推力，通过它把高压油的压力能释放出来，转换成机械能，是执行元件。

3. 控制元件

换向阀可以控制油液的流动方向，从而控制液压缸的运动方向，是控制元件。

4. 辅助元件

油箱用来储存油液，是液压系统中不可缺少的元件，是液压系统的辅助元件。

（二）观察 M1432A 型万能外圆磨床的工作过程

如图 1-1-5 所示，液压泵 3 由电动机带动旋转，从油箱 1 经过过滤器 2 吸油，液压泵输出的压力油经节流阀 5 和换向阀 6 左位进入液压缸 7 的左腔，推动活塞和工作台向右运动，而液压缸右腔的油液经换向阀和回油管排回油箱。

若将换向阀 6 手柄扳到右位，使换向阀处于右位所示的状态，则压力油经换向阀进入液压缸的右腔，推动活塞与工作台反向运动，并使液压缸左腔的油液经换向阀和回油管排回油箱。若改变节流阀 5 的开口大小，可以改变进入液压缸的流量，从而控制液压缸活塞的运动速度，此时液压泵输出的多余油液经溢流阀 4 和回油管排回油箱。系统工作时，液压缸工作压力的大小取决于磨削工件时切削阻力的大小。液压泵的最高压力由溢流阀调定。

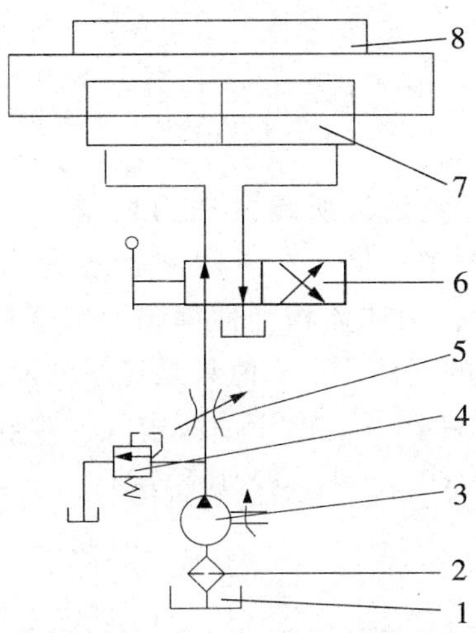

图 1-1-5　简化了的磨床工作台液压传动系统图

1—油箱 2—过滤器 3—液压泵 4—溢流阀 5—节流阀 6—换向阀 7—液压缸 8—工作台

授课 No. 2——液压油

液压油在液压传动中起到传递能量和信号的作用，同时还起到润滑、冷却和防锈的作用。因此，在掌握液压系统之前，必须对液压油的物理性质和如何选用有必要的了解。

一、液压油的性质

(一)密度

液体单位体积的质量称为液体的密度，用 ρ 表示，单位为 kg/m^3。设有液体体积为 V，单位为 m^3，质量为 m，单位为 kg，则该液体密度 ρ 为

$$\rho=\frac{m}{V} \tag{1-1}$$

液体密度随温度的升高而减小，随压力的升高而增大。但是由于温度和压力对密度的影响都很小，一般情况下可视液体密度为常数。矿油型液压油密度 $\rho=850\sim900kg/m^3$。

(二)可压缩性

液体受压力作用，其体积减小的性质称为液体的可压缩性，用体积压缩系数 κ 表示，即在单位压力变化下液体体积的相对变化量。设体积为 V 的液体，当压力增大 Δp 时，体积减小了 ΔV，则体积压缩系数 κ 为

$$\kappa=-\frac{\frac{\Delta V}{V}}{\Delta p} \tag{1-2}$$

式中，负号表示 Δp 与 ΔV 的变化相反，即压力增加体积减小。

实际应用中，常用体积弹性模量 K 值大小反映液体抵抗压缩的能力。液体体积弹性模量 K 为体积压缩系数 κ 的负倒数，即

$$K=\frac{1}{\kappa}=-\frac{\Delta p}{\frac{\Delta V}{V}} \tag{1-3}$$

体积弹性模量的单位为 Pa。

K 表示产生单位体积相对变化量所需的压力增量。常温下，纯净液压油 $K=(1.4\sim2.0)\times10^3$ MPa，是钢的 100～150 倍。在一般液压系统中，认为液压油是不可压缩的。但是，如果油液中混有游离空气，液体体积弹性模量会显著降低，严重影响液压系统的工作性能。如果油液中混有 1%的气体，其 K 值只是纯净油液的 30%；如果油液中混有 4%的气体，其 K 值仅为纯净油液的 10%。由于油液中气体难以完全排除，实际计算中，常将油液的体积弹性模量 K 值取为$(0.7\sim1.0)\times10^3$ MPa。

（三）黏性

1. 黏性的物理意义

液体在外力作用下流动时，由于分子间的内聚力阻碍其相对运动而产生内摩擦力，这一性质称为液体的黏性。

由于液体内部黏性以及液体与固体壁面间的附着力，使液体内部各处的速度不相等。如图 1-1-6 所示，设两平行平板间充满液体，下平板不动，上平板以速度 u_0 向右平移。由于液体的黏性，紧靠下平板的液层速度为零，紧贴上平板的液层速度为 u_0，而中间各液层的速度从下到上呈线性递增。

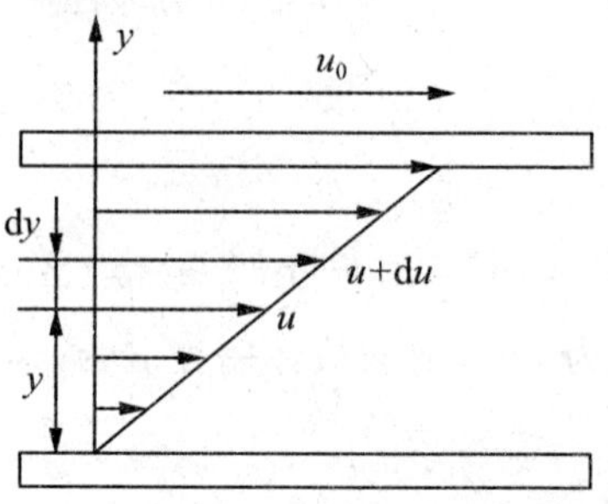

图 1-1-6　液体黏性示意图

实验表明，液体流动时相邻液层间的内摩擦力 F 与液层接触面积 A、液层间相对速度 du 成正比，与液层间距离 dy 成反比，即

$$F=\mu A\frac{du}{dy} \tag{1-4}$$

式中，μ 为比例常数、黏性系数或动力黏度；$\frac{du}{dy}$为速度梯度。

若以 τ 表示切应力，则

$$\tau=\frac{F}{A}=\mu\frac{du}{dy} \tag{1-5}$$

即液层间单位面积上的内摩擦力，这就是牛顿液体内摩擦定律。

在静止液体中，由于速度梯度为零，内摩擦力为零，所以静止液体不呈现黏性。

2. 黏度的表示方法

(1)动力黏度(又称绝对黏度)

动力黏度 μ 是指单位速度梯度下流动时单位面积上产生的内摩擦力。

$$\mu=\frac{F}{A\ \frac{\mathrm{d}u}{\mathrm{d}y}} \tag{1-6}$$

动力黏度的国际单位为 Pa·s 或 N·s/ m²。

(2)运动黏度

动力黏度 μ 与液体密度 ρ 的比值称为液体的运动黏度,用 v 表示,即

$$v=\frac{\mu}{\rho} \tag{1-7}$$

运动黏度没有明确的物理意义,由于它的量刚只与长度和时间有关,所以称为运动黏度。

运动黏度的国际单位为 m^2/s,工程中常用 mm^2/s($1m^2/s=10^6mm^2/s$)。

国际标准化组织 ISO 规定统一采用运动黏度表示液压油的黏度等级。我国生产的液压油采用 40℃时运动黏度(mm^2/s)为黏度等级标号。如牌号为 L-HL22,表示普通液压油在 40℃时的运动黏度平均值为 $22mm^2/s$。

(3)相对黏度(又称条件黏度)

相对黏度是在一定测量条件下测定的,中国、德国等都采用恩氏黏度^0E,美国采用赛氏黏度 SSU,英国采用雷氏黏度 R。

恩氏黏度用恩氏黏度计测定,将 200mL 温度为 t 的被测液体装入黏度计,在自身重力作用下流过黏度计下部直径为∅2.8mm 的小孔,测出液体流尽所需时间 t_1,与温度为 20℃的 200mL 蒸馏水在同一黏度计中流尽所需时间 t_0 标定值之比,称为恩氏黏度,即

$${}^0E_t=\frac{t_1}{t_0} \tag{1-8}$$

一般以 20℃、50℃、100℃作为测定液体黏度的标准温度。

恩氏黏度与运动黏度间的换算关系为

$$v=(7.31{}^0E_t-\frac{6.31}{{}^0E_t})\times10^{-6} \tag{1-9}$$

3. 影响黏度的因素

油液对温度的变化十分敏感,温度升高,分子间的内聚力减小,黏度降低。油液黏度随温度变化的性质称为黏温特性,液压油黏度的变化直接影响液压系统的性能和泄漏量。因此,希望黏度随温度的变化越小越好,即黏温特性好。常采用黏度指数 VI 值衡量油液黏温特性好坏,黏度指数是黏度随温度变化程度与标准油黏度随温度变化程度进行比较所得的相对数值,黏度指数越大,表示黏度随温度的变化率越小,黏温特性越好。一般液压油 VI 值要求在 90 以上。

液体所受压力增大,黏度增大。但对于一般液压系统,当压力低于 32MPa 时,压力对黏度影响不大,可以忽略不计。

二、液压油的种类

液压系统常用液压油主要有三大类:矿油型、乳化型和合成型。矿油型液压油主要是由提炼后的石油制品加入各种添加剂精制而成,具有品种多、润滑性好、腐蚀性小、化学稳定性好、成本低、使用范围广的优点,为大多数液压系统所采用。矿油型液压油的主要缺点是易燃。在高温、易燃、易爆的工作环境应使用难燃的液体,如水包油、油包水乳化液或水—乙二醇液、膦酸酯合成液。

详细分类、代号和用途如表 1-1-2 所示。其中 L 为润滑剂和有关产品,H 组用于液压系统。

表 1-1-2　　液压系统工作介质分类(GB11118-89)

分类	名　称	代号	组成和特性	应　用
矿油型	精制矿物油	L-HH	浅度精制矿物油,不含添加剂,稳定性差,易氧化,易起泡,易生成黏胶块,阻塞元件小孔	主要用于润滑要求不高的低压系统,液压代用油
	普通液压油	L-HL	精制矿物油加抗氧化、防锈添加剂,提高了抗氧化、防锈性能	一般设备的中低压系统
	抗磨液压油	L-HM	L-HL 加抗磨剂、金属钝化剂、消泡剂,改善抗磨性	适用于工程机械、车辆液压系统
	低温液压油	L-HV	L-HM 加添加剂,改善黏温特性	适用于 −20℃～−40℃ 的高压系统
	高黏度指数液压油	L-HR	L-HL 加黏度指数添加剂,改善黏温特性,黏度指数达 175 以上	适用于环境温度变化较大的低压系统、数控机床液压系统
	液压导轨油	L-HG	L-HM 加抗黏滑剂,良好的防锈、抗氧化、抗磨性,改善黏—滑性能,低速下防爬行。	机床中液压和导轨润滑合用的系统
	其他液压油			
乳化型	水包油乳化液	L-HFAE	高水基液,难燃,黏温特性好,但润滑性差,易泄漏	用于有抗燃要求,用量较大的液压系统
	油包水乳化液	L-HFB	抗磨、防锈、抗燃性能好	有抗燃要求的中压系统
合成型	水—乙二醇液	L-HFC	难燃,黏温特性的抗蚀性好,能在−30℃～60℃下使用	有抗燃要求的中低压系统
	膦酸酯液	L-HFDR	难燃,良好的润滑性、抗磨性和抗氧化性,能在−54℃～135℃温度范围内使用,但有毒	适用于有抗燃要求的高压精密液压系统

三、液压油的选用

(一)液压油的使用要求

黏度适当,黏温特性好;润滑性好,防锈能力强;抗氧化稳定性好,不易变质;热膨胀系数小,比热容大;燃点高,凝点低;抗泡沫性、抗乳化性好。

(二)液压油的选用

根据液压系统对工作介质的要求选用合适的液压油品种,当液压油品种确定后主要考虑液压油的黏度,进而选择油液的黏度等级及牌号。

选择黏度时主要考虑以下几种情况:

1. 工作压力

为减少泄漏,工作压力较高的液压系统应选择黏度较大的液压油。

2. 运动速度

为减小摩擦损失,工作部件运动速度较高时,选用黏度较小的液压油。

3. 环境温度

为减少泄漏,环境温度较高时,宜选用黏度较大的液压油。

在液压系统所有元件中,以液压泵的转速最高,承受压力最大,工作时间最长,且温升高,因此,常根据液压泵的类型及其要求来选择液压油黏度。各类液压泵适用的黏度范围如表 1-1-3 所示。

表 1-1-3　　各种液压泵工作介质的黏度范围及推荐用油

液压泵类型	压强	运动黏度 (mm^2/s)		适用品种和黏度等级
		5℃～40℃	40℃～80℃	
叶片泵	7MPa 以下	30～50	40～75	HM 油,32、46、68
	7MPa 以上	50～70	55～90	HM 油,46、68、100
螺杆泵		30～50	40～80	HL 油,32、46、68
齿轮泵		30～70	95～165	HL 油(中高压用 HM),32、46、68、100、150
径向柱塞泵		30～50	65～240	HL 油(高压用 HM),32、46、68、100、150
轴向柱塞泵		40	70～150	HL 油(高压用 HM),32、46、68、100、150

(三)使用液压油的注意事项

应保持液压油的清洁,防止金属屑和纤维等杂物进入油中。

油箱内壁一般不允许涂刷油漆,以免油中产生沉淀物质。

为防止空气进入系统,回油管口应在油箱液面以下,并将管口切成斜面;液压泵和吸油管路应严格密封;液压泵和油管安装高度应尽量小些,以减少液压泵吸油阻力;必要时在系统的最高处设置放气阀。

定期检查油液质量和油面高度。

应保证油箱的温升不超过液压油允许的范围,通常不超过 70℃,否则应进行冷却调节。

（四）识别油品品种的简易方法

1. 看

由于不同种类的油品具有不同的颜色，有经验的管理人员用肉眼即可鉴别出品种。通常，浅色的是蒸馏出的油及精制程度深的油；深色的是残渣油及精制程度浅的油。

2. 嗅

工作介质的气味一般分为酸味、香味、醚味及酒精味等。一般来说，普通液压油有酸味，合成磷脂有醚味，蓖麻油有酒精味。

3. 摇

摇动装有油液的无色玻璃瓶，根据油膜挂瓶状况及气泡的状态，可判定油液黏度。油膜挂瓶薄、气泡多、直径小、上升快及消失快等特征都表明油品黏度小。

4. 摸

通过摸的感觉可以区别矿物油型油品的精制程度。通常，精制程度高的油液，其光滑感强。

使用液压油的注意事项及识别油品品种的简易方法如表1-1-4所示。

表1-1-4　常用的液压油的“看、嗅、摇、摸”的简易鉴别法

鉴别油品方法	看	嗅	摇	摸
N32～N68号机械油	黄褐到棕黄，有不明显的蓝荧光		泡沫多而消失慢，挂瓶呈黄色	
普通液压油	浅到深黄，发蓝光	酸味	气泡消失快，稍挂瓶	
汽轮机油	浅到深黄		气泡多、大、消失快，无色	沾水捻不乳化
抗磨液压油	橙红透明		气泡多、消失较快，稍挂瓶	
低凝液压油	深红			
水一乙二醇液压油	浅黄	无味		光滑，热
膦酸酯液压油	浅黄			
油包水型乳化液	乳白		浓稠	
水包油型乳化液		无味	清淡	
蓖麻油制动液	淡黄透明	强烈酒精味		光滑，凉
矿物油型制动液	淡红			
合成制动液	苹果绿	醚味		

课题二 液体静力学性能——帕斯卡原理

目标任务

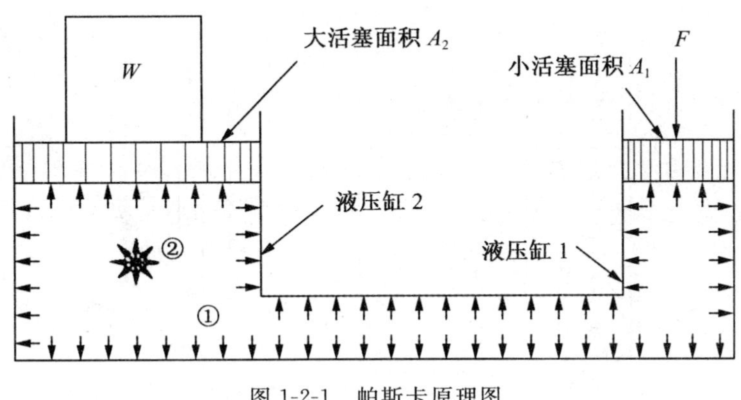

图 1-2-1 帕斯卡原理图

目标及要求

(1)掌握液体静力学方程。

(2)熟练掌握压力的表示方法。

(3)掌握帕斯卡原理及其应用。

液体静力学主要是讨论液体静止时的受力平衡规律及这些规律的应用,所谓“静止”,是指液体内部各质点间没有相对位移,也就是不呈现黏性,因此没有剪应力,只有静压力。

一、液体静压力及其性质

(一)静压力

作用在液体上的力有两种:质量力和表面力。质量力即液体自身重力;表面力可以是其他物体作用于液体上的力,也可以是一部分液体对另一部分液体的作用力。表面力又有法向力和切向力,当液体静止时,液体各质点间没有相对位移,没有切向力,只有法向力。静止液体内某处单位面积上所受的法向力称为静压力,即

$$p=\frac{F}{A} \tag{1-10}$$

压力的国际单位是:Pa(帕)或 N/ m^2,工程上常用 MPa、bar、kgf/cm^2。

1MPa=10^6Pa,1bar=1.02kgf / cm^2=0.1MPa。

压力的概念与中学物理中的压强相似,所不同的是,压力是有方向性的。

(二)静压力的特性

(1)液体静压力垂直于受压面,方向和该面的内法线方向一致。

(2)静止液体内任一点的静压力在各方向上都相等。

二、液体静力学基本方程

如图 1-2-2 所示，静止液体表面受压力 p_0，自液面向下取高度为 h 的微小圆柱体，底面积为 A，对该圆柱体进行受力分析：上表面受力 p_0A、自身重力 ρghA、下表面受力 pA，各力使圆柱体处于力学平衡状态，在垂直方向列出受力平衡方程式，则

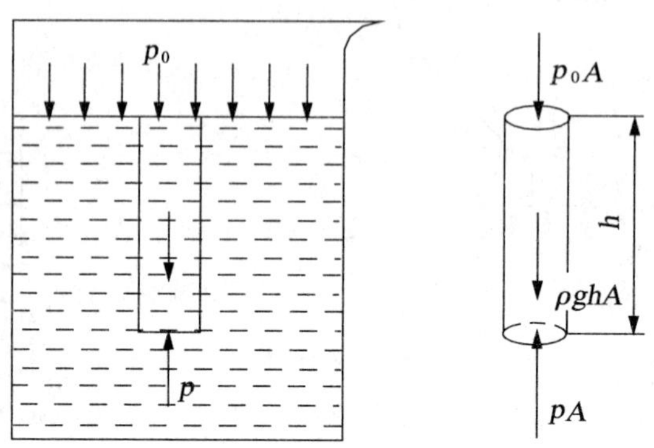

图 1-2-2　重力作用下压力分布

$$pA = p_0A + \rho ghA$$

简化后

$$p = p_0 + \rho gh \tag{1-11}$$

可见，静止液体的压力具有以下特征：

(1)静止液体内任一点处压力都由两部分组成。

(2)静止液体内压力随深度呈线性规律分布。

(3)深度相同的各点组成一水平等压面。

三、液体压力的表示方法

压力有两种表示方法，一种是以绝对真空为基准所表示的压力，称为绝对压力；一种是以大气压力作为基准所表示的压力，称为相对压力。由于大多数测压仪表测得的压力都是相对压力，所以相对压力又称为表压力。

相对压力＝绝对压力－大气压力

如果液体中某处绝对压力小于大气压力，这时绝对压力比大气压小的那部分数值叫真空度，即

真空度＝大气压力－绝对压力

绝对压力、大气压力、真空度之间的关系如图 1-2-3 所示。

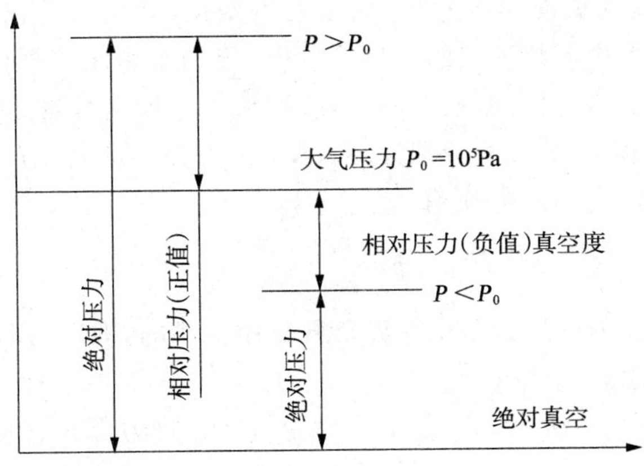

图 1-2-3　绝对压力、相对压力、真空度

四、帕斯卡原理

例 1-1　如图 1-2-4 所示，容器内盛有油液。已知油的密度 $\rho=900\text{kg/m}^3$，作用在活塞上的力 $F=2000\text{N}$，活塞面积 $A=1\times10^{-3}\text{m}^2$。不计活塞质量，问活塞下 $h=0.8\text{m}$ 处的压力是多少？

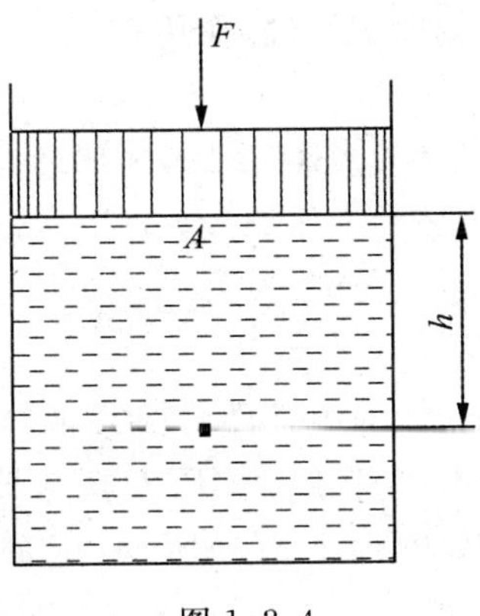

图 1-2-4

解：外力 F 作用在液体表面的压力为

$$p_0=\frac{F}{A}=\frac{2000\text{N}}{1\times10^{-3}\text{m}^2}=2\times10^6\text{Pa}$$

深度为 h 处的液体压力为

$$\begin{aligned}p&=p_0+\rho gh=2\times10^6\text{Pa}+900\times9.8\times0.8\text{N/m}^2\\&=2.007056\times10^6\text{Pa}\\&\approx2.0\times10^6\text{Pa}\end{aligned}$$

实验表明，液体在受外界压力作用下，由液体自重所产生的压力 ρgh 相对很少，在液压系统中可以忽略不计，近似认为整个液体内部的压力是相等的，等于液体表面的压力。也就是说，同一密闭容器内，压力处处相等，如图 1-2-4 所示，密闭容器内油液表面的外

力 F 变化时，引起作用在表面的压力 p_0 随之发生变化，只要液体仍保持静止状态，液体中的任一点压力也将发生同样大小的变化。所以，施加于密闭容器内静止液体上的压力以等值传递到液体各点，这就是帕斯卡原理，或称为静压传递原理。

图 1-2-1 中大、小活塞的面积分别为 A_2，A_1，作用在小活塞上的外负载为 F，大活塞上举起重物 W，根据帕斯卡原理，则有

$$p=\frac{W}{A_2}=\frac{F}{A_1}$$

由此可以看出液体内的压力是由外界负载作用形成的，即压力取决于负载，这是液压传动中一个重要的概念。

例 1-2　如图 1-1-1 所示，作用在手柄上 A 点的力 $T=200\text{N}$，$AO=50\text{cm}$，$BO=10\text{cm}$，小活塞面积 $A_1=5\times10^{-4}\text{m}^2$，大活塞面积 $A_2=100\times10^{-4}\text{m}^2$，不计活塞重量，问大活塞能顶起多重的物体？

解：由杠杆原理，作用在小活塞上的力 F_1 为

$$F_1=\frac{AO}{BO}\times T=\frac{50}{10}\times200=1000(\text{N})$$

通过小活塞作用在小缸内液体表面的压力 p 为

$$p=\frac{F_1}{A_1}=\frac{1000}{5\times10^{-4}}=2\times10^6(\text{Pa})$$

不计油液自重产生压力，由帕斯卡原理，作用在大活塞底部油液作用力 F_2 与物体重力 G 相平衡，即

$$G=F_2=pA_2=2\times10^6\times100\times10^{-4}=20000(\text{N})$$

这就是液压千斤顶等液压机械的工作原理。

五、液体对固体壁面的作用力

静止液体与固体壁面相接触时，固体壁面将受到液体压力的作用。当固体壁面为一平面时，液体对该平面的总作用力 F 等于液体压力 p 与该平面面积 A 的乘积，其作用方向与该平面垂直。对于液压缸，如图 1-2-5(a)所示，在无杆腔活塞（活塞直径为 D，面积为 A）左侧所受的液体作用力 F 为

$$F=pA$$

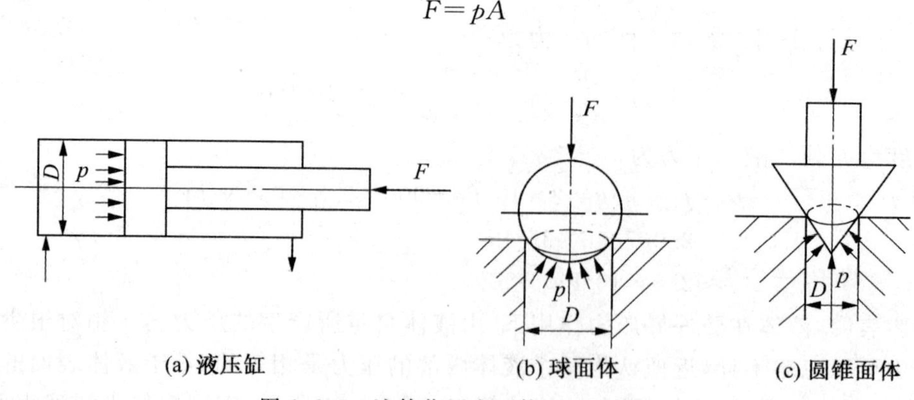

(a) 液压缸　(b) 球面体　(c) 圆锥面体

图 1-2-5　液体作用在固体壁面上的力

当固体壁面为一曲面时，液体压力在该曲面某方向 x 上的总作用力 F 等于液体压力与曲面在该方向投影面积 A_x 的乘积，如图 1-2-5(b)所示的球面和图 1-2-5(c)所示的圆锥体面，要计算液体沿垂直方向作用在球面和锥面上的力，就等于压力 p 与该部分曲面在垂直方向的投影面积 A_x 乘积，其作用点通过投影圆的圆心，方向垂直向上，即

$$F = pA_x = p \cdot \frac{\pi D^2}{4}$$

课题三　液体动力学性能

目标任务

计算液压泵吸油腔的真空度或液压泵允许的安装高度，如图 1-3-1 所示。

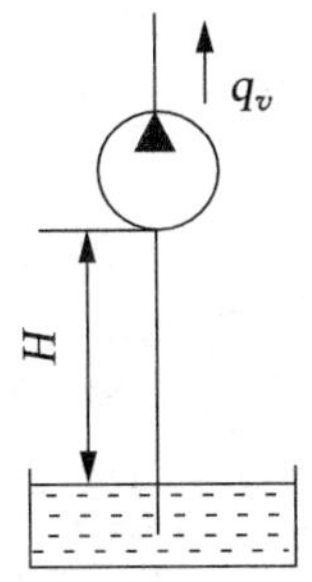

图 1-3-1　泵从油箱吸油的示意图

目标及要求

(1)掌握流体动力学基本概念。

(2)掌握流体力学的三大定律，会应用流体力学三定律解决实际生产中的问题。

在液压传动中，液压油总是在不断地流动着，液体动力学主要讨论液体的流动状态、运动规律、能量转换以及流动液体动力等问题，主要讲解液体流动的三个基本方程：连续性方程、伯努利方程和动量方程，即液体流动的质量守恒、能量守恒、动量守恒三大定律，这是液压技术中分析问题和设计计算的理论依据。

一、基本概念

(一)理想液体和稳定流动

研究液体流动必须考虑黏性和压缩性的影响，但由于问题复杂，可以假设液体是没有黏性和不可压缩的，然后通过实验验证的方法在理想结论的基础上进行修正，这种假设液体称为理想液体。

液体流动时，若液体中任一点处压力、速度、密度都不随时间而变化，这种流动称为稳定流动。反之，只要压力、速度、密度有一个随时间变化，就称为非稳定流动。

（二）流量、过流断面和平均流速

流量：单位时间内流过某一过流断面的液体体积。用 q_v 表示，单位为 m^3/s 或 L/min。

过流断面：液体在管道内流动时，垂直于液流方向的截面。其面积常用 A 表示，单位为 m^2。

假设理想液体在一直管内作稳定流动，管道截面积为 A，在过流断面上各质点流速 u 相等，则时间 t 内流过某一过流断面的液体体积 $V=Aut$，即流量为

$$q_v=\frac{V}{t}=\frac{Aut}{t}=Au \tag{1-12}$$

由于油液的黏性，在过流断面上各点的速度并不相等，也难以确定（见图 1-3-2）。为此，提出了平均流速的概念，用 v 表示，即假设过流断面上各点流速均匀分布，且有如下流量关系式

$$q_v=vA$$

从而得出过流断面上的平均流速为

$$v=\frac{q_v}{A} \tag{1-13}$$

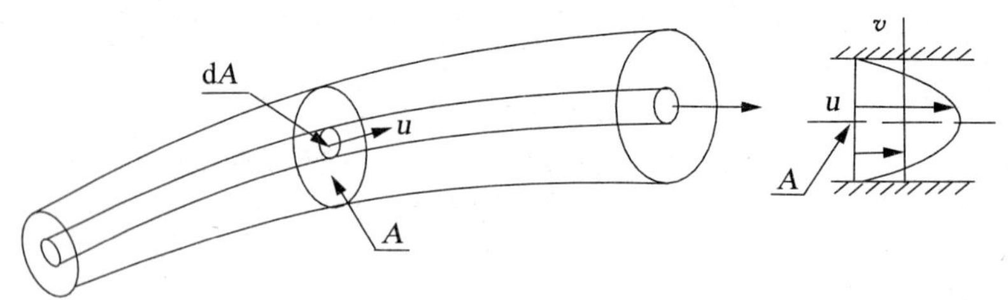

图 1-3-2　流量和平均流速

在液压缸工作时，活塞的运动速度等于缸内液体的平均流速。因此，活塞运动速度 $v_{活}$ 与液压缸有效面积 A 与流量 q_v 之间的关系为

$$v_{活}=\frac{q_v}{A} \tag{1-14}$$

当液压缸有效面积一定时，活塞运动速度取决于进入液压缸的流量。

（三）层流、紊流、雷诺数

实际液体流动时具有两种状态，即层流和紊流，可以通过雷诺实验观察这两种现象。

实验装置如图 1-3-3 所示，实验时保持水箱中水位恒定，然后将阀门 A 微微开启，使少量水流流经玻璃管，玻璃管内平均流速 v 很小。这时，如将红色水容器的阀门 B 开启，使红色水流入玻璃管内，在玻璃管内看到一条明显的红色直线流，不论红色水放在玻璃管内的什么位置，它都呈直线状，这说明管中红色水和周围的液体没有混杂，管中水流是分层的，层与层间互不干扰，这种流动状态称为层流。如果把 A 阀缓慢开大，管中液体平均流速 v 增加至某一数值，红色流开始弯曲颤动，这说明玻璃管内液体层流被破坏，液流紊乱。如果 A 阀继续开大，平均流速 v 进一步加大，红色水完全与周围液体混合，红线完全消失，这种流动状态称为紊流。

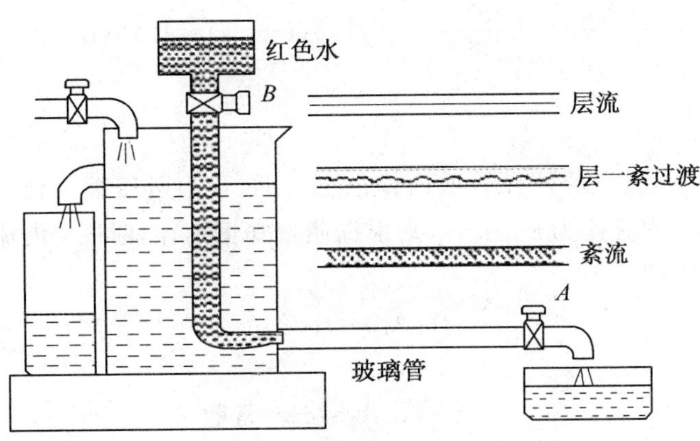

图 1-3-3　雷诺实验装置

如果将阀门 A 逐渐减小，则玻璃管中流动状态又从紊流向层流转变，但转变时阀口面积要比由层流向紊流转变时小。

实验证明，液体在圆管中流动状态不仅与管内平均流速 v 有关，还与管径 d 和液体的运动黏度 ν 有关，这三个参数组成了一个判定液体流动状态的无量纲数，即雷诺数 Re。

$$Re=\frac{vd}{\nu} \tag{1-15}$$

液流由层流向紊流转变时的雷诺数和由紊流向层流转变时的雷诺数是不同的，后者数值小，所以一般工程中用后者作为判断液流状态的依据，称为临界雷诺数，记为 Rec，当实际雷诺数小于 Rec 时为层流，反之为紊流。常见液流管道的临界雷诺数如表 1-3-1 所示。

表 1-3-1　　**常见液流管道的临界雷诺数**

管道形状	Rec	管道形状	Rec
光滑金属圆管	2320	带环槽的同心环状缝隙	700
橡胶软管	1600～2000	带环槽的偏芯环状缝隙	400
光滑同心环状缝隙	1100	圆柱形滑阀阀口	260
光滑偏芯环状缝隙	1000	锥阀阀口	20～100

雷诺数相同，流动状态相同。

雷诺数的物理意义：雷诺数是液流惯性力与黏性力的比值。当雷诺数较大时，惯性力起主导作用，为紊流；当雷诺数较小时，黏性力起主导作用，为层流。

例 1-3　液体在光滑钢管中的流速为 $v=4\text{m/s}$，管道内径 $d=80\text{mm}$，油液的运动黏度 $\nu=40\text{mm}^2/\text{s}$，试判定液体的流动状态。若要保证为层流，其流速应为多少？取 $Rec=2320$。

解：由雷诺数公式

$$Re=\frac{vd}{\nu}=\frac{4\times1000\times80}{40}=8000>Rec$$

所以液体流动状态为紊流。

若保证层流时，流速为 v。

$$v=\frac{Rec\nu}{d}=\frac{2320\times 40}{80}=1160(\text{mm/s})=1.16(\text{m/s})$$

二、连续性方程

如图 1-3-4 所示，假设液体在管道内作稳定流动，且不可压缩。任设两通流截面面积为 A_1，A_2，液体的平均流速为 v_1 和 v_2，则根据质量守恒定律，时间 t 内流过 A_1 和 A_2 两截面的液体质量相等，即

$$tv_1A_1\rho=tv_2A_2\rho$$

整理得

$$v_1A_1=v_2A_2=q_v=\text{常数} \tag{1-16}$$

这就是不可压缩液体作稳定流动的连续性方程，它说明：

(1)通过无分支管道任一过流截面的流量相等。

(2)平均流速与管道过流截面积成反比。

三、伯努利方程

(一)理想液体的伯努利方程

如图 1-3-4 所示，假设管道内液体为理想液体，并作稳定流动。任取一段液流 ab 作为研究对象，设两断面中心到基准面 O-O 的高度分别为 h_1 和 h_2，两过流断面面积分别为 A_1 和 A_2，压力分别为 p_1 和 p_2。断面上流速均匀分布，分别为 v_1 和 v_2。设经过很短时间 Δt 后，ab 段液体移动到 $a'b'$ 位置。

根据能量守恒定律，外力对液体(ab 段)做的功等于液体能量的变化量。

$$(p_1-p_2)\Delta V=\rho g\Delta V(h_2-h_1)+\frac{1}{2}\rho\Delta V(v_2^2-v_1^2)$$

其中 $\Delta V=A_1v_1\Delta t=A_2v_2\Delta t$。

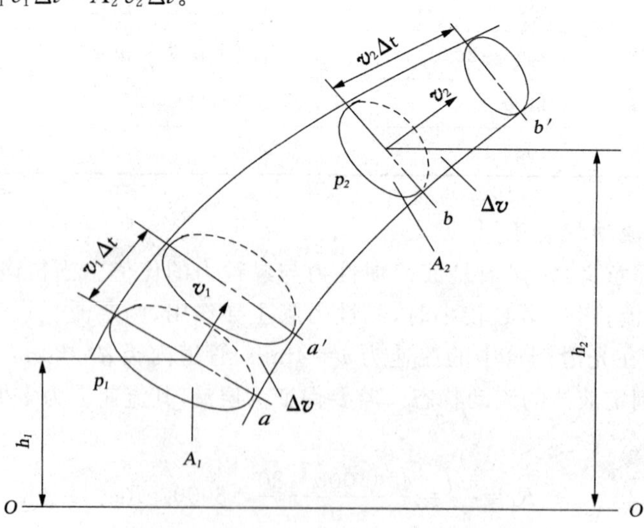

图 1-3-4　液体的流动情况示意图

整理后得理想液体的伯努利方程为

$$p_1+\rho g h_1+\frac{1}{2}\rho v_1^2=p_2+\rho g h_2+\frac{1}{2}\rho v_2^2 \tag{1-17}$$

理想液体伯努利方程的物理意义：在密闭管道内作稳定流动的理想液体具有压力能、位能和动能三种能量。在流动过程中，三种能量可以相互转化，但在任一过流截面上，三种能量之和为定值。

(二)实际液体的伯努利方程

由于实际液体存在黏性，管道内过流断面上流速分布不均匀，用平均流速代替实际流速，存在动能误差，为此引入动能修正系数 α。又由于黏性，液体内各质点间存在内摩擦，与管壁存在摩擦，管道局部形状与尺寸变化等都要消耗能量，因此，实际液体流动存在能量损失 Δp_w。

因此，实际液体的伯努利方程为

$$p_1+\rho g h_1+\frac{1}{2}\rho\alpha_1 v_1^2=p_2+\rho g h_2+\frac{1}{2}\rho\alpha_2 v_2^2+\Delta p_w \tag{1-18}$$

式中，α 为动能修正系数，当紊流时，$\alpha=1$，层流时，$\alpha=2$。

伯努利方程反映了液体流动过程中的能量变化规律，是流体力学中一个特别重要的基本方程。

应用伯努利方程时必须注意：

(1) 两断面需顺流向选取，否则 Δp_w 为负值，且应选在缓变的过流断面上。

(2) 选取适当的水平基准面，断面中心在基准面以上时，h 取正值，反之取负值。

(3) 两断面的压力表示应相同，即同为相对压力或同为绝对压力。

例 1-4　如图 1-3-1 所示，液压泵的安装高度为 $H=0.5\text{m}$，泵出口处流量为 $q_v=40\text{L/min}$，吸油管直径 $d=40\text{mm}$，设液压油运动黏度 $\nu=40\text{mm}^2/\text{s}$，密度 $\rho=900\text{kg/m}^3$，不计能量损失，试计算液压泵吸油口处的真空度。

解：(1) 计算吸油管内液体流速 v

$$v=\frac{q_v}{A}=\frac{\dfrac{40\times10^{-3}}{60}}{\dfrac{3.14\times(40\times10^{-3})^2}{4}}=0.53(\text{m/s})$$

(2) 计算实际雷诺数 Re

$$Re=\frac{vd}{\nu}=\frac{0.53\times1000\times40}{40}=530<Rec$$

判断吸油管内液体为层流。

(3)取油箱液面 1-1、泵吸油口截面 2-2 并列伯努利方程

$$p_1+\rho g h_1+\frac{1}{2}\rho\alpha_1 v_1^2=p_2+\rho g h_2+\frac{1}{2}\rho\alpha_2 v_2^2+\Delta p_w$$

式中，取油箱液面为高度方向基准面，取相对压力，所以 $p_1=0$，$h_1=0$，$v_1\ll v_2$，$v_1\approx0$，$h_2=H$，$\alpha_2=2$，$\Delta p_w=0$，由上式代入数值得

$$0+0+0=p_2+900\times9.8\times0.5+\frac{1}{2}\times900\times2\times0.53^2+0$$

$$p_2 = -4663(\text{Pa})$$

液压泵吸油口处真空度为4663Pa。

注意:液压泵吸油口的真空度由三部分组成:①把油液提升到一定高度 h 所需的压力;②产生一定流速所需的压力;③吸油管内的压力损失。液压泵形成真空度的能力,表示泵自吸能力的好坏,但液压泵吸油口真空度不能太大,即液压泵吸油口处的绝对压力不能太低,否则就会产生气穴现象,造成液压泵的噪声过大。因此,在实际使用中 h 一般应小于0.5m,并且采用较大直径的吸油管,使管路尽可能短些,以减少液体流速和压力损失。有时为使吸油条件得到改善,采用浸入式或倒灌式安装,即使液压泵的吸油高度小于零。有时为了改善吸油条件,也可以采用在油液表面加压的密封油箱。

(三)气穴现象

在液压系统中,空气在液压油中的溶解度与液体的绝对压力成正比。当流速突增、供油不足时,压力会迅速下降,油液蒸发形成气泡。当压力低于空气分离压时,溶于油液中的空气游离出来也形成气泡,使油液中夹杂气泡,这种现象称为气穴现象。当液压油的压力继续下降至低于一定数值时,油液本身便迅速气化,产生大量蒸气,这个压力为油液的饱和蒸气压。一般来说,油液的饱和蒸气压比空气分离压小很多。

1. 气穴的产生及危害

当液压油流过流断面积收缩较小的阀口时,流速会很高,根据伯努利方程,该处的压力会很低,如果压力低于空气的分离压或饱和蒸气压,就会出现气穴现象。在液压泵的吸油过程中,如果泵安装位置过高,吸油管太细,滤网堵塞,泵转速过快,将会使吸油腔压力低于空气分离压。

大量的气泡破坏了液流的连续性,造成流量脉动,噪声增大。当气泡随油液进入高压区时,受周围高压作用,迅速破灭,使局部产生极高的温度(1000℃以上)和冲击压力(几百兆帕)。导致金属表面受变质的油液腐蚀而剥落,产生气蚀,严重影响液压元件的工作性能。

2. 减少气穴的措施

减少气穴的措施,就是避免液压系统中压力过低。

(1)减小小孔前后的压力差,压力比控制在 $\frac{p_1}{p_2} < 3.5$。

(2)降低油泵安装高度,适当加大吸油管内径,限制吸油管内流速。

(3)提高密封能力,防止空气进入,降低油液中的含气量。

(4)液压泵转速不能过高,以防吸油不充分。

(5)管路要尽可能直,避免急弯和局部窄缝。

(6)提高元件的抗氧化、抗气蚀能力,采用抗气蚀能力强的金属材料(铸铁的抗气蚀能力较差,青铜较好)。

四、动量方程

液压传动中,计算液流作用在壁面上的力时,通常应采用动量方程求解。

动量定理指出,作用在物体上的力的大小等于物体在力的作用方向上动量的变化

率，即

$$\sum F = \frac{mv_2 - mv_1}{\Delta t}$$

对于作稳定流动的液体，忽略其可压缩性，则 $m = \rho q_v \Delta t$，同时考虑黏性对流速的影响，引入动量修正系数 β，则作稳定流动液体的动量方程为

$$\sum F = \rho q_v (\beta_2 v_2 - \beta_1 v_1) \tag{1-20}$$

使用该动量方程时要注意：

(1) 该方程为矢量方程，式中 F、v_1、v_2 为矢量。具体应用时要将各矢量在指定方向进行投影，再列出该方向上动量方程进行求解。

(2) $\sum F$ 为壁面作用在液体上外力的矢量和，与液体作用在壁面上的力 F'（称为稳态液动力）是一对大小相等方向相反的作用力与反作用力，即 $F' = \sum F$。

(3) 动量修正系数 β，紊流时，$\beta=1$，层流时，$\beta=1.33$，为简化计算，通常均取 $\beta=1$。

(4) 应用动量方程时，应选取适当的控制体。

五、压力损失

(一)沿程压力损失

液体在等截面的直管中流动时，液体与管壁会产生摩擦，液体分子间也存在内摩擦，因而必然要消耗一部分能量，这种能量损失称为沿程压力损失。经实验证明，这种压力损失主要取决于液体流动速度、油液黏度以及管道长度和管径，此外还与雷诺数有关。

(二)局部压力损失

液压系统的管路是有若干段管道串联而成的，除等直径的管道外，还有管道弯曲、管道截面急剧变化、管道分支等情况，为了控制和测量的需要，还经常在管道上安装控制阀及其附件。这样液体在管道中流动时，流经截面的扩大或缩小，以及管道弯头、控制阀的阀口等处，都会造成能量损失。一般将液体通过这些局部处引起的能量损失称为局部压力损失。液体通过局部阻力处时，由于液体的方向和速度突然改变，并形成漩涡，使质点间相互碰撞而消耗了能量；另外，截面流速剧烈变化产生的附加摩擦也会消耗能量，这些都是产生局部压力损失的主要原因。

(三)管路系统的总压力损失

管路系统的总压力损失等于所有的沿程压力损失与所有的局部压力损失之和。应当指出，计算液压系统总的压力损失 Δp_w 时，由于参数多，用公式计算很麻烦，一般性的液压系统中，往往采用近似估算的方法。如将泵的出口压力取为液压执行元件工作压力的1.3～1.5倍，则其压力损失为

$$\Delta p_w = (0.3 \sim 0.5) p$$

对于简单系统取小值，对于复杂的系统则取大值。

减少液压系统的压力损失常常采取以下措施：

(1)将油液的流速限制在适当的范围内。

(2)管道内壁应光滑。

(3)油液的黏度应适当。

(4)尽量缩短管道长度,减少管道的弯曲和突然变化。

压力损失不利于液压系统的正常工作,压力损失过大不仅会降低效率,也会使系统温度升高,应采取必要的措施来减少压力损失。

压力损失也有有利的一面,如流量控制阀和压力控制阀的阀口的节流作用,就是利用阻力所形成的压力差来控制动作的(这种压力损失称为节流现象)。

思考与练习

1-1　什么是液体的黏性?黏度有哪几种表示方法?它们的国际单位是什么?机械油牌号 L-HL32 的含义是什么?若其密度为 $\rho=900\text{kg/m}^3$,它的运动黏度、动力黏度各为多少?

1-2　液体压力的表示方法是什么?单位是什么?液压系统的工作压力与外界负载有什么关系?某液压系统压力计的读数为 0.49MPa,这是什么压力?它的绝对压力又是多少?

1-3　应如何选用液压油?

1-4　什么是流量?什么是平均流速?单位是什么?

1-5　什么实验可以观察液体流动状态?影响流态的因素有哪些?如何判断层流或紊流?

1-6　如图 1-1 所示的液压装置,$d_1=20\text{mm}$,$D_1=80\text{mm}$,$d_2=40\text{mm}$,$D_2=120\text{mm}$,$q_1=25\text{L/min}$,试求:v_1、v_2、q_2 各为多少?

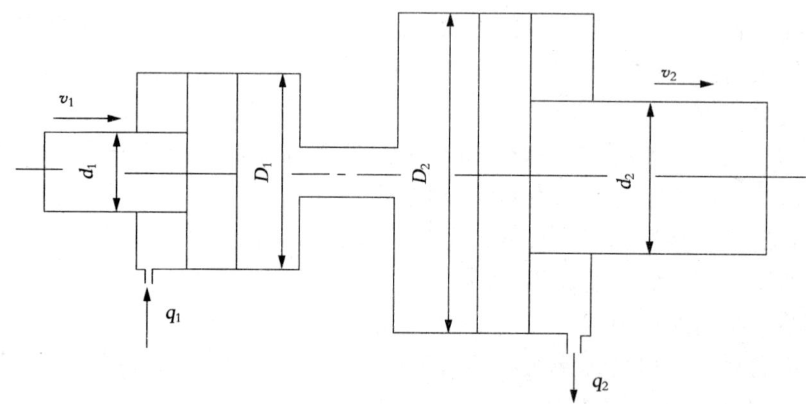

图 1-1

1-7　液压油在钢管中流动,已知管道直径 $D=50\text{mm}$,液压油运动黏度 $\nu=40\text{mm}^2/\text{s}$,取 $Rec=2320$,如果液流为层流,求管内的平均流速 v 和通过的最大流量 q_{max}。

1-8　如图 1-3-1 所示,已知泵的输出流量 $q=25\text{L/min}$,吸油管直径 $d=25\text{mm}$,泵吸油口距油箱液面高度 $H=0.5\text{m}$,油运动黏度 $\nu=20\text{mm}^2/\text{s}$,密度 $\rho=900\text{kg/m}^3$。不计压力损失,试计算液压泵吸油口处的真空度。

1-9 如图 1-2 所示，油管水平放置，截面 1-1、2-2 处的内径分别为 $d_1=5\text{mm}$，$d_2=20\text{mm}$，在管内流动的油液密度 $\rho=900\text{kg/m}^3$，油运动黏度 $\nu=20\text{mm}^2/\text{s}$，不计压力损失，试问：

(1)截面 1-1 和 2-2 哪一处压力较高？为什么？

(2)若管内通过的流量 $q=30\text{L/min}$，求两截面间的压力差 Δp。

1-10 简述气穴现象产生的原因及危害。

1-11 压力损失包括什么？如何近似计算？如何减少压力损失？

1-12 如图 1-3 所示，液压泵的流量 $q=60\text{L/min}$，吸油管的直径 $d=25\text{mm}$，滤油器的压力降为 0.01MPa(不计其他压力损失)。液压油在室温时的运动黏度 $\nu=142\text{mm}^2/\text{s}$，$\rho=900\text{kg/m}^3$，空气分离压为 $p_d=0.04\text{MPa}$，求泵的最大安装高度 H_{max}。

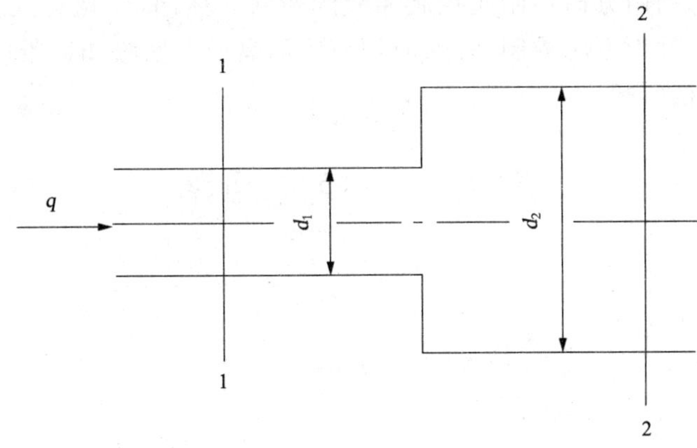

图 1-2

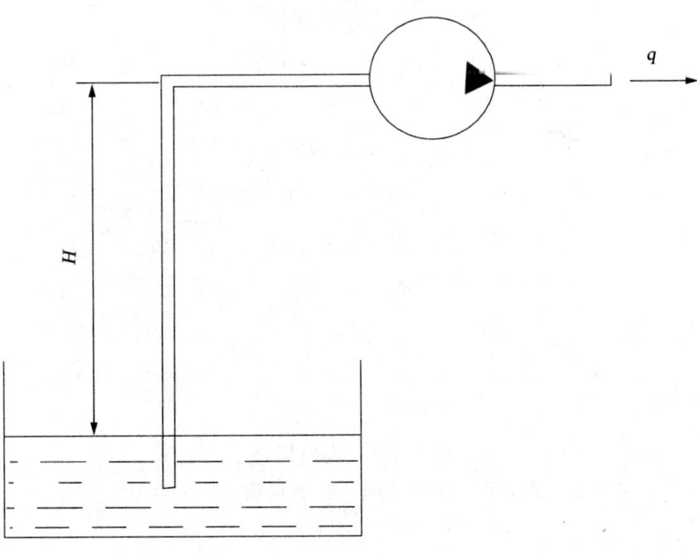

图 1-3

模块二　方向控制回路

在液压系统中，利用方向控制阀控制油液的通断和换向，使执行元件启动、停止或变换运动方向的回路，称为方向控制回路，应用较多的是换向回路和锁紧回路。方向控制阀主要包括单向阀和换向阀。

课题一　换向回路

目标任务

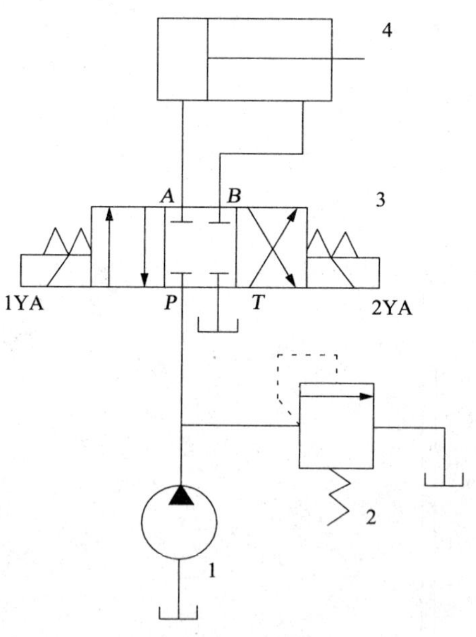

图 2-1-1　换向回路

1—液压泵　2—溢流阀　3—换向阀　4—液压缸

目标及要求

(1)掌握齿轮泵的工作原理。

(2)掌握外啮合齿轮泵的结构,会拆装齿轮泵,并能进行常见故障分析。

(3)掌握换向阀的工作原理及符号含义。

(4)根据液压原理图会组装简单的换向回路。

授课 No.1

任何工作系统都需要动力驱动。液压系统则是以液压泵作为向系统提供一定流量和压力的动力元件。液压泵由电动机带动,将液压油从油箱中吸出,并以一定的压力输送到系统,驱动执行元件运动做功。其作用是将电动机(或其他原动机)输入的机械能转换为液体的压力能,为液压系统提供压力油。液压泵的性能好坏直接影响到液压系统的工作性能和可靠性,在液压传动中占有极其重要的地位。

一、液压泵的工作原理

图 2-1-2 为液压泵的工作原理图。柱塞 2 装在缸体 3 内,并做左右移动,在弹簧 4 的作用下,柱塞紧压在偏心轮 1 的外表面上,当电动机带动偏心轮 1 旋转时,偏心轮即推动柱塞 2 左右运动,从而使密封容积 a 的空间大小发生周期性的变化。当容积由小到大变化时,a 腔形成部分真空,油箱中的油液在大气压的作用下,经吸油管道顶开单向阀 6 进入油腔 a,实现吸油过程;反之,当容积由大到小变化时,a 腔中的油液将在压力的作用下,顶开单向阀 5 进入液压系统,实现压油过程。电动机带动偏心轮连续旋转,液压泵就不断的吸油和压油。液压泵是依靠工作腔的容积变化进行吸油和压油,故又称为容积泵。

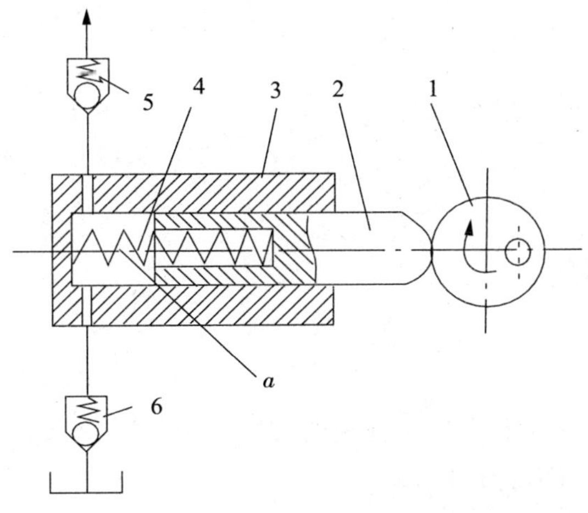

图 2-1-2　液压泵工作原理图

1—偏心轮　2—柱塞　3—缸体　4—弹簧　5、6—单向阀

构成容积泵的基本条件是:

(1)结构上能形成具有密封性的工作腔。

(2)工作腔能周期性地增大或减小。

(3)应有配流装置,使吸油口与压油口不能相通。

(4)油箱不能做成真空结构。

液压泵的常用类型:齿轮泵、叶片泵、柱塞泵、螺杆泵等。每一类型中又有不同的结构形式。其工作腔几何参数固定不变,在每一工作周期中,吸入、压出的液体体积恒定,这种泵称为定量泵。有些结构型式是变量型的,即可以通过某种结构措施改变工作腔的容积。液压泵的分类如下:

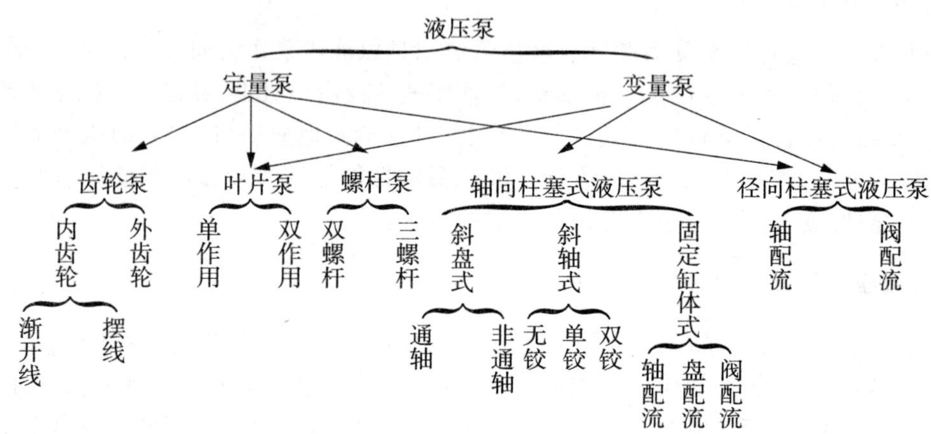

液压泵的职能符号如图 2-1-3 所示。

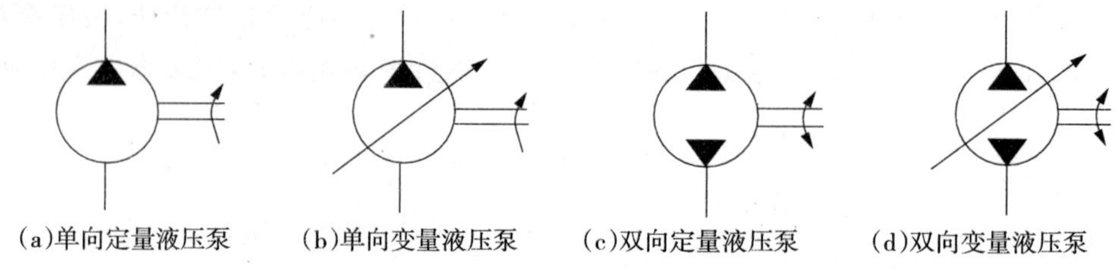

图 2-1-3　液压泵的职能符号

二、液压泵性能参数

(一)液压泵的压力

(1)工作压力 p

工作压力 p 指液压泵工作时输出油液的实际压力,其大小取决于外界负载。外界负载增大,泵的工作压力也随之升高。

(2)额定压力 p_n

液压泵的额定(公称)压力是标(铭)牌上所标定的压力,指液压泵在正常工作条件下,按实验标准规定连续运转的最高工作压力。泵的额定压力大小受泵本身的泄漏和结构力度所制约。当泵的工作压力超过额定压力时,泵就会过载。压力分级如表 2-1-1 所示。

表 2-1-1 液压泵压力分级

压力等级	低压	中压	中高压	高压	超高压
压力/MPa	≤2.5	2.5～8	8～16	16～32	＞32

(二)液压泵的排量和流量

1. 排量 V

不考虑泄漏情况下,泵轴每转所排出的油液体积,其常用单位为 m^3/r、mL/r。

2. 流量

泵在单位时间内液压排出油液的体积,单位为 m^3/s、m^3/min。

(1)理论流量 q_t 是指在不考虑泄漏的情况下,单位时间内液压泵排出油液的体积。液压泵的理论流量等于排量和转速的乘积,即

$$q_t = Vn \tag{2-1}$$

(2)实际流量 q_v 是指液压泵工作时的实际输出流量。由于液压泵存在泄漏,因此液压泵的实际流量小于理论流量。

(3)额定流量 q_n 是指液压泵在额定压力和额定转速下的输出流量。

(三)液压泵的功率

液压泵输入的是机械能,表现形式为输入转矩 T_i 和转速 n;其输出的是液体压力能,表现形式为输出流量 q_v 和压力 p,所以,液压泵输入功率 P_i(单位为 W)为

$$P_i = T_i 2\pi n \tag{2-2}$$

液压泵输出功率 P_o 为

$$P_o = pq_v \tag{2-3}$$

(四)液压泵的效率

1. 容积效率 η_v

它是液压泵实际流量与理论流量的比值,即

$$\eta_v = q_v/q_t = (q_t - \Delta q)/q_t = 1 - \Delta q/q_t \tag{2-4}$$

Δq 为液压泵的泄漏量,与工作压力有关。工作压力为 0 时,泄漏量最小,工作压力越大,泄漏量越大,因此,其容积效率随压力的升高而降低。

2. 机械效率 η_m

它是指驱动液压泵的理论输入转矩 T_t 与实际输入转矩 T_i 的比值,即

$$\eta_m = \frac{T_t}{T_i} \tag{2-5}$$

由于液压泵在工作时存在机械摩擦和液体黏性摩擦,导致实际所需转矩大于理论所需转矩。

3. 总效率 η

它是指液压泵泵输出功率与输入功率的比值,即

$$\eta = \frac{P_0}{P_i} = \eta_v \eta_m \tag{2-6}$$

由式(2-6)可知,液压泵的总效率等于容积效率和机械效率的乘积。

授课 No. 2

一、齿轮泵

齿轮泵是一种常用的液压泵，其主要特点是：结构简单、工艺性好、体积小、重量轻、价格低、自吸性能好、对油的污染不敏感、工作可靠。由于齿轮泵是轴对称的旋转体，允许有较高的转速。但流量脉动和困油现象较严重，噪声大，排量不可变。低压齿轮泵的工作压力为 2.5MPa；中、高压齿轮泵的工作压力为 16～20 MPa；某些高压齿轮泵的工作压力可达 32MPa。齿轮泵的最高转速一般可达 3000r/min，某些齿轮泵（如飞机用齿轮泵）最高转速可达 8000r/min。但其低速性能较差，一般不适于低速运行。当泵的转速低于 200～300 r/min 时，容积效率将降到不能允许的地步。

齿轮泵是利用一对齿轮的啮合运动，造成吸、排油腔的容积变化进行工作的。啮合的齿轮为其核心零件，按其啮合形式可分为外啮合齿轮泵和内啮合齿轮泵。外啮合齿轮泵一般采用一对齿数相同的渐开线直齿圆柱齿轮啮合，内啮合齿轮泵除采用渐开线齿轮外，也可采用摆线齿轮。

（一）外啮合齿轮泵

1. 工作原理及结构图

图 2-1-4 为外啮合齿轮泵的工作原理图。齿轮泵由壳体、端盖和齿轮的各个齿间槽组成了许多密封工作腔，当齿轮转向如图所示时，左侧吸油腔由于相互啮合的轮齿逐渐脱开，密封工作腔容积逐渐增大，形成部分真空，油箱中的油液被吸入泵体，将齿间槽充满，并随着齿轮旋转，把油液带到右侧压油腔中。在压油腔一侧，由于齿轮逐渐进入啮合，密封工作腔容积不断减少，油液被挤压出去。吸油区和压油区是由相互啮合的轮齿以及泵体分隔开的。

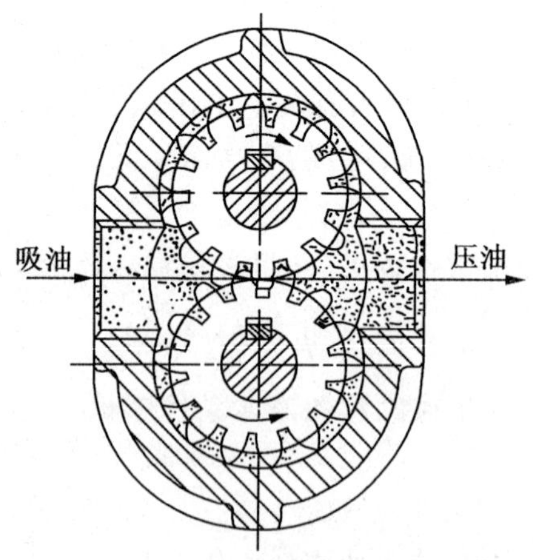

图 2-1-4 外啮合齿轮泵的工作原理图

如图 2-1-5 所示为 CB-B 型齿轮泵结构图。

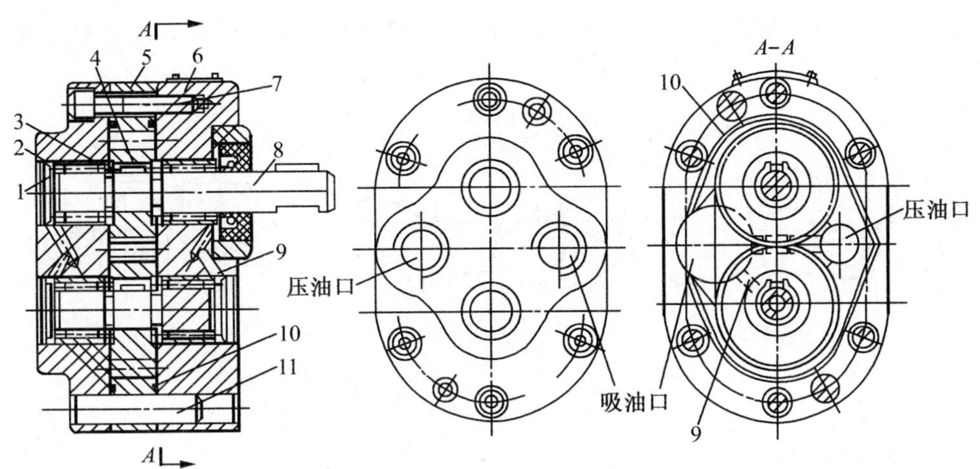

图 2-1-5　CB-B 型齿轮泵结构图

1—滚针轴承　2—后端盖　3—键　4—主动轮　5—泵体

6—前端盖　7—螺钉　8—传动轴　9—泄油道　10—卸荷槽　11—定位销

CB-B 型齿轮泵为三片结构，即前后端盖 6、2 和泵体 5，三片由 2 个定位销 11 定位，用 6 个螺钉 7 连接。为了使齿轮能灵活转动，同时又要使泄漏量最小，在齿轮端面和泵端盖之间应留适当的间隙(轴向间隙)。另外，为避免齿顶和泵体内壁相碰，齿顶与泵体内表面之间也要留一定的间隙(径向间隙)。该泵采用了内部泄油方式，即油液通过泵的轴向间隙润滑滚针轴承，然后经泄油道 9 流回吸油腔。在泵体 5 的前后端面上开有卸荷槽，使泄漏油经由卸荷槽流回吸油腔，同时减轻了泵体与泵盖接合面之间的泄漏油压力，减轻了螺钉承受的拉力。泵不需要设置单独的外泄漏油管。

该泵为了消除困油现象，在左、右端盖上各铣有两个不对称矩形卸荷槽。为了减小径向作用力不平衡、改善轴承受力情况，采用了缩小压油腔的措施。这种结构的泵其吸油腔不能承受高压，故泵的吸、压油腔不能互换，泵不能反向工作，也不能作液压马达使用。

2. 外啮合齿轮泵的结构特点

(1)困油现象

实际工作中，为保证齿轮泵的齿轮平稳地啮合运转，必须使齿轮啮合的重叠系数 e 略大于 1，即前一对轮齿未脱离啮合之前，后一对轮齿已进入啮合。齿的啮合是使泵的高、低压油腔隔开的必要条件。从齿轮泵工作原理来看，也必须保证在任何时刻至少有一对齿轮处于啮合状态。当两对齿同时啮合时，由于齿轮的端面间隙很小，因此这两对轮齿之间的油液与泵的吸、压油腔互不相通，形成一个封闭容积。齿轮转动时，封闭容积会发生变化，使其中的液体受压缩或膨胀，造成封闭容积内液体的压力发生急剧变化，这种现象称为困油现象。如封闭容积减少[见图 2-1-6(a)到(b)]，会使被困油液受挤压，并从缝隙中挤出而产生很高的压力，油液发热，使机件(如轴承)受到额外的负载。如封闭容积增大[见图 2-1-6(b)到(c)]，又会造成局部真空，使油液中溶解的气体分离，产生气穴现象，这将引起齿轮泵产生强烈的振动和噪声。所以，困油现象对齿轮泵的正常工作非常有害。

消除困油现象的措施：在两侧盖板上开卸荷槽（见图 2-1-6 中双点划线），原则是在保证吸、压油腔互不沟通的前提下，设法使封闭容积与吸油或压油腔相通。当封闭腔容积减小时，通过左边的卸荷槽与压油腔相通，封闭容积增大时，通过右边的卸荷槽与吸油腔相通。

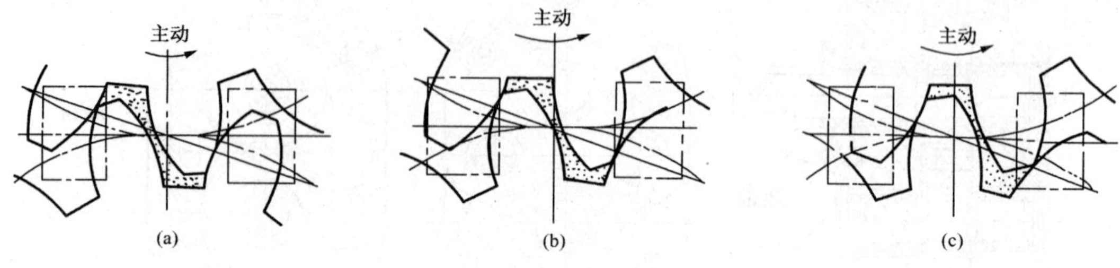

图 2-1-6　困油现象

(2)径向力不平衡

齿轮泵（特别是中、高压齿轮泵）的轴承磨损是影响齿轮泵寿命的主要原因之一，因此，对齿轮泵的齿轮受径向作用力的分析有重要意义。齿轮泵产生径向力不平衡的原因有三方面：一是液体压强产生的径向力，这是因为齿轮泵工作时排油腔的油压高于吸油腔的油压，并且齿顶圆与泵体内表面之间存在径向间隙，油液会通过间隙泄漏。因此，从排油腔起，沿齿轮外缘至吸油腔的每个齿间内的油压不同，压力依次递减，其分布情况如图 2-1-7 所示。二是齿轮传递力矩时产生的径向力，径向力的方向通过齿轮的啮合线，使主动齿轮所受合力减小，被动齿轮所受合力增大。三是困油现象产生的径向力，致使齿轮泵径向力不平衡现象加剧。齿轮泵由于径向力不平衡，把齿轮压向一侧，使齿轮轴受到弯曲作用，影响齿轮轴承寿命，同时还会使吸油腔的齿轮径向间隙减小，从而使齿轮与泵体内腔产生摩擦或卡死，影响齿轮泵的正常工作。

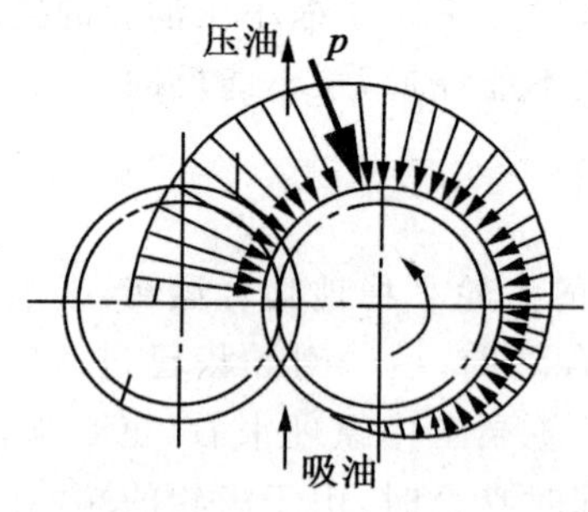

图 2-1-7　径向力不平衡

消除径向力不平衡的措施：一是缩小排油口直径，使高压仅作用在 1～2 个轮齿的范围内，这样使压力油作用于齿轮上的面积减小，因此，径向力也相应减小。二是开压力平衡槽，在相关零件（通常在轴承座圈）上开出 4 个接通齿间的压力平衡槽，使其中 2 个与排油腔相通，另2个与吸油腔相通，这种方法可使作用在齿轮上的径向力大致平衡，但同时也会使泵的高、低压油区更加接近，增加泄漏和降低容积效率。三是改善结构，如将结构改造成“三齿轮”形式（见图2-1-8）。其中间齿轮为主动轮，比二齿轮泵仅多了一个齿轮，形成两个吸油腔和两个压油腔，流量虽增加近一倍，但体积、重量增加不大，而且径向力平衡，泵的使用寿命长。

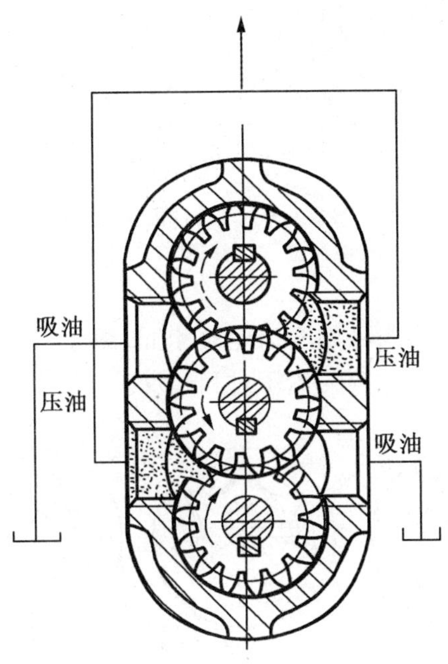

图 2-1-8　三齿轮工作原理图

（3）泄漏

泄漏齿轮泵存在三条可能产生泄漏的途径：一是通过齿轮两端面和泵端盖之间的轴向间隙；二是通过齿轮齿顶和泵体内表面间的径向间隙；三是通过两齿轮的齿面啮合处的啮合间隙。因轴向间隙泄漏的途径短且面积大，故此处的泄漏量最大（占总泄漏量的75%～80%）。可见轴向间隙越大，泄漏量也越大，容积效率就越低。但轴向间隙过小，会造成齿轮端面和泵盖间的摩擦加大，从而降低机械效率，因此必须选择合适的轴向间隙。CB-B型齿轮泵轴向间隙为0.01～0.04mm，其容积效率和机械效率可达90%以上。

齿轮泵不适合做高压泵。为解决外啮合齿轮泵的内泄露问题，提高其工作压力，现已开发出固定侧板式齿轮泵，其最高压力可达7～10MPa。可动侧板式齿轮泵在高压时侧板被往里推，其最高压力可达14～17MPa。

（二）内啮合齿轮泵

内啮合齿轮泵有渐开线齿轮泵和摆线齿轮泵两种，如图2-1-9所示。在渐开线齿形的内啮合齿轮泵中，小齿轮和内齿轮之间要装一块隔板3，将吸油腔1与压油腔2隔开[见图2-1-9(a)]。在摆线齿形的内啮合齿轮泵中，小齿轮与内齿轮只相差一个齿，不设置隔板[见图2-1-9(b)]。内啮合齿轮泵中的小齿轮是主动轮。

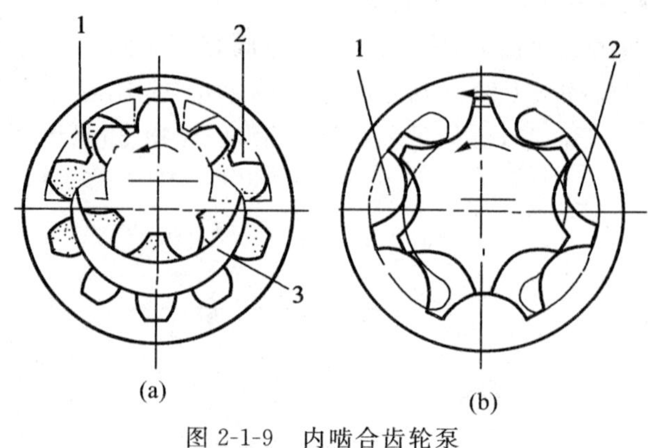

图 2-1-9　内啮合齿轮泵

1—吸油腔　2—压油腔　3—隔板

内啮合齿轮泵的工作原理与外啮合齿轮泵相同，图 2-1-10 为摆线齿轮泵的工作原理图（图中所示为吸油过程，压油过程与图示过程相反）。

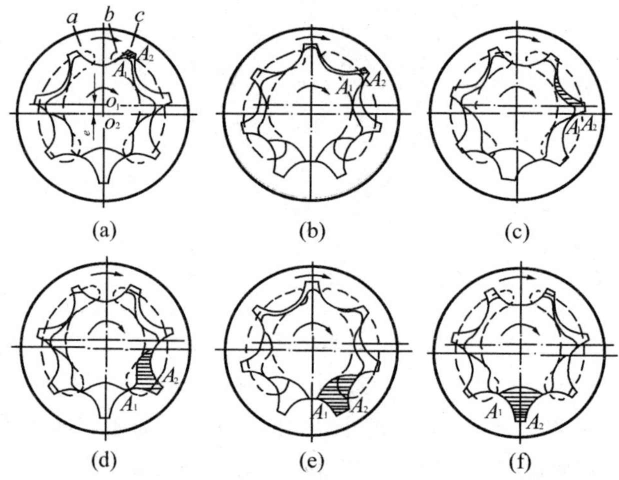

图 2-1-10　摆线齿轮泵的工作原理图

内啮合齿轮泵结构紧凑、尺寸小、重量轻，由于齿轮转向相同，相对滑动速度小，磨损小，使用寿命长，流量脉动比外啮合齿轮泵小，故压力脉动和噪声都较小。内啮合齿轮泵还允许使用高转速（高转速下的离心力使油液更好地充入密封工作腔），可获得较大的容积效率。其中摆线内啮合齿轮泵结构更简单，啮合的重叠系数大，传动平稳，吸油条件更为良好。内啮合齿轮泵的缺点是齿形复杂、加工精度要求高，需要专门的制造设备，造价较贵。

二、齿轮泵的排量和流量

齿轮泵排量的精确计算可按啮合原理来进行。近似计算时，可认为排量等于它的两个齿轮的齿间槽容积之和。设齿间槽容积等于轮齿体积，则当齿轮齿数为 z、节圆直径为

D、齿高为 h、模数为 m、齿宽为 b 时，泵的排量为

$$V=\pi Dhb=2\pi zm^2b$$

考虑到齿间槽容积比轮齿体积稍大，所以通常取

$$V=6.66zm^2b$$

泵的实际流量为

$$q=6.66zm^2bn\eta_v$$

其中 n 为泵轴转速，η_v 为容积效率。

三、齿轮泵的常见故障、原因和解决方法

齿轮泵使用中常见故障主要有噪声、压力波动、供油不足或不均等。产生故障的原因及排除方法如表 2-1-2 所示。

表 2-1-2　齿轮泵的常见故障、原因及排除方法

故障	原因	排除方法
噪声大或压力波动严重	滤油器被污物阻塞或吸油管贴近滤油器底面	清除滤油器铜网上的污物；吸油管不得贴近滤油器底面
	油管露出油面，伸入油箱较浅，或吸油位置太高	吸油管应伸入油箱内 2/3 深，吸油位置不得超过 500mm
	油箱中的油液不足	按油标规定线加注油液量
	CB 型齿轮泵的泵体与泵盖是硬性接触（不加垫圈），若泵体与泵盖的平面度不好，泵工作时会吸入空气；泵密封不良、接触面或管接头处有泄漏，也会造成空气的侵入	泵体与泵盖的平面度不好，可在平板上用金刚砂研磨，使平面度不超过 5μm（同时注意保证垂直度的要求）；紧固各连接件，严防泄漏的发生
	泵和电动机的联轴器碰撞	装配时注意保证同轴度的要求；联轴器中的垫圈损坏应及时更换
	轮齿的齿形精度不好	调换齿轮或修整齿形
	CB 型齿轮泵骨架式油封损坏或装配时骨架油封内弹簧脱落	及时更换损坏的骨架油封
输油量不足或压力不能保证	轴向间隙与径向间隙过大	修复或更换泵的相关机件
	连接处有泄漏，混入空气	紧固连接处的螺钉
	油液黏度太高或油温过高	选用合适黏度的液压油，并注意温度变化对油温的影响
	电动机旋转方向不正确，造成泵无法正常工作；在泵吸油口处有大量气泡	改变电动机旋转方向
	滤油器或管道堵塞	清除污物，定期更换油液
	压力阀中的阀芯在阀体中移动不灵活	检查压力阀，使阀芯在阀体中能灵活移动

续表

故障	原因	排除方法
泵旋转不良或卡死	轴向间隙或径向间隙过小	修复或更换泵的机件
	装配不良	按照"修复后的齿轮泵装配注意事项"进行装配
	压力阀失灵	检查压力阀中的弹簧是否失灵、阀上小孔是否堵塞、阀芯在阀体孔中移动是否灵活等，并及时调整或修复
	泵和电动机的联轴器同轴度不好	调整两者的同轴度在规定范围内
	油液中杂质被吸入泵体内	注意环境整洁，严防周围灰尘、铁屑及切削液进入油箱
CB型泵的压盖或骨架油封遭冲击	压盖堵塞了前后盖板的回油通道，造成回油不通畅，产生很高的压力	将压盖取出重新压进，并注意不要堵塞回油通道
	骨架油封与泵的前盖配合较松	调整骨架油封外圈与泵的前盖配合间隙，骨架油封应压入泵的前盖；若间隙过大，应更换新的骨架油封
	装配时将进、出油口装反，使出油口接通卸荷槽，形成压力，冲击骨架油封	纠正泵体的装配方向
	泄漏通道被污物堵塞	清除泄漏通道上的污物

四、技能训练：齿轮泵的拆装

齿轮泵虽然结构简单，但种类较多，结构各异。通过对 CB-B 型齿轮泵的拆装，可加深对其结构、工作原理和加工及装配工艺的了解和认识。

1. 拆装应注意事项

(1)预先准备好拆卸工具。

(2)螺钉要对称松卸。

(3)拆卸时应注意作好记号。

(4)注意不要碰伤或损坏零件和轴承等。

(5)紧固件应借助专用工具拆卸，不得随意敲打。

2. 拆装步骤

(1)切断电动机电源，并在电器控制箱上挂好"设备检修，严禁合闸"的警告牌。

(2)关闭管路上的吸、排截止阀。

(3)旋开排出口上的螺塞，将管系及泵内的油液放出，然后拆下吸、排管路。

(4)用内六角扳手将输出轴侧的端盖螺丝拧松(拧松之前在端盖与本体的结合处作上记号)并取出螺丝。

(5)用螺丝刀轻轻沿端盖与泵体的结合面处将端盖撬松，注意不要撬太深，以免划伤密封面，因为密封主要是靠两密封面的加工精度及泵体密封面上的卸油槽来实现的。

(6)将端盖板拆下，将主、从动齿轮取出，注意将主、从动齿轮与对应位置做好记号。

(7)用煤油或轻柴油将拆下的所有零部件进行清洗并放于容器内妥善保管，以备检查和测量。

3.齿轮泵的安装

(1)将啮合良好的主、从动齿轮两轴装入左侧(非输出轴侧)端盖的轴承中,装复时应按拆卸所作记号对应装入,切不可装反。

(2)上右侧端盖,上紧螺丝,拧紧时应边拧边转动主动轴,并对称拧紧,以保证端面间隙均匀一致。

(3)装复联轴节,将电动机装好,对好联轴节,调整同轴度,保证转动灵活。

(4)泵与吸排管系接妥后,再次用手转动,检查是否灵活。

4.技术评价

拆装齿轮泵技术评价如表2-1-3所示。

表2-1-3　拆装齿轮泵技术评价

序号	考评项目	配分	得分	备注
1	正确选取拆装工具和量具	15		
2	拆卸程序是否正确	20		
3	所使用的工艺方法是否得当,是否符合技术规范	20		
4	能够正确地对零件进行外部检查	15		
5	拆装完毕后工具的整理是否符合规范	15		
6	问题分析和结论是否正确(问题如下5)	15		
合计		100		

5.仔细观察齿轮泵结构,思考以下问题:

(1)齿轮泵是由哪些零件组成的?

(2)齿轮泵为什么能吸油和压油?油箱完全密封不与大气接通是否可以?

(3)进、出油口孔径是否相等?为什么?

(4)密封容积是由哪些零件组成的?

(5)卸荷槽在哪个位置上?相对高、低压腔是否对称布置?

(6)泵内压力油是怎样泄漏的?怎样提高其容积效率?

(7)泵内径向力是怎样产生的?它有什么影响?怎样消除?

(8)泵的工作压力决定于什么?它与铭牌上的压力有什么关系?

(9)泵的理论流量决定于什么参数?它与铭牌上的流量有什么关系?

授课 No.3

一、液压控制阀概述

液压控制阀是液压系统中用来控制液流方向、压力和流量的元件。通过这些阀,对执行元件的启动、停止、运动方向、速度、动作顺序和克服负载的能力进行调节与控制,使各类液压机械都能按要求协调地进行工作。

(一)液压控制阀的分类

1.按用途分

液压控制阀可分为方向控制阀、压力控制阀和流量控制阀。实际应用中,这三类阀还可根据需要，互相组合成为组合阀，如单向顺序阀、单向节流阀等。

2. 按操纵方式分

普通液压阀为开关阀，可分为手动控制阀、机动控制阀、电磁控制阀、液动控制阀等，此外，还有根据输入信号连续或按比例控制的比例阀和伺服阀，用数字信息直接控制的数字阀等。

(二)液压控制阀的基本共同点

各种类型的液压阀都具有下述基本共同点：在结构上，所有液压阀都是由阀体、阀芯和操纵部分组成；在工作原理上，所有液压阀的开口大小、进出口间的压差以及通过阀的流量之间的关系都符合孔口流量公式 $q=CA\Delta p^m$，仅是不同控制阀的参数不同而异。

(三)液压控制阀的要求

动作灵敏，使用可靠，工作时冲击和振动小；密封性能好，内外泄漏少；结构简单，制造装配方便，通用性好。

(四)液压阀的规格和性能参数

液压控制阀的规格用阀进、出油口的名义通径 D_g（单位为 mm）表示。D_g 相同的阀，其阀口的实际尺寸不一定相等。目前仍然在使用的某些按旧标准生产的阀，其性能参数主要有额定压力、额定流量、额定压力损失、最小稳定流量等数值参数。按新标准生产的阀除了规定性能参数，如最大工作压力、开启压力、压力调整范围、允许背压、最大流量，还给出了若干条特性曲线，如压力—流量特性曲线、压力损失—流量特性曲线等，用以确定不同状态下的性能参数值，可更确切地表明阀的性能。

二、换向阀

换向阀是通过变换阀芯在阀体内的相对位置，使阀体各油口连通或断开，从而控制执行元件的换向或启停。

换向阀的分类：

(1) 按阀芯的型式：分为滑阀和转阀，其中滑阀比转阀应用广泛。

(2) 按阀芯在阀体中工作位置数：分为二位、三位等。

(3) 按阀体油口通路数：分为二通、三通、四通、五通等。

(4) 按移动阀芯的操纵方式：分为手动、机动、电磁、液动、电液换向阀。

液压传动系统对换向阀性能的主要要求：油液流经换向阀时压力损失要小；互不相通的油口间的泄漏要小；换向要平稳、迅速且可靠。

(一)换向阀的工作原理

换向阀主要由阀体及阀芯组成，阀体内加工出环形通道及油口，阀杆上加工出台肩与之配合，有的阀芯内部有通孔。当阀芯在阀体内移动时，可改变各油口之间的连通关系。

如图 2-1-11 所示为三位四通换向阀的工作原理。在图示位置，液压缸两腔不通压力油，处于停止状态。若使换向阀的阀芯 1 左移，阀体 2 上的油口 P 和 A 连通，B 和 T 连通。压力油经 P、A 进入液压缸左腔，活塞右移，右腔油液经 B、T 流回油箱。反之，若使阀芯右移，则 P 和 B 连通，A 和 T 连通，活塞左移。

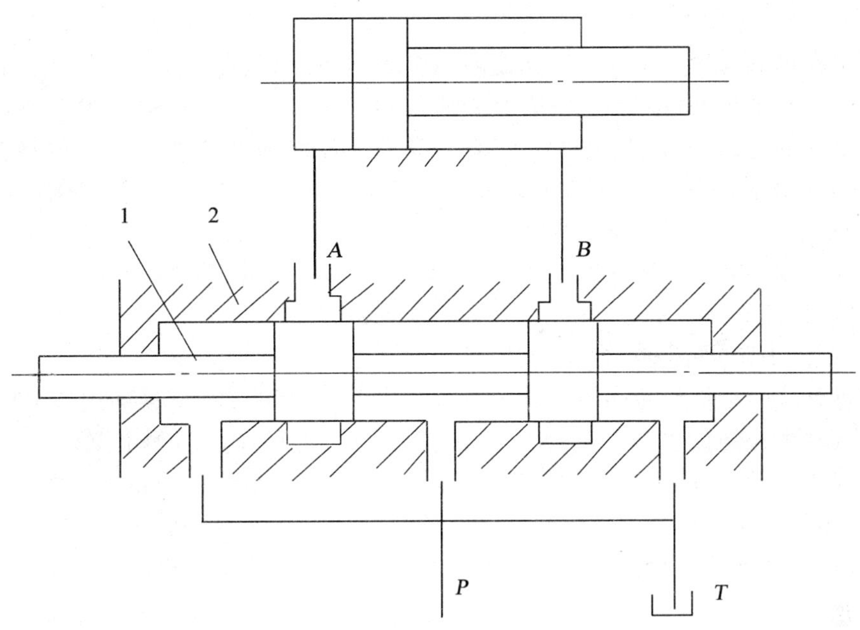

图 2-1-11　换向阀工作原理
1—阀芯 2—阀体

(二)换向阀图形符号的含义

图 2-1-11 中的换向阀可以绘制成图 2-1-12。其中,“位”、“通”等是换向阀绘制中的重要概念。

1. 位

阀芯相对阀体的不同的工作位置数,即工作位置数称为“位”,通常用一个粗实线方框表示 1 个工作位置。换向阀有几个工作位置就相应的有几个方框数。如图 2-1-11 所示的换向阀阀芯相对于阀体有 3 个工作位置,所以在图 2-1-12 中有 3 个方框,表示三位。

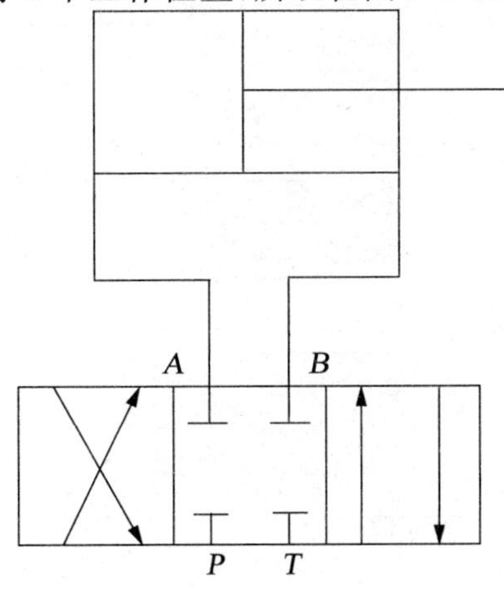

图 2-1-12　换向阀图形符号

2. 通

通常把换向阀与液压系统油路相连的油口数称为“通”，即表示阀体上的油路数。阀体上外部接口有 2 个油口，为二通；有三个油口，为 3 通。当阀芯相对于阀体运动时，可改变各油口之间的连通情况，从而改变液流的流动方向。如图 2-1-11 所示的换向阀共有 P,T,A,B4 个通油口，所以在图 2-1-12 中的每个方框中都有 4 个油口，表示四通。

3. 箭头

表示阀体油口处于连通状态，箭头方向不一定表示油液实际方向。

4. 截断符号“⊥”和“⊤”

截断符号“⊥”和“⊤”表示油路被封闭。

5. 靠近弹簧的一格或两端控制符号相同的对称格，表示常态下换向阀的工作位置。

6. 靠近外加控制信号的一格，表示控制信号作用下换向阀的工作位置。

7. 一般阀与系统供油路连接的进油口用 P 表示，阀与系统回油路连接的回油口用 T 表示，而阀与执行元件连接的工作油口用 A,B 表示。

表 2-1-4 中列出了几种常用滑阀式换向阀的结构及其职能符号。

表 2-1-4　　常用换向阀结构原理和职能符号

位与通	结构原理图	职能符号
二位二通	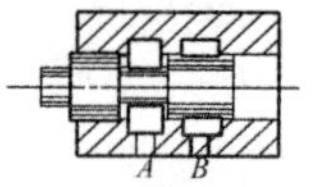 A B	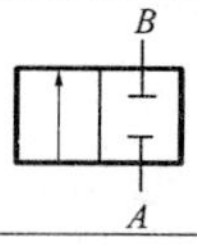 B A
二位三通	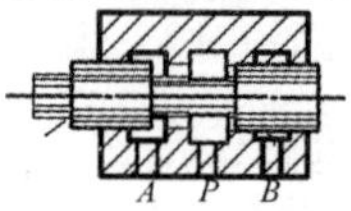 A P B	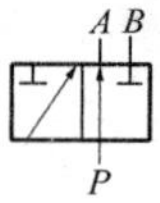 A B P
二位四通	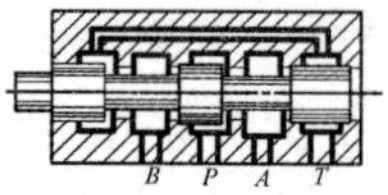 B P A T	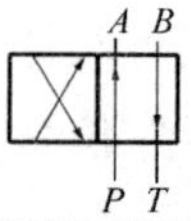 A B P T
二位五通	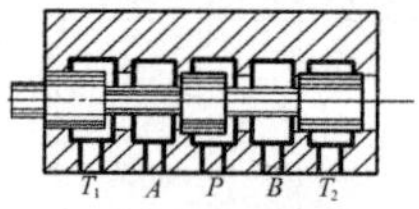 T_1 A P B T_2	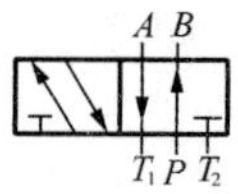 A B T_1 P T_2
三位四通	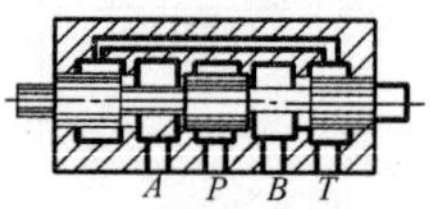 A P B T	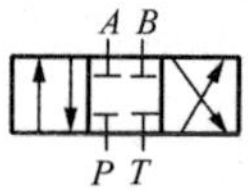 A B P T
三位五通	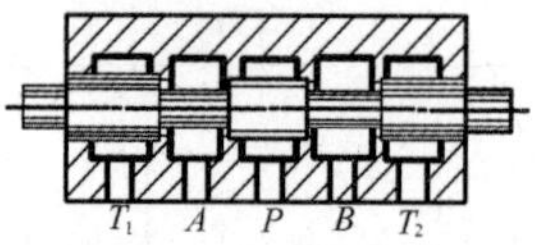 T_1 A P B T_2	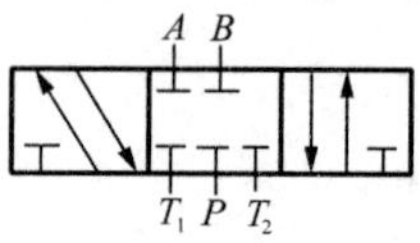 A B T_1 P T_2

常用的换向阀操纵方式符号如图 2-1-13 所示，图 2-1-13 所示的操纵方式与表 2-1-4 所示的换向阀的位和通路符号组合，可以得到不同的换向阀，如三位四通电磁换向阀、二位二通机动换向阀等。

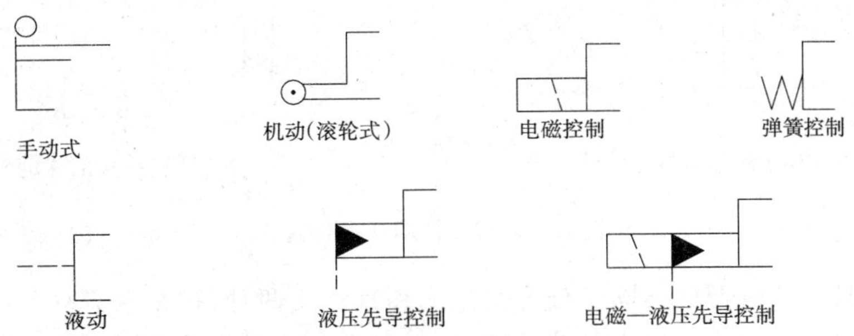

图 2-1-13　换向阀操纵方式符号

二、电磁换向阀

电磁换向阀是利用电磁线圈通电后，通过电磁铁吸力操纵阀芯换位的方向控制阀。如图 2-1-14 所示为三位四通电磁换向阀的结构原理和符号。阀的两端各有一个电磁铁和一个对中弹簧，常态时阀芯处于中位。当右端电磁铁通电时，衔铁通过推杆将阀芯推至左端，换向阀在右位工作，P 和 B 通，A 和 T 通；反之，左端电磁铁通电吸合时，换向阀在左位工作。

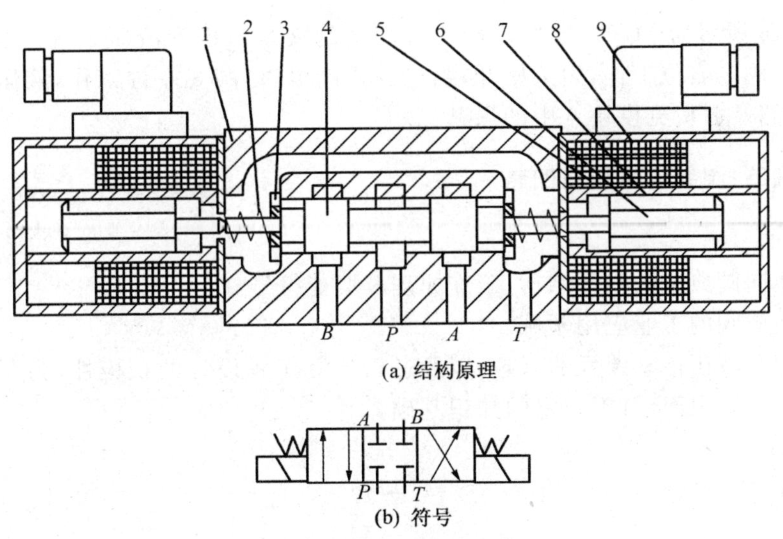

图 2-1-14　三位四通电磁换向阀

1—阀体　2—弹簧　3—弹簧座　4—阀芯

5—线圈　6—衔铁　7—隔套　8—壳体　9—插头组件

如图 2-1-15 所示为二位四通电磁阀的符号，图(a)为单电磁铁弹簧复位式，图(b)为双电磁铁钢球定位式。二位电磁阀一般都是单电磁铁控制的，但无复位弹簧的双电磁铁二位阀由于电磁铁断电后仍能保留通电时的状态，可以避免系统的失灵或出现事故，常用于连续作业的自动化系统。

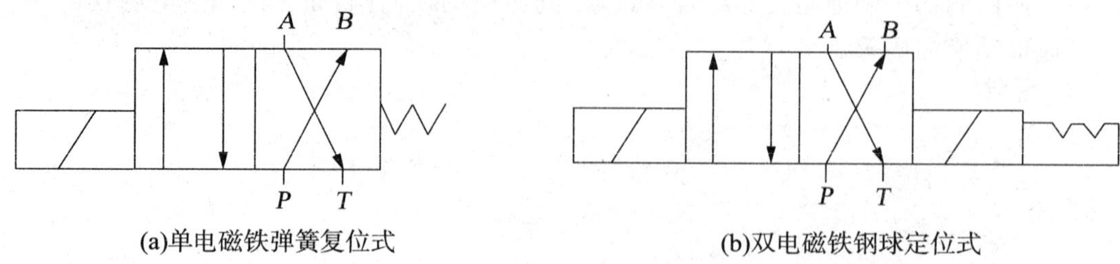

(a)单电磁铁弹簧复位式　　(b)双电磁铁钢球定位式

图 2-1-15　二位四通电磁阀符号

电磁铁按使用电源的不同可分为交流式和直流式两种，按衔铁工作腔是否有油液可分为干式和湿式。交流电磁铁起动力较大，不需要专门的电源，吸合、释放快，动作时间为 0.01～0.03s，但是如果电源电压下降 15%以上，电磁铁吸力就会明显缩小，所以，在实际使用中交流电磁铁允许的切换频率一般为 10 次/min。直流电磁铁工作较可靠，吸合、释放动作时间为 0.05～0.08s，允许的切换频率一般为 120 次/min，且体积小、冲击小、寿命长，但需配专用直流电源，成本高。

电磁换向阀使用方便，易于实现自动化，在机床自动化等方面被广泛应用，但换向时间短，换向冲击大，一般只用于小流量、平稳性要求不高的液压系统中。

三、电磁换向阀应用拓展

如图 2-1-16 所示为 MJ-50 数控机床实现刀架的夹紧与松开液压系统。当换向阀 3 电磁铁通电时，阀 3 右位工作，刀架松开；当电磁铁断电时，阀 3 左位工作，液压缸使刀架夹紧。具体回路及分析见模块八中的课题二。

四、技能训练：组装电磁换向回路

1. 实训目的

(1)熟悉换向阀典型的内部结构、工作原理及职能符号。

(2)了解换向阀的工业应用领域。

(3)培养学习液压传动课程的兴趣，以及进行实际工程设计的积极性，为调动学生进行创新设计、拓展知识面，打下一定的知识基础。

2. 实训器材

(1)液压实验工作台	一台
(2)泵站	一套
(3)三位四通电磁换向阀	一只
(4)液压缸	一只
(5)溢流阀	一只
(6)接近开关及其支架	三套
(7)四通油路过渡底板	两块
(8)油管及导线	若干

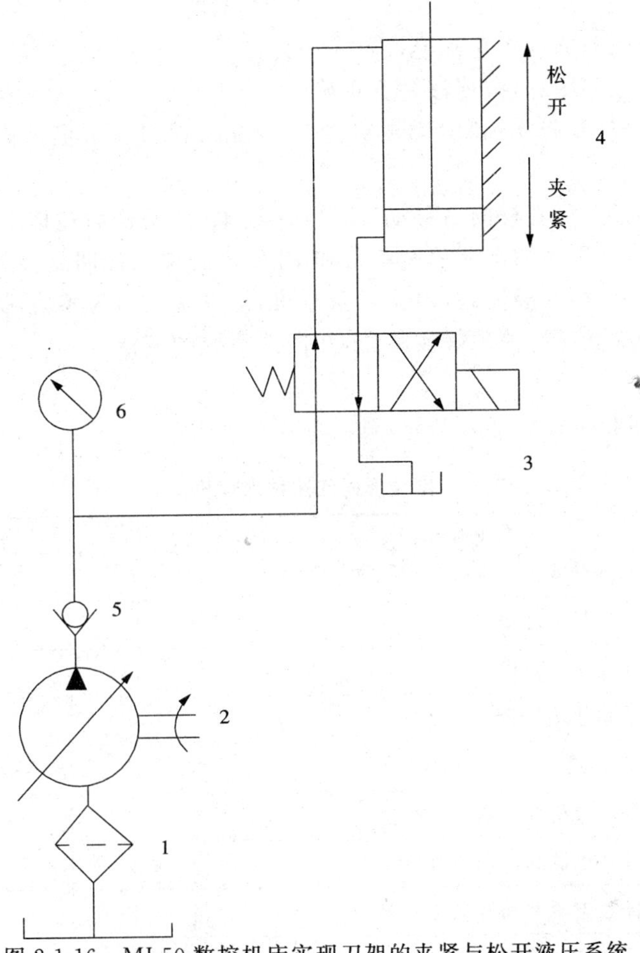

图 2-1-16　MJ-50 数控机床实现刀架的夹紧与松开液压系统

1—过滤器　2—单向变量泵　3—两位四通电磁换向阀　4—刀架液压缸　5—单向阀　6—压力表

3. 实训原理

液压回路原理图如图 2-1-1 所示，电气控制图如图 2-1-17 所示。

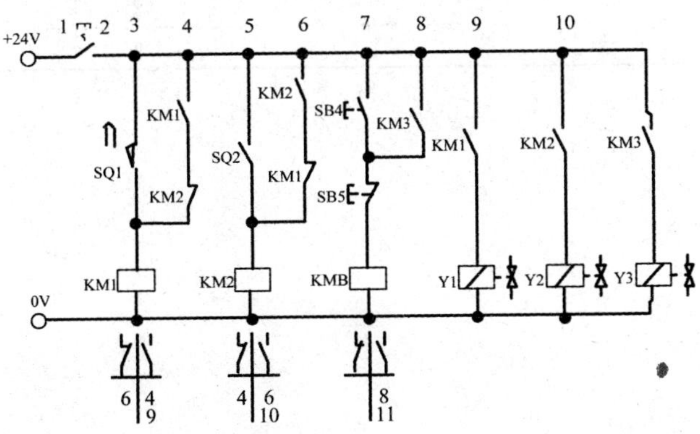

图 2-1-17　换向回路电气控制图

4. 实训步骤

(1)根据液压回路原理图正确连接各液压元件。

(2)对照回路原理图,检查连接是否正确。

(3)先松开溢流阀,起动油泵,让泵空转 1～2min,慢慢调节溢流阀,使泵的出口压力调至适当值。

(4)给 1YA 通电,活塞杆向右移动;给 2YA 通电,活塞杆向左移动。

(5)接好开关,分别用继电器控制单元和 PLC 控制单元让回路实现自动换向。

(6)实训完毕后,打开溢流阀,停止油泵电机,待系统压力为零后,拆卸油管及液压阀,并把它们放回规定的位置,整理好实验台,并保持系统的清洁。

5. 技术评价

组装换向回路技术评价如表 2-1-5 所示。

表 2-1-5　组装换向回路技术评价

序号	考评项目	配分	得分	备注
1	分析实训原理并能正确选择实训元件	5		
2	液压管路布局是否合理	10		
3	液压管路连接是否正确	15		
4	电气控制线路连接是否正确	5		
5	能否用 PLC 或组态王实现动作要求	15		
6	根据实验要求分析换向阀的通断情况	15		
7	能否正确接通电源和启动电机	5		
8	能否正确停止电机和断开电源	5		
9	能否正确拆卸各实验元件	5		
10	实训元件是否归类放置,摆放整齐	5		
11	实训工具摆放是否符合要求	5		
12	文明生产	10		
合计		100		

课题二　电液换向阀控制的换向回路

目标任务

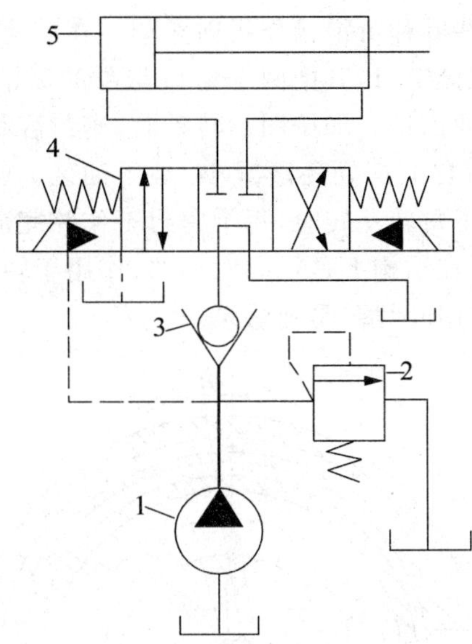

图 2-2-1　采用三位四通电液换向阀的换向回路

1—双作用叶片泵　2—溢流阀　3—单向阀　4—三位四通电液换向阀　5—单活塞缸

目标及要求

(1)掌握叶片泵的工作原理和结构。

(2)会拆装叶片泵,并能进行常见故障的分析。

(3)掌握三位换向阀的中位滑阀机能。

(4)掌握液动电磁阀和电液换向阀的特点。

(5)根据液压原理图,会组装简单的电液换向回路。

授课 No.1

叶片泵具有流量均匀、运转平稳、噪声低、体积小、结构紧凑、寿命长等优点,但与齿轮泵相比,其对油液污染较敏感,油液中杂质较多时,叶片易出现卡死现象且结构较复杂。中、低压叶片泵的工作压力一般为 8MPa,中、高压叶片泵的工作压力可达 25～32MPa。叶片泵的转速范围为 600～2500 r/min。多用于机械制造中的专用机床、自动线。

叶片泵可分为单作用(转子每转完成吸、压油各 1 次)和双作用(转子每转完成吸、压油各两次)两种形式。双作用叶片泵与单作用叶片泵相比,其流量均匀性好,转子体所受的径向力基本平衡。双作用叶片泵是定量泵,单作用叶片泵一般设计成可以无级调节排量的变量泵。

一、双作用叶片泵

(一)工作原理

图 2-2-2 为双作用式叶片泵的结构简图，定子 1 的内表面由两段长半径 R 圆弧、两段短半径 r 圆弧和四段过渡曲线组成，定子 1 与转子 3 同心。在转子上，沿圆周均布的若干个槽内分别安放有叶片，这些叶片可沿槽作径向滑动。在配流盘上，对应于定子四段过渡曲线的位置开有四个腰形配流窗口，其中两个窗口与泵的吸油口连通，为吸油窗口；另两个窗口与压油口连通，为压油窗口。如按图示转动时，密封容积在左上角和右下角处逐渐增大，是吸油区；在左下角和右上角处逐渐减小，是压油区。吸、压油区之间有一段封油区，将两者隔开。这种泵转子每转一转时，每个密封工作腔完成吸、排油 2 次，故称为双作用叶片泵。吸油区与压油区在结构上是径向对称的，作用于转子上的径向液压力平衡，故又称为平衡式叶片泵。双作用叶片泵是定量泵。

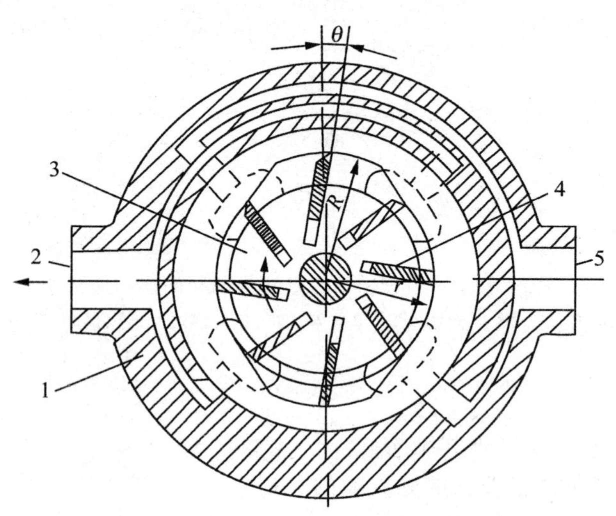

图 2-2-2　双作用式叶片泵工作原理

1—定子　2—压油口　3—转子　4—叶片　5—吸油口

(二)结构要点

(1)理想的叶片泵定子过渡曲线不仅应使叶片在槽中滑动时的径向速度和加速度变化均匀，而且应使叶片转到过渡曲线和圆弧交接点处的加速度突变不大，以减小冲击和噪声。目前，双作用叶片泵一般都是用综合性能较好的等加速等减速曲线作为过渡曲线。

(2)转子转一转时，两叶片间的工作容积完成两次吸油和压油过程。吸油口与压油口在结构上是对称分布，作用于转子上的径向作用力平衡，YB1 型叶片泵的结构如图 2-2-3 所示。为了便于装配和使用，两个配油盘与定子、转子和叶片可组装成一个部件，用 2 个长螺钉紧固。转子 12 上开有 12 个径向槽，槽内装有叶片 11。为了使叶片顶部与定子内表面紧密接触，叶片根部 b 通过配油盘的环槽 C 与压油腔相通。转子安装在传动轴 3 上，传动轴由两个滚珠轴承 2 和 8 支承。配油盘 5 是浮动的，它可以自动补偿与转子之间的轴向间隙，从而保证可靠的密封，减少泄漏。

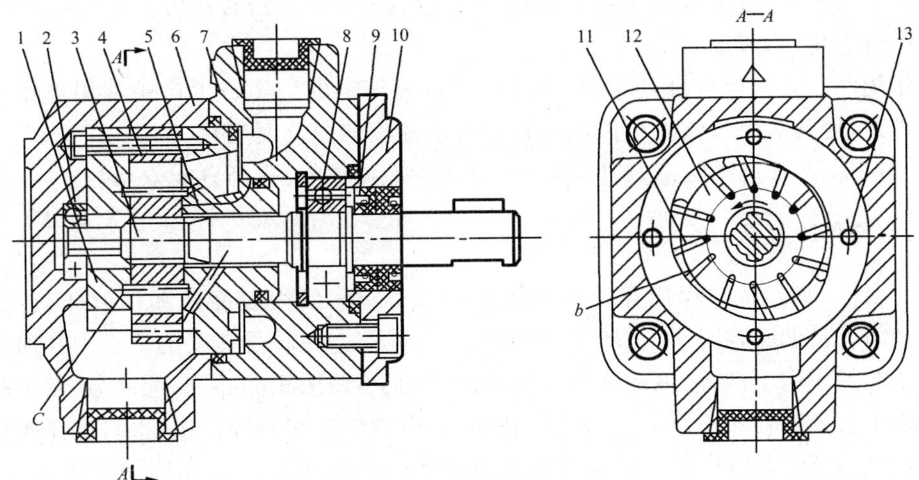

图 2-2-3　YB1 型叶片泵的结构

1—左配油盘　2、8—向心球轴承　3—传动轴　4—定子　5—右配油盘　6—后泵体　7—前泵体　9—密封圈　10—端盖　11—叶片　12—转子　13—螺钉

（三）双作用叶片泵的排量和实际流量

$$V=2\pi(R^2-r^2)b \tag{2-7}$$

$$q_v=Vn\eta_v=V=2\pi(R^2-r^2)bn\eta_v \tag{2-8}$$

式中，b 为叶片宽度；R 为定子长半径；r 为定子短半径；n 为转子转速；η_v 为泵的容积效率。

（四）提高叶片泵寿命

提高叶片泵寿命的核心是解决磨损问题。

1. 叶片与定子

采用耐磨材料，定子一般多用 38CrMoAl 合金钢进行渗氮处理，使其内表面的耐磨性比较好，而叶片多采用 W18Cr4V。

减少低压区叶片对定子内表面的压紧力。减薄叶片厚度，可以减少压紧力，但叶片太薄，其刚度和强度都会受到影响，制造工艺较复杂，给叶片及叶片槽的加工带来困难。一般按结构及工艺要求，叶片厚度为 1.8～2.2mm。同时为改善叶片的受力情况，要求叶片留在槽内的最短长度不小于其总长度的 2/3。

2. 转子

转子是叶片泵的关键零件之一，损坏形式主要是转子体两相邻叶片槽根部的断裂。为提高转子的抗冲击强度，又保证叶片槽有足够的硬度以防止槽磨损，转子体一般采用冲击韧性较好的 40Cr 淬火处理。叶片数增加使相邻叶片槽底部的距离缩短，转子体的强度减弱。为保证转子体的强度，一般叶片泵的叶片数不超过 16 个，常用 12 个叶片。

3. 叶片的安装角

叶片沿定子曲线滑动时，其端部受到定子内表面的反作用推力和与滑动方向相反的摩擦力的作用，它们的合力可分解为沿叶片槽方向的分力和垂直于叶片的分力。叶片与定子曲线的接触压力角越大，垂直分力也越大。为避免接触压力角过大而造成叶片在槽中滑动困难或被卡住(自锁),结构上将叶片槽相对转子半径沿转动方向前倾一角度 θ,以减少接触压力角,一般取 $\theta=13°$。

双作用叶片泵为定量泵,输出的排量和流量是恒定的。实践生产中常用单作用叶片泵做变量泵,使其输出的流量可以随执行元件的速度的变化而变化。

思考:变量泵在此的优点是什么?(可以减少溢流损失,提高容积效率)

二、单作用叶片泵

如图 2-2-4 所示为单作用叶片泵的工作原理。定子的内表面是圆柱形孔,转子 2 与定子 3 之间有一偏心,叶片 4 在转子的槽内可灵活滑动,在转子转动的离心力和通入叶片根部压力油的作用下,叶片顶部贴紧在定子内表面上,使两相邻叶片、配油盘、定子和转子之间形成了一个密封的工作腔。当转子转动时,右侧的叶片向外伸出,密封工作腔容积逐渐增大,产生真空,此时由吸油口 5 和配油盘上窗口将油吸入。而在图的左侧,叶片向里缩回,密封腔容积逐渐减小,将油液由配油盘的另一窗口和压油口 1 压入系统中。这种泵在转子每转一转中,吸、压油各 1 次,故称单作用式。同齿轮泵相似,其转子上也会受到单方向的径向液压不平衡作用力,又称为非平衡泵,其轴承所受负载较大,使泵的工作压力受到限制。改变定子和转子之间的偏心方向和大小,可改变泵的进、出油方向和排量,故又称为双向变量泵。

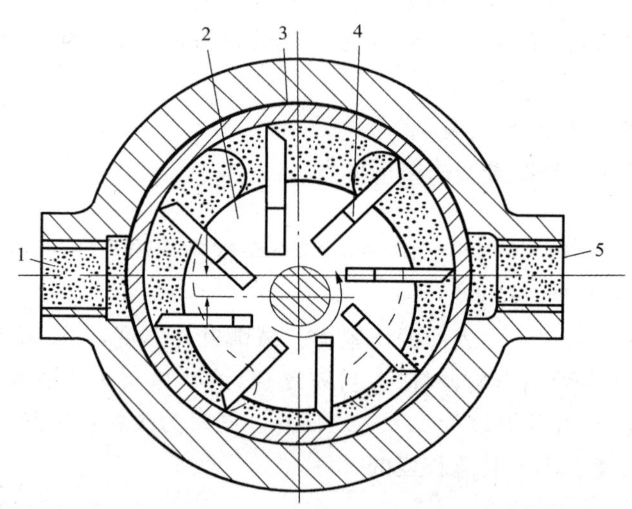

图 2-2-4 单作用式叶片泵工作原理

1—压油口 2—转子 3—定子 4—叶片 5—吸油口

单作用叶片泵为防止吸、压油腔的相通,配流盘的吸、压油窗口间的密封角稍大于相邻两叶片间的夹角。因定子与转子不是同心圆,当密封容积变化时,则产生类似齿轮泵的困油现象,这时可在配流盘压油窗口边缘开三角形卸荷槽来消除。有时让密封容积中的油液被压缩至接近额定工作压强,再与压油腔相通,这样可减少和排油腔相通时的压强差,降低冲击和噪声。

为使叶片工作时易甩出,叶片槽常做成后倾结构。为使叶片能始终贴紧在定子内表面上，应在压油区叶片底部通高压油，在吸油腔叶片底部通低压油。

单作用叶片泵的排量和流量为

$$V=2\pi DeB \tag{2-9}$$

$$q_v=Vn\eta_v=2\pi DeBn\eta_v \tag{2-10}$$

式中，D 为定子直径；e 为定子与转子的偏心距；B 为转子的宽度。

三、限压式变量叶片泵

限压式变量叶片泵是单作用叶片泵，它是借助输出压力自动改变偏心距 e 的大小来改变输出流量的。限压式变量叶片泵在负荷小时，泵输出流量大，可实现快速移动；当负荷增加时，泵输出流量减少，输出压力增加，运动速度降低。此特性可减少能量消耗，避免油温升高。限压式变量叶片泵有内反馈式和外反馈式两种。

(一)内反馈式变量叶片泵

这种泵的操纵力来自泵本身的排压油力，其工作原理如图 2-2-5 所示。由于存在偏角 θ，压油压力对定子环的作用力可以分解为垂直于偏心距 O_1O_2 的分力 F_1 和与偏心距同向的调节分力 F_2。F_2 与调节弹簧的压缩力、定子运动的摩擦力相平衡。当泵的工作压力所形成的调节分力 F_2 小于弹簧预紧力时，泵的定子环对转子的偏心距保持在最大值，不随工作压力的变化而变化。当泵的工作压力超过设定值后，调节分力 F_2 大于弹簧预紧力，并随着工作压力的提高，F_2 增大，使定子向减小偏心距的方向移动，泵的排量开始下降。调节弹簧的预紧力，可调节其流量随压力的变化量。调节最大流量调节螺钉，可以调节其最大的流量值。

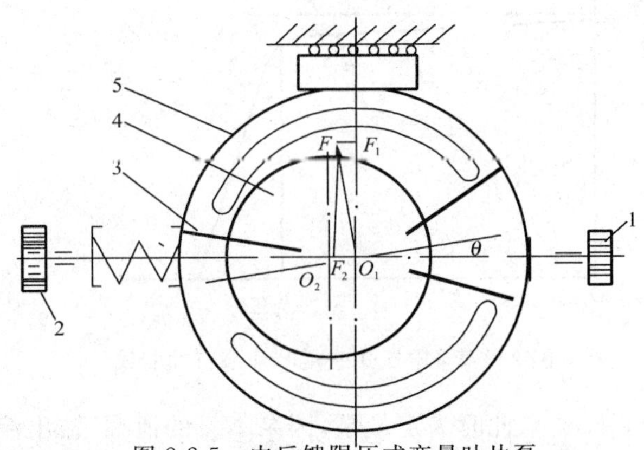

图 2-2-5　内反馈限压式变量叶片泵

1—最大流量调节螺钉　2—弹簧预压缩量调节螺钉

3—叶片　4—转子　5—定子

(二)外反馈式变量叶片泵

外反馈式变量叶片泵是利用外来油源推动变量机构，可使泵的变量机构通过流量为零的位置，实现双向变量。由于采用外来油源，故控制油压稳定，对泵的变量稳定性有一定好处。缺点是需有一套专用油源(见图 2-2-6)。外反馈式变量叶片泵包括变量泵主体、限压弹簧、调节机构(螺钉)和反馈液压缸。其工作原理如下：

(1)当 $pA<k_s x_0$ 时，定子不动，定子转子间的偏心距 $e=e_0$（e_0 为定子的最大偏心量），液压泵的输出流量 $q=q_{max}$。

(2)当 $pA=k_s x_0$ 时，定子即将移动，$p=p_B$，即为限定压力。

(3)当 $pA>k_s x_0$ 时，定子右移，定子转子间的偏心距 e 减小，q 减小。

$$q=q_{max}=2\pi DeBn$$

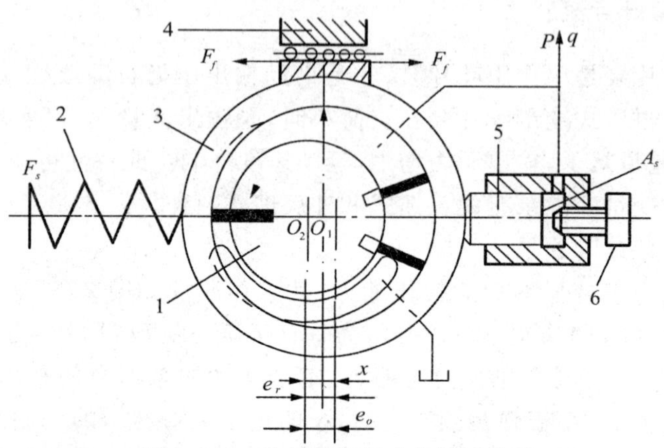

图 2-2-6 外反馈限压式变量叶片泵

1—转子 2—限压弹簧 3—定子 4—滑块滚针支承 5—反馈柱塞 6—流量调节螺钉

限压式变量叶片泵的特性曲线如图 2-2-7 所示。

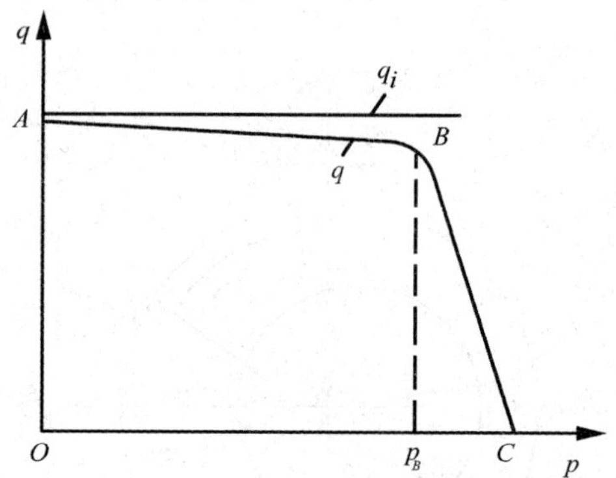

图 2-2-7 限压式变量叶片泵特性曲线

当 $p\leqslant p_B$ 时，$pA\leqslant k_s x_0$ 泵此时为定量泵，因泵本身的泄漏，输出流量 q 小于 q_i 理论流量；当 $p>p_B$ 时，$pA=k_s(x_0+x)$，泵此时为变量泵。调节调压螺钉可改变弹簧的预压缩量 x_0，即可改变 p_B。

(三)限压式变量叶片泵的应用

1. 执行机构需要有快、慢速运动的场合，如：组合机床进给系统实现快进、工进、快退等。

(1)快进或快退：用 AB 段——负载小，压力低，流量大。

(2)工进：用 BC 段某点——负载大，压力高，速度慢，流量小。

2. 保压系统：提供小流量补偿系统泄漏。

3. 定位夹紧系统：定位夹紧——用 AB 段；夹紧结束保压——用近 C 点

四、叶片泵的常见故障、原因及排除方法

叶片泵的常见故障、原因及排除方法如表 2-2-1 所示。

表 2-2-1　叶片泵的常见故障、原因及排除方法

故障	原　因	排　除　方　法
油液吸不上来，压力无法建立	电动机转向不正确	调整电动机的旋转方向
	油面过低，油液吸不上来	定期检查油箱的油液，按油标规定线及时补油
	叶片在转子槽内配合过紧	单独配叶片，使各叶片在所处的转子槽内移动灵活
	油液黏度过高，导致叶片移动不灵活	更换黏度合适的液压油
	泵体有砂眼，使高、低压油区互通	更换新的泵体
	配油盘在压力油作用下变形，配油盘与壳体接触不良	修整配油盘的接触面
输油量不足，压力提不高	各连接处密封不严，吸入空气	紧固各连接处的螺钉或更换垫片
	个别叶片移动不灵活	不灵活的叶片应单槽配研
	轴向间隙或径向间隙过大	修复或更换相关机件
	叶片和转子装反	纠正转子和叶片的方向
	配油盘内孔磨损	更换
	转子槽和叶片的间隙过大	根据转子叶片槽单配叶片
	叶片和定子内环曲面接触不良	定子磨损一般出现在吸油腔。对于双作用式叶片泵，可翻转 180°装配，在对称位置重新加工定位孔
	吸油不通畅	清洗滤油器，定期更换工作油液，并加油至油标规定线
噪声和振动严重	有空气侵入	详细检查吸油管路和油封的密封情况及油面的高度是否正常
	配油盘端面与内孔不垂直或叶片本身垂直度不好	修磨配油盘端面和叶片侧面，使其垂直度在 10μm 之内
	配油盘上的三角形节流槽太短	用整形锉刀将其适当修长
	个别叶片过紧	详细检查，进行研配
	油液黏度过高	适当降低油液黏度
	联轴节的安装同轴度不好或松动	调节同轴度至要求范围内，并将螺钉紧固好
	叶片倒角太小或高度不一致	将原 0.5×45°倒角加大为 1×45°或加工成圆弧形；修磨或更换叶片，使其高度一致
	转速过高	适当降低转速
	轴的密封过紧（用手摸轴和轴盖有烫手现象）	适当调整密封圈，使之松紧适度
	吸油不畅或油面过低	清理吸油油路，使之通畅，或加油至油面要求高度
	定子曲线面拉毛	抛光或修磨

五、技能训练:叶片泵的拆装

1. 折御实测步骤

(1)观察叶片泵的外部形状,记录铭牌标记,用手转动传动轴,体会转动的轻重,观察泵体上的两个油口,确定吸油口,并作记号。

(2)对称松开并卸下左、右泵体上的固定螺钉,将油泵翻转,放在铺有干净布垫的工作台面上,使左泵体在下,右泵体在上。

(3)用木锤轻击右泵体并按正反方向旋转,边转边往外拉,卸下右泵体。

(4)松开泵盖与右泵体的固定螺钉,拆下泵盖,用专用工具取出油封。

(5)用卡簧钳拆下轴承挡圈,拆下泵轴,取出轴承。

(6)将右泵体翻转放在工作台上,观察其上的油道与油口连通情况。

(7)观察左泵体内泵芯组件(由左、右配油盘和定子、转子及其叶片、两只螺钉组成)的安装位置,分析其结构、特点,装入传动轴,了解工作过程。注意观察转子转每一转,每个密封工作腔如何实现吸油、压油各 2 次。

(8)从左泵体内取出泵芯组件。

(9)拆卸泵芯组件。拔出传动轴,松开固定螺钉,依次取下左配油盘、定子、转子及其叶片、右配油盘。

1)定子内曲线的组成,记录叶片的数目、叶片倾角方向。

2)配油盘上环形槽、吸油窗口、压油窗口及三角槽的布置及互通情况。

(10)拆卸后清洗、检验、分析,准备装配。

2. 装配步骤

(1)装配前的准备工作

装配前将全部零件洗净擦干,所有油道要保证清洁畅通,用适当方法去除零件上的毛刺,消除划伤、磕碰等造成的损伤。

(2)装配顺序

①将泵芯组件(左配油盘、定子、转子及其叶片、右配油盘)按标记装配在一起,拧入固定螺钉。

②将轴承、油封、泵轴依次装入泵盖,拧入泵盖与右泵体固定螺钉。

③将泵芯组件装入左泵体,装上右泵体与泵盖,拧入并旋紧泵体固定螺钉。

3. 使用叶片泵的注意事项

叶片泵主要用于中压、中速、精度要求较高的液压系统中。叶片泵在机床液压系统中应用广泛。在工程机械中,由于工作环境不清洁,应用较少。使用叶片泵时应注意以下几个问题:

(1)叶片泵安装前应用煤油进行清洗,并要进行压力和效率试验,检验合格后才可安装。

(2)叶片泵与电动机连接的同轴度要求较高。

(3)叶片泵不能用 V 带传动。

4. 技术评价

拆装叶片泵技术评价如表 2-2-2 所示。

表 2-2-2　拆装叶片泵技术评价

序号	考评项目	配分	得分	备注
1	正确选取拆装工具和量具	15		
2	拆卸程序是否正确	20		
3	所使用的工艺方法是否得当，是否符合技术规范	20		
4	能够正确地对零件进行外部检查	15		
5	拆装完毕后工具的整理是否合符规范	15		
6	问题分析和结论是否正确(问题如下 5)	15		
合计		100		

5. 仔细观察 YB 型叶片泵的结构，思考以下问题：

(1)叶片泵是由哪些零件组成的？

(2)什么叫双作用叶片泵？

(3)叶片泵为什么能吸油和压油？

(4)泵在工作时，叶片一端靠什么力量始终顶住定子内圆表面而不产生脱空现象？

授课 No. 2

一、三位四通换向阀的中位滑阀机能

三位换向阀左位和右位通常用来向液压缸左右两腔供油，中位时(即常态位)因阀芯台肩结构、尺寸及内部通孔的不同，各油口具有不同的连通关系，液压系统具有不同的控制性能，如液压缸是否锁紧、液压泵是否卸荷，这就是中位机能。

表 2-2-3 列出了常见三位四通换向阀的职能符号及中位机能。

表 2-2-3　三位四通换向阀中位机能

滑阀机能	符号	中位油口状况、特点及应用
O 型	A B P T	P、A、B、T 四口全封闭，液压泵保压，液压缸闭锁，可用于多个换向阀的并联工作
H 型	A B P T	四口全串通，液压缸处于浮动状态，在外力作用下可移动，用于泵卸荷
Y 型	A B P T	P 口封闭，A、B、T 三口相通，液压缸浮动，在外力作用下可移动，用于泵保压
K 型	A B P T	P、A、T 相通，B 口封闭，液压缸处于闭锁状态，用于泵卸荷

续表

滑阀机能	符号	中位油口状况、特点及应用
M 型	A B P T	P、T 相通，A 与 B 均封闭，活塞闭锁不动，用于泵卸荷，也可用于多个 M 型换向阀并联工作
X 型	A B P T	四油口处于半开启状态，泵基本上卸荷，但仍保持一定压力
P 型	A B P T	P、A、B 相通，T 封闭，泵与缸两腔相通，可组成差动回路
J 型	A B P T	P 与 A 封闭，B 与 T 相通，液压缸停止，但在外力作用下可向右移动，泵仍保压

中位机能的选用应考虑换向平稳性、位置精度、冲击、卸荷和保压方面。

系统保压。当 P 口被堵塞时，系统保压，如 Y、O、J 型。

系统卸荷。当 P 口通畅地与 T 口接通时，系统卸荷，如 H、K、M 型。

启动平稳性。阀在中位时，液压缸某腔如通油箱，则启动时该腔内因无油液起缓冲作用，启动不太平稳。启动平稳性要求较高的如 O、M 型。

换向平稳性。当液压缸的 A、B 两腔都堵塞时，换向过程容易产生液压冲击，换向不平稳，但换向精度高。换向平稳性要求较高时，选用中位时油口 A、B 与 T 口相互连通的形式，如 H、Y、X 型。

换向精度。换向精度要求较高时，应选用中位油口 A 与 B 被封闭的形式，如 O、M 型。

二、液动换向阀和电液换向阀

(一)液动换向阀

液动换向阀是利用控制油路的压力油来改变阀芯位置的换向阀。液动换向阀的结构简单，动作可靠、平稳，换向速度易于控制，由于其液压驱动力大，适用于大流量的液压系统。

如图 2-2-8 所示为三位四通液动换向阀的结构和图形符号。阀芯由两端密封腔中油液的压差来移动。当控制油从阀右边的控制油口 K_2 进入滑阀右腔时，K_1 接通回油，阀芯向左移动，使压力油口 P 与 B 相通，A 与 T 相通；当 K_1 接通压力油、K_2 接通回油时，阀芯向右移动，使得 P 与 A 相通，B 与 T 相通；当 K_1、K_2 都相通回油时，阀芯在两端弹簧和定位套的作用下回到中间位置。

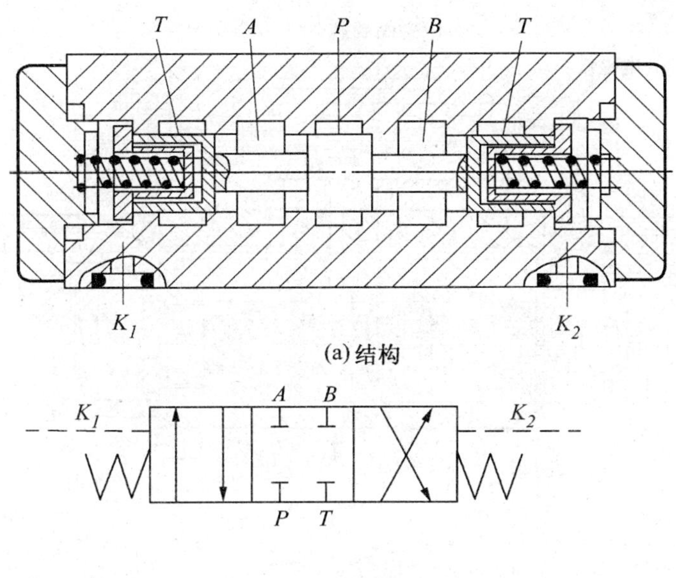

(b)图形符号

图 2-2-8　三位四通液动换向阀的结构和图形符号

（二）电液换向阀

电液换向阀是由电磁阀和液动阀组合而成。电磁阀（又称先导阀）起先导控制作用，通过它可以改变控制油路的油液方向，从而控制液动换向阀阀芯的位置，实现其换向要求；液动换向阀作为主阀，控制液压系统中的执行元件。

由于液动力很大，所以电液换向阀主阀芯的尺寸可以做得很大，允许有较大的油液流量通过，这样用较小的电磁铁就能控制较大的液流，特别适用于高压大流量以及换向精度要求较高的液压系统中。

如图 2-2-9 所示为三位四通电液换向阀的结构和图形符号。当先导电磁阀左边的电磁铁通电后使其阀芯向右移动时，来自主阀 P 口的控制压力油可经先导电磁阀和左单向阀进入主阀左端容腔，并推动主阀阀芯向右移动，使主阀 P 与 A、B 与 T 的油路相通；反之，当先导电磁阀右边的电磁铁通电后，可使 P 与 B、A 与 T 的油路相通。如此动作，电液换向阀实现了液流的换向。

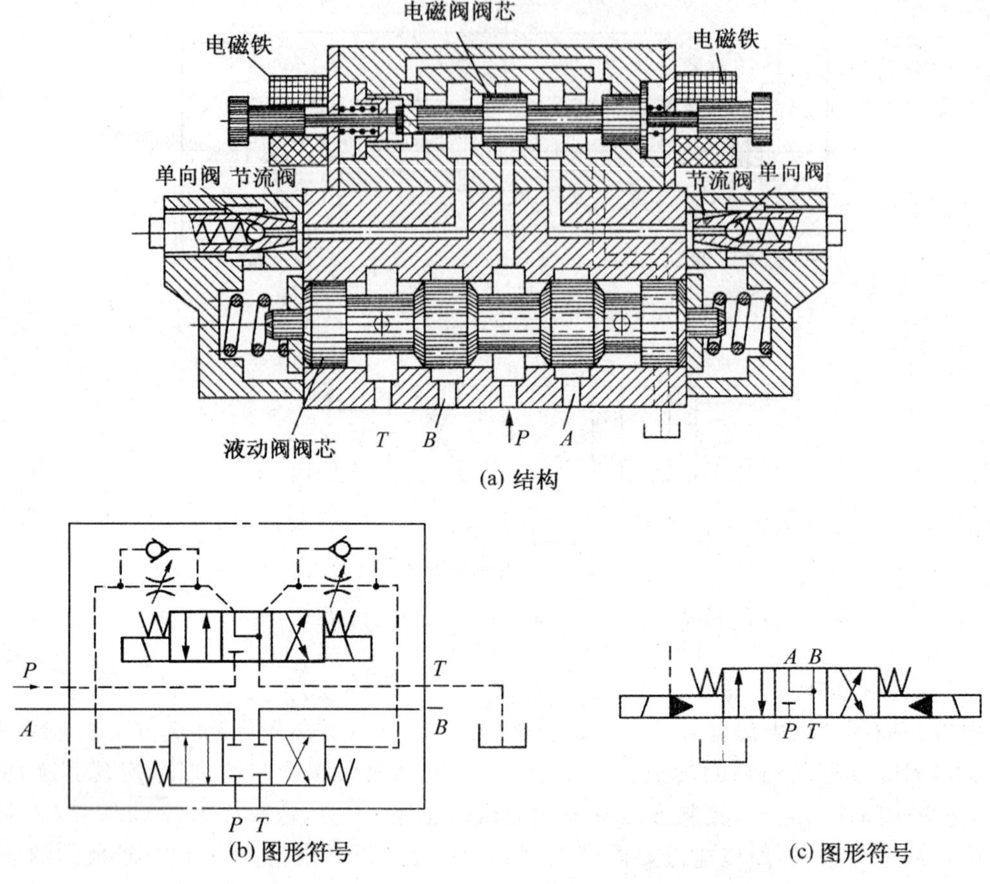

(a) 结构

(b) 图形符号　　(c) 图形符号

图 2-2-9　三位四通电液换向阀的结构和图形符号

四、技能训练(一):换向阀的拆装

1. 换向阀的拆卸

先拆卸提供外部力的控制方式,再取下卡簧,取出弹簧,分离阀芯和阀体。观察阀芯的结构和阀体上的油口尺寸及油口数量,观察阀芯相对于阀体稳定的工作位置。

2. 换向阀的装配

装配前清洗各零件,将阀芯与阀体等配合表面涂润滑油,然后按拆卸时的反向顺序装配。

3. 换向阀通、断的检测

启动空压机,将换向阀接上软管接头,先不对换向阀施加外部力,给换向阀接入压缩空气,观察进气口与出气口的关系,再对换向阀的阀芯逐端施加外部力,给换向阀接入压缩空气,观察进气口与出气口的关系。

五、技能训练(二):组装电液换向阀控制的换向回路

1. 实训目的

(1)熟悉电液换向阀典型的内部结构、工作原理及职能符号。

(2)学会简单液压回路的安装和设计。

2. 实训器材

(1)YZ-01 液压实验工作台　一台

(2)泵站　一套

(3)三位四通电液换向阀　一只

(4)液压缸　一只

(5)溢流阀　一只

(6)接近开关及其支架　三套

(7)四通油路过渡底板　一块

(8)油管及导线　若干

3. 实训原理

液压回路原理图如图 2-2-1 所示。

4. 实训步骤

(1)根据液压回路原理图正确连接各液压元件。

(2)对照回路原理图,检查连接是否正确。

(3)先松开溢流阀,启动油泵,让泵空转 1～2min,慢慢调节溢流阀,使泵的出口压力调至适当值。

(4)给 1YA 通电,活塞杆向右移动;给 2YA 通电,活塞杆向左移动。

(5)实训完毕后,打开溢流阀,停止油泵电机,待系统压力为零后,拆卸油管及液压阀,并把它们放回规定的位置,整理好实验台,并保持系统的清洁。

5. 技术评价

组装换向回路技术评价如表 2-2-4 所示。

表 2-2-4　组装换向回路技术评价

序号	考评项目	配分	得分	备注
1	分析实训原理并能正确选择实训元件	5		
2	液压管路布局是否合理	10		
3	液压管路连接是否正确	15		
4	电气控制线路连接是否正确	5		
5	能否用 PLC 或组态王实现动作要求	15		
6	根据实训要求分析换向阀的通断情况	15		
7	能否正确接通电源和启动电机	5		
8	能否正确停止电机和断开电源	5		
9	能否正确拆卸各实验元件	5		
10	实训元件是否归类放置,摆放整齐	5		

续表

11	实训工具摆放是否符合要求	5		
12	文明生产	10		
合计		100		

课题三　机动换向回路

目标任务

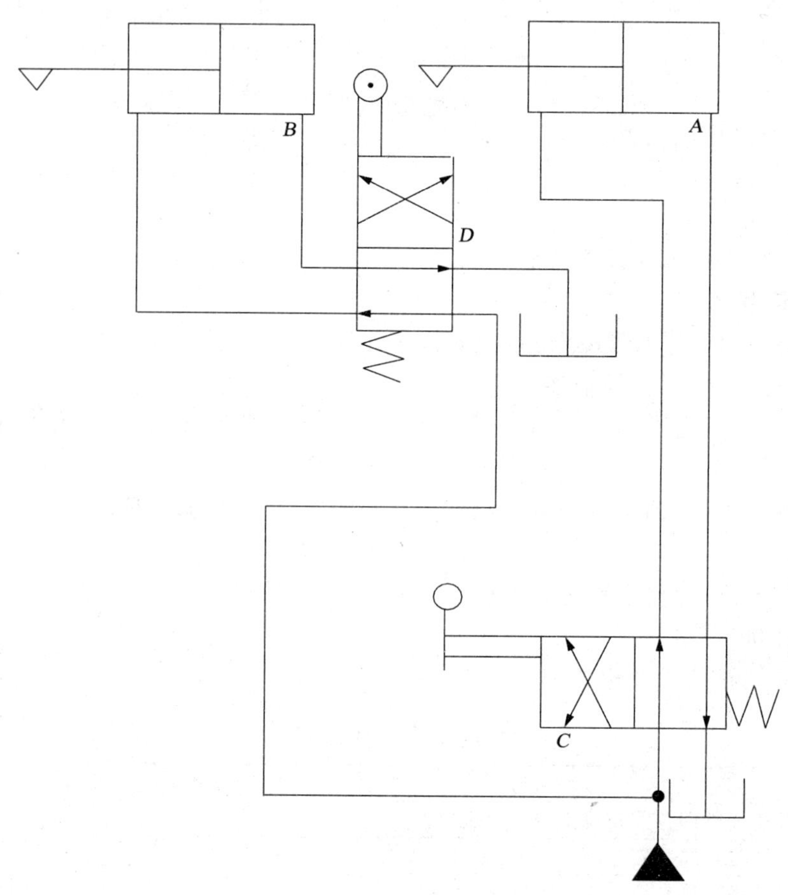

图 2-3-1　采用机动换向阀的换向回路

目标及要求

(1)掌握机动换向阀和手动换向阀的特点。

(2)掌握单活塞液压缸的特点,会拆装液压缸。

(3)熟悉液压缸的结构、密封、缓冲及排气等装置,会分析液压缸的常见故障。

(4)能根据原理图组装换向回路。

一、手动换向阀和机动换向阀

(一)手动换向阀

手动换向阀是用手动杠杆操纵阀芯换位的方向控制阀。手动换向阀有钢球定位式和弹簧复位式两种,如图 2-3-2 所示。钢球定位式因钢球卡在定位槽中,可保持阀芯处于换向位置;弹簧复位式则在弹簧力作用下使阀芯自动复位。

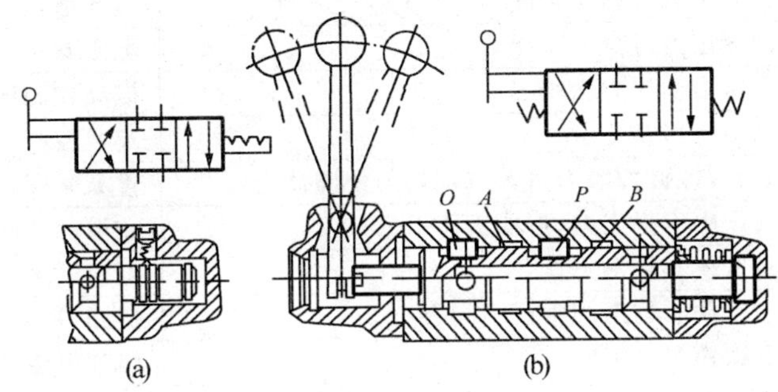

图 2-3-2　三位四通 O 型手动换向阀

手动换向阀结构简单,动作可靠,还可人为地控制阀口的大小,从而控制执行元件的速度,但只适用于间歇动作且要求人工控制的场合。

(二)机动换向阀

机动换向阀又称行程阀,它主要用来控制液压机械运动部件的行程。这种阀必须安装在液压缸附近,不能装在液压站上。它是借助于安装在工作台上的挡铁或凸轮来迫使阀芯移动,从而控制油液的流动方向。机动换向阀通常是二位的,有二通、三通、四通和五通几种。如图 2-3-3 所示,图(a)为滚轮式二位二通常闭式机动换向阀,若滚轮未压住则油口 P 和 A 不通,当挡铁或凸轮压住滚轮时,阀芯右移,则油口 P 和 A 接通。图(b)为其图形符号。

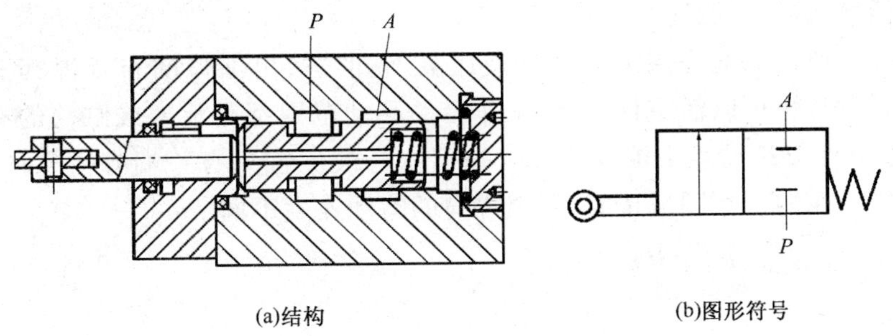

图 2-3-3　两位两通机动换向阀

机动换向阀通常是弹簧复位式的二位阀。它的结构简单,动作可靠,换向位置精度高,改变挡块的迎角 α 或凸轮外形,可使阀芯获得合适的换位速度,减小换向冲击。

二、换向阀的故障诊断及排除方法

换向阀常见故障及其排除方法如表 2-3-1 所示。

表 2-3-1　换向阀常见故障及其排除方法

现　象	原　因	方　法
不换向	电磁铁力量不足，损坏或接线短路	更换电磁铁或重新接线
	滑阀拉伤或卡死	清洗修研滑阀
	弹簧力过大或弹簧折断	更换适当弹簧
	滑阀摩擦力过大	配研阀芯
	控制压力油压力太小	提高控制压力油的压力
	控制油路堵塞	疏通控制油路
	安装时，螺钉拧紧力过大或不均匀使阀体变形	重新紧固安装螺钉
	滑阀产生不平衡力，形成液压卡紧	在滑阀外圆开平衡槽
电磁铁过热或烧毁	电磁铁线圈接触不良	更换电磁铁
	电磁铁铁芯与滑阀轴线不同心	拆卸，重新装配
	电磁铁铁芯吸不紧	修理电磁铁
	电压不对	改正电压
	电线焊接不好	重新焊接
换向不灵	油液混入污物，卡住滑阀	清洗滑阀
	弹簧力太小或太大	更换合适的弹簧
	电磁铁的铁芯接触部位有污物	磨光清理
	滑阀与阀体间隙过小或过大	研配滑阀使间隙适当
电磁铁动作响声大	滑阀卡住或摩擦力太大	修研或更换滑阀
	电磁铁不能压到底	校正电磁铁高度
	电磁铁接触面不平或接触不良	清除污物，修整电磁铁
	电磁铁的磁力过大	选用电磁力适当的电磁铁

三、单活塞液压缸

（一）单活塞液压缸的特点

如图 2-3-4 所示为双作用单活塞杆液压缸，它的进、出油口的布置视其安装方式而定，可以缸筒固定，也可以活塞杆固定，工作台的移动范围都是活塞或缸筒的有效行程的 2 倍。液压缸的往复运动均由液压实现。单活塞杆液压缸只有一端有活塞杆伸出，两端作用面积不等。在输入相同流量时，两个方向的运动速度不同。

图 2-3-4(a)：$v_1=\dfrac{q}{A_1}=\dfrac{4q}{\pi D^2}$

图 2-3-4(b)：$v_2=\dfrac{q}{A_2}=\dfrac{4q}{\pi(D^2-d^2)}$

比较两式可知：因为 $A_1>A_2$，所以 $v_2>v_1$。

两个方向的供油压强分别为 p_1 和 p_2，液压缸往返运动的推力为：

图 2-3-4(a)：$F_1=p_1A_1=p_1\dfrac{\pi}{4}D^2$

图 2-3-4(b)：$p_2A_2=p_2\frac{\pi}{4}(D^2-d^2)$

假定 $p_1=p_2$，因为 $A_1>A_2$，故 $F_1>F_2$，即无活塞杆端推力大，常用于工作端，v_1 为工作方向，活塞杆受压。

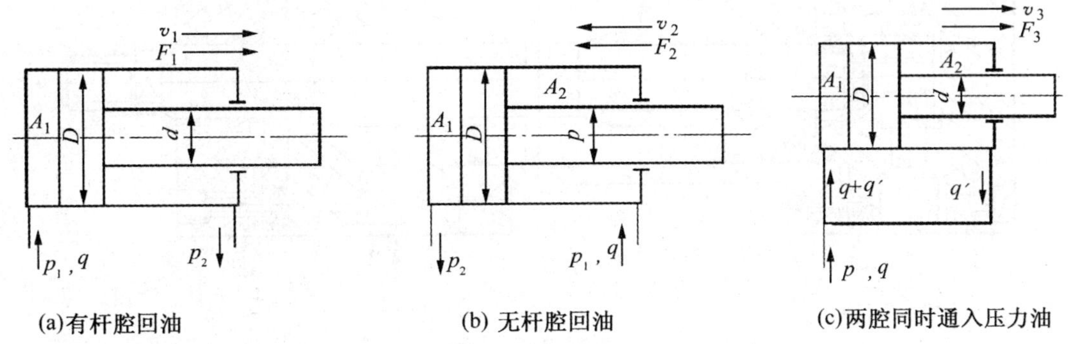

(a)有杆腔回油　　(b) 无杆腔回油　　(c)两腔同时通入压力油

图 2-3-4　单杆活塞缸

单活塞杆液压缸在其左右两腔同时接通高压油时，称为“差动连接”，这种连接形式的液压缸被称为“差动缸”[见图 2-3-4(c)]。差动连接时，活塞(或缸体)只能向一个方向运动，要使其反向运动，油路的连接应与非差动连接相同。差动连接时输出的速度和推力按下式计算：

$$v_{差}=\frac{q}{(A_1-A_2)}=\frac{4q}{\pi d^2}$$

$$F_{差}=p(A_1-A_2)=p\frac{\pi}{d}d^2$$

反向运动时，速度与推力由 v_2 和 F_2 确定。

如要求往返运动时速度相等，即 $v_2=v_{差}$，$\frac{4q}{\pi(D^2-d^2)}=\frac{4q}{\pi d_2}$，化简后得：$D^2=2d^2$。即要保证差动连接时的往返速度相等，只要使活塞与活塞杆的直径保持 $D=\sqrt{2}d$。

(二)单活塞液压缸的结构

在液压传动设计中，液压泵和液压阀可选用标准元件，液压缸则需要自行设计和制造。如图 2-3-5 所示为某双作用单活塞杆液压缸的结构，它由端盖、缸头、缸底、缸筒、活塞、活塞杆等主要部分组成。为防止油液向外泄漏，或由高压腔向低压腔泄漏，在缸筒与缸盖、活塞与活塞杆、活塞与缸筒、活塞杆与缸盖之间均设置密封装置。为了防止活塞杆把脏物带入液压缸内部，在前端盖外侧装有防尘圈，用来刮擦活塞杆上的脏物。为了防止快速到终点时活塞撞击缸头与缸盖，该液压缸具有双向缓冲功能。

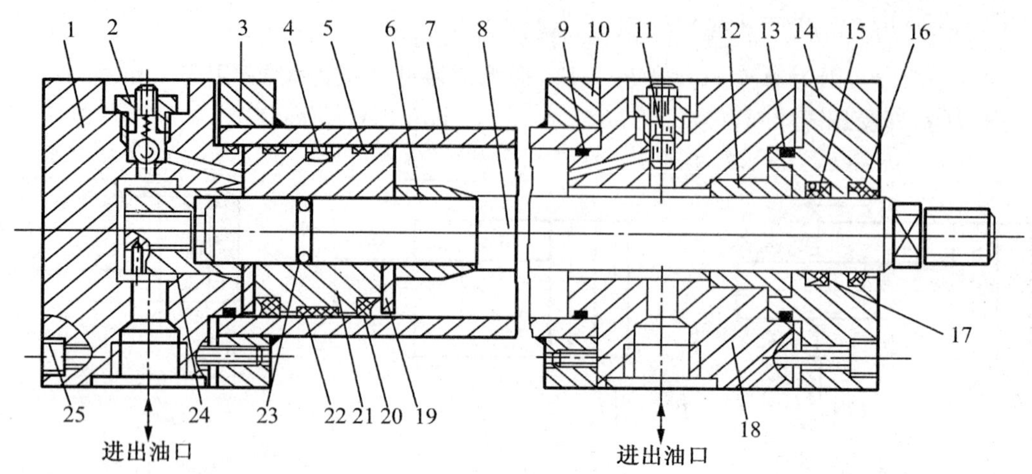

图 2-3-5 液压缸典型结构

1—缸底 2—单向阀 3、10—法兰 4—格来圈密封 5、22—导向环 6—缓冲套 7—缸筒 8—活塞杆 9、13、23—"O"形密封圈 11—缓冲节流阀 12—导向套 14—缸盖 15—斯特圈密封 16—防尘圈 17—Y形密封圈 18—缸头 19—护环 20—Y_x密封圈 21—活塞 24—无杆端缓冲套 25—联接螺钉

液压缸的结构可以分为活塞与活塞杆、缸筒与端盖、密封装置、缓冲装置和排气装置五部分。

1. 活塞与活塞杆

活塞与活塞杆的连接方式很多，最常用的连接方式有螺纹连接和半环连接，此外还有整体式结构、焊接式结构、锥销式结构等。无论采用何种连接方式，都必须保证连接可靠。

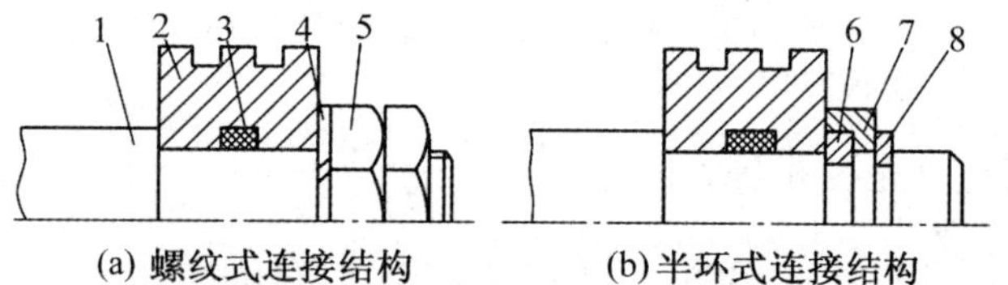

图 2-3-6 活塞与活塞杆的连接方式

1—活塞杆 2—活塞 3—密封圈 4—外弹簧 5—螺母 6—半环 7—套环 8—弹簧卡圈

如图 2-3-6(a)所示，螺纹连接的结构简单、拆装方便，但一般需备螺母放松装置。单活塞杆液压缸多采用此种结构，该结构不仅应用在机床上，工程机械中也广泛采用。如图 2-3-6(b)所示，半环连接应用在高压大负载的场合，特别是当工作设备有较大振动的工况下，多用半环连接代替螺纹连接，其工作可靠，连接强度高，但结构复杂，拆装不便，工程机械多采用半环连接。

活塞受油压的作用在缸筒内作往复运动，因此活塞必须具备一定的强度和良好的耐磨性。活塞一般用铸铁制造。活塞杆是连接活塞和工作部件的传力零件，它必须具有足够的强度和刚度。活塞杆无论是实心的还是空心的，通常都用钢料制造。活塞杆在导向套内往复运动，其外圆表面应当耐磨并有防锈能力，故活塞杆外圆表面有时需镀铬。

2. 液压缸缸筒与端盖

缸体和端盖要有足够的强度、较高的表面精度和可靠的密封性。

图 2-3-7 为液压缸缸筒与端盖的连接方式。(a)法兰式，其连接结构比较简单，易于加工和装配，但要求缸筒端部有足够的壁厚，用以安装螺栓或螺钉，是常用的一种连接形式；(b)半环式，其结构紧凑，重量轻，但安装密封圈时有可能被环槽边缘擦伤，常用于无缝钢管缸筒与端盖地连接中；(c)和(f)螺纹式，其外形尺寸小，体积小，结构紧凑，但端部结构复杂，而且内、外径有同轴度要求，装配困难，要使用专门工具，一般用于要求外形尺寸小、重量轻的场合；(d)拉杆式，其通用性强，缸体易于加工，装拆最方便，但重量和外形尺寸较大，拉杆受力后会拉伸变长，影响密封效果，只适用于长度不大的中、低压液压缸；(e)焊接式，其结构简单，尺寸小，但缸体焊接后有能变形，也不易加工。

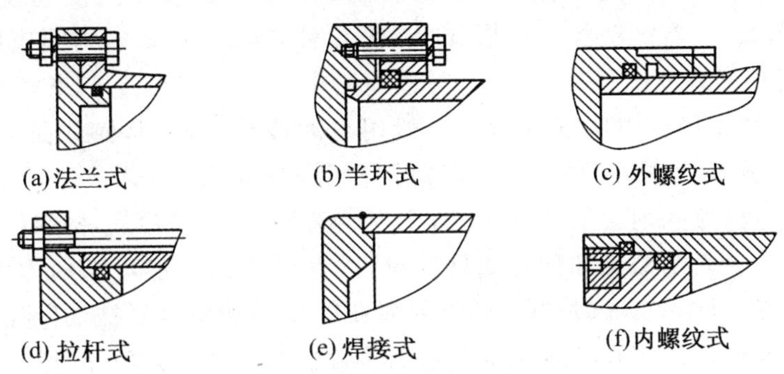

图 2-3-7　液压缸缸筒与端盖的连接方式

缸筒内孔一般采用镗削、铰孔、滚压或珩磨等精密加工工艺制造，要求表面粗糙度 Ra 值为 0.1～0.4μm。为了防止腐蚀，缸筒内表面有时需镀铬。

3. 液压缸的密封装置

液压缸高压腔中的油液向低压腔泄漏称为内泄漏，缸内的油液向外部泄漏称为外泄漏。由于存在内、外泄漏，使液压缸的容积效率降低，影响液压缸的工作性能，严重时系统的压力上不去，甚至无法工作，另外，外泄漏还会污染环境。为防止泄漏，液压缸中需密封处应采取必要的措施。液压缸中需密封的部位是：活塞、活塞杆和端盖处。

常用的密封方法有 5 种。

(1)间隙密封。依靠两运动件配合面保持很小的间隙，使其产生液体摩擦阻力，用来防止泄漏。该密封方法适用于直径较小、压力较低的液压缸与活塞间的密封。间隙密封配合间隙一般取 0.02～0.05mm。在如图 2-3-8 所示的间隙密封中，阀芯的外表面开有几条等距离的环形沟槽，称为压力平衡槽。它的主要作用是使阀芯能在孔中自动对准中心，减少摩擦力，增大泄漏阻力来减少泄漏，同时径向压力分布均匀，减小液压卡紧力。平衡槽一般宽为 0.3～0.5mm，深为 0.5～1.0mm。

(2)活塞环密封。活塞环又称活塞涨圈，是一个开口的金属环，依靠弹性变形所产生的张力压紧在缸体内壁上，起密封作用。活塞环密封效果较好，能适应较大的压力变化和速度变化，耐高温，使用寿命长，易于维护、保养，但加工精度要求较高，工艺复杂。当其他密封方法不能满足要求时，可采用此种方法。

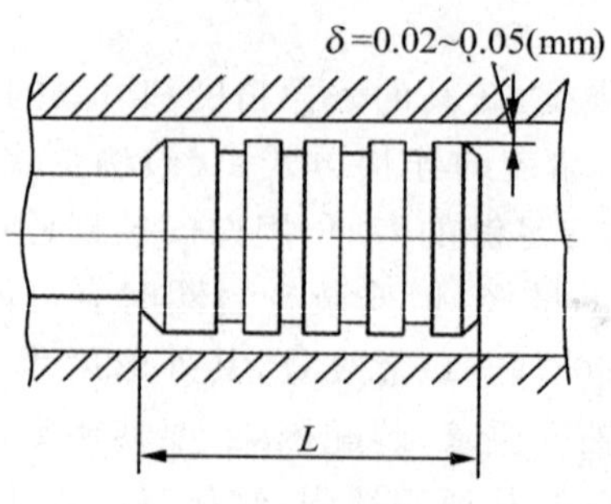

图 2-3-8　间隙密封

(3)密封圈密封。密封圈一般用耐油橡胶制成。使用时将密封圈套装在活塞或活塞杆上。按结构形式分,有"O"形、"Y"形和"V"形几种,其中"O"形密封圈应用最广泛。

"O"形密封圈原理如图 2-3-9 所示,它是利用密封圈的安装变形来密封,一般安装在截面为矩形的环形沟槽内以实现密封。一般用耐油橡胶制成,其横截面呈圆形,如 2-3-9 图(a)所示。"O"形密封圈安装时要有合理的预压缩量 δ_1 和 δ_2,如 2-3-9 图(b)所示,预压缩量过小不能密封,过大则会增大摩擦力,密封圈磨损加剧。"O"形密封圈在沟槽中受到油压作用而变形,会紧贴槽侧和配合偶件的壁,因此其密封性能可随压力的增加而提高。当油液工作压力超过 10MPa 时,"O"形密封圈在往复运动中容易被油液压力挤入间隙而提前损坏,如图 2-3-9(c)所示,为此,要在它的侧面安放 1.2～1.5mm 厚的聚四氟乙烯挡圈,单向受力时在受力侧的对面安放一个挡圈[见图 2-3-9(d)],双向受力时则在两侧各放一个挡圈[见图 2-3-9(e)]。

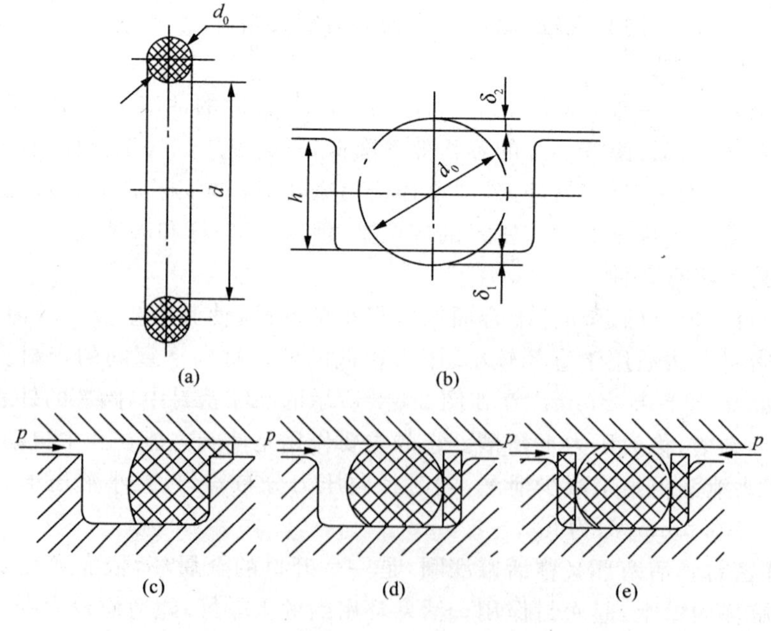

图 2-3-9　"O"形密封圈

4. 液压缸的缓冲装置

为避免活塞在行程两端与缸盖发生碰撞，产生冲击和噪声，常在大型、高速或要求较高的液压缸中设置缓冲装置，常见的缓冲装置如图 2-3-10 所示。

(1)圆柱形环隙式缓冲装置，如图 2-3-10(a)所示。当缓冲柱塞进入缸盖上的内孔时，缸盖与缓冲活塞间形成缓冲油腔，油腔中的油液只能从环形间隙 δ 排出，产生缓冲压力，从而实现减速制动。在此过程中，由于通流截面的面积不变，所以缓冲过程中其缓冲制动力将逐渐减少，缓冲效果较差。若采用圆锥形缓冲活塞，缓冲效果较好。

(2)可变节流槽式缓冲装置，如图 2-3-10(b)所示。在缓冲柱塞上由浅入深开若干个三角槽，其通流截面的面积随着缓冲行程的增大而逐渐减小，缓冲压力变化比较平缓。

(3)可调节流孔式缓冲装置，如图 2-3-10(c)所示。当缓冲柱塞进入缸盖内孔时，油腔内的油液只能经过节流阀 1 才能排出，调节节流阀的开口大小可控制缓冲压力的大小，以适应液压缸负载和速度不同的情况。单向阀 2 用于液压缸反向启动。

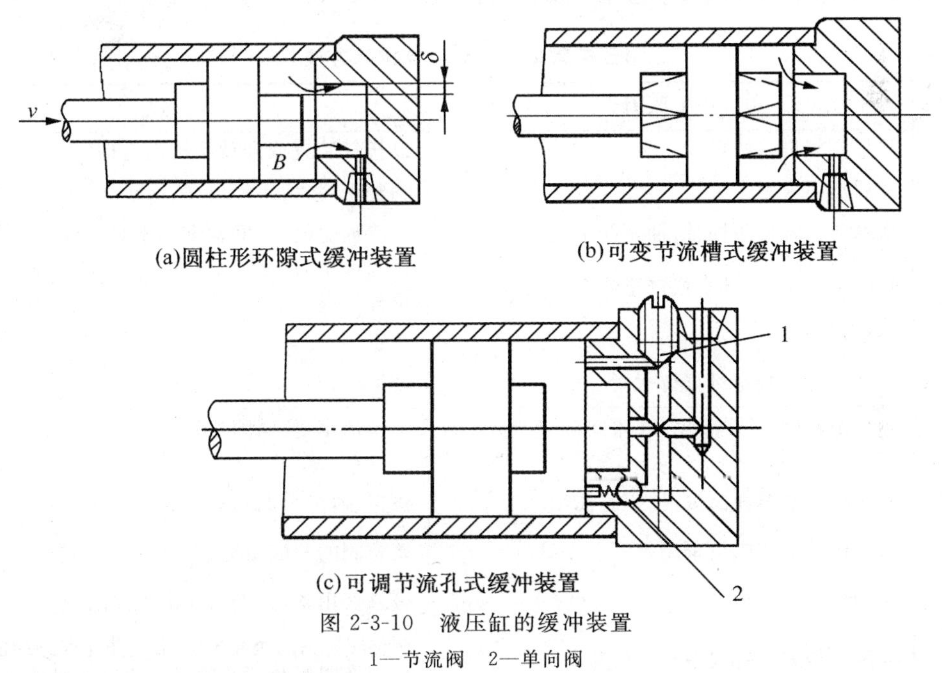

(a)圆柱形环隙式缓冲装置　(b)可变节流槽式缓冲装置　(c)可调节流孔式缓冲装置

图 2-3-10　液压缸的缓冲装置

1—节流阀　2—单向阀

5. 液压缸的排气装置

液压系统混入空气后会使液压缸工作不稳定，产生振动、噪声、爬行或前冲等现象，严重时会使系统不能正常工作。因此，设计液压缸时必须考虑空气的排除。

对要求不高的液压缸，往往不设专门的排气装置，而是将油口布置在缸筒两端的最高处[见图 2-3-11(a)]，这样可以使空气随液流排往油箱，再从油箱中逸出。对工作平稳性要求较高的液压缸，常在液压缸的最高处设置专门的排气装置，如排气塞、排气阀等，如图 2-3-11(b)、(c)所示。在液压系统正式工作前松开排气装置的螺钉，让液压缸全行程空载往复运动几次排气，排气完毕后拧紧螺钉，液压缸便可正常工作。

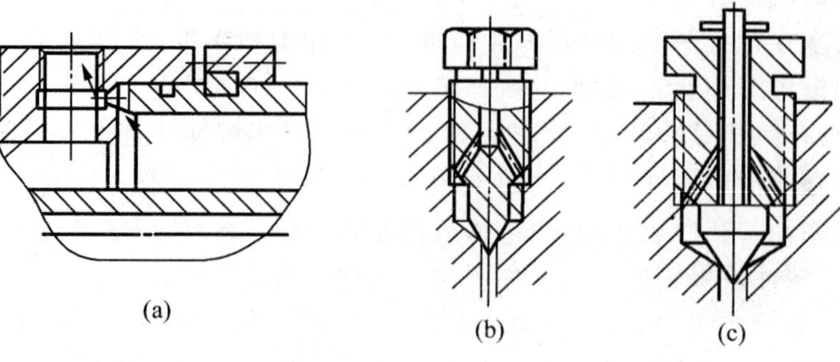

图 2-3-11　液压缸的排气装置

四、液压缸工作中常见故障分析及排除方法

液压缸工作中常见故障分析及排除方法如表 2-3-2 所示。

表 2-3-2　液压缸常见故障分析及排除方法

故障现象	产生原因	排除方法
爬行	外界空气进入缸内	设排气装置或开动系统强迫排气
	密封压得太紧	调整密封，但不得泄漏
	活塞与活塞杆不同轴，油塞杆不直	校正或更换，使同轴度小于 0.4mm
	缸内壁拉毛，局部磨损严重或腐蚀	适当修理，严重者重新磨缸内孔，按要求重配活塞
	安装位置有偏差	校正
	双活塞杆两端螺母拧得太紧	调整
冲击	用间隙密封的活塞，与缸体间隙过大，节流阀失去作用	更换活塞，使间隙达到规定要求，检查节流阀
	端头缓冲的单向阀失灵，不起作用	修正、研配单向阀与阀座或更换
	换向阀的节流阻尼未调好	调整阀的节流阻尼
	阀的选择不合适	检查使用条件，采用冲击小的阀
	液压缸走完全行程停止时的冲击	调整液压缸的缓冲装置，研究防止回路冲击问题，采用换向阀和调速阀来防止换向时的冲击等
	活塞杆有伤痕	检查防尘圈的情况，调查污物混入的可能情况

续表

故障现象	产生原因	排除方法
推力不足，速度不够或逐渐下降	由于缸与活塞配合间隙过大或O形密封圈损坏，使高低压侧互通 工作段不均匀，造成局部几何形状有误差，使高低压腔密封不严，产生泄漏	更换活塞或密封圈，调整到合适的间隙
	缸端活塞杆密封压得太紧或活塞杆弯曲，使摩擦力或阻力增加	镗磨修复缸孔径，重配活塞
	油温太高，黏度降低，泄漏增加，使缸速度减慢	放松密封，校直活塞杆
	液压泵流量不足	检查温升原因，采取散热措施。如间隙过大，可单配活塞或增装密封环。检查泵或调节控制阀
外渗漏	活塞杆表面损伤或密封圈损坏，造成活塞杆处密封不严	检查并修复活塞杆的密封圈
	管接头密封不严	检修密封圈及接触面
	缸盖处密封不良	检查并修整
	安装螺钉不良	检查安装螺钉的松动情况
	放气孔处的密封不好	取下检查后，密封好
内部渗漏	活塞杆有挠曲现象	检查活塞杆受横向力的状况及咬死等情况
	偏载引起的密封件磨损	检查密封件、活塞杆、活塞的变形、磨损及断裂等
	由于污染引起密封件或缸体伤痕、咬坏	检查伤痕状态
	在速度快的情况下，使用不适当的密封件	相对于使用条件，采用合适的密封件
	安装时，密封件未装好	装好密封件
	螺钉松动	检查并拧紧
其他	安装环、耳轴等处的轴承部分的伤痕、咬死、裂纹	对强度是否满足要求、是否有污物引起等进行检查
	活塞杆头部的螺纹不好	检查负载条件和安装条件
	管路安装偏斜引起缸变形	小型液压缸发生这种情况较多，对管路安装进行检查
	外部的异常负载引起活塞杆弯曲	设计失误或活塞杆强度不足
	由于高压引起液压缸变形	强度不足或使用失误

五、技能训练(一)：液压缸拆装

单杆活塞式液压缸外形图如图 2-3-12 所示。

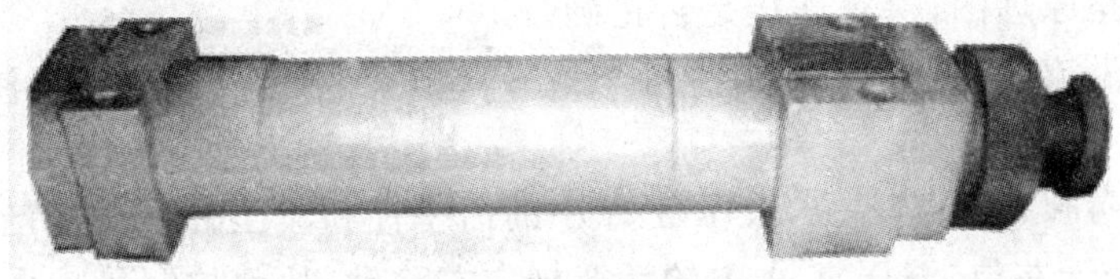

图 2-3-12　单杆活塞式液压缸

1. 液压缸的拆卸

先拆掉两端压盖上的螺钉，卸下压盖；拆掉端盖；将活塞与活塞杆从缸体中分离。

在拆卸过程中，仔细观察其结构，弄清以下问题：

(1)液压缸各部位的典型结构。

(2)液压缸各组成部分的功用。

(3)注意观察活塞与活塞杆、缸体与端盖、活塞杆头部、液压缸的安装形式等。

(4)注意观察活塞与缸体、端盖与缸体、活塞杆与端部间采用的密封形式及安装密封圈沟槽的结构形式。

(5)观察缸体内孔、活塞、活塞杆的各种加工精度。

(6)观察液压缸各种零件的材料及缸体的结构形式。

2. 液压缸的装配

装配前清洗各零件，将活塞、活塞杆与缸体等配合表面涂润滑油，然后按拆卸时的反顺序装配。注意不要漏件，不要损伤。拆装液压缸时，严禁用锤子敲打缸筒和活塞表面；拆装液压缸时，要防止损伤活塞杆顶端的螺纹、缸口螺纹和活塞杆表面。

六、技能训练(二)：组装机动换向回路

1. 实训目的

熟悉机动换向阀的内部结构、工作原理及职能符号。

2. 实训器材

(1)YZ-01 液压实验工作台	一台
(2)泵站	一套
(3)二位四通机动换向阀	一只
(4)二位四通手动换向阀	一只
(5)液压缸	两只
(6)溢流阀	一只
(7)接近开关及其支架	三套
(8)四通油路过渡底板	一块
(9)油管及导线	若干

3. 实训原理

液压回路原理图如图 2-3-1 所示。

4. 实训步骤

(1)根据液压回路原理图正确连接各液压元件。

(2)对照回路原理图，检查连接是否正确。

(3)先松开溢流阀，启动油泵，让泵空转 1～2min，慢慢调节溢流阀，使泵的出口压力调至适当值。

(4)手动换向阀 C 处于右位，液压缸 A 中的活塞杆和液压缸 B 中的活塞杆向右移动。手动换向阀 C 处于左位，液压缸 A 中的活塞杆向左移动；从而控制机动换向阀 D，使液压缸 B 中的活塞杆向左移动。

(5)实训完毕后，打开溢流阀，停止油泵电机，待系统压力为零后，拆卸油管及液压阀，并把它们放回规定的位置，整理好实验台，并保持系统的清洁。

5. 技术评价

组装换向回路技术评价如表 2-3-3 所示。

表 2-3-3　组装换向回路技术评价

序号	考评项目	配分	得分	备注
1	分析实训原理并能正确选择实训元件	5		
2	液压管路布局是否合理	10		
3	液压管路连接是否正确	15		
4	电气控制线路连接是否正确	5		
5	能否用 PLC 或组态王实现动作要求	15		
6	根据实验要求分析换向阀的通断情况	15		
7	能否正确接通电源和启动电机	5		
8	能否正确停止电机和断开电源	5		
9	能否正确拆卸各实训元件	5		
10	实训元件是否归类放置，摆放整齐	5		
11	实训工具摆放是否符合要求	5		
12	文明生产	10		
合计		100		

课题四　锁紧回路

目标任务

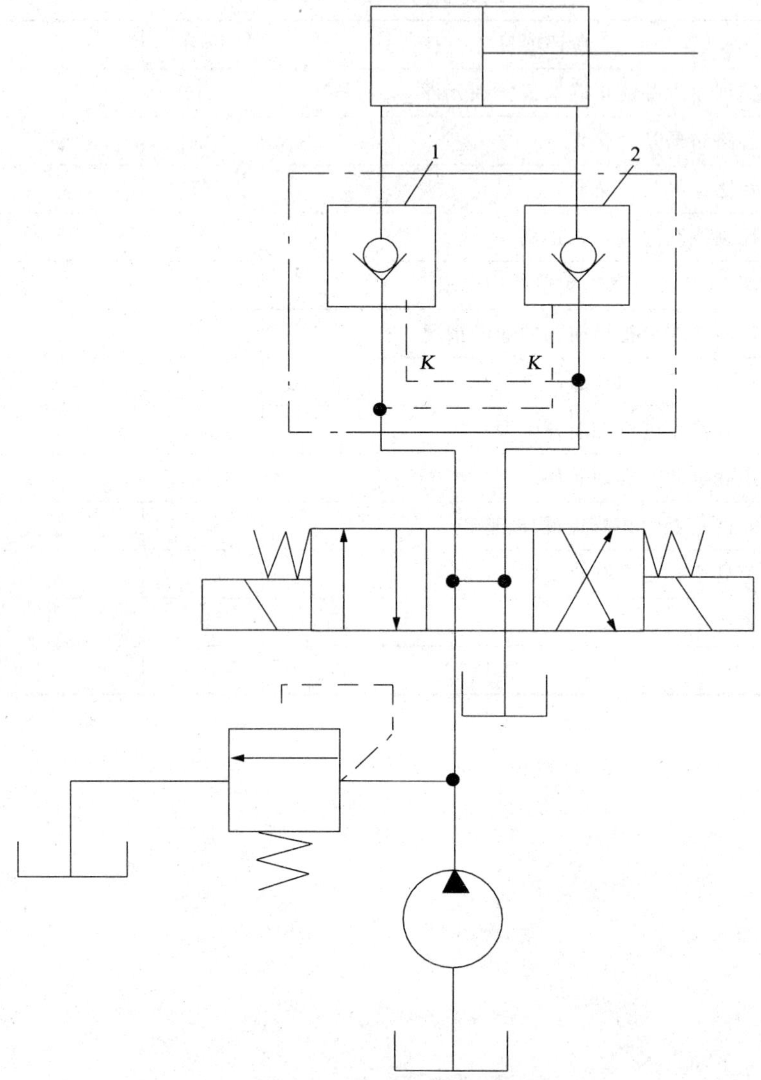

图 2-4-1　采用液控单向阀的锁紧回路

1、2—液控单向阀

目标及要求

(1)掌握普通单向阀、液控单向阀的作用和工作原理。

(2)能排除单向阀、液控单向阀的常见故障。

(3)掌握锁紧回路的工作原理,根据液压原理图能组装锁紧回路。

(4)掌握各种常见液压缸的结构特点。

授课 No.1

一、普通单向阀

普通单向阀通常简称单向阀，它是一种只允许油液单向流动、不允许反向倒流的阀。如图 2-4-2 所示为管式和板式两种结构的单向阀。当液流从进油口 A 流入时，油液压力克服弹簧阻力和阀体 1 与阀芯 2 间的摩擦力，顶开锥阀芯(小规格直通式阀可用钢球作阀芯)，从出油口 B 流出。当液流反向从 B 流入时，油液压力使阀芯紧密地压在阀座上，不能倒流。

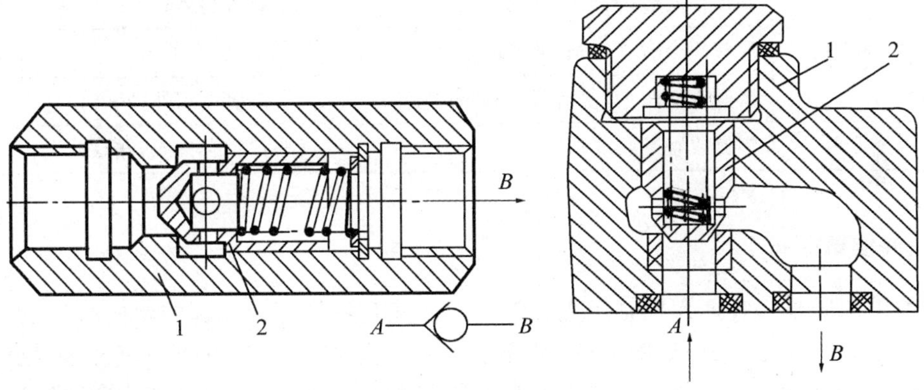

图 2-4-2　普通单向阀

单向阀中的弹簧仅用于使阀芯在阀座上就位，刚度较小，故开启压强很小(0.04～0.1MPa)。若将单向阀内软弹簧更换成合适的硬弹簧，可当背压阀使用，其背压力可达到 0.2～0.6MPa。

二、单向阀的故障诊断及排除方法

单向阀的常见故障诊断及排除方法如表 2-4-1 所示。

表 2-4-1　　单向阀的常见故障诊断及排除方法

现　象	原　因	方　法
发生异常声音	油的流量超过允许值	更换流量大的阀
	与其他阀共振	可略微改变阀的额定压力,也可调试弹簧的强弱
	在卸压单向阀中,用于立式大液压缸等的回路,没有卸压装置	补充卸压装置回路
阀与阀座有严重泄漏	阀座锥面密封不好	重新研配
	滑阀或阀座拉毛	重新研配
	阀座碎裂	更换并研配阀座
起单向阀作用	阀体孔变形,使滑阀在阀体内咬住	修研阀体孔
	滑阀配合时有毛刺,使滑阀不能正常工作	修理,去毛刺
	滑阀变形胀大,使滑阀在阀体内咬住	修研滑阀外径
结合处渗漏	螺钉或管螺纹没拧紧	拧紧螺钉或管螺纹

三、液控单向阀

液控单向阀是一种通入控制压力油打开阀芯实现液流反向流通的单向阀。它由单向阀和液控装置两部分组成,如图 2-4-3 所示。当控制口 X 未通压力油时,其作用与普通单向阀相同,正向流通,反向截止。当控制口通入控制压力油后,推动活塞 a 把单向阀的锥形阀芯顶离阀座,油液可反向流通。

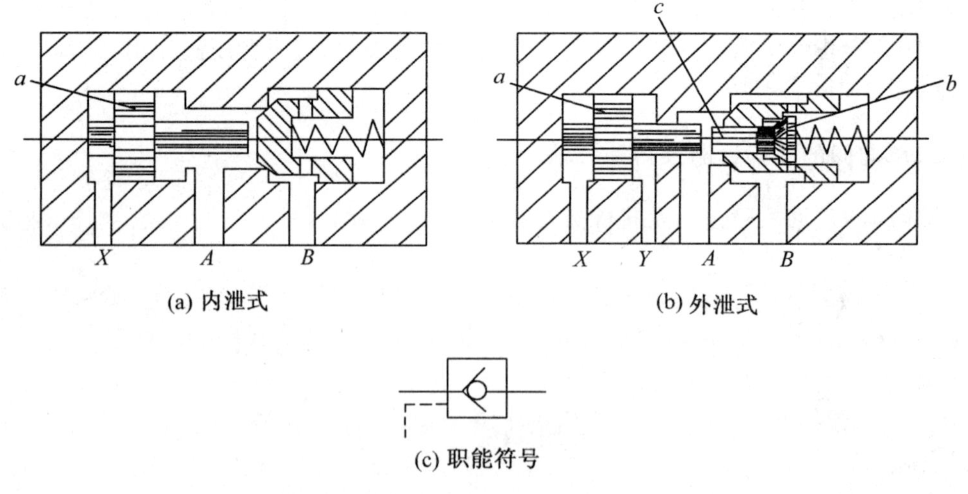

(a) 内泄式　　(b) 外泄式

(c) 职能符号

图 2-4-3　液控单向阀

油液由 B 口进油反向流动时,进油压力相当于系统工作压力,通常很高,而来自 A 口的控制活塞 a 的背压也可能较大,控制油的开启压力必须很大才能顶开阀芯,这影响了液控单向阀的工作可靠性。为此提出以下解决方法：

若 B 口进油压力很高，可采用先导阀预先卸压。如图 2-4-3(a)所示，在单向阀的锥阀芯中装一更小的锥阀芯 b，称先导阀芯。因该阀芯承压面积小，无需多大推力便可将它先行顶开，A、B 两腔随即通过先导阀芯圆杆上的小缺口 C 相互沟通，使 B 腔逐渐卸压，直至控制活塞容易地将主阀芯推离阀座，使单向阀的反向通道打开。

若 A 口压力较高造成控制活塞背压较大，可采用外泄口回油降低背压。如图 2-4-3(b)所示，背压作用在控制活塞上的面积很小，开启阀芯时阻力也就不大。外泄口 Y 可将 A 腔和 X 腔的泄漏油排回油箱。

液控单向阀的符号如图 2-4-3(c)所示。

液控单向阀未通控制油时具有良好的反向密封性能，常用于保压、锁紧和平衡回路。

四、液控单向阀的故障诊断和排除方法

液控单向阀的常见故障诊断及排除方法如表 2-4-2 所示。

表 2-4-2 液控单向阀的常见故障诊断及排除方法

现　象	原　因	方　法
起单向控制作用	单向阀密封不良	若钢球精度差，则调换钢球；若阀芯与阀体孔座接触不良，则需配研，使其密封良好
	阀芯被卡住	阀芯与阀体孔配合间隙太小，则需研配控制配合间隙为 0.008～0.015mm；若因阀芯被锈蚀拉毛或被污物堵塞，则需拆卸清洗，并用金相砂纸抛光阀芯外缘表面
	弹簧断裂	更换
液控单向阀不能反向导通	控制油压不足	适当提高油压
	弹簧太硬，打不开阀芯	更换弹簧
	液控口漏装“O”形密封圈，或密封圈损坏，使液控油泄漏	补装或更换密封圈

五、锁紧回路

锁紧回路是通过控制阀将液压缸两腔内液压油封闭，使液压缸能在任意位置停留，且受外力作用时也不能移动的回路。

由 O 型、M 型三位四通换向阀实现锁紧，该回路存在较大的泄漏，锁紧效果较差，只用于锁紧时间短而且要求不高的液压系统。

如图 2-4-1 所示为使用液控单向阀(双向液压锁)的锁紧回路。当换向阀处于左位或右位工作时，液控单向阀 1 或 2 的控制口 K 通入压力油，缸的回油便可反向流过单向阀口，故此时活塞可向右或向左移动。到了该停留的位置时，只要令换向阀处于中位(因阀的中位机能为 H 型)，液控单向阀 1、2 均被关闭，使活塞双向锁紧。由于液控单向阀阀座

采用锥阀式结构，密封性好，极少泄漏，故有液压锁之称，其锁紧精度只受缸本身的泄漏影响。这种锁紧回路被广泛用于工程机械、起重运输机械等锁紧要求不高的场合。

应用拓展：汽车起重机支腿液压传动系统

如图 2-4-4 所示为汽车起重机，由于汽车轮胎的支撑能力有限，而且为弹性变形体，作业很不安全，故作业前必须放下前后支腿，使汽车轮胎架空，用支腿承受重量。在行驶时又必须将支腿收起来，让轮胎着地。在确保支腿停放在任意位置，并且能可靠地锁定而不受外界影响而发生漂移或者窜动，需要采用锁紧回路来实现。

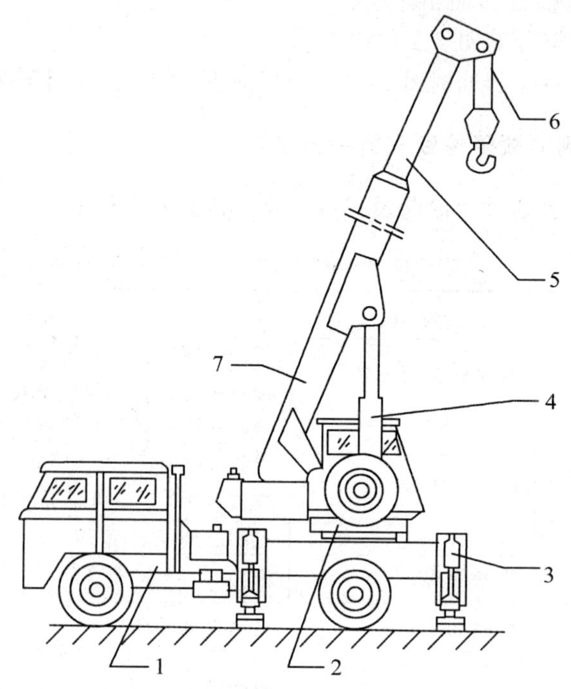

图 2-4-4　汽车起重机

1—载重汽车　2—回转机构　3—支腿　4—吊臂变幅缸　5—吊臂伸缩缸　6—起升机构　7—基本臂

如图 2-4-5 所示当换向阀处于中位工作或者液压泵停止供油时，因为阀的中位机能为 H 型或者 Y 型，两个液控单向阀的控制油口直接通油箱，故控制压力立即消失，液控单向阀不再反向导通，液压缸因两腔油液封闭便被锁紧。由于液控单向阀的密封性能好，从而使执行元件长期锁紧。

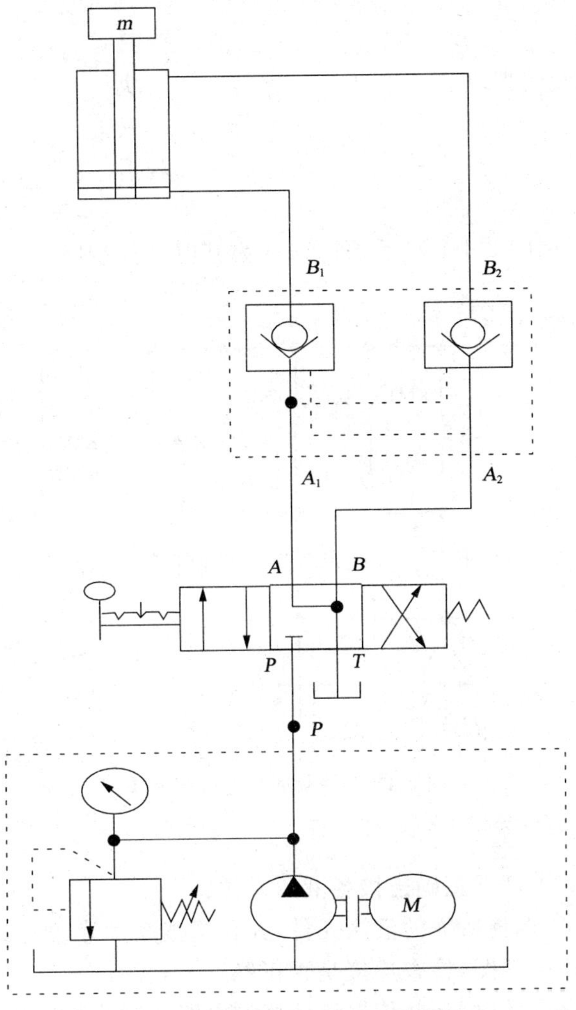

图 2-4-5　汽车起重机支腿的控制回路

六、技能训练:组装锁紧回路

1. 实训目的

(1)了解锁紧回路在工业中的作用,并举例说明。

(2)掌握典型的液压锁紧回路及其应用。

(3)掌握普通单向阀和液控单向阀工作原理、职能符号及其运用。

2. 实训器材

(1)YZ-01 液压实验工作台　一台

(2)泵站　一套

(3)三位四通电磁换向阀(阀芯机能“H”或“Y”)　一只

(4)液压缸　一只

(5)溢流阀 一只

(6)液控单向阀 两只

(7)四通油路过渡底板 三块

(8)压力表 一只

(9)油管及导线 若干

3. 实训原理

液压回路原理图如图 2-4-1 所示，图 2-4-6 为其电气控制图。

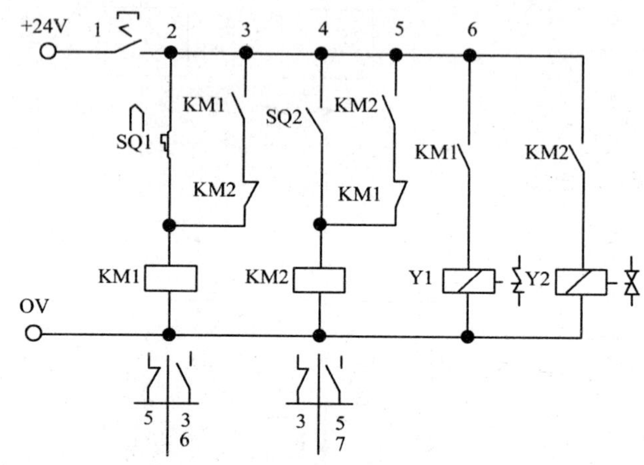

图 2-4-6 锁紧回路电气控制图

4. 实训步骤

(1)根据液压回路原理图正确连接各液压元件。

(2)按照回路要求，选择所需的液压元件，并且检查其性能的完好性。

(3)对照实验回路原理图，检查连接是否正确。

(4)根据动作要求设计电路，并依据设计好的电路进行实物连接。

(5)打开安全阀，通电，启动泵，调节溢流阀压力至 5MPa。

(6)让液压缸左右运动后，在任意位置停止运动，增大负载，看液压缸的动作情况。

(7)实训完毕后，使三位四通电磁换向阀卸荷，打开溢流阀，关闭油泵电机，待系统压力为零后，拆卸油管及液压阀，并把它们放回规定的位置，整理好实验台。并保持系统的清洁。

5. 技术评价

组装锁紧回路技术评价如表 2-4-3 所示。

表 2-4-3　　组装锁紧回路技术评价

序号	考评项目	配分	得分	备注
1	分析实训原理并能正确选择实训元件	5		
2	液压管路布局是否合理	5		
3	液压管路连接是否正确	10		
4	电气控制线路连接是否正确	5		
5	能否用压力继电器实现动作要求	15		
6	根据实训要求分析换向阀、液控单向阀的通断情况	15		
7	独立设计类似回路并写出工作原理	10		
8	能否正确接通电源和启动电机	5		
9	能否正确停止电机和断开电源	5		
10	能否正确拆卸各实验元件	5		
11	实训元件是否归类放置,摆放整齐	5		
12	实训工具摆放是否符合要求	5		
13	文明生产	10		
合计		100		

授课 No. 2——其他液压缸

液压缸是液压系统中的执行元件,以直线往复运动或回转摆动的形式,将液压能转变为机械能。液压缸结构简单,易制造,用来实现直线往复运动尤为方便,应用范围很广。

液压缸按额定工作压力、结构形式和作用等不同归类方法分类。表 2-4-4 是按结构形式和作用分类的名称及工作特点。

表 2-4-4　　液压缸的名称及工作特点

分类	名　称	符　号	说　明
单作用液压缸	柱塞式液压缸	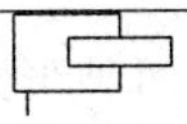	柱塞仅单向液压驱动,返回行程通常是利用自重、负载或其他外力
	单活塞杆液压缸	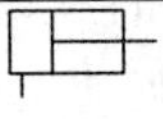	活塞仅单向液压驱动,返回行程是利用自重或负载将活塞推回
	双活塞杆液压缸	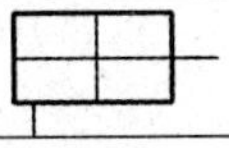	活塞两侧均装有活塞杆,但只向活塞一侧供给压力油,返回行程通常利用弹簧力、重力或外力
	伸缩液压缸	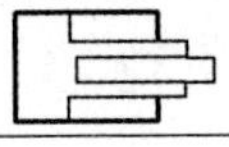	以短缸获得长行程,用压力油从大到小逐节推出,靠外力由小到大逐节缩回

续表

分类	名　称	符　号	说　明
双作用液压缸	单活塞杆液压缸		单边有活塞杆，双向液压驱动，两向推力和速度不等
	双活塞杆液压缸		双边有活塞杆，双向液压驱动，可实现等速往复运动
	伸缩液压缸		柱塞为多段套筒形式，伸出由大到小逐节推出，由小到大逐节缩回
组合液压缸	弹簧复位液压缸		单向液压驱动，由弹簧力复位
	串联液压缸		由于缸的直径受限制，而长度不受限制处，可获得大的推力
	增压缸（增压器）	A　B	由大、小液压缸串联组成，由低压大缸 A 驱动，使小缸 B 获得高压
	齿条传动液压缸		活塞的往复运动，经齿条传动使与之啮合的齿轮获得双向回转运动
摆动式液压缸			输出轴直接输出转矩，其往复回转的角度小于 360°

如图 2-4-7 所示双作用双活塞杆液压缸，两端有直径相同的活塞杆伸出，所以液压缸两端的有效作用面积相等。当输入的流量相等时，两个方向的运动速度相等；当输入的油压相等时，两个方向的推力相等。这种结构性能的液压缸可以用在双向负荷基本相等的场合，如磨床液压系统。

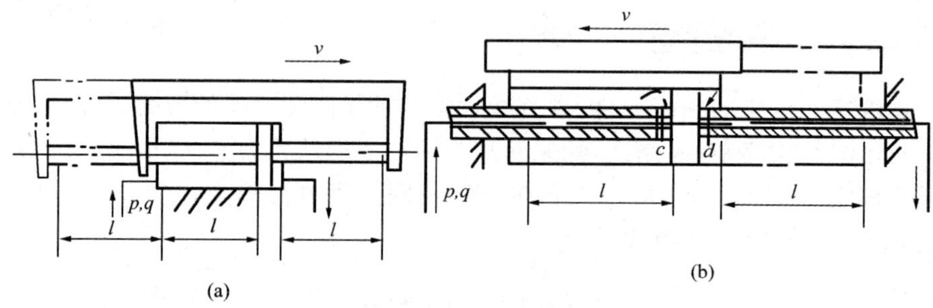

图 2-4-7　双杆式活塞缸

双活塞杆液压缸又分为缸体固定和活塞杆固定两种形式。缸体固定的液压缸[见图 2-4-7(a)]的工作台的运动范围约等于缸体有效长度的 3 倍，占地面积较大，常用于小型机床。活塞杆固定的液压缸[见图 2-4-7(b)]由缸体驱动工作机构运动，工作台的运动范围约等于活塞杆(或缸体)有效长度的 2 倍，占地面积小，常用于中型及大型机床。

双杆活塞缸的推力和速度可按下式计算：

$$F=Ap=\frac{\pi}{4}(D^2-d^2)p \tag{2-11}$$

$$v=\frac{q}{A}=\frac{4q}{\pi(D^2-d^2)} \tag{2-12}$$

式中，A 为液压缸有效工作面积；p 为进油压力；q 为进入液压缸的流量；D 为液压缸的内径；d 为活塞杆直径。

思考：以上换向回路均是活塞式液压缸，其工作行程较短。但在实践生产中，如龙门刨床、拉床、导轨磨床等机床，其工作行程较长，此时用活塞式液压缸已经满足不了要求。下面介绍几种常见的液压缸。

一、柱塞缸

图 2-4-8(a)为柱塞缸的结构简图。当压力油进入缸筒时，推动柱塞并带动运动部件向右移动。柱塞缸都是单作用液压缸，只能作单向运动，其回程必须靠其他外力或自重驱动。在龙门刨床、拉床、导轨磨床中，为了得到双向运动，柱塞缸常成对使用，如图 2-4-8(b)所示。

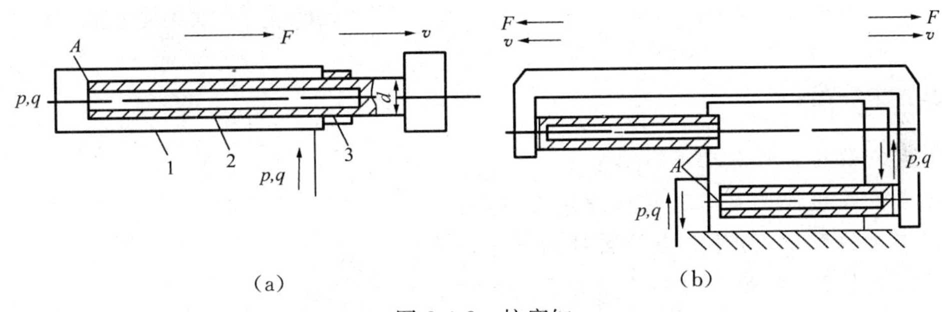

图 2-4-8　柱塞缸

1—缸筒　2—柱塞　3—导向套

柱塞缸的主要特点是柱塞由导向套导向，与缸筒无配合要求，缸筒内孔不需进行精加工，甚至可以不加工；工艺性好，成本低，适用于较长行程的场合。柱塞端面受压，为了能输出较大的推力，柱塞一般较粗、较重。水平安装时易产生单边磨损，故柱塞缸适于垂直安装使用。当其水平安装时，为防止柱塞因自重而下垂，常制成空心柱塞并设置各种不同的辅助支撑。

二、伸缩缸

伸缩缸又称多级液压缸，当安装空间受到限制而行程要求很长时可采用这种液压缸，如起重机的吊臂缸。

伸缩缸可以是单作用式[见图 2-4-9(a)]，也可以是双作用式[见图 2-4-9(b)]；有活塞式，还有柱塞式。活塞式双作用伸缩缸前一级活塞缸的活塞就是后一级活塞缸的缸筒。伸缩缸逐个伸出时，有效工作面积逐次减小。因此，当输入流量相同时，外伸速度依次增大；当负载恒定时，液压缸的工作压力逐次增高。空载缩回的顺序一般是从小活塞到大活塞，收回后液压缸总长度较短，结构紧凑。

综上所述，伸缩缸工作时行程可以很长，不工作时整个缸的长度可缩得很短。伸缩缸在逐个伸出时，有效工作面积依次减少，当输入流量相同时，外伸速度逐渐增大，当负载恒定时，工作压力逐步提高。伸缩缸的外伸靠油压，内缩靠自重或负荷作用。因此多用于缸倾斜或垂直放置的场合，如起重机伸缩臂液压缸、自卸汽车举升液压缸等。

三、齿轮齿条液压缸

齿轮齿条液压缸又称无杆液压缸，是由两个柱塞缸 1 和一套齿轮齿条传动装置 2 组成的，如图 2-4-10 所示。柱塞的移动经齿轮、齿条传动装置变成齿轮的转动，用于实现工作部件的往复摆动或间歇进给运动，多用于自动线、组合机床等的转位或分度机构中。

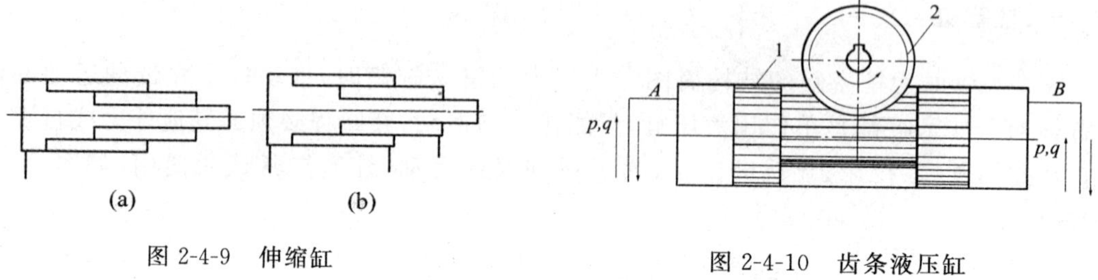

图 2-4-9　伸缩缸

图 2-4-10　齿条液压缸

思考与练习

2-1 齿轮泵的工作原理是什么？

2-2 齿轮泵的常见故障及排除方法有哪些？

2-3 在齿轮泵中，为什么会产生径向不平衡力？

2-4 在齿轮泵中，开困油卸荷槽的原则是什么？

2-5 叶片泵的工作原理是什么？

2-6 限压式变量叶片泵的限定压力和最大流量如何调定？调节时，泵的流量压力特性曲线将如何变化？

2-7 换向阀符号的含义是什么？什么是换向阀的常态位？

2-8 三位换向阀的中位都可以实现那些机能？

2-9 如图 2-3-4 所示，已知单杆液压缸的内径为 50mm，活塞杆的直径为 35mm，泵的供油压力为 $p=2.5$MPa，供油流量为 8L/min，试求：液压缸差动连接时的运动速度和推力。

2-10 液压缸常用的密封方法有哪些？液压缸设置缓冲装置的目的是什么？

2-11 简述液控单向阀的工作原理和结构。

2-12 液控单向阀常见故障及排除方法有哪些??

2-13 锁紧回路有哪几种类型？请举例说明。

2-14 简述液动电磁阀和电液换向阀的区别。

2-15 液压缸的常见种类有哪些？其特点是什么？

模块三　压力控制回路

课题一　单级调压回路

目标任务

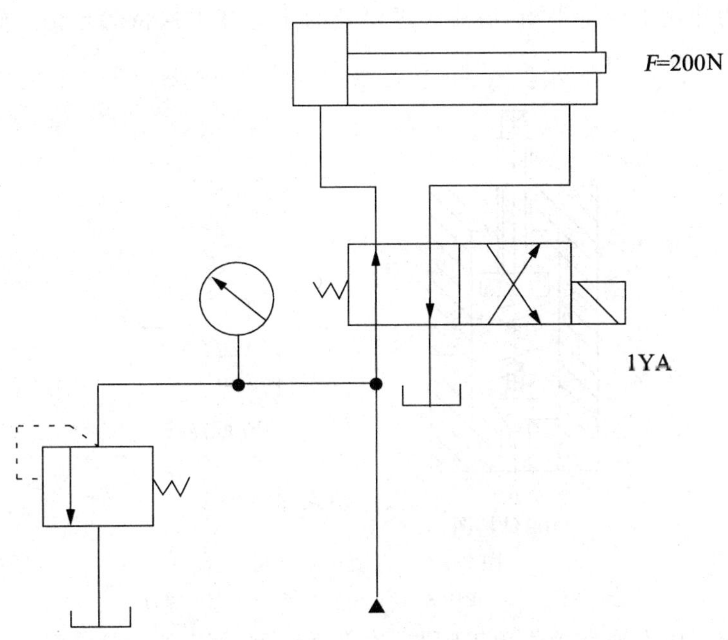

图 3-1-1　单级调压回路

目标及要求

(1)掌握直动式溢流阀的工作原理及职能符号,能够规范拆装溢流阀。

(2)掌握柱塞泵的工作原理。

(3)能够根据液压回路原理图正确组装单级调压回路。

控制油液压力高低或利用压力变化控制其他元件动作的阀通称为压力控制阀。常见的压力控制阀按功用分为溢流阀、减压阀、顺序阀、压力继电器等。压力阀的共同特点是利用作用在阀芯上的液压力与弹簧力相平衡来控制阀口开度，调节压力或产生动作。

压力控制回路是利用压力控制阀控制油液系统整体或某一部分的压力，以达到稳压、调压、减压、增压、多级压力的控制，满足执行元件对力或转矩的要求；或利用压力作为信号控制液压元件动作，以实现某些动作要求。按照使用目的不同，压力控制回路可分为调压、卸荷、减压、保压、增压、释压和平衡等基本回路。

一、溢流阀

溢流阀的主要作用是在定量泵系统中起溢流稳压作用或在变量泵系统中起限压安全保护作用。溢流阀按其结构原理分为直动型和先导型两种。

如图 3-1-2 所示为锥阀式(还有球阀式和滑阀式)直动型溢流阀。当进油口 P 接入油液压力不高时，锥阀芯 2 被弹簧 3 紧压在阀体 1 上，阀口关闭。当进口油压升高到能克服弹簧阻力时，推开锥阀芯，使阀口打开，油液就由进油口 P 流入，再从回油口 T 流回油箱(溢流)，进油压力也就不会继续升高。在弹簧压缩量变化很小的情况下，可以认为阀芯在液压力和弹簧力作用下保持平衡，溢流阀进口处的压力基本保持为定值。转动调压螺钉可以得到不同的调定压力。

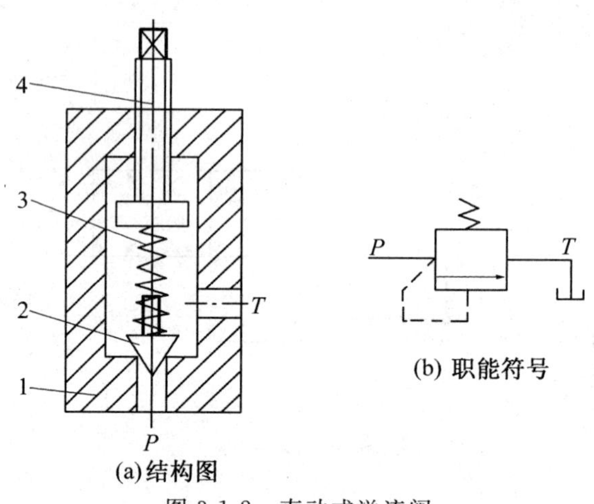

(a)结构图　(b) 职能符号

图 3-1-2　直动式溢流阀

1—阀体　2—锥阀芯　3—调压弹簧　4—调压螺钉

这种溢流阀因压力油直接作用于阀芯，称为直动型溢流阀。直动型溢流阀在控制较高压力或较大流量时，需要装刚度较大的硬弹簧，不但手动调节困难，而且阀口开度(弹簧压缩量)略有变化便引起较大的压力波动，一般只用于低压小流量场合。系统压力较高时，常采用先导型溢流阀。

二、单级调压回路

调压回路的作用是在定量泵系统中用来调定系统压力与负载相适应并保持恒定值，在变量泵系统中限定系统的最高压力，保护液压元件。调压回路的主要元件是溢流阀。

（1）在定量泵液压系统中，溢流阀通常接在泵的出口处，如图 3-1-3 所示。采用节流阀调节进入液压缸的流量，使活塞获得所需要的运动速度。定量泵输出的流量要大于进入液压缸的流量，泵的一部分油液经节流阀 3 进入液压缸 4，而多余的油液从溢流阀 2 溢回油箱，而在溢流阀开启溢流的同时稳定了泵的供油压力。

（2）如图 3-1-4 所示，系统采用变量泵供油，系统内无多余油液，不需溢流。泵的工作压力由负载决定，用溢流阀限制泵出口的最高压力。系统在正常工作时，溢流阀阀口关闭，当系统过载时才打开，以保证系统的安全，故称其为安全阀。

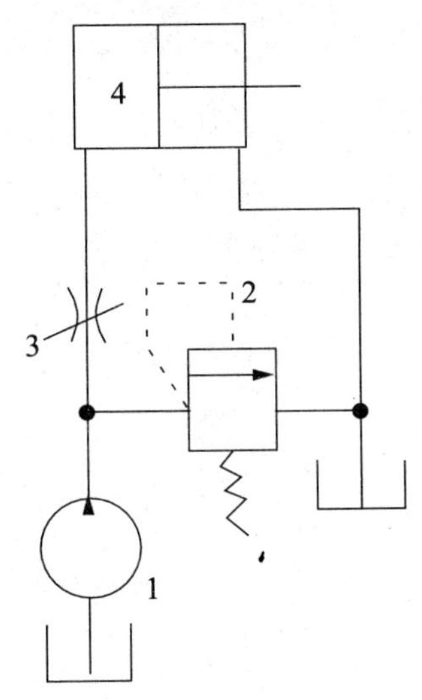

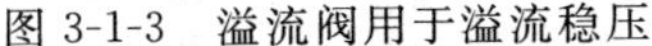
图 3-1-3　溢流阀用于溢流稳压

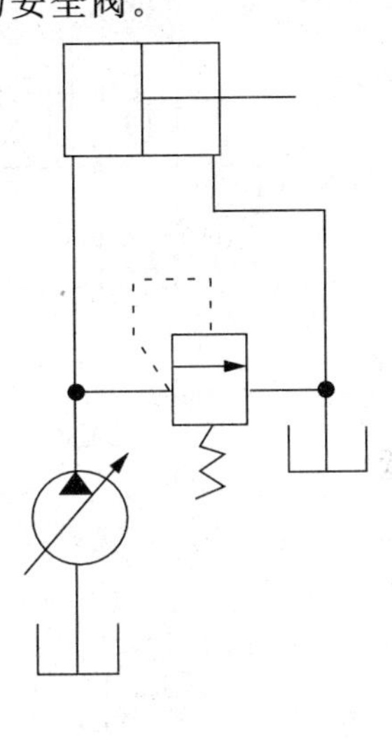
图 3-1-4　溢流阀用于过载保护

三、应用拓展：ZMY7F-63T 型单柱液压机

此系列单柱校正压装液压机是一多功能的中小型液压机，适用于轴类零件、型材的校正和轴类零件的压装，同时也能完成板材零件的弯曲、压印、套形、简单零件的拉伸等工艺动作，也可用于压制要求不很严格的粉末、塑料制品。图 3-1-5 为 ZMY7F-63T 型单柱液压机液压原理图。

（一）液压控制系统的工作原理

电机带动油泵旋转，油泵从油箱中吸油后压油，将机械能转化为液压油的压力能，液压油通过各液压控制阀实现了方向、压力、流量调节后经外接管路传输到液压机械的油缸中，从而控制了液压机方向的变换、力量的大小及速度的快慢。

该系统中柱塞泵为变量泵，由于泵的出口流量随出口压力（即负载）的变化而变化，无多余油液回流，但为了保护系统，在变量泵出口处设置溢流阀，正常工作时阀口关闭，不溢流，只有当系统因为负载升高，压力超过溢流阀调定值时，才开始溢流，起限压保护作用。常用的是直动式溢流阀，其灵敏性好。

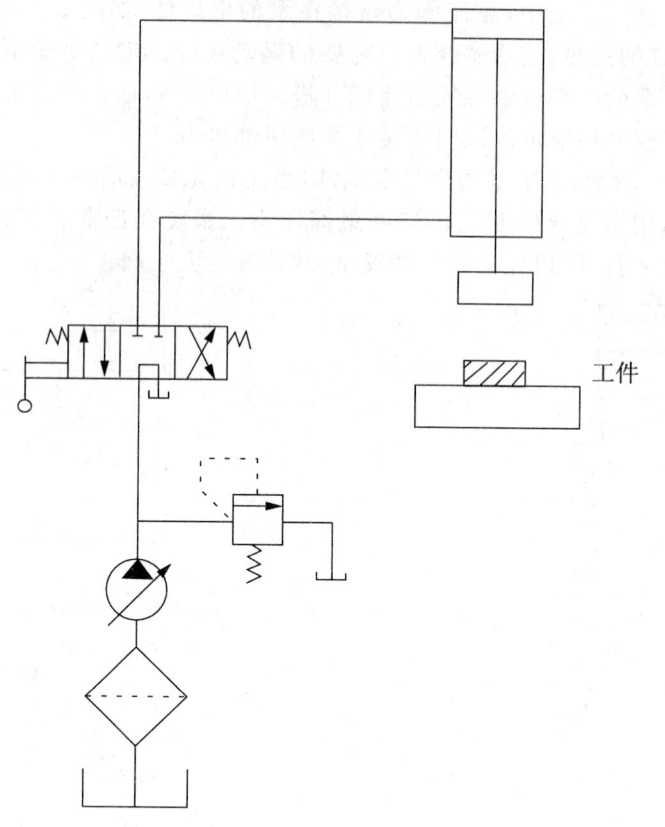

图 3-1-5 ZMY7F-63T 型单柱液压机液压原理图

（二）柱塞泵

柱塞泵依靠柱塞在其缸体内做往复运动时，密封工作腔的容积变化，进行吸油和压油。由于缸体内孔与柱塞均为圆柱表面，易得到高精度的配合，这种泵的泄漏小，容积效率高，适用于高压、大流量、大功率场合。但其结构较复杂、制造困难，故在各类容积泵中，柱塞泵价格最贵，而且这类泵对油液的污染较敏感，对使用、维护的要求也较严格。

1. 轴向柱塞泵

轴向柱塞泵的工作原理如图 3-1-6 所示。轴向柱塞泵主要由斜盘 1、柱塞 2、缸体 3、配油盘 4 和传动轴 5 组成。柱塞的轴线与缸体的轴线平行，并均匀地分布在缸体的圆周上。斜盘与缸体间倾斜 δ。柱塞在弹簧或液压力的作用下保持头部和斜盘紧密接触。当缸体旋转时，由于斜盘、弹簧或液压力的共同作用，使柱塞在缸体内做往复运动，各柱塞与缸体间的密封容积发生变化，通过配油盘上的窗口 a 进行吸油、通过窗口 b 进行压油。工作中，缸体每转一周，每个柱塞各完成吸油和压油一次，缸体连续旋转，柱塞则不断吸油和压油。

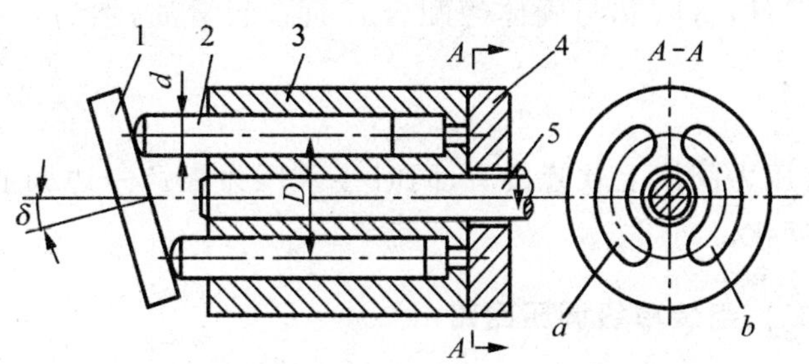

图 3-1-6　轴向柱塞泵工作原理图

1—斜盘　2—柱塞　3—缸体　4—配油盘　5—传动轴

若改变斜盘倾角 δ 的大小，便可改变柱塞的行程，从而改变柱塞泵的排量；若改变斜盘倾角 δ 的方向，则可以改变吸、压油的方向，使其成为双向变量轴向柱塞泵。

2. 径向柱塞泵

图 3-1-7 为径向柱塞泵的工作原理图。当转子 2 按图示方向转动时，柱塞 3 和转子 2 一起旋转，同时又靠离心力压紧在定子内壁上。由于转子和定子间有一偏心距 e，故转子在上半部分转动时柱塞向外伸出，径向孔内的密封工作腔容积逐渐增大，形成局部真空，将油箱中的油液经配油轴吸油；转子转到下半周时，情况与此相反。转子每转一转，柱塞在每个径向孔内吸油、排油各一次。改变偏心距 e 可改变泵的排量；若改变定子和转子的偏心距 e 的方向，则可改变吸、压油的方向，所以径向柱塞泵可以做成单向或双向变量泵。

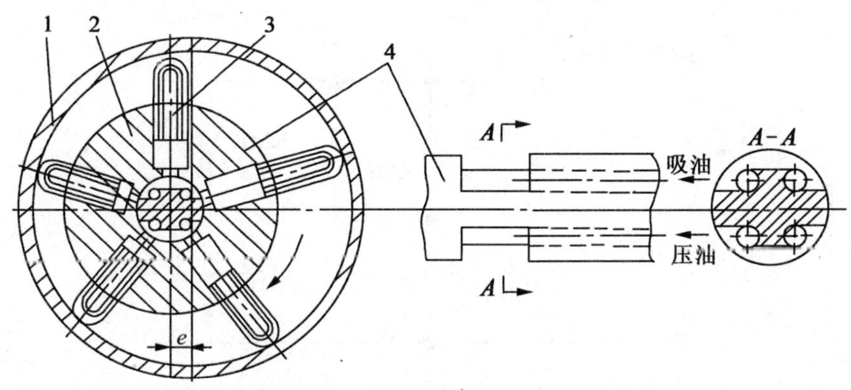

图 3-1-7　径向柱塞泵的工作原理

1—定子　2—转子　3—柱塞　4—配油轴

径向柱塞泵优点是流量大、工作压力较高，便于做成多排柱塞的形式，轴向尺寸小，工作可靠；缺点是径向尺寸大，结构复杂，自吸能力差，而且配油轴受径向不平衡液压力的作用，易磨损，使其转速和压力的提高受到限制。因其噪声过大，这种泵正逐步被淘汰。

四、技能训练(一)：直动式溢流阀的拆装(此拆装过程同样适用于顺序阀和减压阀)

1. 直动式溢流阀的拆卸顺序

先拆卸调压螺母，取出弹簧，分离阀芯和阀体，观察阀芯的结构和阀体上的油口尺寸。

2. 直动式溢流阀的装配训练

装配前清洗各零件，将阀芯与阀体等配合表面涂润滑油，然后按拆卸时的反向顺序装配。

3.压力的检测

启动空压机，将压力阀接上软管接头，同时接入压力表。一边调节压力阀，一边观察压力表上压力值的变化。

五、技能训练(二)：组装单级调压回路

1.实训目的

(1)了解直动式溢流阀的工作原理和内部结构。

(2)学习掌握直动式溢流阀的工业应用领域。

2.实训器材

(1)液压实验工作台	1台
(2)直动式溢流阀	1个
(3)二位四通电磁换向阀	1个
(4)油管	若干
(5)压力表	1只

3.液压原理

图 3-1-1 为单级调压回路原理图，图 3-1-8 为其电气控制图。

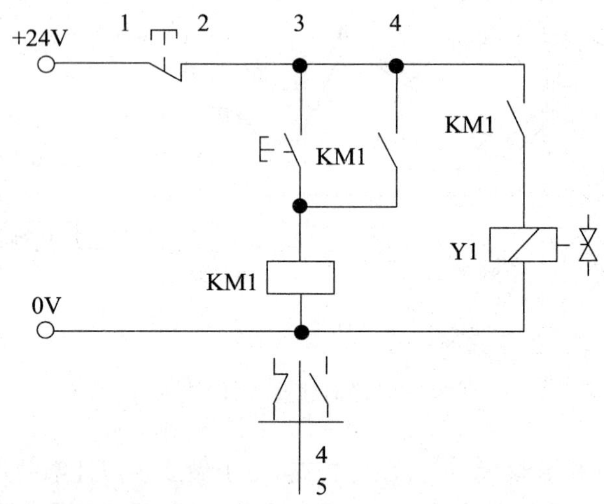

图 3-1-8 单级调压回路电气控制图

4.实训步骤

(1)依据液压实验回路准备好相关实验器材。

(2)按照实验回路连接好液压回路。

(3)检查溢流阀是否全部打开和连接回路是否完全正确，在确认无误的情况下开启系统。

(4)调节直动式溢流阀调节系统工作压力，注意边调边观察压力表的数值变化。

(5)实验完毕后完全松开溢流阀,停泵,断电,拆卸液压元件,归类放置,清理卫生。

5.技术评价

本实习技术评价如表 3-1-1 所示。

表 3-1-1　溢流阀单级调压回路技术评价

序号	考评项目	配分	得分	备注
1	分析实验原理并能正确选择实训元件	5		
2	液压管路布局是否合理	5		
3	液压管路连接是否正确	5		
4	电气控制线路连接是否正确	5		
5	能否用继电器控制实现实验动作要求	15		
6	能否用 PLC 或组态王实现动作要求	15		
7	正确编写或叙述本实训步骤	15		
8	能否正确接通电源和启动电机	5		
9	能否正确停止电机和断开电源	5		
10	能否正确拆卸各实训元件	5		
11	实训元件是否归类放置,摆放整齐	5		
12	实训工具摆放是否符合要求	5		
13	文明生产	10		
合计		100		

课题二　二级及多级调压回路

目标任务

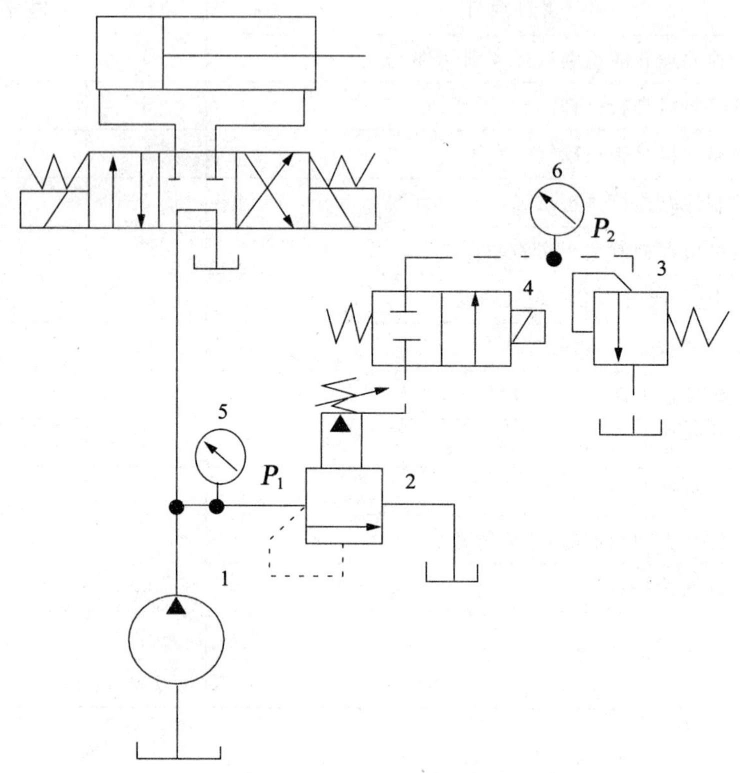

图 3-2-1　二级调压回路

1—液压泵　2—先导型溢流阀　3—直动型溢流阀　4—电磁阀　5、6—压力表

目标及要求

(1)掌握先导式溢流阀的工作原理、应用及职能符号。

(2)能够诊断并排除溢流阀的常见故障。

(3)掌握各种调压回路的工作原理,能够根据液压回路原理图正确组装二级调压回路。

一、先导型溢流阀

(一)先导型溢流阀的工作原理

如图 3-2-2 所示,先导型溢流阀由先导阀和主阀两部分组成。先导阀就是一个小规格的直动型溢流阀,主阀阀芯是一个具有锥形端部、中心开有阻尼小孔的圆柱筒。

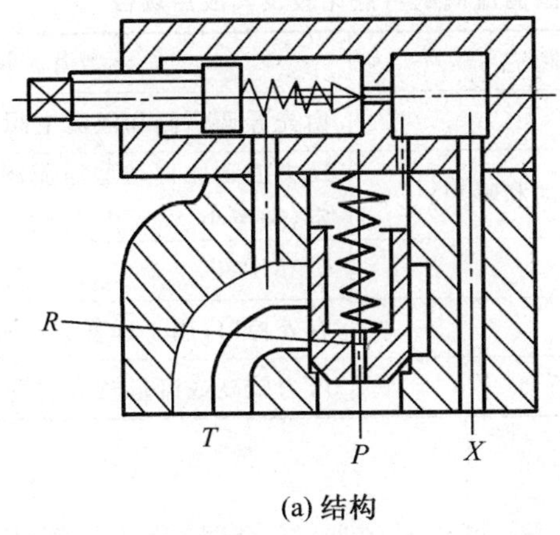

(a) 结构

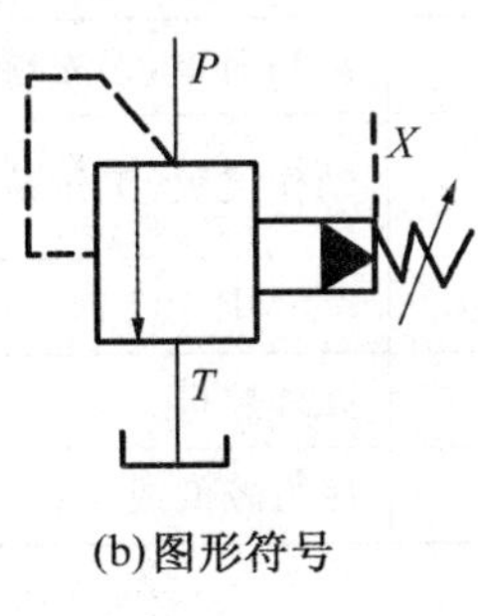

(b) 图形符号

图 3-2-2　先导式溢流阀

油液从进油口 P 进入,经阻尼孔 R 到达主阀弹簧腔,并作用在先导阀锥阀芯上。当进油压力不高时,不能克服先导阀的弹簧阻力,先导阀口关闭,阀内无油液流动。这时,主阀芯因前后腔油压相等,故被主阀弹簧压在阀座上,主阀口亦关闭,P 与 T 不通。当进油压力升高到先导阀弹簧的预调压力时,先导阀口打开,主阀弹簧腔的油液流过先导阀口并经阀体上的通道(内泄油口)和回油口 T 流回油箱。这时,油液流过阻尼小孔 R,产生压力损失,在主阀芯两端形成压力差。主阀芯在此压力差作用下克服主阀弹簧阻力右移,P 与 T 油口连通,实现溢流稳压。调节先导阀的调压螺钉,便能调整溢流压力。

根据液流连续性原理可知,流出先导阀的流量即为流经阻尼孔的流量,通常称为泄油量。因阻尼孔很细,泄油量只占全溢流量极小的一部分,绝大部分油液均经主阀口溢回油箱。在先导型溢流阀中,先导阀控制和调节溢流压力,主阀的功能则在于溢流。

先导阀因为只通过泄油,其阀口较小,即使在较高压力的情况下,锥阀芯上的液压推力也不很大,因此调压弹簧的刚度不必很大,调压比较轻便。由于主阀芯开度由压差和主阀弹簧力的作用来调节,所以主阀弹簧刚度可以很小,当溢流量变化引起弹簧压缩量变化时,进油口的压力变化也不大,因此先导型溢流阀的稳压性能优于直动型溢流阀。但先导型溢流阀是二级阀,其灵敏度低于直动型溢流阀。先导型溢流阀宜用于系统溢流稳压,直动型溢流阀因灵敏度高宜用作安全阀。

若溢流阀出口 T 不是接油箱,而是接具有一定压力的油路,该压力油通过内泄油路作用在先导锥阀上,使溢流阀进口压力高于 T 口接油箱时的调定压力。

溢流阀的主要特点:常态下,阀口常闭;出口 T 接油箱,溢流时进口压力稳定;采用内泄油口,简化油路。

先导型溢流阀有一个远程控制口 X,它与主阀上腔相通,若将 X 口用管道与其他控制阀接通,就可以实现各种功能。当该孔口与远程调压阀接通时,可以实现液压系统的远程调压;当该孔口与油箱接通时,可以实现系统卸荷(详见卸荷回路)。

先导型溢流阀和直动式溢流阀的特点比较及其应用场合如表 3-2-1 所示。

表 3-2-1　先导型溢流阀和直动型溢流阀的特点比较及其应用场合

特点及应用	直动型溢流阀	先导型溢流阀
结构	结构简单,无先导阀	由先导调压阀和溢流主阀组成
工作特性	动作灵敏,工作易产生振动和噪声	压力波动比直动型溢流阀小,压力较稳定,噪声小
最大调整压力	2.5MPa	6.3MPa
外控口	无外控口	有外控口,用于远程调压和卸荷
应用场合	压力较低或流量较小的场合	压力较高或流量较大的场合

(二)溢流阀的应用

根据溢流阀在液压系统中的功能不同,可作溢流阀、安全阀、背压阀等使用。

(1)作安全阀与变量泵相连,对系统起过载保护作用。

(2)作溢流阀与定量泵相连,使系统压力恒定。

(3)作背压阀接在系统回油路上,造成一定的回油阻力,以改善执行元件的运动平稳性。

(4)远程调压或使系统卸荷。

二、远程调压和二级调压回路

如图 3-2-3 所示为远程调压回路,将远程调压阀 1 接在先导式主溢流阀 2 的远程控制口上,泵的出口压力即由远程调压阀 1 作远程调节。这里,远程调压阀 1 仅作调节系统压力用,相当于主溢流阀的先导阀,绝大部分油液仍从主溢流阀溢流走。远程调压阀结构和工作压力与溢流阀中的先导阀基本相同。回路中远程调压阀调节的最高压力应低于主溢流阀 2 的调定压力,否则远程调压阀不起作用。在进行远程调压时,溢流阀 2 中的先导阀处于关闭状态。

许多液压系统中,液压缸活塞往返行程的工作压力差别很大,为了降低功率损耗,减少油液发热,可以采用如图 3-2-4 所示的二级调压回路。当活塞右行时,负载大,由高压溢流阀 1 调定,而活塞左行时,负载小,由低压溢流阀 2 调定,当活塞左行到终点位置时,泵的流量全部经低压溢流阀流回油箱,这样就减少了回程的功率损耗。城市生活垃圾处理液压系统就是这种基本回路的典型应用。

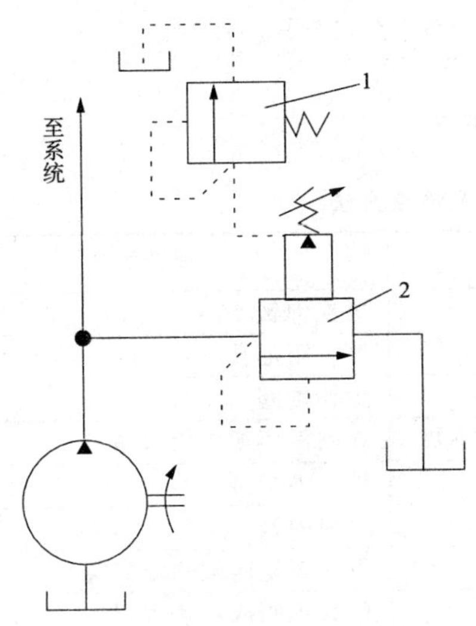

图 3-2-3　远程调压回路

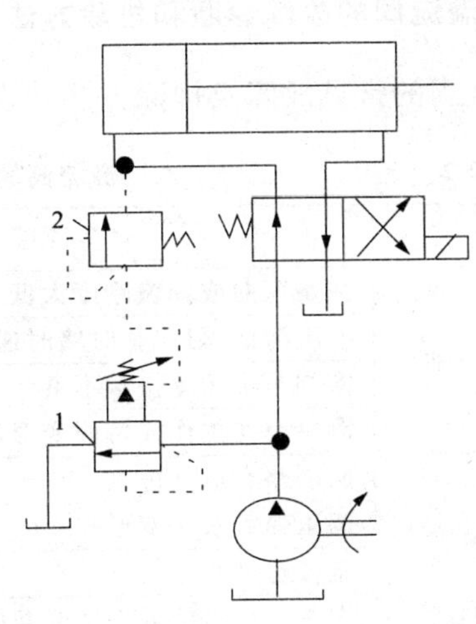

图 3-2-4　二级调压回路

三、应用拓展——黏压机液压系统

黏压机、压力机、塑料注射机等液压系统，在工作过程中不同阶段需要不同的工作压力。图 3-2-5 为黏压机工作示意图，通过液压缸伸出，将材料粘贴在粘贴板上，根据材料的不同需要调整压紧力，当一个工作完成后，返回准备下一个动作。这就需要液压系统提供 3 种不同的稳定的工作压力。为了有效地控制压力，需要采用溢流阀和调压回路来实现。

如图 3-2-6 所示为多级调压设计方案，利用先导式主溢流阀 1 的远程控制口和远程调压阀也可实现多级调压。当电磁铁 1YA、2YA 处于图示位置时，系统压力由阀 1 调定；当 1YA 通电时，电磁换向阀 4 左位工作，系统压力由阀 2 调定；当 2YA 通电时，阀 4 右位工作，系统压力由阀 3 调定，因此可以得到三级调定压力。但要注意远程调压阀 2 和 3 的调定压力一定要小于主阀的调定压力，而阀 2 和阀 3 的调定压力之间没有什么一定的关系。

图 3-2-5　黏压机

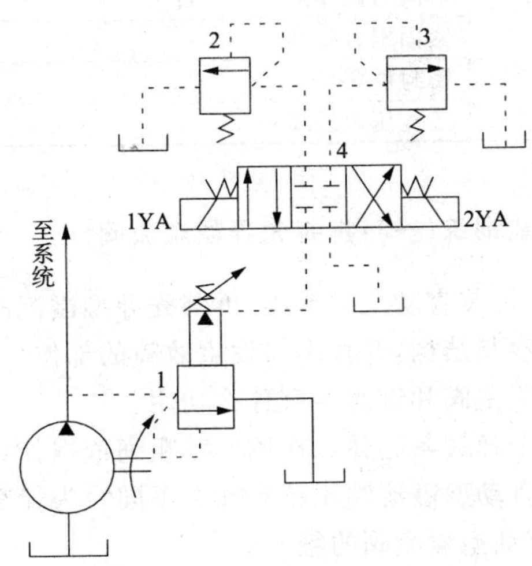

图 3-2-6　多级调压

四、溢流阀的故障诊断和排除方法

溢流阀的常见故障及排除方法如表 3-2-2 所示。

表 3-2-2 溢流阀的常见故障及诊断方法

故障现象	产生原因	排除方法
压力波动	弹簧弯曲或弹簧刚度太低	更换弹簧
	油不清洁,阻尼孔时堵时通	清洗阻尼孔
	锥阀与锥阀座接触不良	更换锥阀
	滑座表面拉伤或弯曲变形,滑座动作不灵	修磨滑座或更换滑座
振动和噪声	回油路有空气进入	拧紧油管接头
	调压弹簧永久变形	更换弹簧
	流量超过额定值	更换流量匹配的溢流阀
	锥阀与阀座接触不良或磨损	修磨锥阀或更换锥阀
	油温过高,回油阻力过大	降低油温,降低回油阻力
	滑阀与阀盖配合间隙过大	检查滑阀,控制配合间隙
	回油不畅通	清洗回油管路
压力调定无效	滑阀卡住	修磨滑阀或更换滑阀
	进、出油口接反	纠正进、出油口位置
	远程控制口接油箱或泄漏严重	切断远程控制口接油箱的油路,加强密封
	主阀弹簧太软、变形	更换弹簧
	先导阀座小孔堵塞	检查清洗
	滑阀阻尼孔堵塞	清洗阻尼孔
	紧固螺钉松动	调整阀盖螺钉
	压力表不准	检修或更换压力表
	调压弹簧折断	更换弹簧
泄漏	锥阀与阀座配合不良	修磨阀座或更换锥阀
	滑阀与阀体配合间隙过大	修配阀体或更换滑阀
	紧固螺钉松动	拧紧螺钉
	密封件损坏	检查密封,更换密封件
	工作压力过高	降低工作压力或选用额定压力高的阀

五、技能训练(一):拆装先导型溢流阀

步骤与拆装直动式溢流阀,拆装先导型溢流阀时应注意以下问题:

(1)观察其结构,并找出易发生故障的部位。

(2)说明主阀和锥阀各有什么功用。

(3)两个弹簧各起什么作用?其粗细依据什么决定?

(4)与直动型溢流阀比较有什么不同?为什么同一规格的溢流阀,先导型溢流阀的调压弹簧比直动型溢流阀的细?

(5)找出远程调压孔,分析其作用。如何使其发挥作用?如果误把它当作泄油孔接回油箱,会出现什么问题?

六、技能训练(二):组装二级调压回路

1. 实训目的

(1)进一步掌握先导型溢流阀、直动型溢流阀的结构及工作原理。

(2)掌握并应用溢流阀的二级调压及多级调压工作原理。

2. 实训器材

(1)液压实验工作台	1台
(2)先导溢流阀	1只
(3)直动式溢流阀	2只
(4)二位二通电磁换向阀	1只
(5)压力表	2只
(6)高压油管	若干

3. 液压原理图

如图 3-2-1 所示为二级调压回路液压原理图,请在教师的指导下分析其调压原理。如图 3-2-7 所示为二级调压回路电气控制图。

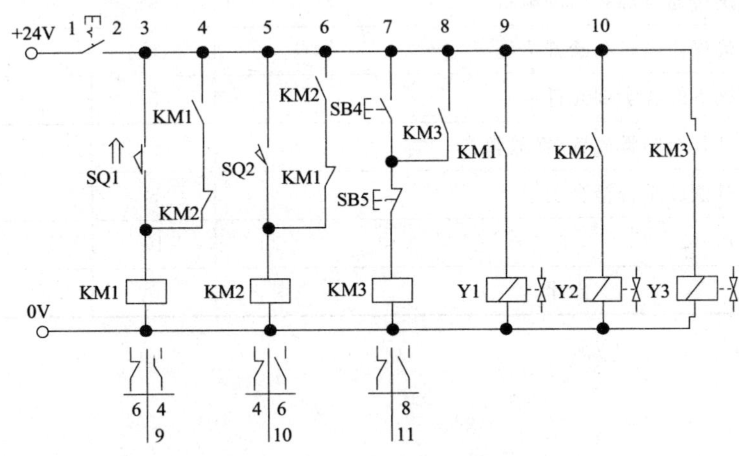

图 3-2-7　二级调压回路电气控制图

4. 实训步骤

(1)依据液压回路准备好相关实验器材。

(2)按照回路原理图连接好液压回路。

(3)检查溢流阀是否全部打开和连接回路是否完全正确。

(4)启动泵站前,先检查安全阀是否打开,并关闭先导型溢流阀和直动型溢流阀。

(5)通电,启动泵,调节安全阀使系统压力至 6MPa,然后打开先导式溢流阀和直动性溢流阀。

(6)调节先导式溢流阀的压力至 5.5～6MPa,压力值从压力表 5 直接读出,持续 1～3min;接通二位二通电磁阀,观察压力表 5 和压力表 6 的数值,再调节直动式溢流阀的压力值至 3 MPa(注:直动式溢流阀的调节的压力值要小于先导式溢流阀调节压力值)。

(7)反复接通和断开二位二通电磁阀,观察压力表 5 和压力表 6 的数值变化。

(8)实训完毕后完全松开安全阀,停泵,断电,拆卸液压元件,归类放置,清理卫生。

5. 技术评价

本实训技术评价如表 3-2-3 所示

表 3-2-3　　二级调压回路实训技术评价

序号	考评项目	配分	得分	备注
1	分析实训原理并能正确选择实训元件	5		
2	液压管路布局是否合理	5		
3	液压管路连接是否正确	5		
4	电气控制线路连接是否正确	5		
5	能否用继电器控制实现实验动作要求	15		
6	正确编写或叙述本实训步骤	15		
7	独立设计多级调压回路并写出工作原理	15		
8	能否正确接通电源和启动电机	5		
9	能否正确停止电机和断开电源	5		
10	能否正确拆卸各实训元件	5		
11	实训元件是否归类放置,摆放整齐	5		
12	实训工具摆放是否符合要求	5		
13	文明生产	10		
合计		100		

课题三　减压回路

目标任务

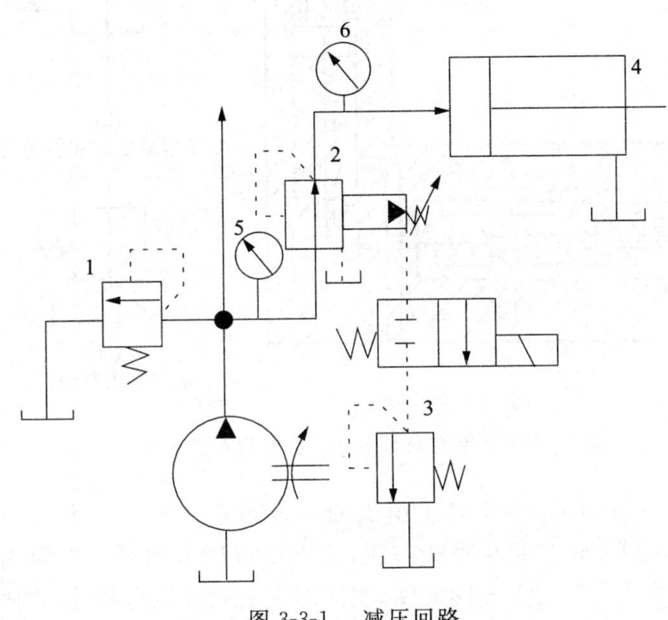

图 3-3-1　减压回路

1、3—溢流阀　2—减压阀　4—液压缸　5、6—压力表

目标及要求

(1)掌握减压阀的工作原理及职能符号。

(2)能够诊断并排除减压阀的常见故障。

(3)掌握减压回路、增压回路的工作原理,能够根据液压回路原理图正确组装减压回路。

一、减压阀

(一)减压阀的工作原理

减压阀主要用于降低系统某一分支油路的油液压力,使其获得一个比主系统低的稳定的工作压力。减压阀的特点是出口压力维持恒定,不受入口压力、通过流量大小等的影响。

减压阀应用于液压系统中要求获得稳定、低压的回路中,在系统的夹紧、控制、润滑等油路中应用较多,用于提供稳定的控制压力油、限制工作机构的作用力、减少压力波动带来的影响、改善系统的控制性能等。

减压阀按结构型式可分为直动型和先导型。直动型减压阀在系统中较少单独采用,一般常用先导型减压阀,如图 3-3-2 所示。按工作原理的不同可分为定值输出减压阀、定差减压阀和定比减压阀，其中，定值输出减压阀应用最广泛，简称减压阀。这里只介绍定值输出减压阀。

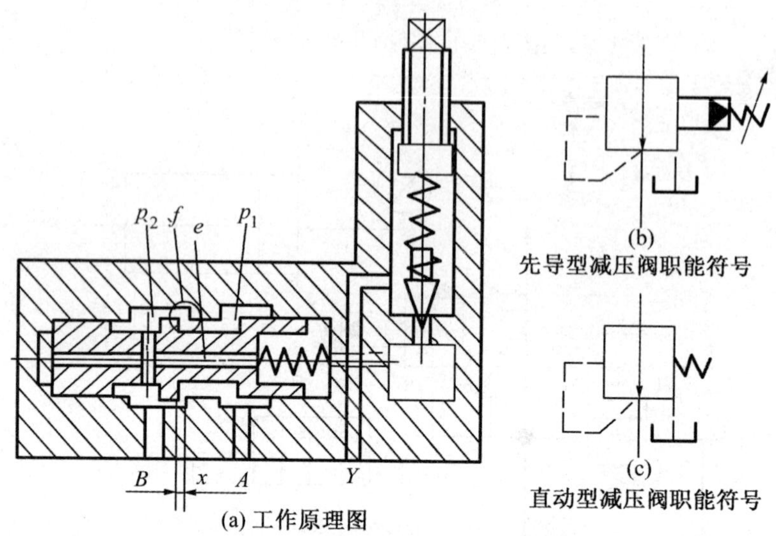

图 3-3-2 先导型减压阀的工作原理及图形符号

压力油 p_1 由阀口 A 流入，经阀口 f 由出油口 B 流出。出口压力油经主阀芯内的径向孔和轴向孔 e 引入到主阀芯的左腔和右腔，并以出口压力作用在先导阀锥上。当出口压力未达到先导阀的调定值时先导阀关闭，主阀芯左右两腔压力相等，主阀芯被弹簧压在最左端，减压口开度 x 为最大值，减压阀处于非工作状态。当进口压力升高，出口压力也升高并超过先导阀的调定值时，先导阀被打开，主阀弹簧腔的液压油便由泄油口 Y 流回油箱。由于主阀芯的轴向孔 e 是阻尼孔，油在孔内流动，在主阀芯两端产生压力差，此压力差克服弹簧阻力推动主阀芯右移，阀口 f 开度 x 值减少，出口压力降低，直到等于先导阀调定值。反之，如出口压力减小，主阀芯左移，阀口开大，出口压力回升到调定值。

在减压阀出口油路的油液不再流动的情况下(如夹紧油路夹紧工件后)，由于先导阀仍在泄油，减压口 f 仍有油液流动，阀仍然处于工作状态，出口压力也就保持调定的数值不变。

减压阀的最高调定值比系统主油路溢流阀调定值低 0.5～1MPa。

减压阀的主要特点是：常态位，阀口常开；从出口引压力油控制阀口开度；出口压力小于调定值时，不起减压作用；当出口压力高于调定值时，起减压作用。保持出口稳定低压；泄油口单独接油箱。

(二)减压阀的常见故障及排除方法

减压阀常见故障及排除方法，如表 3-3-1 所示。

表 3-3-1　减压阀常见故障及排除方法

故障现象	产生原因	排除方法
不起减压作用	顶盖方向装错，使输出油孔与回油孔接通	重新装配顶盖，将顶盖上的回油孔与阀体上的回油孔对准
	滑阀与阀体孔的制造精度差，滑阀被卡住	研配滑阀与阀体孔，使之移动灵活无阻滞
	滑阀上的阻尼小孔被堵塞	清洗并疏通滑阀上的阻尼孔
	调压弹簧太硬或发生弯曲被卡住	更换软硬长度合适的弹簧
	钢球或锥阀与阀座孔配合不良	更换钢球或修磨锥阀并研配阀座孔
压力不稳定	滑阀与阀体配合间隙过小，滑阀移动不灵活	修磨滑阀并研磨滑阀孔，使配合间隙符合要求
	滑阀弹簧太软，产生变形或在滑阀中被卡住，使滑阀移动困难	更换软硬合适的弹簧
	滑阀阻尼孔时通、时堵	更换液压油，清洗并疏通滑阀上的阻尼孔
	锥阀与锥阀座接触不良，如锥阀磨损有伤痕，阀座孔不圆	修磨锥阀，并研磨阀座孔，使之配合良好
	锥阀调压弹簧变形	更换调压弹簧
	液压系统内进入空气	排除油液中的空气
泄漏严重	滑阀磨损后与阀体孔配合间隙太大	重制滑阀，与阀体孔配磨，使其间隙至规定值
	密封件老化或磨损	更换密封件
	锥阀与阀座孔接触不良或磨损严重	修磨锥阀，研磨阀体孔，使其配合紧密
	各连接处螺钉松动或拧紧力不均匀	紧固各连接处螺钉

二、减压回路

液压系统中常有多个执行元件，其中主油路的工作压力由溢流阀调定。当某一分支油路（如夹紧油路、控制油路、润滑油路等）所需的工作压力低于溢流阀的调定压力时，常用减压回路，如图 3-3-3 所示，减压回路的主要元件是减压阀，通常在减压阀后串联一个单向阀，起保压作用，防止在减压阀处于非工作状态（即减压阀口常通，不起减压作用）时，该支路的油压降低。利用先导式减压阀远程控制口可以实现二级减压，如图 3-3-1 所示。

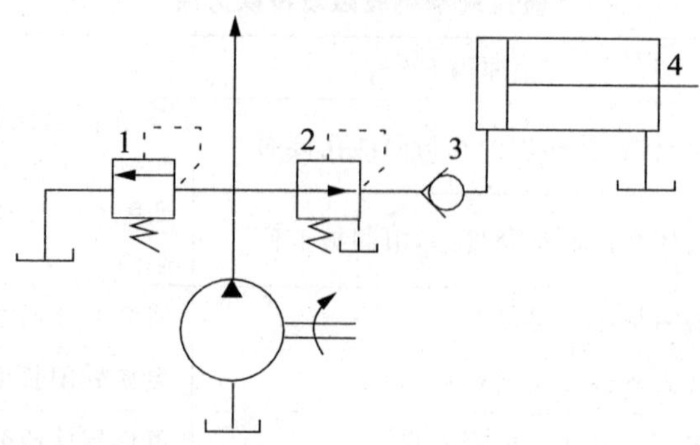

图 3-3-3 减压回路

三、减压回路应用拓展——MJ-50 型数控车床的卡盘夹紧与松开液压系统

在数控车床上进行车削加工时，其自动化程度高，能获得较高的加工质量。目前，在数控车床上，大多都应用了液压传动技术。详细回路分析见模块七课题二，本节只介绍卡盘的夹紧与松开。液压系统如图 3-3-4 所示。

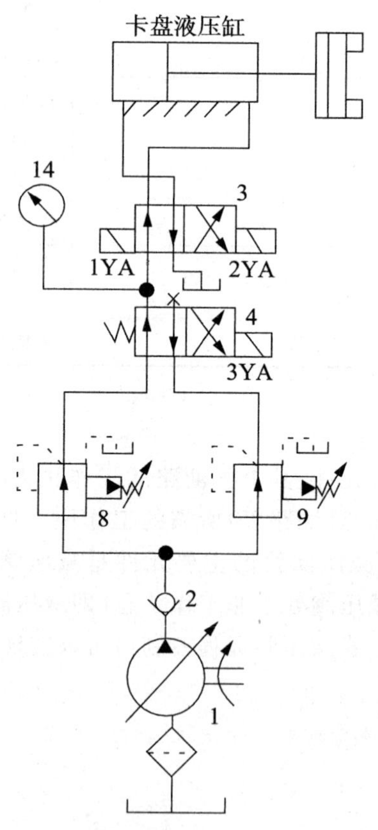

图 3-3-4 MJ-50 型数控车床的卡盘夹紧与松开液压系统

其工作原理是：当卡盘处于正卡（或称外卡）且在高压夹紧状态时，夹紧力的大小由减压阀 8 来调整，夹紧压力由压力计 14 来显示。当 1YA 通电时，阀 3 左位工作，系统压力油经阀 8、阀 4、阀 3 到液压缸右腔，液压缸左腔的油液经阀 3 直接回油箱。这时，活塞杆左移，卡盘夹紧。反之，当 2YA 通电时，阀 3 右位工作，系统压力油经阀 8、阀 4、阀 3 到液压缸左腔，液压缸右腔的油液经阀 3 直接回油箱，活塞杆右移，卡盘松开。

当卡盘处于正卡且在低压夹紧状态时，夹紧力的大小由减压阀 9 来调整。这时，3YA 通电，阀 4 右位工作。阀 3 的工作情况与高压夹紧时相同。

卡盘反卡（或称内卡）时的工作情况与正卡相似，不再赘述。

思考：当液压系统中某一分支油路所需的压力高于主油路压力时，在不采用高压泵的前提下，有什么办法吗？

四、增压缸的增压原理

如图 3-3-5(a)所示，增压缸由大缸和小缸组成，大、小活塞由一活塞杆连接，一定压力 p_1 的液压油当增压缸左腔进入，在右腔输出较高压力 p_2 的液压油。

设大小活塞直径分别为 D、d，忽略摩擦损失和泄漏，则作用在大小活塞上力的平衡方程为

$$p_1\frac{\pi D^2}{4}=p_2\frac{\pi d^2}{4}$$

整理得

$$p_2=\frac{D^2}{d^2}p_1 \tag{3-1}$$

式中，$\frac{D^2}{d^2}=k$，称为增压比，显然 $k>1$，$p_2>p_1$。

五、增压回路

当液压系统中某一分支油路所需的压力高于主油路压力时，为节省能源，在不采用高压泵的前提下，常采用增压回路，如图 3-3-5 所示为增压回路，单作用增压回路如图 3-3-5(a)所示。如图 3-3-5(b)所示为双作用增压缸的增压回路，它能连续输出高压油，适用于增压行程要求较长的场合。在图 3-3-5(b)所示位置，液压泵压力油进入增压缸左端大、小活塞腔，右端大活塞腔接油箱，右端小活塞腔输出的高压油经单向阀 4 输出，此时单向阀 1、3 被封闭。当增压缸活塞移到右端时，换向阀的电磁铁通电，换向阀在右位工作，增压缸活塞向左移动，左端小活塞腔输出的高压油经单向阀 3 输出。这样，增压缸的活塞不断往复运动，其两端便交替输出高压油，从而实现了连续增压。

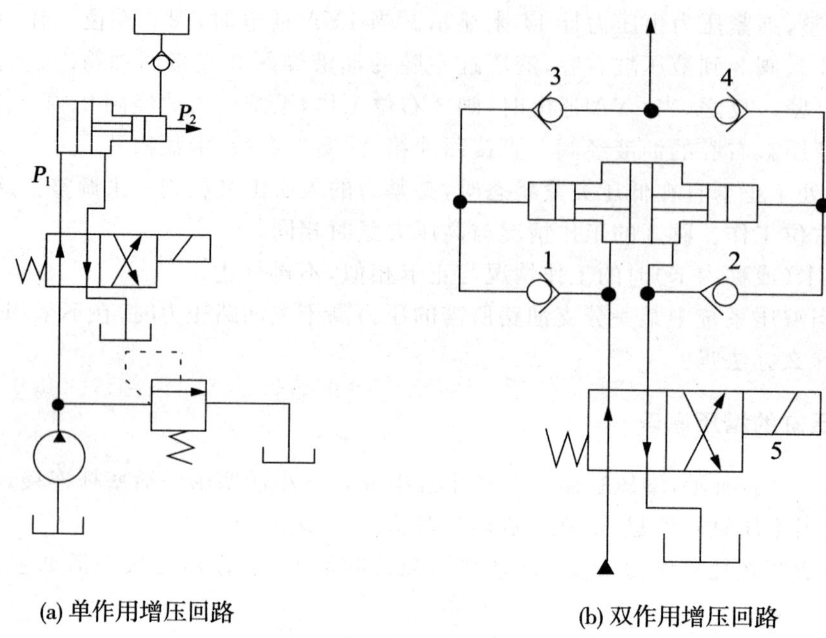

(a) 单作用增压回路　　(b) 双作用增压回路

图 3-3-5　增压回路

六、技能训练(一):拆装减压阀

减压阀的拆装步骤同溢流阀的拆装。拆开后请注意观察:

(1)它与溢流阀相比在结构上有何相同点和不同点?

(2)观察其结构并找出易发生故障的部位。

(3)找出减压阀的内、外孔道是怎样连通的。

七、技能训练(二):组建二级减压回路

1. 实训目的

(1)了解减压阀的内部结构、掌握其工作原理。

(2)掌握并应用减压阀的二级减压及多级减压回路。

(3)了解减压回路在实际生产中的应用范围。

2. 实训器材

(1)液压实验工作台	1 台
(2)先导式减压阀	1 只
(3)直动型溢流电磁换向阀	2 只
(4)二位二通电磁换向阀	1 只
(5)压力表	2 只
(6)高压油管	若干

3.液压原理

液压原理图如图 3-3-1 所示。

4.实训步骤

(1)依据实训原理回路图(见图 3-3-1)准备好液压元器件。

(2)按照液压回路准确无误的连接液压回路,并把溢流阀全部松开,关闭减压阀。

(3)启动泵站电机,调节溢流阀 1 的开口,调定系统压力至 6MPa。

(4)调节先导式减压阀至一级压力 5MPa,观察压力表 6。

(5)接通二位二通电磁阀,调节溢流阀 3 至二级压力 2.5MPa,观察压力表 5。注意:这里的压力不能比一级压力大。

(6)反复接通和断开二位二通电磁阀,观察压力表 5 和压力表 6 的数值。

(7)实训完毕后,应先旋松溢流阀手柄,然后停止油泵工作。经确认回路中压力为零后,取下连接油管和元件,归类放置并清理卫生。

5.技术评价

本实训技术评价如表 3-3-2 所示。

表 3-3-2　　二级减压回路实训技术评价

序号	考评项目	配分	得分	备注
1	分析回路原理并能正确选择实训元件	5		
2	液压管路布局是否合理	5		
3	液压管路连接是否正确	5		
4	电气控制线路连接是否正确	5		
5	能否用继电器控制实现实训动作要求	15		
6	正确编写或叙述本实训步骤	15		
7	独立设计多级减压回路并写出工作原理	15		
8	能否正确接通电源和启动电机	5		
9	能否正确停止电机和断开电源	5		
10	能否正确拆卸各实训元件	5		
11	实训元件是否归类放置,摆放整齐	5		
12	实训工具摆放是否符合要求	5		
13	文明生产	10		
合计		100		

课题四 卸荷回路

目标任务

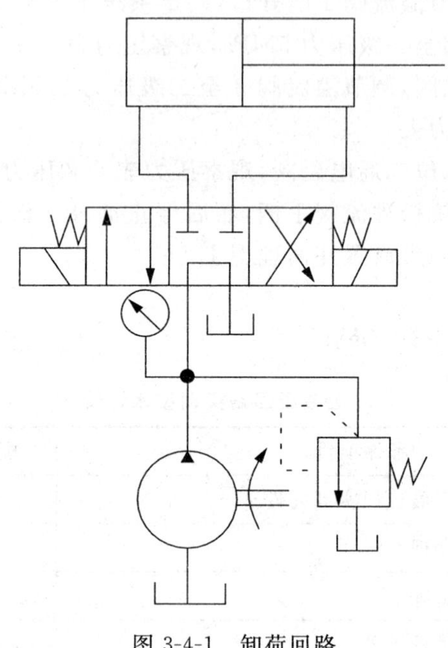

图 3-4-1 卸荷回路

目标及要求

(1)掌握各种常见卸荷回路的工作原理。

(2)能够根据液压回路原理图正确组装卸荷回路。

一、卸荷回路

液压系统中执行元件短时间停止工作时,在不关闭电动机前提下,为减少液压泵的功率消耗、减小油液发热,应使液压泵卸荷运转,即液压泵出口处功率消耗尽可能小。液压系统功率表达式 $P=p_{泵}\,q_{泵}$,卸荷有两种:一种是定量泵系统的压力卸荷;另一种是变量泵系统的流量卸荷。

(一)流量卸荷

在应用变量泵的液压系统中,当液压泵出口处压力达到截止压力时,变量泵输出流量为零,实现流量卸荷。这种方法虽然简单,但液压泵处于高压状态,磨损极为严重。

(二)压力卸荷

压力卸荷是定量泵系统中,由于泵出口处流量为定值,使定量泵在接近零压下工作。

1. M、K、H 型三位换向阀的中位卸荷

如图 3-4-1 所示，换向阀处于中位状态时卸荷，回路结构简单，但在系统压力较高、流量大时易产生换向冲击，一般适用于压力较低和小流量场合。选用换向阀的通径应与泵的额定流量相适应。若将图 3-4-1 中的换向阀改为装有换向时间调节器的电液换向阀，如图 3-4-2 所示，则可用于流量较大的系统，并且卸荷效果较好。但此时应注意泵的出口或换向阀的回油口应设置背压阀，以便系统能重新起动。

2. 二位二通阀卸荷

如图 3-4-3 所示，二位二通常闭电磁阀 3YA 通电时液压泵卸荷，二位二通阀的通径应与泵的额定流量相适应。

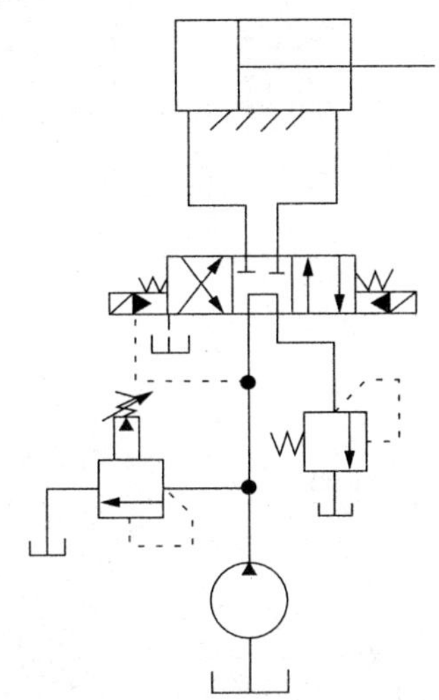

图 3-4-2　电液卸荷回路

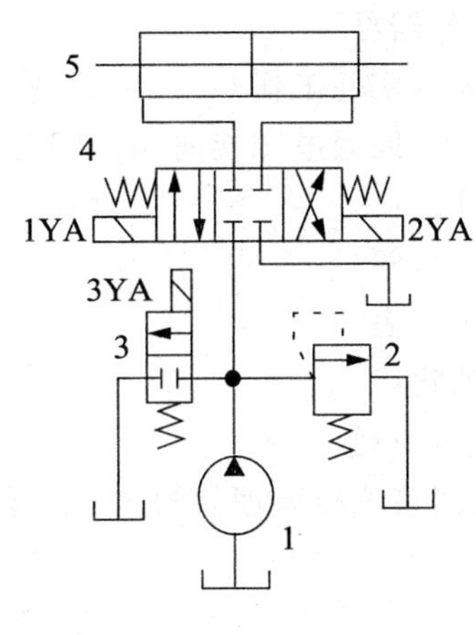

图 3-4-3　二位二通阀卸荷回路

3. 电磁溢流阀卸荷

如图 3-4-4 所示的卸荷回路采用先导型溢流阀和流量规格较小的二位二通电磁阀组成一个电磁溢流阀。当电磁阀断电时，先导型溢流阀的遥控口接油箱，其主阀口全开，液压泵实现卸荷。这种卸荷回路卸荷压力小，切换时冲击也小。

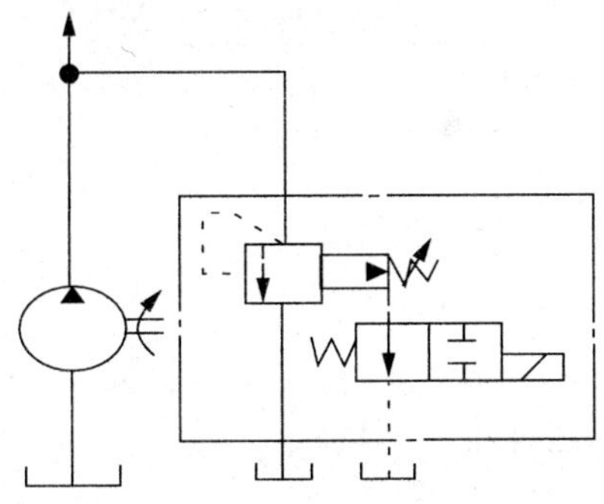

图 3-4-4　电磁溢流阀卸荷回路

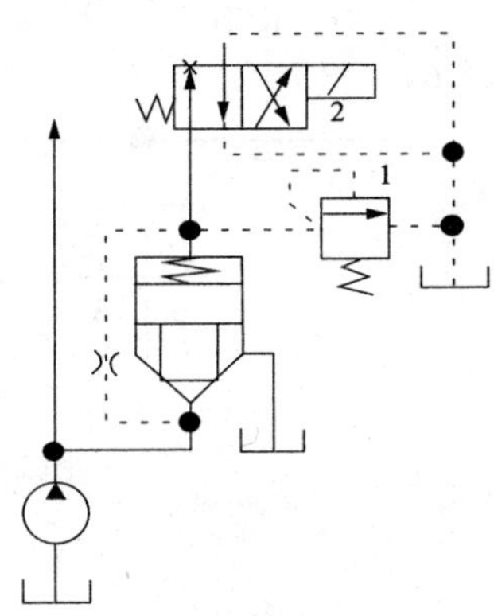

图 3-4-5　二通插装阀的卸荷回路

4. 二通插装阀卸荷回路

如图 3-4-5 所示为二通插装阀的卸荷回路。由于插装阀通流能力大，因此这种卸荷回路适用于大流量的液压系统。当电磁阀 2 断电时，泵压力由阀 1 调节；通电后，主阀上腔接通油箱，主阀口完全打开，泵即卸荷。二通插装阀的原理见模块五。

二、技能训练：组装卸荷回路

1. 实训目的

(1)了解三位四通电磁换阀的各类中位机构(如 H、M 型)的结构、工作原理。

(2)了解卸荷回路在工业中的应用。

2. 实训器材

(1)液压实验工作台	1 台
(2)三位四通电磁换向阀(H 型或 M 型)	1 只
(3)油缸	1 只
(4)安全阀	1 只
(5)压力表	1 只
(6)油管	若干

3. 液压原理

卸荷回路液压原理如图 3-4-1 所示，图 3-4-6 为电气控制图。

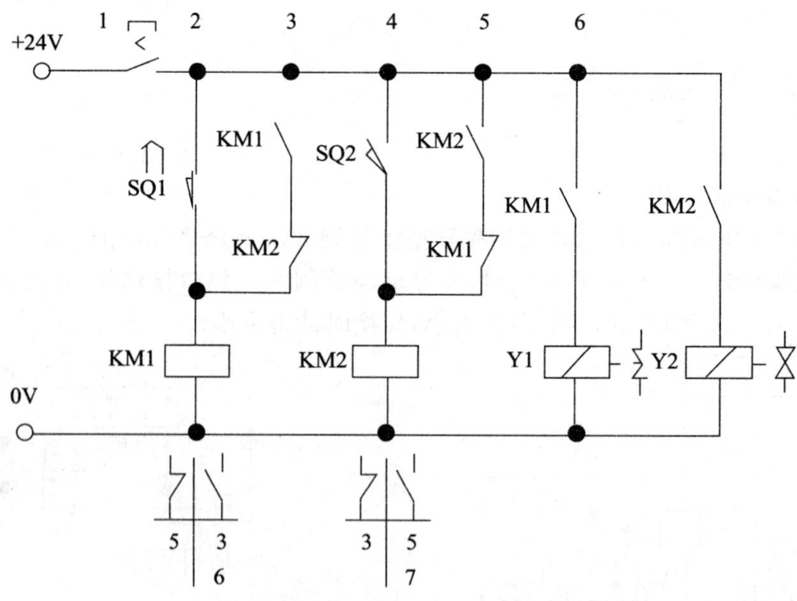

图 3-4-6　卸荷回路电气控制图

4. 实训步骤

(1)依据实训原理回路图准备好液压元器件。

(2)按照液压回路准确无误地连接液压回路,并把溢流阀全部松开。

(3)启动泵站电机,让电磁阀的左位工作(或右位工作)。调节溢流阀使系统压力至 6MPa。

(4)使油缸的左右运行正常,在活塞杆运行到恰当的位置时,让电磁阀置于中位卸荷,观察压力表的数值。

(5)实训完毕后,应先旋松溢流阀手柄,然后停止油泵工作。经确认回路中压力为零后,取下连接油管和元件,归类放置,清理卫生。

5. 技术评价

本实训技术评价如表 3-4-1 所示。

表 3-4-1　卸荷回路技术评价

序号	考评项目	配分	得分	备注
1	分析实验原理并能正确选择实训元件	5		
2	液压管路布局是否合理	5		
3	液压管路连接是否正确	5		
4	电气控制线路连接是否正确	5		
5	能否用继电器控制实现实验动作要求	15		
6	能否用 PLC 或组态王实现动作要求	15		
7	正确编写或叙述本实训步骤	5		
8	独立设计类似回路并写出工作原理	10		
9	能否正确接通电源和启动电机	5		
10	能否正确停止电机和断开电源	5		
11	能否正确拆卸各实训元件	5		
12	实训元件是否归类放置,摆放整齐	5		
13	实训工具摆放是否符合要求	5		
14	文明生产	10		
合计		100		

课题五　保压回路

目标任务

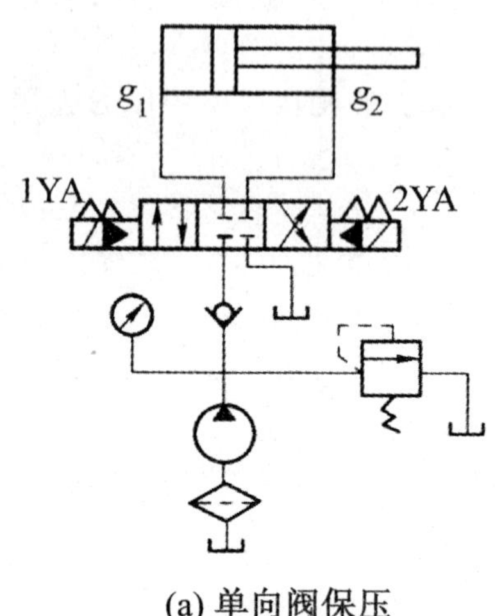

(a) 单向阀保压

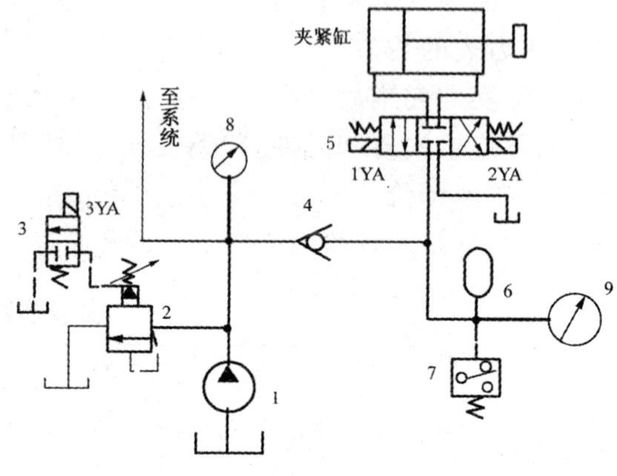

(b) 蓄能器保压

图 3-5-1　保压回路

目标及要求

(1)熟悉液压辅助元件的结构。

(2)掌握液压辅助元件的功用、应用。

(3)掌握保压回路的工作原理,能够根据液压回路原理图正确组装保压回路。

授课 No. 1——液压辅助元件

液压缸在工作循环的某一阶段,若需要保持一定的工作压力,就应采用保压回路。在保压阶段,液压缸没有运动,最简单的方法是用一个密封性能好的单向阀来保压,如图 3-5-1(a)所示,但是这种办法保压时间短,压力稳定性不高。为此可在保压回路上设置有保压补漏作用的蓄能器,如图 3-5-1(b)所示。

液压系统中的辅助元件包括蓄能器、过滤器、油箱、管件、密封件、热交换器、压力表等,除油箱通常需要自行设计外,其余均为标准件。这些元件对液压系统的性能、效率、温升、噪声和使用寿命有很大的影响。因此,在选用液压辅助元件时必须予以足够的重视。

一、蓄能器

(一)蓄能器的功用

蓄能器是系统中的一种储存油液压力能的元件,它储存多余的压力油,并在需要时释放出来供给系统,它的主要功用有四个方面。

1. 短时间内大量供油

在液压系统工作循环的不同阶段需要的流量变化较大，在系统不需要大量油液时，可以把液压泵输出的多余压力油液储存在蓄能器内，当系统需要大流量时，能立即释放出所储存的压力油液。如图 3-5-2 所示，液压缸低速运动时，泵向蓄能器充液。当液压缸快进快退时，蓄能器和泵一起向缸供油。

2. 维持系统压力

如图 3-5-3 所示，当执行机构停止工作后，卸荷阀被打开，使泵卸荷，蓄能器补偿系统的泄漏，维持系统的压力。

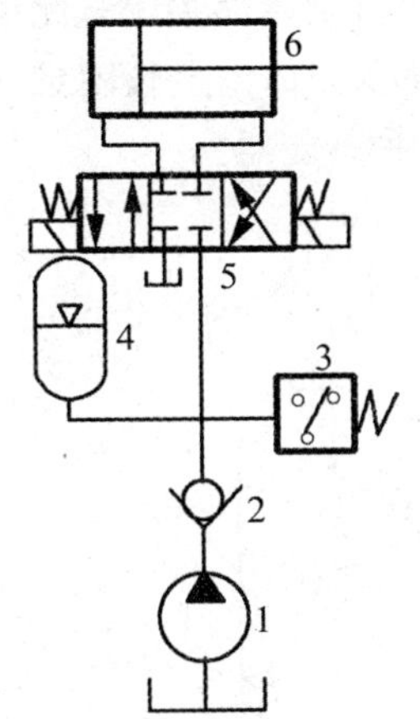

图 3-5-2　蓄能器应用

1—液压泵　2—单向阀　3—压力继电器

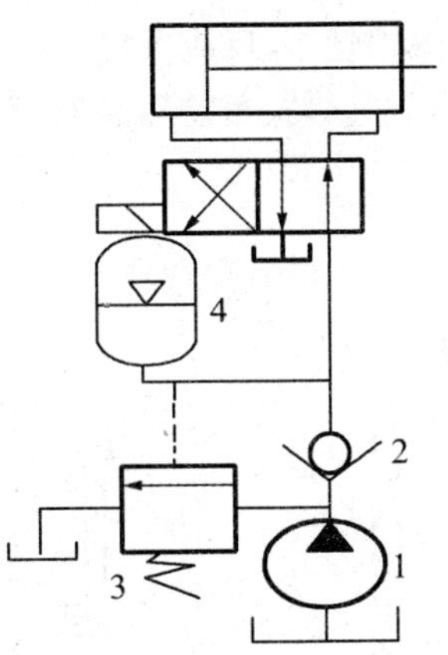

图 3-5-3　蓄能器应用

1—液压泵　2—单向阀　3—卸荷阀(顺序阀)　4—蓄能器

3. 缓和压力冲击和吸收压力脉动

用于液压系统中压力波动较大的场合。当液压泵突然启动或停止、液压阀突然关闭或开启、液压缸突然运动或停止时，系统会产生液压冲击，可在液压冲击处安装蓄能器起吸收作用，以缓和压力冲击。液压泵输出的压力油大多存在压力脉动现象，如在泵的出口处安装蓄能器，用以吸收泵的压力脉动，可以提高系统工作的平稳性。

4. 做应急动力源

有的系统(如静压轴承供油系统)，当泵损坏或停电不能正常供油，可能会发生事故；或有的液压系统要求供油突然中断时，执行元件应继续完成必要的动作(如液压缸活塞杆应缩回缸内)。因此，应该在系统中增设蓄能器作应急动力源，以便在短时间内维持一定压力。

(二)蓄能器的结构类型和选用

蓄能器的结构类型主要有充气式、弹簧式和重力式三种。常用的是充气式蓄能器，它利用气体的压缩和膨胀来储存或释放压力能，根据蓄能器中气体和油液隔离方式的不同，充气式蓄能器又分为隔膜式、活塞式和气囊式三种，如图 3-5-4 所示。下面主要介绍常用的活塞式和气囊式两种蓄能器。

1. 活塞式蓄能器

图 3-5-4(b)为活塞式蓄能器的结构图。该蓄能器用缸筒内的活塞 3 把气体 1 和油液

2隔离，活塞可在缸筒内浮动，气体（一般为氮气）从充气阀充入蓄能器上腔，蓄能器下腔油口和系统相连，充入压力油。活塞式蓄能器结构简单、工作可靠、安装和维修方便，寿命长，但由于受活塞的惯性和密封件与缸筒的摩擦力的影响，反应不够灵敏，缸筒加工和活塞密封性要求较高，常用来储存能量或用于中高压系统吸收压力脉动。

2.气囊式蓄能器

图3-5-4(c)为气囊式蓄能器的结构图。这种蓄能器是在壳体5内装入一个用耐油橡胶制成的气囊6，囊内通过充气阀4充进一定压力的惰性气体。囊外储油，其压力油经壳体底部的限位阀4通入，限位阀还保护气囊在油液全部排出时不被挤出容器之外。气囊与充气阀一起压制而成，充气阀在蓄能器工作前用来为气囊充气，蓄能器工作时则始终关闭。此种蓄能器，油气完全隔离，气囊惯性小，反应灵敏，安装和维修方便，但气囊及壳体制造较困难，适用于储能和吸收压力冲击。气囊式蓄能器是液压系统中使用较多的一种蓄能器。

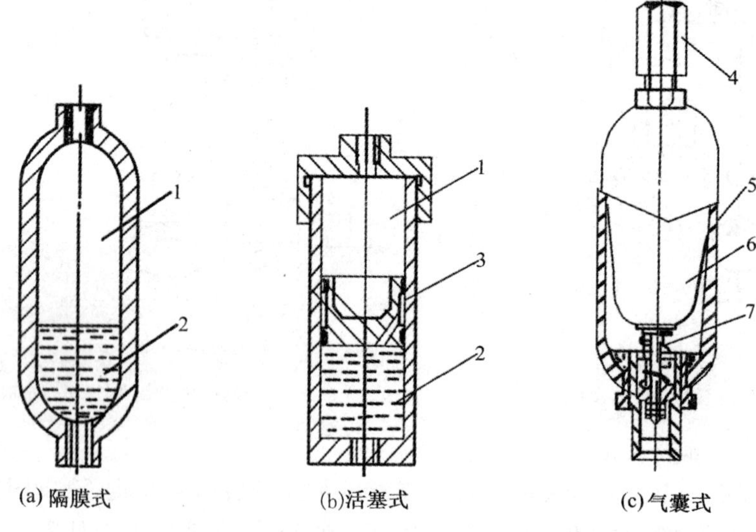

(a)隔膜式 (b)活塞式 (c)气囊式

图3-5-4 充气式蓄能器

1—气体 2—油液 3—活塞 4—充气阀 5—壳体 6—气囊 7—限位阀

（三）蓄能器的安装

蓄能器安装时应注意以下几点：

(1)蓄能器一般应垂直安装，油口向下。

(2)蓄能器与液压泵之间应设置单向阀，以防止液压泵停车或卸荷时，蓄能器内的压力油倒流回液压泵。蓄能器与管路系统之间应设置截止阀，供充气和检修时使用，还可以用于调整蓄能器的排出量。

(3)吸收压力冲击或压力脉动时，蓄能器宜放在冲击源或脉动源旁。补油保压时，蓄能器宜放在尽可能接近执行元件装置处。

(4)装在管路上蓄能器，承受着油压作用，需用支架固定。

(5)充气式蓄能器中应使用惰性气体，允许的工作压力视蓄能器的结构形式而定。蓄能器是压力容器，使用时必须注意安全。搬动和装拆时应先将蓄能器内部的压缩气体排出。

二、过滤器

(一)过滤器的功用和要求

过滤器的功用是滤去油液中的杂质和沉淀物，保持油液的清洁，保证液压系统正常工作，如图 3-5-1(a)所示。

过滤器的要求：

(1)具有较高的过滤性能，过滤精度能满足系统的要求。过滤精度是以滤除杂质颗粒的大小来衡量的，滤除的杂质颗粒直径越小，则过滤精度越高。一般过滤器的过滤精度可分为四级：粗($d \geqslant 0.1$mm)、普通($d \geqslant 0.01$mm)、精($d \geqslant 0.005$mm)、特精($d \geqslant 0.001$mm)。

(2)能在较长的时间内保持足够的通流能力，即通油性能要良好。

(3)过滤材料要有一定的强度，不会因压力油的作用而损坏。

(4)滤芯抗腐蚀性能要好，能在规定的温度下持久地工作。

(5)滤芯的清洗或更换要方便。

(二)过滤器的典型结构与选择

常用的过滤器有网式、线隙式、烧结式、纸芯式和磁性式等多种。

1. 网式过滤器

图 3-5-5 为网式过滤器的结构图，它由上盖、下盖、细铜丝网和筒形骨架等组成。该过滤器是用细铜丝网作为过滤材料，包在周围开有很多窗孔的塑料或金属筒形骨架上制成的。过滤精度由网孔大小和层数决定，过滤精度为 80～180μm，压力损失不超过 0.01MPa。网式过滤器结构简单，通流能力大，压力损失小，清洗方便，但过滤精度低，多在系统的吸油路上起粗滤作用。

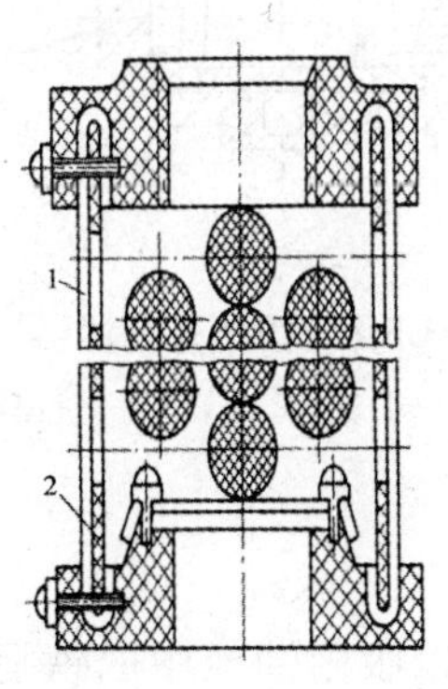

图 3-5 5 网式过滤器

1—筒形骨架　2—铜丝网

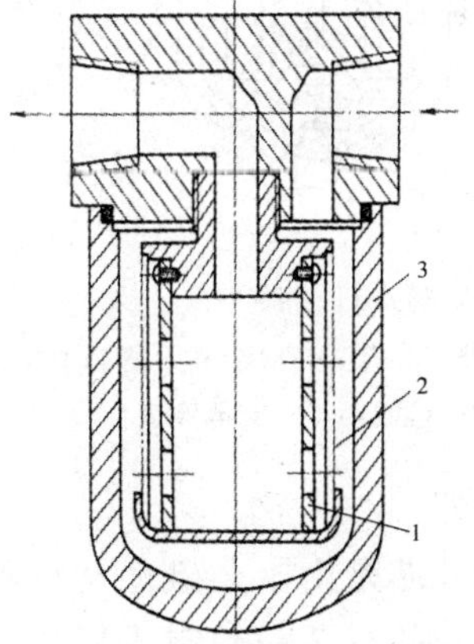

图 3-5-6 线隙式过滤器

1—心架　2—线圈　3—壳体

2. 线隙式过滤器

图 3-5-6 为线隙式过滤器的结构图。线隙式过滤器的滤芯是用铜线或铝线缠绕在筒形骨架的外圆上制成的，利用线间的微小缝隙进行过滤。这种过滤器过滤精度为 30～100μm，压力损失为 0.03～0.06MPa。线隙式过滤器结构简单，通流能力大，但滤芯

材料强度低，不易清洗，常用在回油低压管路或液压泵的吸油口处。

3. 纸芯式过滤器

纸芯式过滤器的滤芯是由厚度为 0.35～0.75mm 的平纹或波纹的酚醛树脂或木浆微孔滤纸构成的，滤芯构造如图 3-5-7 所示。为了增大过滤面积，纸芯常制成折叠形。油液从外进入纸芯后流出，过滤精度高（5～30μm），压力损失为 0.01～0.04MPa。此种过滤器过滤效果好，但通流能力小，易堵塞且堵塞后难清洗，需要经常更换纸芯，适用于对油液要求较高的低压小流量系统精过滤用。

4. 烧结式过滤器

烧结式过滤器的滤芯是用颗粒状的青铜粉压制后烧结而成的，可做成杯状、管状、碟状等，靠滤芯颗粒之间的间隙滤油。如图 3-5-8 所示为烧结式过滤器的结构。油液从左侧油孔进入，经杯状滤芯过滤后，从下面油孔流出。这种过滤器过滤精度为 10～100μm，压力损失为 0.03～0.2MPa。烧结式过滤器制造简单，强度高，耐腐蚀，耐高温，但烧结颗粒易脱落，堵塞后清洗困难。常用在排油或回油路上，是一种应用广泛的过滤器。

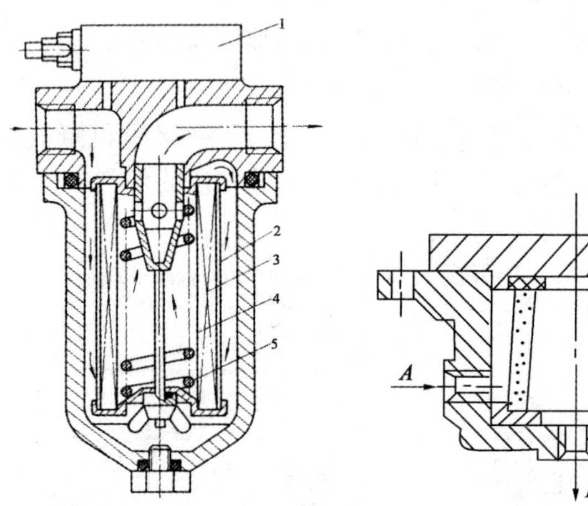

图 3-5-7　纸芯式过滤器

1—污染指示器　2—滤芯外层　3—滤芯中层　4—滤芯里层　5—支承弹簧

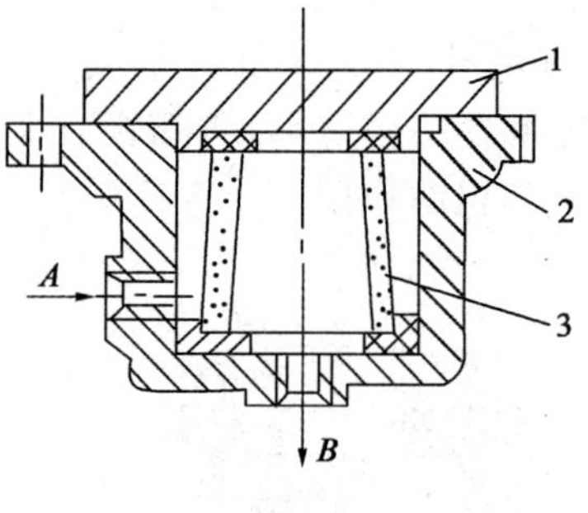

图 3-5-8　烧结式过滤器

1—端盖　2—壳体　3—滤芯

5. 磁性式过滤器

这种过滤器的滤芯是由永久磁性材料制成，用以吸附油液中的铁屑、铁粉或带磁性的磨料。常与其他形式的滤芯一起制成复合式过滤器，特别适用于加工钢铁件的机床液压系统。

过滤器的图形符号如图 3-5-9 所示。

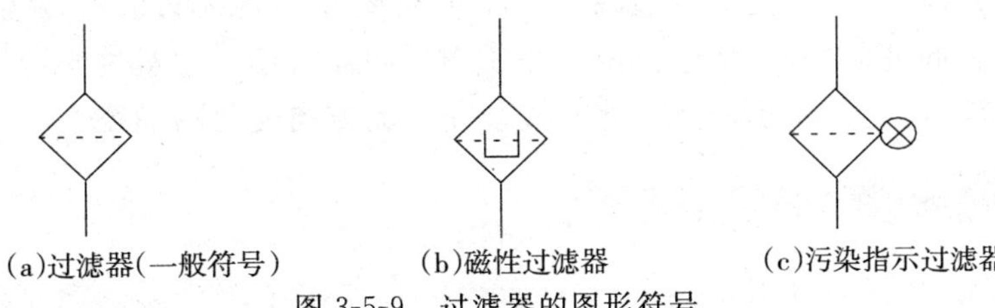

图 3-5-9　过滤器的图形符号

(三)过滤器的安装

1.安装在液压泵的吸油管道上

如图 3-5-10 所示过滤器 1,此种安装方式要求过滤器有较大的通流能力和较小的压力损失,防止大颗粒杂质进入泵内,以保护液压泵。一般安装网式过滤器。

2.安装在液压泵的输油管道上

如图 3-5-10 所示过滤器 2,此种安装方式可以保护泵以外的其他液压元件,但过滤器应能承受油路上的工作压力和冲击压力,压力损失一般应小于 0.35MPa。为了防止过滤器堵塞,一般与过滤器并联安全阀或安装堵塞指示装置。

3.安装在系统的回油路上

如图 3-5-10 所示过滤器 3,过滤器安装在回油路上,可以滤去油液回油箱前侵入系统或系统生成的杂质。为防备过滤器堵塞,应并联一个安全阀。由于回油压力低,可采用滤芯强度较低的过滤器。

4.安装在独立的过滤系统中

如图 3-5-10 所示过滤器 4,在大型液压系统中,可专设由液压泵和过滤器组成的独立过滤系统,不间断地清除系统中的杂质,以保证油液的清洁度。

5.安装在重要元件之前

在重要元件的前面,根据需要可以安装单独的过滤精度高的过滤器,以确保这些元件的正常工作。

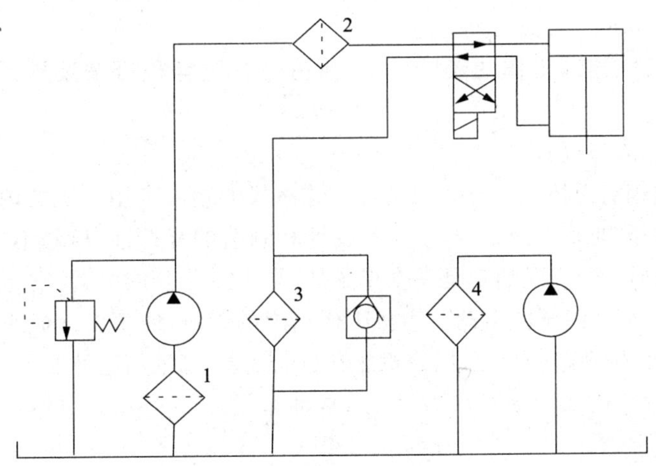

图 3-5-10　过滤器的安装位置

1～4—过滤器

过滤器安装时，应注意使油液从滤芯的外部流入，经过滤芯过滤后，从滤芯里面流出，以使杂质积存在滤芯的外面，便于清洗。在使用过滤器时还应注意过滤器只能单向使用，即按规定的液流方向安装，不要将过滤器安装在液流方向变化的油路上。

授课 No. 2——液压辅助元件

一、油箱

（一）油箱的功用和要求

油箱在液压系统中的功用是储存油液、散发油液中的热量、分离油液中的气体和沉淀油液中的污物等。

油箱应满足下列要求：

(1)具有足够的容量，以满足系统对油量的要求。

(2)能分离出油液中的空气和其他污物，并能散发出油液在工作过程中所产生的热量，使油温不超过允许值。

(3)油箱的上部应有通气孔，以保证液压泵正常吸油。

(4)便于油箱中元件和附件的安装和更换，以及便于装油和排油。

（二）油箱容积的确定

油箱容积的确定主要是根据压力和散热要求，常用两种方法确定油箱容积：一种是估算法，另一种是近似法。

对于不要求准确计算油箱容积的液压系统，油箱的有效容积可用估算法确定：

在低压系统中，取 $V=(2\sim4)q_v$

在中压系统中，取 $V=(5\sim7)\ q_v$

在高压系统中，取 $V=(5\sim12)\ q_v$

式中，V 为油箱的有效容积(L)，液面高度占油箱高度 80％时的油箱容积；q_v 为液压泵的额定流量(L/min)。

对于高压且长期连续工作的液压系统，油箱的有效容积可按液压系统的总发热量进行近似计算。

（三）油箱的结构与设计

液压系统中油箱有总体式和分离式两种。总体式油箱是利用主机的内腔作为油箱，此种油箱结构紧凑，各处漏油易于回收，但增加了设计和制造的复杂性，检修不方便，散热性能差，易使主机发生热变形。分离式油箱是一个单独的、与主机分开的装置，它布置灵活，维修保养方便，减少了油箱发热和液压源振动对主机工作精度的影响，便于设计成通用化、系列化的产品，因此应用广泛，特别在精密机械、组合机床和自动线上，都采用这种形式。

分离式油箱的结构如图 3-5-11 所示，通常油箱用 2.5～5mm 厚钢板焊接而成。

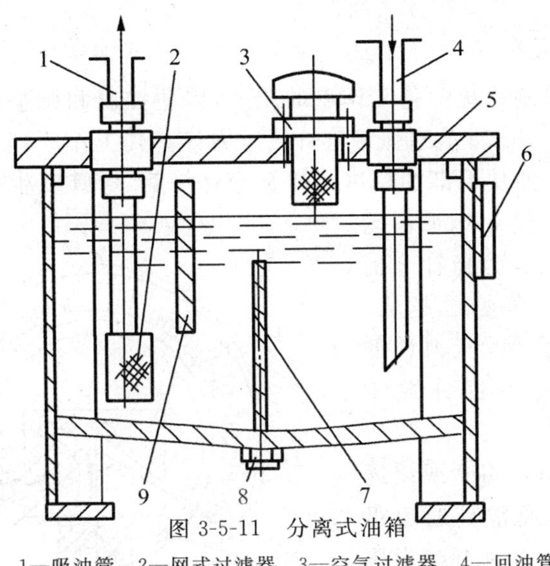

图 3-5-11 分离式油箱

1—吸油管 2—网式过滤器 3—空气过滤器 4—回油管
5—顶盖 6—液位计 7、9—隔板 8—放油阀

根据液压系统对油箱的要求，在设计油箱时应注意以下几点：

(1)油箱应有足够的容量。在液压系统工作时，油面应保持一定的高度，以防止液压泵吸空。为防止系统中的油液全部流回油箱时溢出油箱，油面高度一般不超过油箱高度的 0.8 倍。

(2)吸油管和回油管应尽量相距远些，两管之间用隔板隔开，以增加油箱内油液的循环距离，使油液有足够的时间散发热量、分离气泡、沉淀污物。

(3)吸油管的底端要装过滤器以使油泵吸入清洁油液。过滤器及回油管底端在油面最低时仍应浸没在油液中，以防止吸油时吸入空气，回油时混入空气。吸油管与回油管端部应制成 45° 管口，以增大通流截面，减小液流速度。此外，应使回油管斜切口面对箱壁，以利于油液散热。吸、回油管端部离箱底距离应大于 2 倍管径，距箱壁应大于 3 倍管径。

(4)为了防止油液被污染，油箱上各盖板、管口处都要妥善密封；注油器上要加滤油网；通气孔上需装空气过滤器，其通气流量不小于泵额定流量的 1.5 倍；油箱内回油集中部分及清污口附近宜装设一些磁性块，以去除油液中的铁屑和带磁性的颗粒。

(5)为了排净存油和清洗油箱，油箱底板应有适当的坡度，并在最低部位设置放油口。

(6)油箱底部应设底脚，底脚高度一般为 150～200mm，以利于通风散热和排除箱内油液。

(7)在油箱侧壁安装液位计，以指示油位高低。为清洗方便，应在侧面设置清洗窗孔。箱内各处应便于清洗。

(8)大尺寸油箱要加焊角板、筋条，以增加刚度。当液压泵及其驱动电动机和其他液压元件都要装在油箱上时，油箱顶盖要相应地加厚，其厚度应比侧壁厚 3～4 倍。大、中型油箱应设置起吊钩或孔。

(9)油温控制在 15℃～65℃，必要时设置热交换器。

二、压力计和压力计开关

压力计的功用是检测系统中各工作点的压力，以便控制和调整系统压力。其品种很多，最常用的是如图 3-5-12 所示的弹簧弯管式压力计。其工作原理是利用弹簧弯管的弹性变形测量压力。压力油从下部油口进入弹簧弯管 1 后，弯管发生变形，弯曲半径增大，弯管端部的位移通过杠杆 4、扇形齿轮 5 与中心小齿轮 6，放大成为指针 2 的转角。指针偏转的角度越大，压力也越大。从刻度盘 3 可读出压力值，压力计的精度以其误差占量程的百分数来表示。

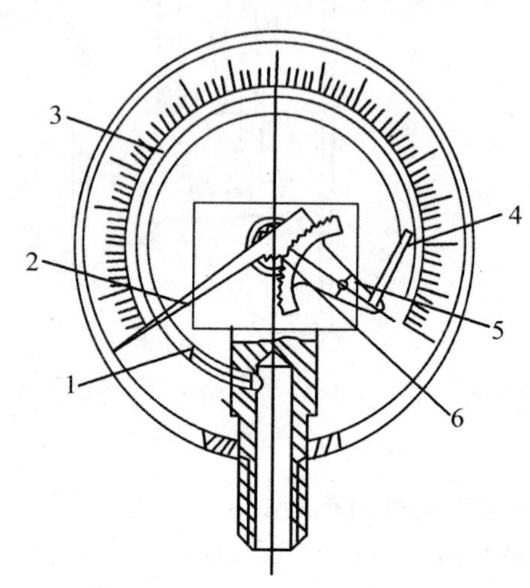

图 3-5-12　弹簧弯管式压力计

1—弹簧弯道　2—指针　3—刻度盘
4—杠杆　5—扇形齿轮　6—小齿轮

压力计开关的功用是切断或接通压力计和油路的通道，通常其通道很小，有阻尼作用，测量压力时可减少压力计的急剧跳动，防止压力计损坏。在不需测量时，可切断油路，保护压力计。压力计开关按其所测点数目分为一点和多点（以三点、六点为主）两大类。如图 3-5-13 所示为板式连接的多点压力计开关结构原理，其结构相当于一个手动换向转阀。如图 3-5-13 所示为非测量位置，此时压力计和油箱连通。若将手柄推进去，阀芯上的凹槽将测量点与压力计接通，并将压力计与油箱的通道隔断，就可测出一个点的压力。若将手柄转到另一位置，便可测出另一点的压力。

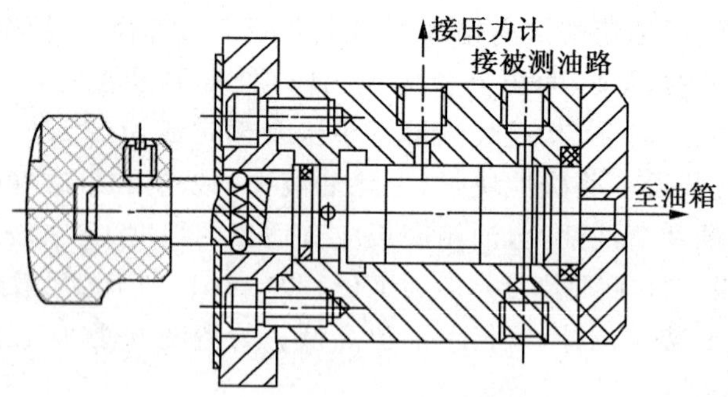

图 3-5-13　压力计开关的结构原理

三、油管和管接头

油管及管接头是用来连接液压元件、保证液压油的循环和能量传递。因此，应保证具有足够的强度、良好的密封性能、无泄漏、压力损失小、装拆方便等。管路选择不当，往往产生系统振动发热或压力损失过大等不良现象。因此，要正确地设计和选用油管和管接头。

(一)油管

1.油管的类型特点

液压系统中使用的油管种类很多,常用的有钢管、铜管、塑料管、尼龙管、橡胶管等。应该根据液压装置工作条件和压力大小来选择油管。

钢管:分为焊接钢管和无缝钢管。压力小于2.5 MPa的场合可用焊接钢管;压力大于2.5 MPa的场合常用10号或15号冷拔无缝钢管。需要防腐蚀、防锈的场合可选用不锈钢管;超高压系统可选用合金钢管。钢管能承受高压、抗腐蚀较好、不易老化、变形小、价格低廉,缺点是弯曲和装配均较困难。因此,钢管多用于装配部位限制少、装拆方便处以及大功率的液压系统中。

紫铜管:承压为6.5～10MPa,柔软便于弯曲,可根据需要弯成任意形状,适用于内部装配不方便的地方。但强度低,易使油液氧化,抗震能力较弱,价格高,一般中、小型机床的液压系统中用得较多,其他设备的液压系统用得较少并应尽量少用。

橡胶软管:用于有相对运动部件间的连接,分高压和低压两种。高压软管是钢丝编织橡胶管,层次越多,承受的压力越高,其最高承受压力可达42 MPa;低压软管是麻线或棉线编织橡胶管,承受压力可达10 MPa。橡胶软管能吸收系统的冲击和振动,不怕振动,装配方便,但制造困难,成本高。

塑料管:价格便宜,不耐压,适宜作回油管或泄油管。

尼龙管:乳白色半透明的新型油管,其耐压为2.5 MPa,目前多用于中、低压系统或做回油管。尼龙管有软管或硬管两种。其可塑性大,硬管加热后可随意弯曲和扩口,使用方便,价格也比较便宜。

2.油管的选用

油管的内径和壁厚可由下面的公式计算:

$$d = 2\sqrt{\frac{q_v}{\pi v}} \tag{3-2}$$

$$\delta = \frac{pdn}{2\sigma_b} \tag{3-3}$$

式中,d为油管内径;q_v为通过油管的流量;v为管中油液的流速,一般吸油管取0.5～1.5m/s,回油管取1.5～2.5m/s,压油管取2.5～5m/s;δ为油管壁厚;p为管内工作压力;n为安全系数,对钢管来说,$p<7$MPa时,取$n=8$;7MPa$<p\leqslant17.5$MPa时,取$n=6$;$p>17.5$MPa时,取$n=4$;σ_b为管道材料的抗拉强度。

计算出油管内径和壁厚后,一般根据标准手册确定d和δ。

油管安装时应避免过多的弯曲,布置位置要适当,必要时将油管加以固定,以免产生不必要的振动。另外,油管尽可能短而直,弯曲角度尽量小。

(二)管接头

管接头是油管与油管、油管与液压元件间的可拆卸的连接件。管接头的种类很多,具体规格品种可查阅有关手册。管接头与其他元件的连接螺纹采用国家标准米制锥螺纹和普通细牙螺纹。

液压系统中油管与管接头的常见连接方式有五种。

1. 卡套式管接头

如图 3-5-14 所示，由管接头、卡套、压紧螺母等组成。旋紧螺母 3 时，卡套 4 被推进锥孔并使之变形，使卡套与接头体内锥面形成球面接触密封。同时，卡套的内刃口嵌入钢管 2 的外壁，在外壁压出一个环形凹槽而密封。这种管接头密封性好、结构简单、体积小、重量轻，工作压力为 6～40 MPa，应用较多。这种管接头不用焊接，不用另外的密封件，尺寸小，轴向尺寸要求不严，装拆方便，在高压系统中被广泛采用。但要求管道表面径向有较高的尺寸精度，为此，应采用冷拔无缝钢管。

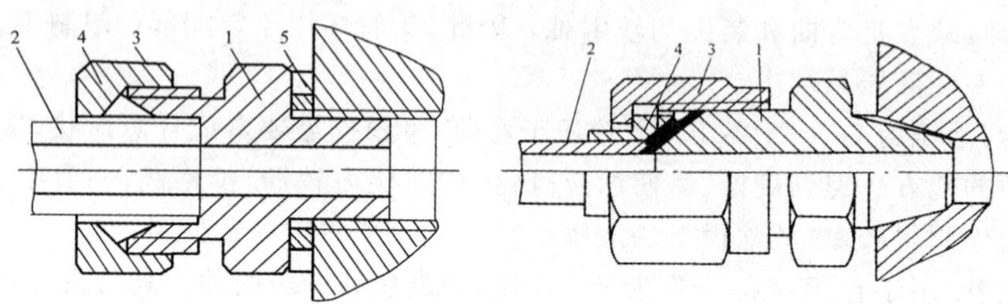

图 3-5-14　卡套式管接头

1—接头体　2—钢管　3—螺母　4—卡套　5—组合密封垫圈

图 3-5-15　扩口式管接头

1—接头体　2—接管　3—螺母　4—导管

2. 扩口式管接头

扩口工管接头用于连接外径 32mm 以下的铜管、铝管和薄壁钢管，如图 3-5-15 所示。接管端部扩口 70°～80°，用螺母把导套连同接管压紧在接头体上形成密封，它适用的工作压力在 8MPa 以下。

3. 焊接式管接头

焊接管接头是将油管的一端与管接头上的接管 1 焊接起来后，再通过管接头上的螺母 2、接头体 3 等，与其他管子或元件连接起来的一类管接头。接管与接头体采用球面接触，利用螺母拧紧使两球面贴近实现密封。这种管接头制造简单，工作可靠，拆装方便，工作压力可达 32MPa，如图 3-5-16 所示。

4. 扣压式管接头

如图 3-5-17 所示为扣压式管接头，用来连接橡胶软管，装配时先剥去胶管一段外层胶，将外套套装在胶管上再将接头体拧入，然后在专门设备上挤压收缩，使外套变形后紧紧地与胶管和接头连成一体。这种管接头结构紧凑，外径尺寸小，密封可靠。随管径不同，该管接头可用于工作压力为 6～40MPa 的液压系统。

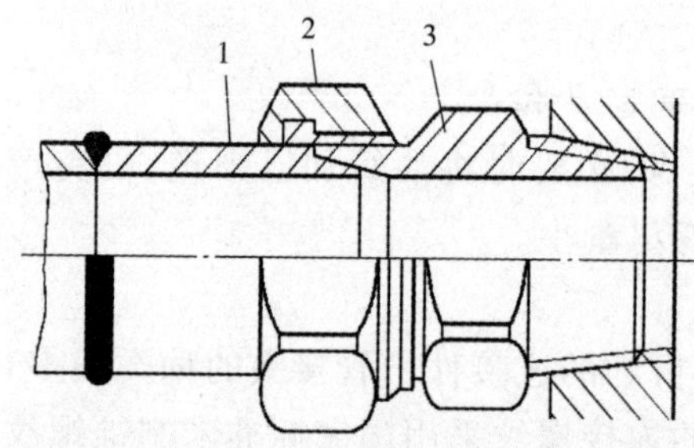

图 3-5-16　焊接式管接头

1—接管　2—螺母　3—接头体

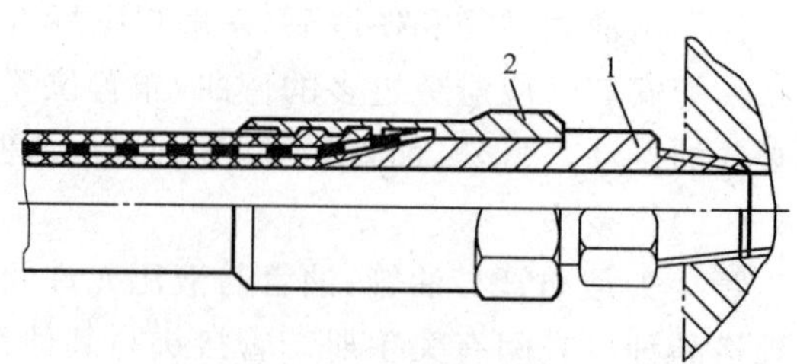

图 3-5-17　扣压式胶管接头

1—接头体　2—接头螺母

5. 快换接头

快换接头的装拆无需工具，适用于需经常装拆处。如图 3-5-18 所示为两个接头体连接时的工作位置，两单向阀 3、10 的前端定杆相互挤顶，迫使阀芯后退并压缩弹簧，使油路接通。需要断开油路时，可用力将外套 7 向左推，钢球 6（5～12 颗）即从接头体 9 的槽中退出，再拉出接头体 9，两单向阀分别在弹簧 2 和卡环 1 的作用下将两个阀口关闭，油路即断开。同时外套 7 在弹簧 5 作用下复位。

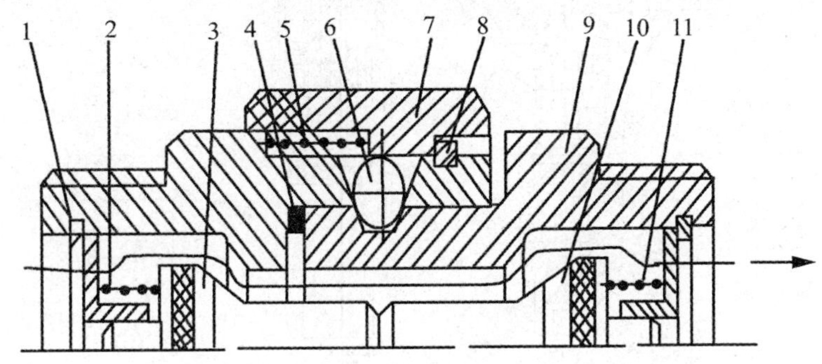

图 3-5-18　快换接头

1、8—卡环　2、5、11—弹簧　3、10—单向阀芯　4—密封圈　6—钢球　7—外套　9—接头体

液压系统的泄漏问题大部分出现在管路的接头上，所以对接头形式、管材、管路的设计以及管路的安装等都要认真对待，以免影响整个液压系统的使用质量。

授课 No. 3——保压回路

一、压力继电器

1. 压力继电器的结构

压力继电器是一种将油液的压力信号转换成电信号的液—电控制元件。当控制油压达到压力继电器的调定值时，触动开关发出电信号，控制电磁铁、继电器等元件动作。

压力继电器由压力—位移转换装置和微动开关两部分组成。按结构分，有柱塞式、弹簧管式、膜片式和波纹管式四类。

如图 3-5-19 所示为常用柱塞式压力继电器。当从油口 P 通入作用在柱塞 1 的底部的油液压力达到弹簧的调定压力时，柱塞上移，通过顶杆 2 触动微动开关 4 接通电路。压力继电器的职能符号如图 3-5-19(b)所示。

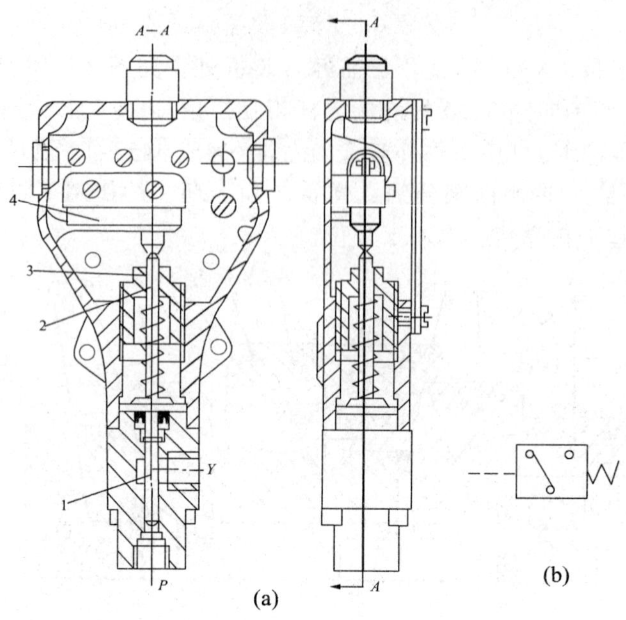

图 3-5-19 压力继电器

2.压力继电器的工作性能

(1) 调压范围,即发出电信号的最低和最高工作压力间的范围,由调压螺钉 3 调定。

(2) 通断调节区间,压力继电器发出电信号时的压力称为开启压力,切断电信号时的压力称为闭合压力。开启时,柱塞顶杆移动所受的摩擦力与压力方向相反,闭合时则相同。故开启压力比闭合压力大,两者之差称为通断调节区间。

通断调节区间要有足够的数值,若通断调节区间过小,系统压力脉动时,压力继电器发出的电信号会时断时续。因此,在结构上可人为调整摩擦力大小,使通断调节区间可调。

二、保压回路原理

在保压回路上设置有保压补漏作用的蓄能器。如图 3-5-1(b)所示,当换向阀 5 左位工作,液压缸前进压紧工件后,压力进一步升高至压力继电器的调定值时,压力继电器发出电信号,接通 3YA,液压泵开始卸荷,这时由于主油路压力降低,单向阀 4 关闭。蓄能器起补漏、保压作用。液压缸压力不足时,压力继电器复位使泵重新工作。保压时间取决于蓄能器容量,调节压力继电器的通断调节区间即可调节缸压力的最大值和最小值。

三、应用拓展——夹紧装置液压系统

图 3-5-20 为夹紧装置工作示意图,通过一个液压缸对工件进行夹紧。为保证在加工时工件不会发生移动,要求在加工期间,夹紧装置保持足够的夹紧力。同时为避免液压泵频繁开关,液压泵应始终处于运转状态。为了节约能源,暂停加工期间(如测量工件或拆卸工件等),

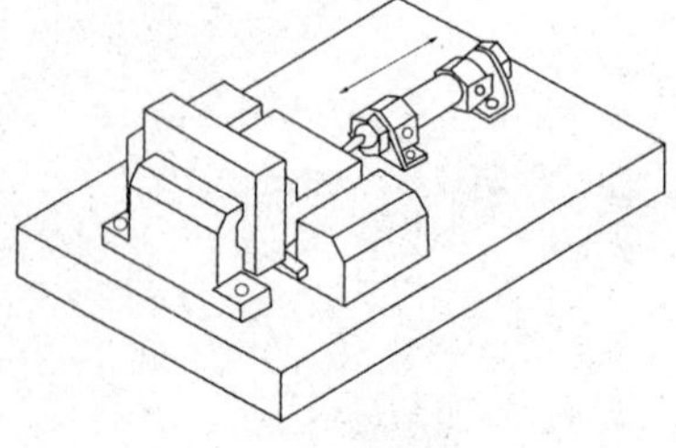

图 3-5-20 液压夹紧装置示意图

液压泵应处于卸荷运行状态，应构建保压回路和卸荷回路，如图 3-5-21 所示。

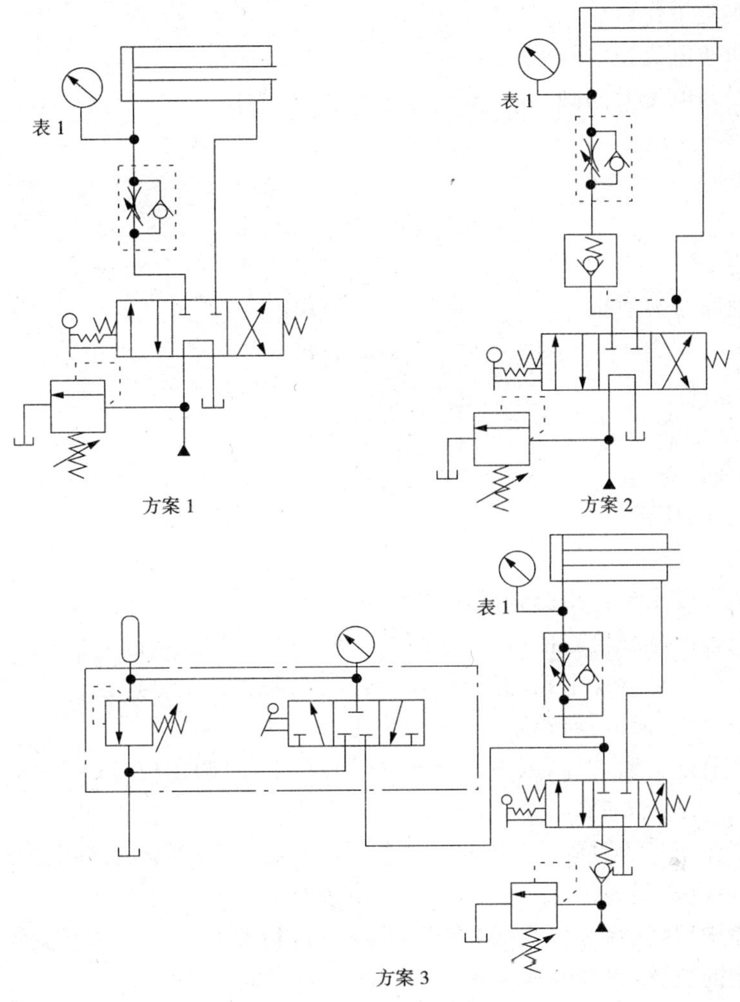

图 3-5-21　夹紧装置液压传动系统图

夹紧装置液压传动系统采用了 3 种方案进行保压。方案 1 是利用中位截止的换向阀实现夹紧压力的保持，该回路换向阀泄漏较大，无法保持长时间稳定的工作压力。方案 2 是利用液控单向阀关闭时良好的密封性来实现保压，其保压效果较好。方案 3 采用蓄能器来进行保压补漏，效果较好。

另外对于夹紧装置来说，还应考虑到要避免因夹紧速度过快，造成工件的损坏。所以，回路中采用了一个单向节流阀，对液压缸的伸出进行节流控制，降低夹紧速度，减小夹具对工件的损伤。当换向阀处于中位进行保压时，泵应卸荷，采用中位为 M 或 H 型换向阀。

四、技能训练：组装保压回路

1. 实训目的

熟悉并掌握液压保压回路原理。

2.实训器材

(1)液压实验工作台　一台
(2)三位四通电磁换向阀　一只
(3)二位二通电磁换向阀　一只
(4)单向阀　一只
(5)蓄能器　一只
(6)油缸　一只
(7)压力表　二只
(8)四通油路过渡底板　两块
(9)安全阀　一只
(10)油管　若干
(11)压力继电器　一只

3.液压原理:

如图 3-5-1(b)所示。

4.实训步骤

(1)根据实训要求设计出合理的液压原理图。

(2)根据原理图选择恰当的液压元器件,并按图把实物连接起来。

(3)根据动作要求设计电路,并依据设计好的电路进行实物连接。

(4)打开安全阀,通电,启动泵,调整系统压力至 6 MPa。

(5)液压缸前进夹紧工件,压力升高到压力继电器的调定值 5MPa,压力继电器发出电信号,接通 3YA,泵卸荷。

(6)蓄能器保压一段时间后,观察压力表及油缸的动作情况。液压缸压力不足时,压力继电器复位使电磁阀 3YA 断开,泵不卸荷使系统压力恢复设定值。

(7)实训完毕后,让活塞杆收回,停止油泵电机,待系统压力为零后,拆卸油管及液压阀,并放回规定的位置,整理好实验台,并保持系统的清洁。

5.技术评价

液压保压回路技术评价如表 3-5-1 所示。

表 3-5-1　　液压保压回路技术评价

序号	考评项目	配分	得分	备注
1	分析实验原理并能正确选择实训元件	5		
2	液压管路布局是否合理	5		
3	液压管路连接是否正确	5		
4	电气控制线路连接是否正确	5		
5	能否用继电器控制实现实训动作要求	15		
6	正确编写或叙述本实训步骤	15		
7	独立设计类似回路并写出工作原理	15		
8	能否正确接通电源和启动电机	5		
9	能否正确停止电机和断开电源	5		

续表

序号	考评项目	配分	得分	备注
10	能否正确拆卸各实验元件	5		
11	实训元件是否归类放置，摆放整齐	5		
12	实训工具摆放是否符合要求	5		
13	文明生产	10		
	合计	100		

课题六　平衡回路和释压回路(补充理论)

目标任务

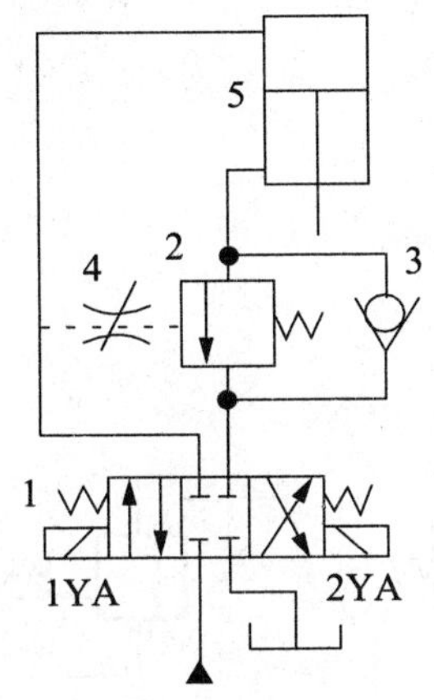

图 3-6-1　顺序阀平衡回路

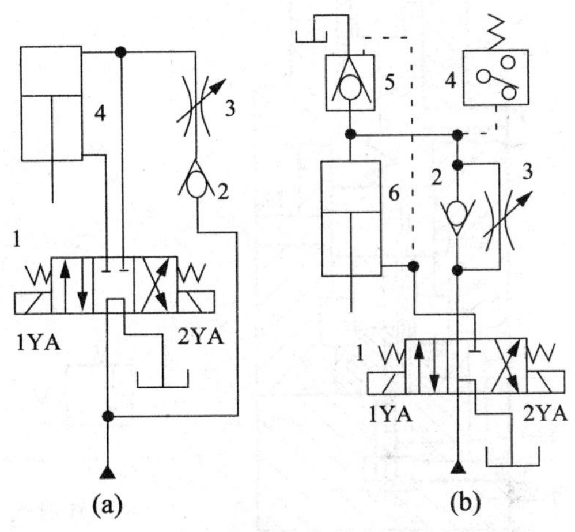

图 3-6-2　释压回路

目标及要求

(1)掌握顺序阀的结构、原理，会分析并排除顺序阀的常见故障。

(2)掌握平衡回路的原理及应用。

(3)熟悉释压回路的原理与应用。

一、平衡回路

(一)顺序阀

顺序阀的作用是利用液压系统中压力的变化来控制油路的通断，从而实现多个执行元件按一定的顺序动作。顺序阀按结构分为直动型和先导型。

1. 直动型顺序阀的结构原理

如图 3-6-3 所示为一直动型顺序阀。压力油由进口 A 经阀体 4 和下盖 7 的小孔流到控制活塞 6 的下方，使阀芯 5 受到一个向上的推力作用。当进油口压力较低时，阀芯在弹簧 2 的作用下落在阀体上，这时进、出油口 A、B 不通。当进油口压力增大到预调值克服阀芯上部的弹簧力，阀芯上移，进出油口连通，压力油经顺序阀出口进入后面的执行元件。此后，进出口压力可以随顺序阀后的执行元件负载的变化而变化。

顺序阀的开启压力可以用调压螺钉1来调节。图中弹簧腔内油液需单独开泄油口流回油箱。

顺序阀中，当控制压力油直接引自进油口时称为内控；若控制压力油不是来自进油口，而是从外部油路引入时，称为外控；当阀的泄油从单独开的泄油口流回油箱时称为外泄；若阀出口接油箱，泄油可经内部通道并入阀的出油口，以简化管路连接称为内泄。顺序阀不同控泄方式的职能符号如图3-6-4所示。实际应用中可通过变换阀的上盖或下盖的安装方位获得不同的控泄方式。

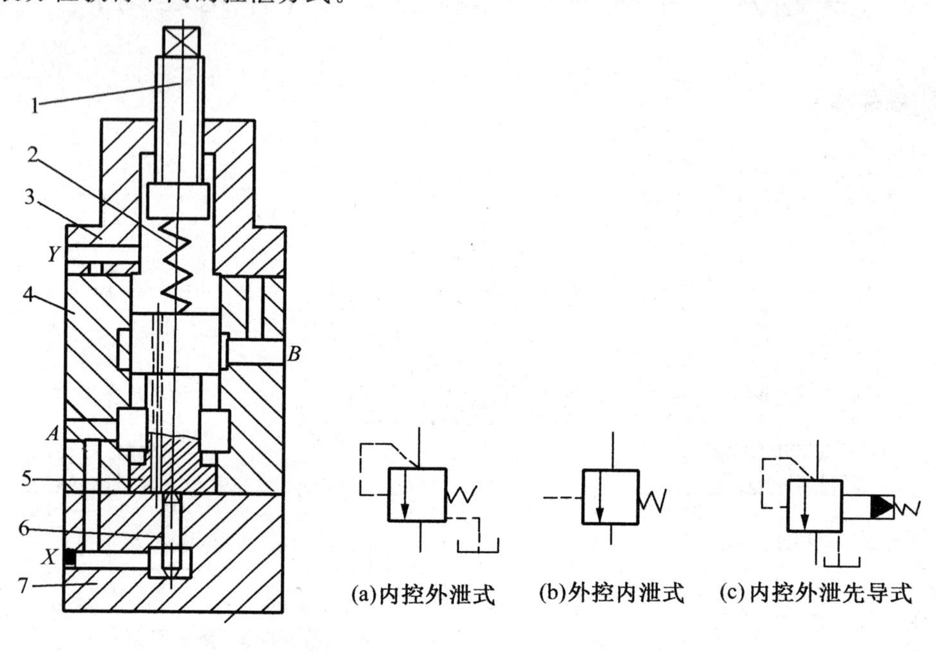

图 3-6-3　顺序阀

1—调压螺钉　2—弹簧　3—上盖

4—阀体　5—阀芯　6—控制活塞　7—下盖

(a)内控外泄式　(b)外控内泄式　(c)内控外泄先导式

图 3-6-4　顺序阀职能符号

顺序阀的主要特点是：

(1)常态下，阀口常闭；控制油压力达调定值时，阀口开启。

(2)出口接执行元件，泄油单独接油箱。

2. 顺序阀应用

(1)控制多个执行元件的顺序动作。

如图3-6-5(a)所示，通过顺序阀的控制可以实现 A 缸先动，B 缸后动。顺序阀在 A 缸进行动作1时处于关闭状态，当 A 缸到位后，油液压力升高，达到顺序阀的调定压力后，打开通向 B 缸的油路，从而实现 B 缸的动作2。顺序阀的调定压力应低于主油路压力0.5～1MPa且大于先动作液压缸最大工作压力的0.5～1MPa。

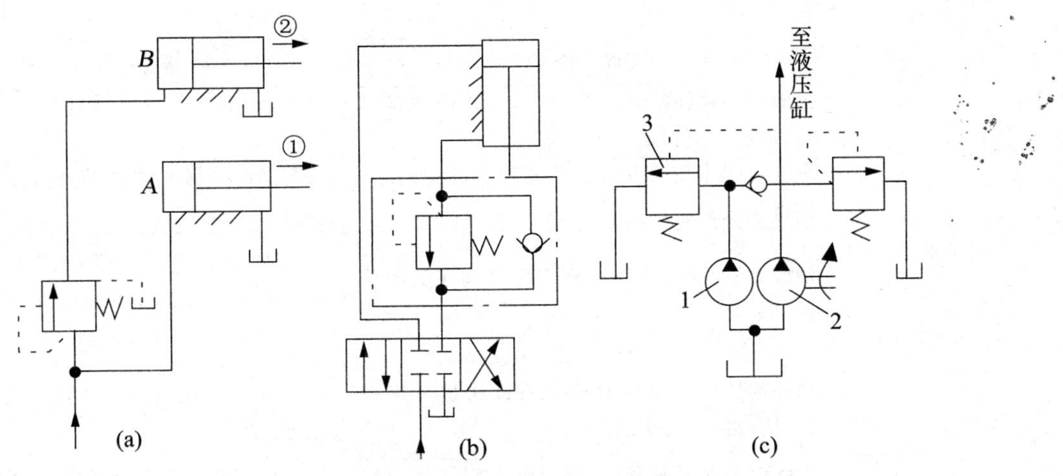

图 3-6-5　顺序阀的应用

(2)与单向阀组成平衡阀

为了保证垂直放置的液压缸不因自重而下落，可将单向阀与顺序阀并联构成单向顺序阀接入油路，如图 3-6-5(b)所示，此单向顺序阀又称为平衡阀。顺序阀的开启压力应足以支承运动部件的自重。当换向阀处于中位时，液压缸即可悬停。

(3)控制双泵系统中的大流量泵卸荷

如图 3-6-5(c)所示油路，泵 1 为大流量泵，泵 2 为小流量泵，两泵并联。在液压缸快速进退阶段，泵 1 输出的油液经单向阀后与泵 2 输出的油液汇合在一起流往液压缸，使缸快进；当液压缸转为慢速工进时，进油路压力升高，外控式顺序阀 3 被打开，泵 1 即卸荷，由泵 2 单独向系统供油以满足工进的流量要求。顺序阀 3 因能使泵卸荷，故又称卸荷阀。

(二)顺序阀的故障诊断及排除方法(见表 3-6-1)

表 3 6 1　　顺序阀的故障诊断及排除方法

故　障	诊　断	排除方法
出油腔始终出油不能关闭	由于制造精度差或配合间隙过小，使滑阀在打开的位置上卡死	研磨滑阀阀体孔，使配合间隙符合要求
	油液太脏，滑阀在打开的位置上被卡死	检查油质，过滤或更换，清洗滑阀与阀体，使滑阀能灵活移动
	锥阀与锥阀座孔接触不良或磨损严重	修磨锥阀并研磨座孔，使之密封良好
	调压弹簧断裂	更换弹簧
	滑阀弹簧太软使滑阀不能复位	更换软硬合适的弹簧，使滑阀在弹簧力下能复位

续表

故　障	诊　断	排除方法
出油腔不出油始终关闭	滑阀与阀体孔配合间隙太大，使滑阀两端窜油，滑阀不能移动	重配滑阀，保证配合间隙在规定范围内
	滑阀与阀体孔制造精度差或配合间隙过小，使滑阀在关闭位置卡死	修配滑阀并研磨体孔，使配合间隙符合要求
	油液太脏，阻尼孔被堵塞或使滑阀在关闭位置上卡死	检查油液质量，若不符合要求，则应对油液进行过滤或更换；清洗滑阀与阀体，使阻尼孔畅通无阻
	液控油压力不足或液控管路接头螺母未拧紧，使液控油液泄漏	提高液压控制压力，拧紧液控管路螺母
调定压力不符合要求	滑阀拉毛或弯曲变形，使滑阀在阀体孔内移动不灵活	用金相砂纸抛光滑阀外圆，若弯曲变形严重校正困难时，需更换滑阀
	调压弹簧调整不当	重新调整所需的压力
	调压弹簧变形，最高压力调不上去	更换调压弹簧
泄漏严重	滑阀磨损后与阀体孔配合间隙太大	重换滑阀，与阀体孔配研，使之达到规定要求
	锥阀与阀座接触不良	修磨锥阀，研磨阀座孔，使其密合
	密封件老化或损坏	更换密封件
	各连接螺钉松动或拧紧力不均匀	紧固各连接处螺钉

(三)平衡回路

为防止立式液压缸及工作部件在悬空停止期间因自重而下行或失控超速，应设置平衡回路。如图 3-6-1 所示，采用外控单向顺序阀的平衡回路。活塞下行时，来自进油路并经节流阀的控制油打开顺序阀，其背压较小，系统效率高，缺点是由于顺序阀的泄漏，运动部件在悬停过程中存在缓慢下降现象。

二、释压回路

液压缸在工作过程结束时由于先前的进油腔储存了一定的液压能，若迅速换向会产生液压冲击。在缸径大于 25cm、压力大于 7MPa 的液压系统中，通常设置释压回路，以换向前缓慢释放高压腔内压力。如图 3-6-2(a)所示，液压缸上腔进油，活塞下行结束后，M 型换向阀切换到中位，使液压泵卸荷。液压缸上腔内的高压油经节流阀释压。释压的快慢由节流阀调节，释压后，换向阀切换至左位，活塞上升。如图 3-6-2(b)所示，释压和换向自动完成，当工作行程结束后，换向阀先切换到中位使泵卸荷，同时液压缸上腔通过节流阀释压，当压力降至压力继电器的调定压力时，发出电信号，使换向阀切换到右位，压力油打开液控单向阀，液压缸上腔开始回油，活塞上升。节流阀的阀口大小可以调整，从而调整其流量，进而调整执行元件运动速度，其原理及结构见模块四速度控制回路。

思考与练习

3-1　压力控制基本回路由哪些组成?

3-2　溢流阀在压力控制回路中有哪些作用?

3-3　什么是卸荷回路?卸荷回路常用哪些方法?

3-4　如何实现夹紧液压缸的保压?保压回路中单向阀有什么作用?

3-5　减压回路中,减压阀总是起减压作用吗?减压阀的非工作状态是什么情况?

3-6　增压回路有什么作用?什么是单作用增压器的增压比?

3-7　M型、O型、P型、H型换向阀中位时可以实现哪些基本回路?

3-8　液压系统中常用的液压辅件有哪些?

3-9　蓄能器的功用有哪些?有哪些类型?各有何特点?

3-10　安装蓄能器应注意些什么?

3-11　过滤器的功用是什么?对过滤器有何要求?

3-12　常用的过滤器分哪些种类?各有何特点?

3-13　过滤器一般安装在液压系统中的什么位置?为什么?

3-14　油箱的作用是什么?如何确定油箱的有效容积?

3-15　液压系统种常用的管接头有哪几种?

3-16　试举例说明先导式溢流阀的工作原理。溢流阀在液压系统中有何应用?

3-17　举例说明先导式减压阀的工作原理。减压阀在液压系统中有何应用?

3-18　溢流阀、减压阀与顺序阀的主要区别有哪些?

3-19　试画出各种控制阀的图形符号。

3-20　图3-1中溢流阀的调定压力为5MPa,减压阀的调定压力为2.5MPa,设缸的无杆腔面积$A_1=50\text{cm}^2$,液流通过单向阀和非工作状态下的减压阀时,压力损失分别为0.2MPa和0.3Mpa。试问:当负载分别为0、7.5kN和30kN时,(1)缸能否移动?(2)A、B和C三点压力数值各为多少?

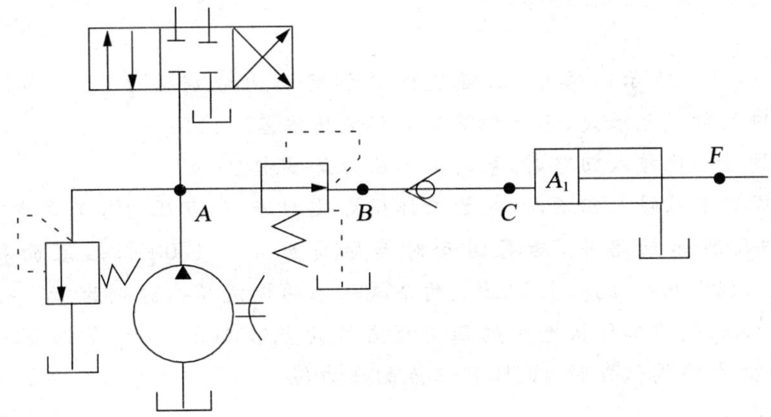

图3-1

3-21　图 3-2 所示的两组阀中，溢流阀的调定压力为 $p_A=4\text{MPa}$，$p_B=3\text{MPa}$，$p_C=5\text{MPa}$，试求压力计读数？

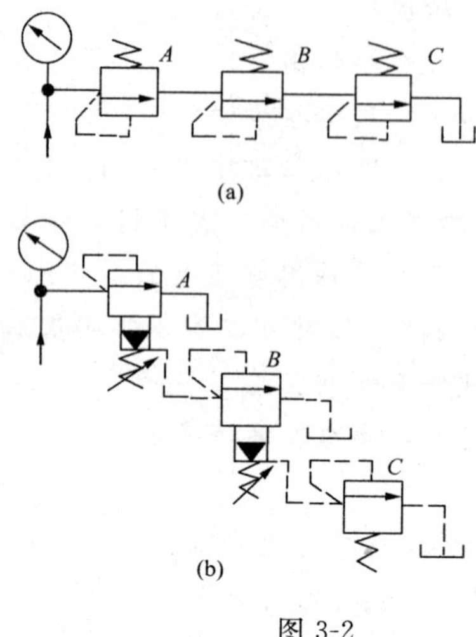

图 3-2

3-22　图 3-3 所示阀组，各阀调定压力示于符号上方，若系统负载为无穷大，试按电磁铁不同的通断情况将压力表读数填在表中。

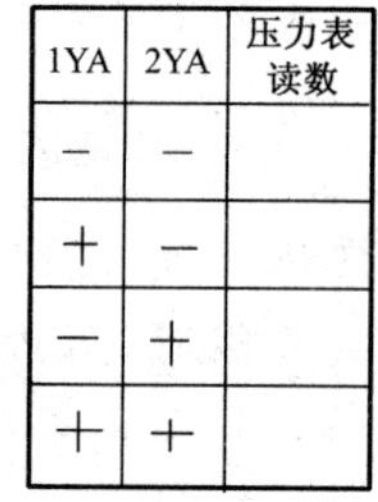

1YA	2YA	压力表读数
−	−	
+	−	
−	+	
+	+	

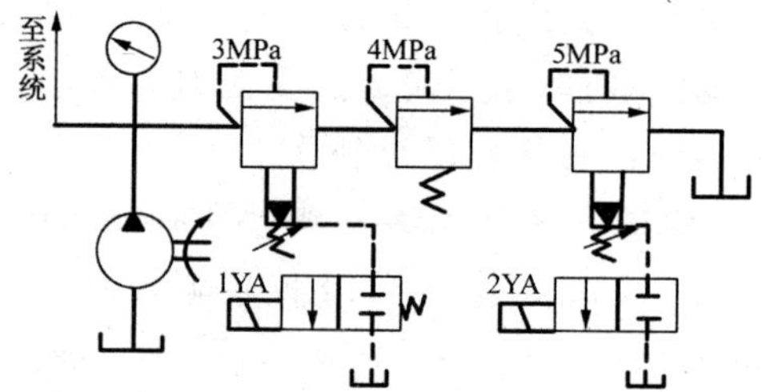

图 3-3

3-23　在图 3-4 所示回路中，若溢流阀的调定压力分别为 $pY_1=6\text{MPa}$、$pY_2=4.5\text{MPa}$。泵出口处负载无限大，不计管路损失和调压偏差。试问：

(1)二通阀在上位接入回路时，泵的工作压力是多少？

(2)二通阀在下位接入回路时，泵的工作压力及 B 点、C 点压力各为多少？

3-24 在 3-5 所示回路中，活塞运动时克服负载 $F=1200\text{N}$，活塞面积 $A=15\times10^{-4}\text{m}^2$，溢流阀调定压力 $p_Y=4.5\text{MPa}$、两个减压阀的调定压力分别为 $p_{J1}=3.5\text{MPa}$、$p_{J2}=2\text{MPa}$，两个减压阀非工作状态时的压力损失均为 0.2MPa。不计管路损失，试确定活塞运动时和停止在终端位置时，A、B、C 三点的压力值。

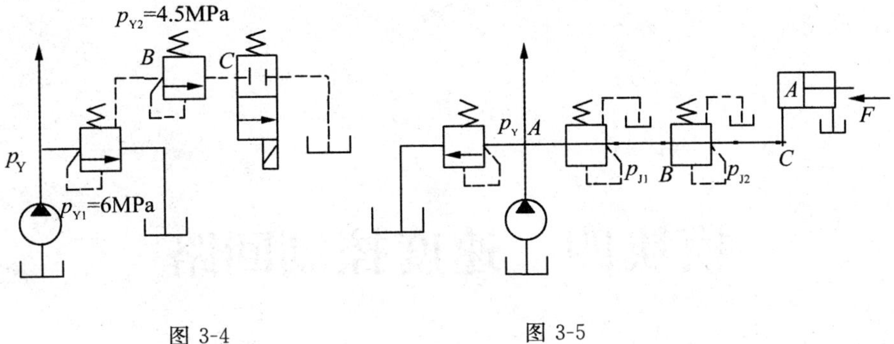

图 3-4　　图 3-5

模块四　速度控制回路

课题一　调速回路

目标任务

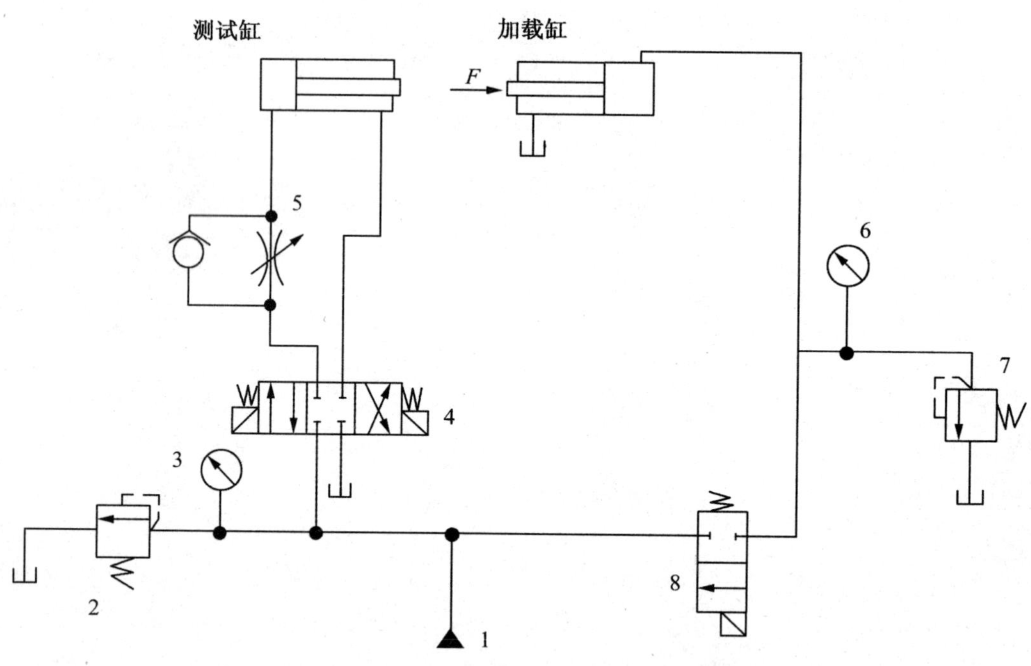

图 4-1-1　节流阀进油节流调速回路性能实验原理图

1—泵源　2、7—溢流阀　3、6—压力表　4—三位四通电磁阀　5—节流阀或调速阀　8—二位二通阀

目标及要求

(1)掌握流量控制阀的分类、工作原理及职能符号。

(2)能够规范拆装流量控制阀,能够诊断排除流量控制阀的常见故障。

(3)各种调速回路的组成及原理特点。

(4)能够正确阐述液压马达的工作原理、结构特征。

(5)能够根据液压回路原理图正确组装速度控制回路并进行逐项实验。

授课 No. 1——流量控制阀

一、流量控制阀概述

流量控制阀的作用是通过改变阀口通流面积的大小或通道长短来改变液阻,从而实现对执行元件(液压缸或液压马达)的运动速度(或转速)的调节和控制。简言之:调节流量,控制速度。

流量控制阀是节流调速系统中的基本调节元件。在定量泵供油的节流调速系统中,必须将流量控制阀与溢流阀配合使用,以便使多余的流量流回油箱。

流量控制阀的分类:节流阀和调速阀。

二、节流阀

节流阀是结构最简单、应用最广泛的流量控制阀,经常与溢流阀配合组成定量泵供油的各种节流调速回路或系统。节流阀可以与单向阀等组成单向节流阀、单向行程节流阀等复合阀。

(一)节流阀的构造

如图 4-1-2 所示为普通节流阀的结构和职能符号。

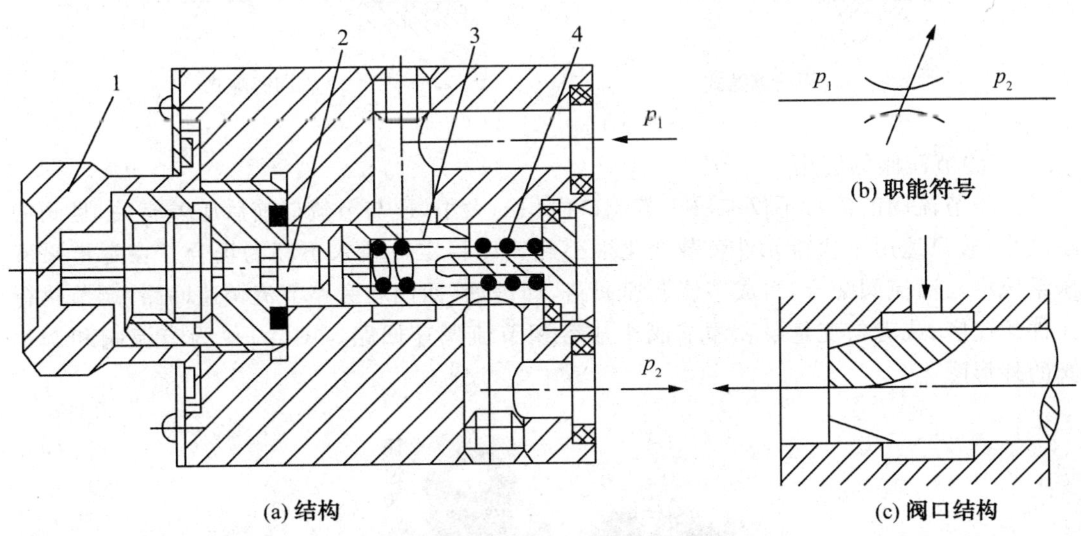

图 4-1-2　节流阀结构图及职能符号

1—调节手轮　2—推杆　3—阀芯　4—弹簧

(1)调节手轮:改变阀芯轴向位置,从而改变流量。

(2)推杆:配合调节手轮改变阀芯轴向位置。

(3)阀芯:圆柱形,带轴向三角槽,三角槽起节流作用。

(4)弹簧:回位作用。

(二)节流阀的工作原理

这种节流阀的孔口形状为轴向三角槽式。油液从进油口 P_1 进入,经阀芯上的三角槽节流口,从出油口 P_2 流出。调节手柄 1 可通过推杆 2 使阀芯做轴向移动,改变节流口的通流面积来调节流量。阀芯 3 在弹簧的作用下始终紧贴在推杆上,这种节流阀的进出油口可互换。进口油液通过弹簧腔径向小孔和阀体上斜孔同时作用在阀芯的上下端,使阀芯两端液压力平衡,即使在高压下工作,也能轻便地调节阀口开度。为保证流量稳定,节流口的理想形式是薄壁孔,但薄壁孔加工困难,实际中常用的节流口形式,如图 4-1-3 所示。

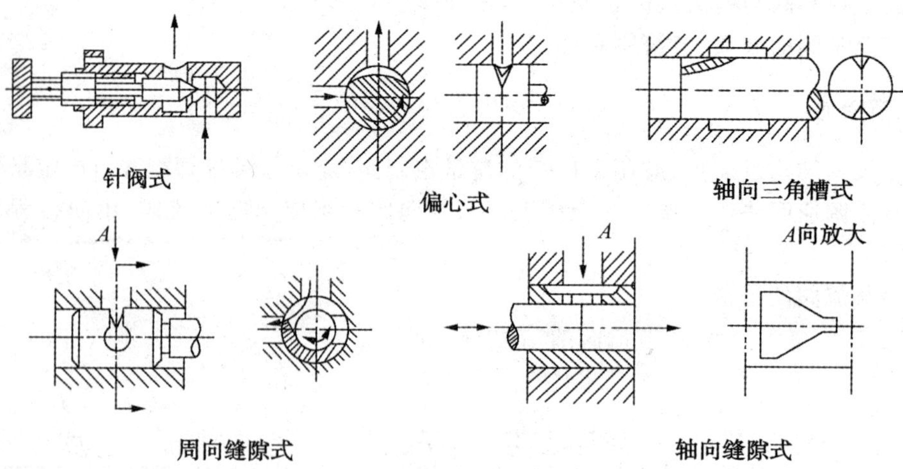

图 4-1-3　节流口形式

(三)节流阀的应用

由于节流阀的流量不仅取决于节流口面积的大小,还与节流口前后压差有关,且阀的刚度小,故只适用于执行元件负载变化很小和速度稳定性要求不高的场合。在定量泵液压系统中与溢流阀配合,组成节流调速回路,即进油、回油和旁路节流调速回路,调节执行元件的速度;或者与变量泵和溢流阀组成容积节流调速回路。图 4-1-4 为节流阀和调速阀的外形图。

图 4-1-4　节流阀与调速阀

三、调速阀

(一)调速阀的工作原理

如图 4-1-5 所示,调速阀是进行了压力补偿的节流阀,它由定差减压阀 1 和节流阀 2 串联而成的。节流阀用来调节通过的流量,定差减压阀则自动补偿负载变化的影响,使节流阀前后的压差为定值,消除负载变化对流量的影响,称压力补偿调速阀。节流阀前、后的压力 P_2 和 P_3 分别引到减压阀阀芯左、右两端,当负载压力 P_3 增大,于是作用在减压阀芯左端的液压力增大,阀芯右移,减压口加大,压降减小,使 P_2 也增大,从而使节流阀的压差(P_2-P_3)保持不变;反之亦然。这样就是调速阀的流量恒定不变(不受负载影响)。

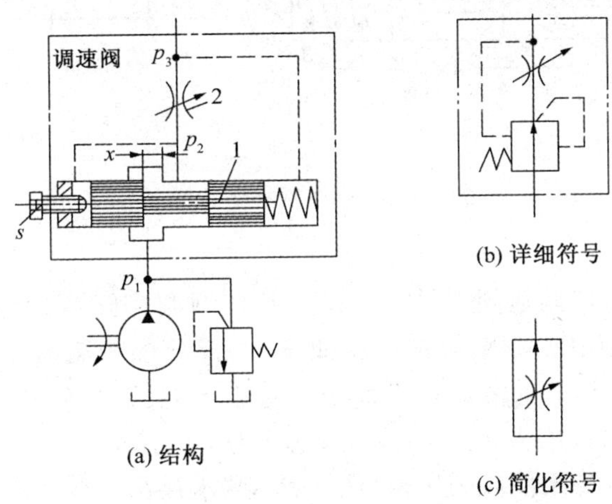

(a) 结构　(b) 详细符号　(c) 简化符号

图 4-1-5　调速阀结构及职能符号

1—定差减压阀　2—节流阀　S—行程限位螺钉

(二)静态特性

流量控制阀的静态特性如表 4-1-1 所示。

表 4-1-1　　流量控制阀的静态特性

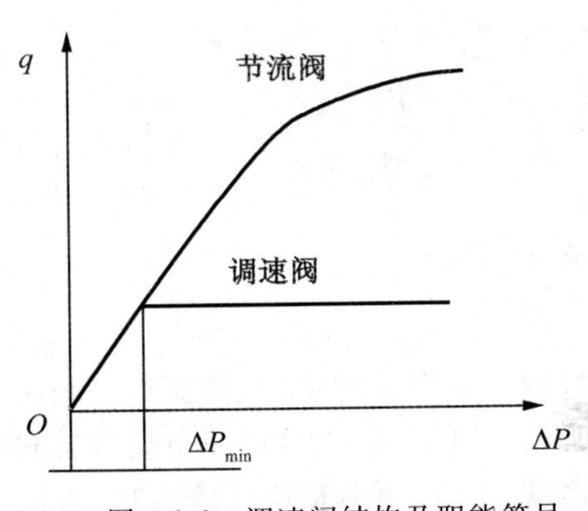 图 4-1-6　调速阀结构及职能符号	由图 4-1-6 可以看出,节流阀的流量随压差变化而变化,而当压差大于一定数值后,通过调速阀的流量就不随调速阀前后的压差的变化而变化。当压差很小时,调速阀和节流阀的性能相同。这是因为压差不足以克服定差减压阀阀芯上的弹簧力,减压阀芯处于最右端,阀口全开,不起减压作用。所以,要使调速阀正常工作,就必须保证有一最小压差(一般调速阀 0.5MPa,高压调速阀为 1MPa)
	节流阀的流量 q 随负载(ΔP)变化,故执行元件的速度不稳定
	调速阀的流量 q 不随负载(ΔP)变化,故执行元件的速度基本维持稳定
	调速阀装在进油路上、回油路上或旁油路上都可以达到改善速度负载特性、使速度稳定性最高的目的

（三）温度补偿调速阀

为了使调速阀的流量控制精度更进一步提高，可在结构上采取温度补偿措施，这种阀称为温度补偿调速阀。它也是由减压阀和节流阀两部分组成，其中的节流阀部分如图 4-1-7 所示，其特点是节流阀的推杆（即温度补偿杆）由热膨胀系数较大的材料（如聚氯乙烯塑料）制成，当油温升高时，推杆热膨胀使节流阀口关小，正好能抵消由于黏性降低时流量增加的影响。

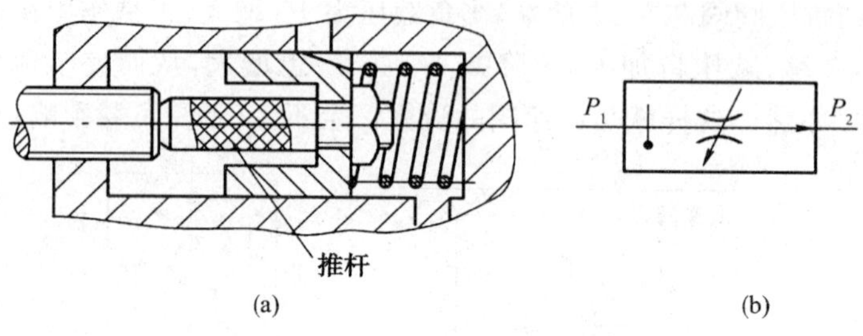

图 4-1-7　温度补偿调速阀

（四）溢流调速阀

如图 4-1-8 所示，溢流调速阀也是一种压力补偿型调速阀，它由溢流阀 3 和节流阀 2 并联而成，简称溢流调速阀。进口处的高压油 P_1 一部分经节流阀 2 去执行机构，压力降为 P_2，另一部分经溢流阀 3 的溢流口去油箱。溢流阀上、下端分别与节流阀前后的压力油 P_1 和 P_2 相通。当出口压力 P_2 增大时，阀芯下移，关小溢流口，溢流阻力增大，进口压力 P_1 随之增加，因而节流阀前后的压差（P_1-P_2）基本保持不变；反之亦然。即通过阀的流量基本不受负载的影响。

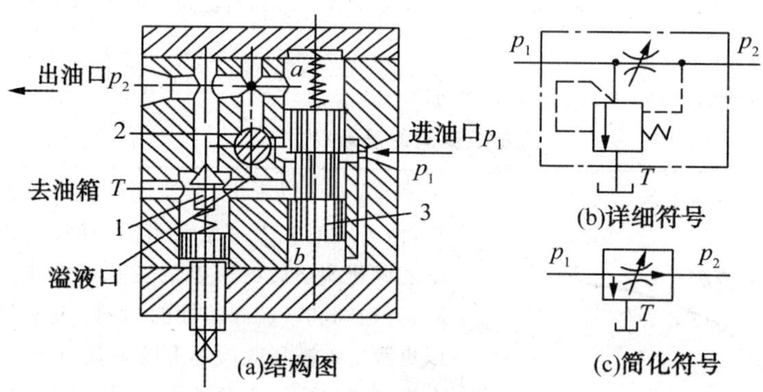

图 4-1-8　溢流调速阀

1—安全阀　2—节流阀　3—溢流阀

这种溢流调速阀上还附有安全阀 1，以免系统过载。与调速阀不同，溢流调速阀必须接在执行元件的进油路上，其性能比较如表 4-1-2 所示。这时泵的出口（即溢流节流阀的进口）压力 P_1 随负载压力 P_2 的变化而变化，属变压系统，其功率利用比较合理，系统发热小。溢流调速阀适用于对速度稳定性要求不高而功率较大的节流调速系统，如插床、小型拉床和牛头刨床。

（五）调速阀的应用

调速阀的应用与普通节流阀相似，即与定量泵、溢流阀配合，组成节流调速回路；与变量泵配合，组成容积节流调速回路等。与普通节流阀不同的是，调速阀应用于负载变化大、速度稳定性要求较高的小功率场合。各种组合机床、车、铣床等设备的液压系统常用调速阀调速。

表 4-1-2　　调速阀与溢流调速阀的比较

调速阀	溢流调速阀
减压阀和节流阀串联	溢流阀和节流阀并联
泵出口压力保持恒压，即阀的进口压力为恒压，不随缸负载压力的变化而变化	泵出口压力即阀进口压力是变化的。负载压力越大，阀的进口压力就越高
只有泵的部分流量流过阀，减压阀芯运动时阻力较小	泵的全部流量都流过阀，溢流阀芯运动时阻力较大，溢流阀弹簧较硬，通过流量的稳定性不如调速阀的好。
节流口上的压力差较小，为 0.1～0.3MPa	节流口上下游的压力差较大，为 0.3～0.5MPa
泵消耗的功率较大，发热也较大	泵消耗的功率较小，发热也较小

四、流量控制阀常见故障及排除方法

流量控制阀常见故障及排除方法如表 4-1-3 所示。

表 4-1-3　　流量控制阀的故障诊断及排除方法

<table>
<tr><th>故障现象</th><th colspan="2">原因分析</th><th>消除方法</th></tr>
<tr><td rowspan="2">调整节流阀手柄无流量变化</td><td>压力补偿阀不动作</td><td>压力补偿阀芯在关闭位置上卡死
(1)阀芯与阀套几何精度差，间隙太小
(2)弹簧侧向弯曲、变形而使阀芯卡住
(3)弹簧太弱</td><td>(1)检查精度，修配间隙达到要求，移动灵活
(2)更换弹簧
(3)更换弹簧</td></tr>
<tr><td>节流阀故障</td><td>(1)油液过脏，使节流口堵死
(2)手柄与节流阀芯装配位置不合适
(3)节流阀阀芯上连接脱落或未装键
(4)节流阀阀芯因配合间隙过小或变形而卡死
(5)调节杆螺纹被脏物堵住，造成调节不良</td><td>(1)检查油质，过滤油液
(2)检查原因，重新装配
(3)更换键或补装键
(4)清洗，修配间隙或更换零件
(5)拆开清洗</td></tr>
<tr><td></td><td>系统未供油</td><td>换向阀阀芯未换向</td><td>检查原因并消除</td></tr>
</table>

续表

故障现象	原因分析		消除方法
执行元件运动速度不稳定（流量不稳定）	压力补偿阀故障	(1)压力补偿阀阀芯工作不灵敏 ①阀芯有卡死现象 ② 补偿阀的阻尼小孔时堵时通 ③弹簧侧向弯曲、变形，或弹簧端面与弹簧轴线不垂直 (2)压力补偿阀阀芯在全开位置上卡死 ①补偿阀阻尼小孔堵死 ②阀芯与阀套几何精度差，配合间隙过小 ③弹簧侧向弯曲、变形而使阀芯卡住	①修配，达到移动灵活 ②清洗阻尼孔，若油液过脏应更换 ③更换弹簧 ①清洗阻尼孔，若油液过脏，应更换 ②修理达到移动灵活 ③更换弹簧
	节流阀故障	(1)节流口处积有污物，造成时堵时通 (2)简式节流阀外载荷变化会引起流量变化	(1)拆开清洗，检查油质，若油质不合格应更换 (2)对外载荷变化大的或要求执行元件运动速度非常平稳的系统，应改用调速阀
	油液品质劣化	(1)油温过高，造成通过节流口流量变化 (2)带有温度补偿的流量控制阀的补偿杆敏感性差，已损坏 (3)油液过脏，堵死节流口或阻尼孔	(1)检查温升原因，降低油温，并控制在要求范围内 (2)选用对温度敏感性强的材料做补偿杆，坏的应更换 (3)清洗，检查油质，不合格的应更换
	单向阀故障	在带单向阀的流量控制阀中，单向阀的密封性不好	研磨单向阀，提高密封性
	管路振动	(1)系统中有空气 (2)由于管路振动使调定的位置发生变化	(1)应将空气排净 (2)调整后用锁紧装置锁住
	泄漏	内泄和外泄使流量不稳定，造成执行元件工作速度不均匀	消除泄漏，或更换元件

五、技能训练：流量控制阀的拆装

1. 实训目的

(1)能够规范拆装节流阀、调速阀。

(2)能够正确说出各主要零件的名称。

(3)能够分析节流阀、调速阀工作原理。

2. 设备、工具

节流阀、调速阀、内六角扳手、一字螺丝刀、十字螺丝刀、卡簧钳等

3. 信息获取

流量阀名称		流量阀型号	
压力等级/ MPa		公称通径/mm	

4. 操作步骤

(1)松开节流阀部分手轮与推杆的定位螺栓，取下手轮。

(2)松开节流阀阀芯左端的定位杆，取出定位杆及密封圈等。

(3)从阀体中取出节流阀弹簧及节流阀阀芯。

(4)松开定差减压阀阀芯左端的定位螺钉，依次取出弹簧及定差减压阀阀芯(调速阀)。

如果阀芯发卡，可用铜棒轻轻敲击出来，禁止猛力敲打，损坏阀芯台肩。阀芯取出后，观察节流阀芯与减压阀芯的结构。

(5)如图 4-1-9 所示，指出节流阀、调速阀各主要零件的名称(标注在数字序号旁边)。

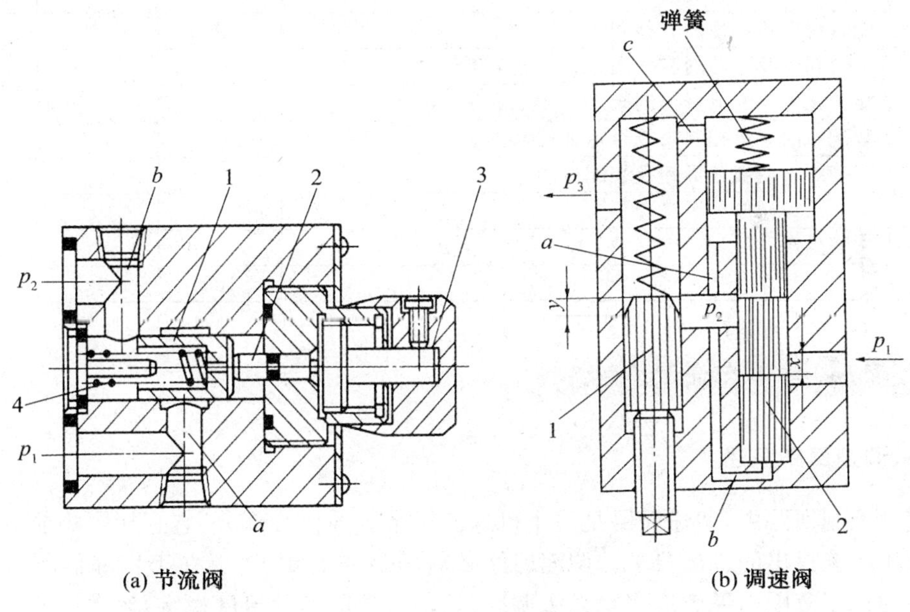

图 4-1-9　节流阀与调速阀

(6)比较节流阀、调速阀结构和原理的异同。

(7)按拆卸的相反顺序装配节流阀、调速阀，即后拆的零件先装配，先拆的零件后装配。装配时，如有零件弄脏，应该用煤油清洗干净后方可装配。装配阀芯时，可在其台肩上涂抹液压油，以防止阀芯卡住。装配时严禁遗漏零件。

(8)将节流阀、调速阀外表面擦拭干净，整理工作台。

5.思考讨论

(1)拆开节流阀,观察其结构,并找出易发生故障的部位。节流阀阀芯中间的小孔有何作用?

(2)通过节流阀的流量与哪些因素有关?

(3)根据实物,叙述节流阀调速阀的结构组成及工作原理。

(4)节流口属于哪种结构形式?有什么特点?为什么沟槽对称开?

(5)将节流阀装好,讨论如果将进、出油口接错,能否使用、有什么影响。

(6)拆开调速阀,观察其结构。调速阀与节流阀的主要区别是什么?

(7)依照调速阀实物,说明减压阀起什么作用。

6.技术评价

流量控制阀拆装技术评价如表 4-1-4 所示。

表 4-1-4　　流量控制阀拆装技术评价

序号	考评项目	配分	得分	备注
1	掌握流量控制阀的工作原理及职能符号	5		
2	流量控制阀的拆卸顺序是否正确	10		
3	工具使用是否合理规范	5		
4	零件拆卸后是否无损伤	5		
5	能否说出各零件的名称和功用	15		
6	测绘阀体及阀芯的零件图并编制加工工艺	15		
7	能否正确装配流量控制阀	10		
8	装配后的流量控制阀能否达到技术要求	10		
9	正确编写或叙述拆卸及装配步骤	10		
11	实训工具摆放是否符合要求	5		
12	文明生产	10		
合　计		100		

授课 No. 2——节流调速回路

一、调速回路概述

速度控制回路中,调速回路是整个机床液压系统的核心部分,它直接影响能否完成机床对液压系统提出的工况要求。调速回路必须满足以下要求:能在工作部件所需的最大和最小的速度范围内灵敏地实现无级调速;运动部件的运动速度稳定,运动速度不随负载变化而变化,或在允许的范围内变化,速度刚性好;功率损失小,发热少,效率高。

在液压系统中液压执行元件的主要形式是液压缸和液压马达,它们的工作速度或转速与其输入的流量及其相应的几何参数有关。在不考虑管路变形、油液压缩性和回路各种泄漏因素的情况下,液压缸和液压马达的速度存在如下关系

液压缸的速度

$$v=\frac{q_v}{A} \tag{4-1}$$

液压马达的转速

$$n=\frac{q_v}{V_M} \tag{4-2}$$

式中，q_v 为输入液压缸或液压马达的流量；A 为液压缸的有效作用面积；V_M 为液压马达的排量。

由上面两式可知，要调节液压缸或液压马达的工作速度，可以改变输入执行元件的流量，也可以改变执行元件的几何参数。对于几何尺寸已经确定的液压缸和定量马达来说，要想改变其有效作用面积或排量是困难的，因此，一般只能用改变输入液压缸或定量马达流量大小的办法来对其进行调速。对变量液压马达来说，既可采用改变输入其流量的办法来调速，也可采用在其输入流量不变的情况下改变马达排量的办法来调速。液压系统的调速方法有以下三种：

(1)节流调速，采用定量泵供油，由流量阀调节进入执行元件的流量来调节速度。

(2)容积调速，采用变量泵改变输出流量或改变液压马达的排量来实现调速。

(3)容积节流调速，采用变量泵和流量阀联合来调节速度，又称为联合调速。

二、节流调速回路

当液压系统采用定量泵供油，且泵的转速基本不变时，泵输出的流量 q_p 基本不变，其与负载的变化以及速度的调节无关。要想改变输入液压执行元件的流量 q_1，就必须在泵的出口处并接一条装有溢流阀的支路，将液压执行元件工作时的多余流量 $\Delta q = q_p - q_1$，经过溢流阀或流量阀流回油箱，这种调速方式称为节流调速回路。它主要由定量泵、执行元件、流量控制阀(节流阀、调速阀等)和溢流阀等组成，其中流量控制阀起流量调节作用，溢流阀起调定压力(溢流时)和过载安全保护(关闭时)作用。

定量泵节流调速回路根据流量控制阀在回路中安放位置的不同分为进油节流调速、回油节流调速、旁路节流调速三种基本形式。回路中的流量控制阀可以采用节流阀或调速阀进行控制，因此，这种调速回路有多种形式。

(一)采用节流阀的进油节流调速回路

将节流阀串联在液压泵和液压缸之间，用它来控制进入液压缸的流量达到调速目的，为进油节流调速回路，如图 4-1-10 所示。由于溢流阀处在溢流状态，定量泵出口的压力 p_p 为溢流阀的调定压力，且基本保持定值，与液压缸负载的变化无关，所以这种调速回路也称为定压节流调速回路。

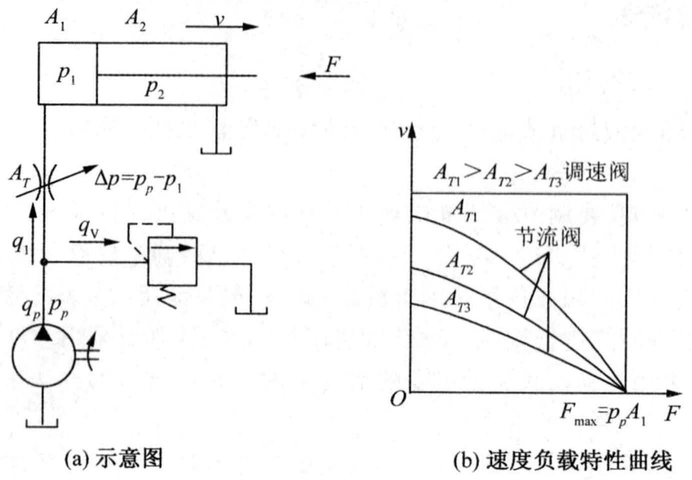

图 4-1-10　进油节流调速回路

1. 速度负载特性

在图 4-1-10 所示进油节流调速回路中，q_p 为泵的输出流量，q_1 为流经节流阀进入液压缸的流量，Δq 为溢流阀的溢流量，p_1 和 p_2 为液压缸无杆腔和有杆腔的工作压力，由于进油调速回路缸回油腔与油箱相通，$p_2=0$，p_p 为泵的出口压力即溢流阀调定压力，A_1 和 A_2 为液压缸两腔作用面积，A_T 为节流阀的通流面积，C 为节流阀阀口的液阻系数，F 为负载。于是可得下列方程组

$$p_1=\frac{F}{A_1}$$

当溢流阀有溢流时，节流阀前的压力由溢流阀调定为恒定值 p_p，

节流阀前后的压力差为

$$\Delta p=p_p-p_1=p_p-\frac{F}{A_1}$$

通过节流阀进入缸内的流量为

$$q_1=CA_T\Delta p^{\varphi}=CA_T(p_p-\frac{F}{A})^{\varphi} \tag{4-3}$$

式中，φ 为由孔的长径比决定的指数 $\varphi=0.5$。

所以液压缸的速度为

$$v=\frac{q_1}{A}=C\frac{A_T}{A}(p_p-\frac{F}{A})^{\varphi} \tag{4-4}$$

这就是进油节流调速回路的速度负载特性方程。由此可见，液压缸速度 v 与节流阀过流断面积 A_T 成正比，调节 A_T 可以实现无级调速。调速范围较大。选择不同的 A_T 值作 v-F 坐标曲线，可得一组曲线，即为该回路的速度负载特性曲线，如图 4-1-10(b)所示。速度负载特性曲线表明速度随负载而变化的规律，曲线越陡，说明负载变化对速度的影响越大，即速度刚性越差。曲线越平缓，刚性越好。因此，从速度负载特性曲线可知：

(1)当节流阀通流面积 A_T 不变时,缸的运动速度 v 随负载 F 增大而减小,因此这种回路的速度负载特性较软。

(2)当 A_T 一定时,重载区比轻载区的速度刚性要差。

(3)当负载不变时,A_T 小,速度刚性好,即低速时的速度刚性好。

因此,该回路在低速轻载时具有较好的速度稳定性。

2. 最大承载能力

由速度负载特性方程可知,不论 A_T 调定为多大,节流阀两端压力差 $p_p-\frac{F}{A_1}=0$ 时,速度为 0,液压缸停止运动。此时 F 为该回路的最大承载值,即

$$F_{max}=p_pA_1 \tag{4-5}$$

最大承载能力与速度调节无关,在图中表示为不同 A_T 时各曲线都汇交于一点。

3. 功率和效率

液压泵的输出功率为

$$P_{泵}=p_pq_p$$

液压缸的输出功率为

$$P_{缸}=p_1q_1$$

回路的功率损失为

$$P=P_{泵}-P_{缸}=p_pq_p-p_1q_1=p_p(q_1+q_Y)-(p_p-\Delta p)q_1=p_pq_Y+\Delta pq_1$$

即

$$\Delta p=p_pq_Y+pq_1=P_{溢}+P_{节} \tag{4-6}$$

可见,该调速回路的功率损失由两部分组成,即溢流损失和节流损失。

回路的效率为

$$\eta=\frac{P_{缸}}{P_{泵}}=\frac{p_1q_1}{p_pq_p}=\frac{FV}{p_pq_p} \tag{4-7}$$

由于存在两部分功率损失,在工进时泵的大部分流量溢流,因此进油节流调速回路的效率较低,尤其在低速轻载时,效率更低。低效率导致温升和泄漏增加,进一步影响了速度的稳定性。

可见,进油节流调速回路适用于轻载、低速、负载变化不大和对速度稳定性要求不高的小功率液压系统。

(二)回油节流调速回路

回油节流调速回路在执行元件的回油路上设置一个流量阀,即构成回油节流调速回路。如图 4-1-11 所示为采用节流阀的回油节流调速回路。用节流阀调节液压缸的回油流量,也就间接地控制了进入液压缸的流量,从而实现调速。定量泵多余油液通过溢流阀流回油箱。同理,回油节流调速回路为定压节流调速回路。

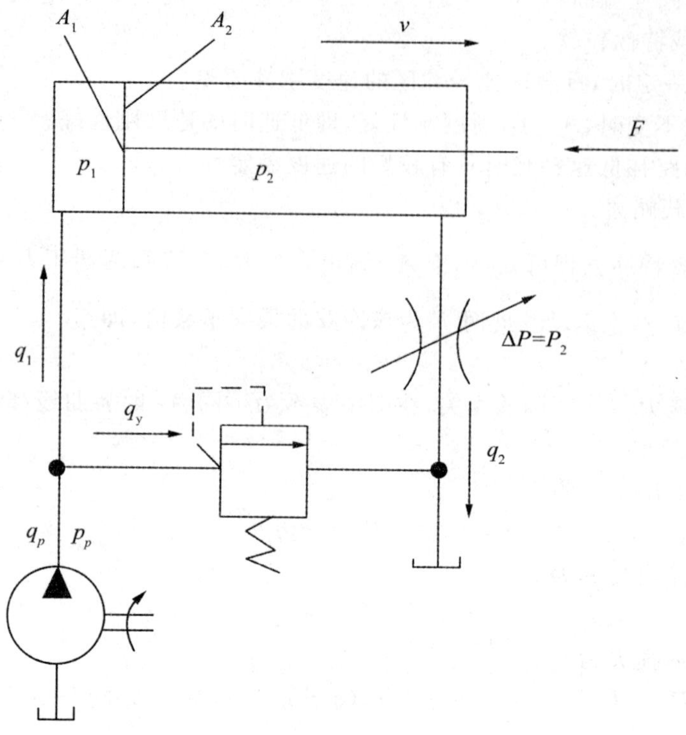

图 4-1-11　回油节流调速回路

回油节流调速回路与进油节流调速回路在速度负载特性、最大承载能力、功率损失及效率方面有相似的结论，读者可以自行分析。

(三)进油与回油节流调速回路的比较

1. 承受负值负载的能力

负值负载是指外负载作用力的方向和执行元件运动方向相同的负载。回油节流调速回路中缸回油腔有一定的背压力，在有负值负载时，背压能阻止缸的前冲，即该回路能在负值负载下工作，而进油路节流调速回路由于回油腔没有背压，因而不能在负值负载下工作。

2. 运动平稳性

回油节流调速回路由于回油路上始终存在背压，可有效地防止空气从回油路吸入，因而低速时不易爬行，高速时不易颤振，即运动平稳性好。

3. 油液发热对泄漏的影响

进油节流调速回路中，通过节流阀发热了的油液直接进入液压缸，会使缸的泄漏增加；而回油节流调速回路，油液经节流阀温升后直接回油箱，经冷却后再进入系统，对系统泄漏影响相对较小。

4. 压力信号的提取与程序控制的方法

进油节流调速回路的进油腔压力随负载同步变化，当工作部件碰到死挡铁停止运动后，其压力将升至溢流阀调定压力，可直接利用系统工作压力升高提取压力信号作为控制顺序动作的指令信号。在回油节流调速回路中，回油腔压力随负载变化反向变化，工作部件碰上死挡铁后其压力将下降至零，只能利用压力降低提取信号。因此，在采用死挡铁定位的节流调速回路中，压力继电器应并联安装在流量控制阀与液压缸工作腔之间。

5. 启动性能

回油节流调速回路中若停车时间较长，液压缸回油腔的油液会泄漏回油箱，重新启动时因背压不能立即建立，将会引起启动瞬间工作机构的前冲现象。

为了提高节流调速回路的综合性能，实际中一般采用进油节流调速回路，并在其回油路上串接背压阀(溢流阀、顺序阀或装有硬弹簧的单向阀)，使其兼具了两回路的优点。

综上所述，采用节流阀进油、回油节流调速回路的结构简单，价格低廉，但负载变化对速度的影响较大，低速、小负载时的回路效率较低，因此，该调速回路适用于负载变化不大、低速、小功率的调速场合，如磨床的进给系统。

(四)旁路节流调速回路

旁路节流调速回路将流量阀安装在与液压泵并联的旁油路上，即构成旁路节流调速回路。如图 4-1-12 所示为采用节流阀的旁路节流调速回路。用节流阀调节液压泵流回油箱的流量，从而控制了进入液压缸的流量，即可实现调速。回路中的溢流阀在正常情况下是关闭的，过载时才打开，其调定压力为回路最大工作压力的 1.1～1.2 倍。

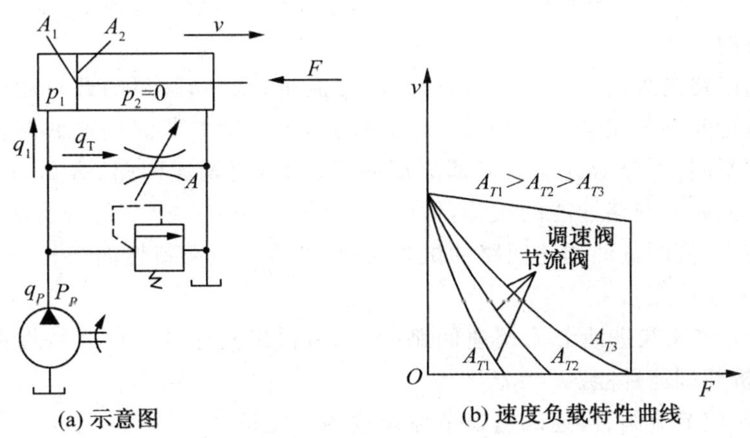

图 4-1-12　旁路节流调速回路

液压泵的供油压力 p_p 将随负载压力变化而变化，不是一个定值，因此，这种调速回路也称为变压节流调速回路。

旁路节流调速回路只有节流损失，没有溢流损失，因而其功率损失比前两种调速回路小、效率高。这种调速回路一般用于速度较高、重载、调速范围不大、对速度稳定性要求不高的较大功率场合。如：牛头刨床主运动系统、输送机械液压系统、大型拉床液压系统、龙门刨床液压系统等。

(五)改善节流调速回路速度负载特性的措施

采用节流阀的节流调速回路速度刚性差，主要是由于负载的变化会造成节流阀前后压差的变化，即使节流阀通流面积 A_T 没有变化，也会引起通过节流阀的流量发生变化。

在负载变化较大而又要求速度稳定时，这种调速回路无法满足要求。如果在节流调速回路中用调速阀代替节流阀，回路的负载特性将大为提高。

由于调速阀能在负载变化引起调速阀进出口压力差变化的情况下，保证调速阀中节流阀节流口两端的压差基本不变，如果此刻不改变调速阀开度大小，负载的变化对通过调速阀的流量几乎没有影响，因而回路的速度刚性能有较大提高。采用调速阀的进回油和旁路节流调速回路的速度负载特性曲线如图 4-1-10 和图 4-1-12 所示。

在一定的负载变化范围内，当调速阀的开口面积一定时，无论负载怎样变化，回路的速度都基本不变，即速度只与阀的开口度有关，与负载无关。需要指出得是，该回路速度刚性的提高是通过降低回路效率而得到的，即通过牺牲一部分回路的效率来换取了回路速度刚性的提高。为了保证调速阀在回路最大负载下也能够正常工作，必须保证此时调速阀两端的最小压差大于一定数值(一般中低压调速阀正常工作的最小压差为 0.5 MPa、高压调速阀正常工作的最小压差为 1MPa)，使调速阀中定差减压阀此时能起到压力补偿作用，否则在压差小于上述值时调速阀和节流阀调速回路的负载特性相同。由于要保证调速阀正常工作的最小压差比节流阀的最小压差大，所以采用调速阀的节流调速回路的功率损失比采用节流阀的节流调速回路要大一些。

三、技能训练：进油节流调速回路性能

1. 实训目的

节流调速回路是采用定量泵供油，通过改变流量控制阀阀口的开口度来控制和调节流入或流出执行元件的流量，以调节执行元件的运动速度。节流调速回路依其流量控制阀安放位置的不同，可分为进油节流调速回路、回油节流调速回路、旁路节流调速回路 3 种。通过对节流调速回路性能的试验，借以达到以下目的：

(1)通过对节流阀进油调速回路的试验，得出速度—负载特性曲线和功率—负载特性曲线，分析其调速性能。

(2) 通过对调速阀进油节流调速回路的试验，得出其速度—负载特性曲线和功率—负载特性，分析其调速性能。

(3)分析比较节流阀、调速阀进口节流调速的性能特点。

2. 实训器材

(1)液压实验工作台	一台
(2)液压泵站	一台
(3)三位四通电磁换向阀(O)	一只
(4)二位二通电磁阀	一只
(5)调速阀(节流阀、单向阀)	各一只
(6)安全阀	一只
(7)压力表	二只
(8)直动式溢流阀	一只
(9)液压缸	二只
(10)秒表	一只

(11)钢直尺　　一把

(12)油管　　若干

3.液压原理图

如图4-1-1所示。

4.实训步骤

首先,采用节流阀进油节流调速回路的性能实训,按液压原理图4-1-1所示进行连接。

(1)测试系统调整

旋松溢流阀2,启动液压泵1,调节节流阀5至适当通流面积A_T,调节溢流阀2使系统压力升至6MPa,通过阀4使测试缸活塞杆能够正常左右运动,并停在左端。

(2)加载系统的调整

启动液压泵1,手动接通二位二通阀,让加载缸的活塞杆退回至左端,将溢流阀7完全打开。

(3)断开二位二通阀,操作测试缸活塞杆向右运动并推动加载缸活塞杆一起向右运动。

(4)用溢流阀7逐渐调节加载系统压力,分别测出测试缸对应多种负载下活塞杆的运动速度及活塞运动过程中P_1、P_2的压力值,将数据记入表4-1-5中。负载应加大到工作缸的活塞杆基本不运动时为止。

(5)上述实验中运动速度的测定采用测定活塞杆运动的距离及对应的时间来确定。

将节流阀换为调速阀,调节适当通流面积A_T,重复步骤(4),再测一组数据记入表4-1-5中。

表4-1-5　　节流阀、调速阀进油调速实训数据表

系统调定值		6MPa					油缸大腔面积 A_1		12.57cm^2		油缸小腔面积 A_2			8.77cm^2	
节流阀		节流阀通流面积 A_T 适中							调速阀	调速阀通流面积 A_T 适中					
实验记录参数	负载压力 P_2 (MPa)														
	运动位移 S (m)														
	运动时间 t(s)														
	系统压力 P_1 (MPa)														
实验计算参数	负载 F(N)														
	运动速度 v (m/s)														
	输出功率 P_O (kW)														

5. 实训报告

(1)根据测得并整理好的实验数据，用直角坐标纸绘出调速特性曲线，分别包括：

① 速度—负载特性曲线；

② 液压缸有效功率—负载特性曲线。

(2) 根据实验结果，分析比较节流阀和调速阀进油节流调速的性能。

6. 课题思考

(1)本实验装置为单活塞杆液压缸，如果为获得同样的速度，进回油路调速系统中调速阀的开度有何不同？哪一个可获得更低的速度？如果克服同样的外负载，进回油调速回路中液压缸工作腔的压力有何不同？

(2)实验中的液压缸，如果①在空载时，②在活塞杆碰上死档铁时，两种情况下进油、回油路调速系统液压缸两腔的压力是否一致？压力变化情况如何？

(3)进油、回油和旁油路节流阀调速系统，当调速阀开度不同时，它们各自的速度—负载特性有什么不同的结果？

(4)本实验中节流阀是放在进油路中调速的，若放在回油路和旁油路中，调试的方法和步骤有何不同？后两种调速形式中调速阀前后的压差与前者有何不同？这时定差减压阀起到了什么作用？

(5)在节流阀进油节流调速系统中，若再与节流阀并联一个溢流阀能否起到调速阀调速的作用？为什么？若换成溢流节流阀调速时，原来的溢流阀 2 在系统中应起什么作用？

7. 技术评价(见表 4-1-6)

表 4-1-6　进油节流调速回路性能技术评价

序号	考评项目	配分	得分	备注
1	分析实验原理并能正确选择实验元件	5		
2	液压管路布局是否合理	5		
3	液压管路连接是否正确	5		
4	电气控制线路连接是否正确	5		
5	能否用继电器控制实现实验动作要求	15		
6	正确编写或叙述本实验步骤	10		
7	采集数据是否准确	10		
8	能否正确分析特性曲线	10		
9	能否正确接通电源和启动电机	5		
10	能否正确停止电机和断开电源	5		
11	能否正确拆卸各实验元件	5		
12	实训元件是否归类放置，摆放整齐	5		
13	实训工具摆放是否符合要求	5		
14	文明生产	10		
合　计		100		

授课 No. 3——液压马达和其他调速回路

一、液压马达

（一）液压马达的特点及分类

液压马达是把液体的压力能转换为机械能的装置，从原理上讲，液压泵可以作液压马达用，液压马达也可作液压泵用。但实际上，同类型的液压泵和液压马达虽然在结构上相似，但由于两者的工作情况不同，使得两者在结构上也有某些差异。

（1）液压马达一般需要正反转，所以在内部结构上应具有对称性，而液压泵一般是单方向旋转的，没有这一要求。

（2）为了减小吸油阻力、径向力，一般液压泵的吸油口比出油口的尺寸大。而液压马达低压腔的压力稍高于大气压力，所以没有上述要求。

（3）液压马达要求能在很宽的转速范围内正常工作，因此，应采用液动轴承或静压轴承。因为当马达速度很低时，若采用动压轴承，就不易形成润滑滑膜。

（4）叶片泵依靠叶片跟转子一起高速旋转而产生的离心力使叶片始终贴紧定子的内表面，起封油作用，形成工作容积。若将其当马达用，必须在液压马达的叶片根部装上弹簧，以保证叶片始终贴紧定子内表面，以便马达能正常起动。

（5）液压泵在结构上需保证具有自吸能力，而液压马达就没有这一要求。

（6）液压马达必须具有较大的起动扭矩。所谓起动扭矩，就是马达由静止状态启动时，马达轴上所能输出的扭矩，该扭矩通常大于在同一工作压差时处于运行状态下的扭矩，所以，为了使起动扭矩尽可能接近工作状态下的扭矩，要求马达扭矩的脉动小，内部摩擦小。

由于液压马达与液压泵具有上述不同的特点，使得很多类型的液压马达和液压泵不能互逆使用。

液压马达按其额定转速分为高速和低速两大类，额定转速高于 500r/min 的属于高速液压马达，额定转速低于 500r/min 的属于低速液压马达。高速液压马达的基本形式有齿轮式、螺杆式、叶片式和轴向柱塞式等。它们的主要特点是转速较高、转动惯量小、便于启动和制动、调速和换向的灵敏度高。通常高速液压马达的输出转矩不大（仅几十牛·米到几百牛·米），所以又称为高速小转矩液压马达。

高速液压马达的基本形式是径向柱塞式，例如单作用曲轴连杆式、液压平衡式和多作用内曲线式等。低速液压马达的主要特点是排量大、体积大、转速低（有时可达每分钟几转甚至零点几转），因此可直接与工作机构连接，不需要减速装置，使传动机构大为简化，通常低速液压马达输出转矩较大（可达几千牛顿·米到几万牛顿·米），所以又称为低速大转矩液压马达。

液压马达也可按其结构类型来分，可以分为齿轮式、叶片式、柱塞式和其他形式。

（二）液压马达的职能符号（见图 4-1-13）

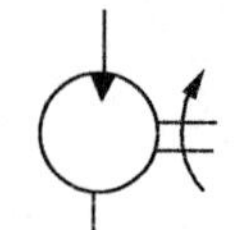
定量液压马达

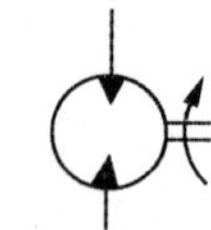
双向定量液压马达

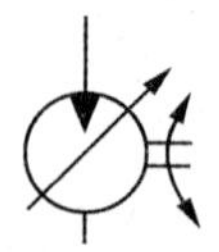
变量液压马达

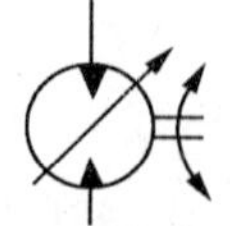
双向变量液压马达

图 4-1-13　液压马达的职能符号

（三）液压马达的主要性能参数

在液压马达的各项性能参数中，压力、排量、流量等参数与液压泵同类参数有相似的含义，其差别在于：在泵中它们是输出参数，在马达中则是输入参数。

1. 压力

工作压力 p_O：马达实际工作时的输入压力，由外负载决定。

额定压力 p_t：在使用中允许达到的最高工作压力，取决于马达的结构强度和密封条件。

2. 排量和流量

排量 V_m：在无泄漏情况下，马达每转所需输入的油液体积，单位：m^3/r 。

理论流量 q_t：在无泄漏情况下，单位时间内输入马达的油液体积，单位：m^3/min。

实际流量 q_v：单位时间内实际输入马达的油液体积。

由于存在内、外泄漏，所以实际需要的流量大于理论流量，即 $q_v=q_t+\Delta q$。

3. 功率和效率

输入功率：$P_i=p_Oq_t$。

容积效率：$\eta_v=q_t/q_v$（理论流量与实际流量的比值）。

输出功率：$P_O=M\omega$。

由于马达存在机械摩擦损失，实际输出转矩 M 比理论转矩 M_t 要小。

机械效率：$\eta_m=M/M_t$（实际输出转矩理论输出转矩的比值）。

总效率：$\eta=M\omega/\Delta pq_t=\eta_m\eta_v$（液压马达容积效率和机械效率的乘积）。

4. 马达输出转矩和转速

转矩：$M=M_t\eta_m=\Delta pV_m\eta_m/2\pi$。

转速：$n=q_t\eta_v/V_m$（理论流量与排量的比值）。

（四）液压马达工作原理

1. 齿轮液压马达

如图 4-1-14 所示，齿轮液压马达在结构上为了适应正反转要求，进出油口相等、具有对称性、有单独外泄油口将轴承部分的泄漏油引出壳体外；为了减少启动摩擦力矩，采用滚动轴承；为了减少转矩，脉动齿轮液压马达的齿数比泵的齿数要多。

齿轮液压马达由于密封性差，容积效率较低，输入油压力不能过高，不能产生较大转矩。并且瞬间转速和转矩随着啮合点的位置变化而变化，因此齿轮液压马达仅适合于高速小转矩的场合，一般用于工程机械、农业机械以及对转矩均匀性要求不高的机械设备上。

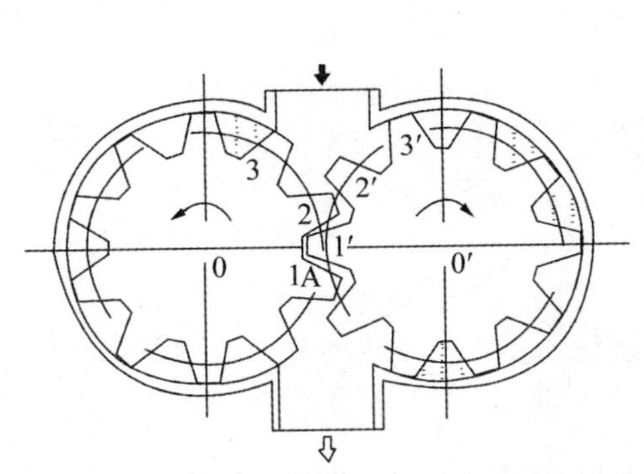

图 4-1-14　外啮合齿轮马达工作原理

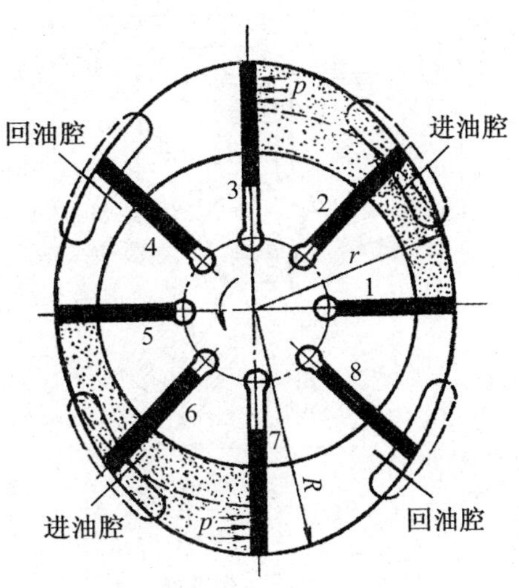

图 4-1-15　双作用叶片马达原理

2.叶片式液压马达

如图 4-1-15 所示，由于压力油作用，受力不平衡使转子产生转矩。叶片式液压马达的输出转矩与液压马达的排量和液压马达进、出油口之间的压力差有关，其转速由输入液压马达的流量大小来决定。由于液压马达一般都要求能正反转，所以叶片式液压马达的叶片要径向放置。为了使叶片根部始终通有高压油，在回、压油腔通入叶片根部的通路上应设置单向阀。为了确保叶片式液压马达在压力油通入后能正常启动，叶片底部通有高压油，必须使叶片顶部和定子内表面紧密接触，以保证良好的密封。在叶片根部应设置预紧弹簧，将叶片推出，保证启动时叶片顶部与定子的内表面紧密接触，以防启动时高低压腔串通。而叶片泵是靠叶片与转子一起高速旋转而产生的离心力，使叶片贴紧定子起封油作用，不需要弹簧。

叶片式液压马达体积小，转动惯量小，动作敏捷，可适用于换向频率较高的场合，但泄漏量较大，低速工作时不稳定。因此，叶片式液压马达一般用于转速高、转矩小和动作要求敏捷的场合。

3.径向柱塞式液压马达

单作用连杆型径向柱塞式液压马达呈五星状（或七星状）的壳体内均匀分布着柱塞缸，如图 4-1-16 所示。其工作原理为当压力油经固定的配油轴 5 的窗口进入缸体内柱塞的底部时，柱塞向外伸出，紧紧顶住定子的内壁，由于定子与缸体存在一偏芯距。在柱塞与定子接触处，定子对柱塞的反作用力可分解为两个分力。当作用在柱塞底部的油液压力为 p，柱塞直径为 d，力和之间的夹角为 x 时，力对缸体产生一转矩，使缸体旋转。缸体再通过端面连接的传动轴向外输出转矩和转速。以上分析的是一个柱塞产生转矩的现况，由于在压油区作用有好几个柱塞，在这些柱塞上所产生的转矩都使缸体旋转，并输出转矩。径向柱塞液压马达多用于低速大转矩的情况下。

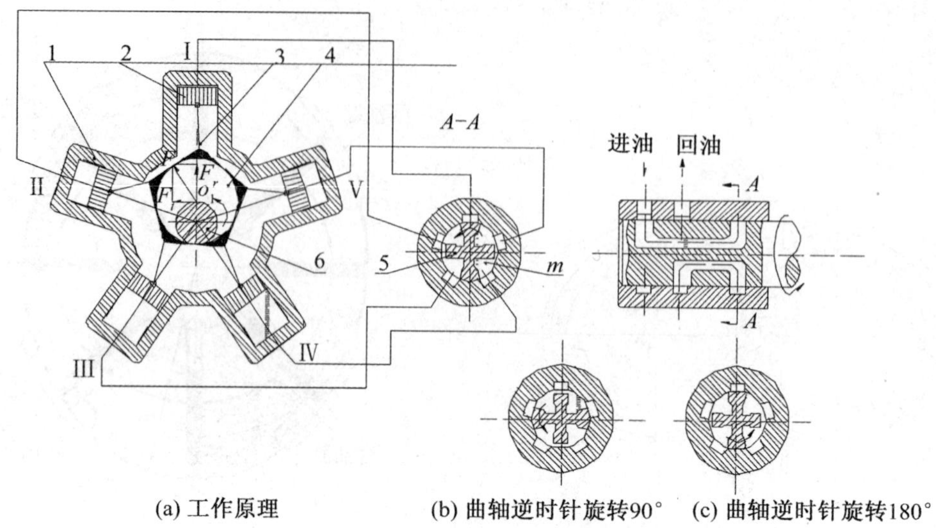

图 4-1-16　单作用连杆型径向柱塞式马达结构原理

1—壳体　2—柱塞　3—连杆　4—偏芯轮　5—配流轴　6—曲轴

4. 轴向柱塞式液压马达

轴向柱塞泵除阀式配流外，其他形式原则上都可以作为液压马达用，即轴向柱塞泵和轴向柱塞马达是可逆的。轴向柱塞马达如图 4-1-17 所示。其工作原理为：配油盘 4 和斜盘 1 固定不动，马达轴 5 与缸体 2 相连接一起旋转。当压力油经配油盘的窗口进入缸体的柱塞孔时，柱塞 3 在压力油作用下外伸，紧贴斜盘 1 对柱塞 3 产生一个法向反力 F，此力可分解为轴向分力 F_x 及和垂直分力 F_y。F_x 与柱塞上液压力相平衡，而 F_y 则使柱塞对缸体中心产生一个转矩，带动马达轴逆时针旋转。轴向柱塞马达是变量马达，产生的瞬时总转矩是脉动的。若改变马达压力油输入趋势，则马达轴 5 按顺时针旋转。斜盘倾角 α 的改变、即排量的变化，不仅影响马达的转矩，而且影响它的转速和转向。斜盘倾角越大，产生转矩越大，转速越低。

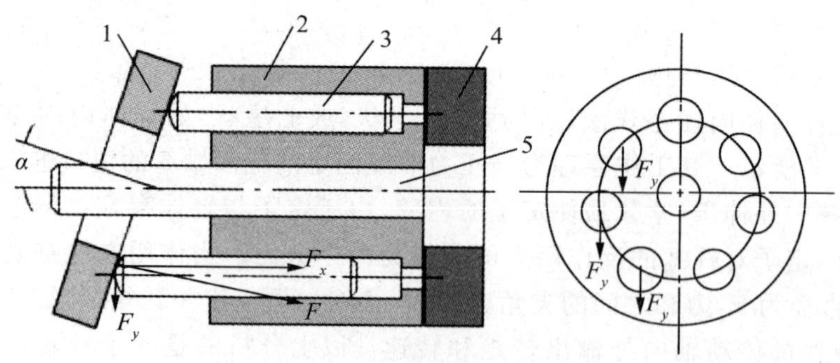

图 4-1-17　轴向柱塞式液压马达工作原理图

1—斜盘　2—缸体　3—柱塞　4—配流盘　5—马达轴

(五)液压马达的常见故障及排除

液压马达的常见故障及排除方法如表 4-1-7 所示。

表 4-1-7　液压马达的常见故障及排除方法

故障现象	原因分析	消除方法
转速低或输出功率不足	1.液压马达输出流量或压力不足 2.液压马达内部泄漏严重 3.液压马达外部泄漏严重 4.液压马达磨损严重 5.液压油黏度不适当	1.查明原因,采取相应措施 2.查明泄漏部位和原因,采取密封措施 3.加强密封 4.更换磨损的零件 5.按要求选用黏度适当的液压油
噪声大	1.进油口堵塞 2.进油口泄气 3.液压油不洁净,空气混入 4.液压马达安装不妥 5.液压马达零件磨损	1.排除污物 2.拧紧接头 3.加强过滤,排除气体 4.重新安装 5.更换磨损的零件
泄漏	1.管接头未拧紧 2.接合面螺钉未拧紧 3.密封件损坏 4.配油装置发生故障 5.运动件间的间隙过大	1.拧紧管接头 2.拧紧螺钉 3.更换密封件 4.检修配油装置 5.重新装配或调整间隙

应用拓展——喷漆室传动带装置液压传动系统

图 4-1-18 为喷漆室工作示意图,工作时用一台圆周运动的传动链将部件传过喷漆室,传送带由液压马达通过一个锥齿轮传动装置来带动。根据工作要求,传送带运行时,其速度必须能够进行调节,其速度控制所需的工作压力为 2.5MPa 以下,所以选择齿轮泵作为动力元件。执行元件需要的是高速、小转矩、速度平稳性要求不高、噪声限制不大的元件,所以选择高速小转矩齿轮马达。整个系统需要压力稳定的液压油并防止系统过载,选择溢流阀调节压力。喷漆室速度需要控制,选择调速阀进行速度调节,选择三位四通换向阀进行方向控制,组成了定量泵和定量马达的调速回路。通过改变调速阀的开口面积,可以改变液压马达的转速,达到调节传动带速度的目的。

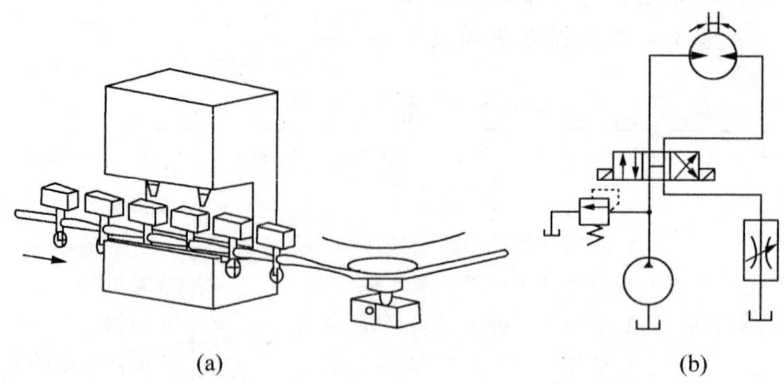

图 4-1-18　喷漆室示意图和速度控制液压回路

二、容积调速回路

容积调速回路是通过改变液压泵或液压马达排量，使液压泵的全部流量直接进入执行元件来调节执行元件的运动速度。由于容积调速回路中没有流量控制元件，回路工作时液压泵与执行元件（马达或缸）的流量完全匹配，因此，这种回路没有溢流损失和节流损失，回路的效率高，发热少，适用于大功率液压系统。

容积调速回路按其油路循环的方式不同分为开式循环回路和闭式循环回路两种形式。回路工作时，液压泵从油箱中吸油，经过回路工作以后的热油流回油箱，使热油在油箱中停留一段时间，达到降温、沉淀杂质、分离气泡的目的，这种油路循环的方式称为开式循环。开式循环回路的结构简单、散热性能较好，但回路的结构相对较松散、空气和脏物容易侵入系统，会影响系统的工作。回路工作时，管路中的绝大部分油液在系统中被循环使用，只有少量的液压油通过补油液压泵从油箱中吸油进入到系统中，实现系统油液的降温、补油，这种油路循环的方式称为闭式循环。闭式循环回路的结构紧凑、回路的封闭性能好，空气与脏物较难进入，但回路的散热性能较差，要配有专门的补油装置进行泄漏补偿，置换掉一些工作的热油，以维持回路的流量和温度平衡，如 4-1-20 所示。

根据液压泵与液压马达（缸）的组合不同，容积调速回路分为变量泵—定量马达（缸）调速回路、定量泵—变量马达调速回路、变量泵—变量马达调速回路三种形式。

（一）变量泵—缸式容积调速

如图 4-1-19 所示，正常工作时，溢流阀 2 不溢流，起限压保护作用，无溢流损失和节流损失，发热少，系统效率较高，溢流阀 6 为背压阀，提高系统在随负值负载时的稳定性。该回路适用于工程机械、矿山机械和大型机床等大功率液压系统，如推土机、插床、拉床等。

（二）变量泵—定量马达式容积调速

图 4-1-20 为变量泵—定量马达闭式容积调速回路。溢流阀 3 作为安全阀使用，防止回路过载。为了补充变量泵 1 和定量马达 2 的泄漏量，增加了补油泵 4 和溢流阀 5。溢流阀 5 调节补油泵的补油压力，而且可置换部分发热油液，降低系统温升。该回路的调速方式又称恒转矩调速，通过调变量泵的流量可以调节马达的转速。

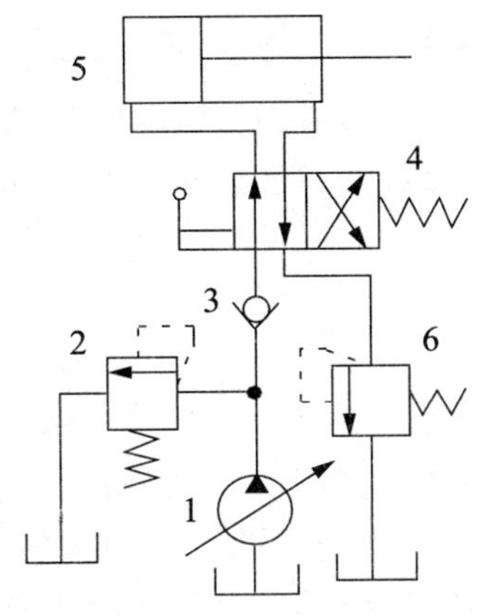

图 4-1-19　变量泵—缸式容积调速

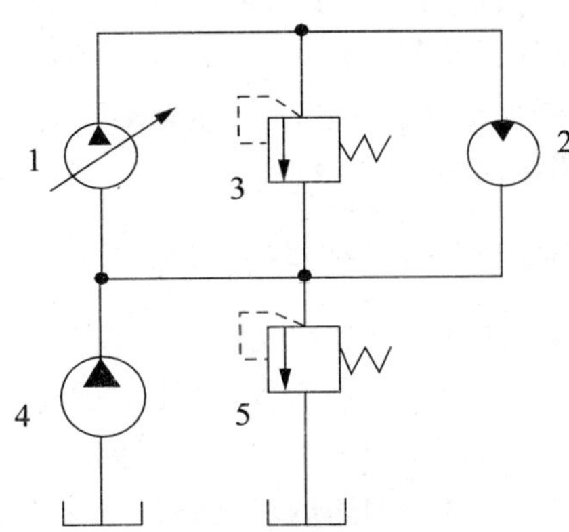

图 4-1-20　变量泵—定量马达容积调速

马达的输出转矩 T 和输出转速 n 表达式为

$$T_{马}=\frac{p_{泵}V_{马}}{2\pi} \tag{4-8}$$

$$n_{马}=\frac{p_{泵}}{V_{马}} \tag{4-9}$$

（三）定量泵—变量马达式容积调速

如图 4-1-21 所示，该回路中变量马达的调速可以通过改变自身的排量来实现，但是，如果马达排量 $V_{马}$ 过小，输出转矩 T 会很小，将带不动负载，造成马达“自锁”，所以该调速回路的调速范围较小，一般很少单独使用。

（四）变量泵—变量马达式容积调速

如图 4-1-22 所示为双向变量泵和双向变量马达的容积节流调速回路。泵的排量和马达排量均可调，既扩大了调速范围，也扩大了对马达转矩和功率输出特性的选择。如一般工作部件都在低速时要求有较大的转矩，高速时能提供较大的输出功率，采用这种回路恰好可以达到这个要求。这时可分两步进行调速：

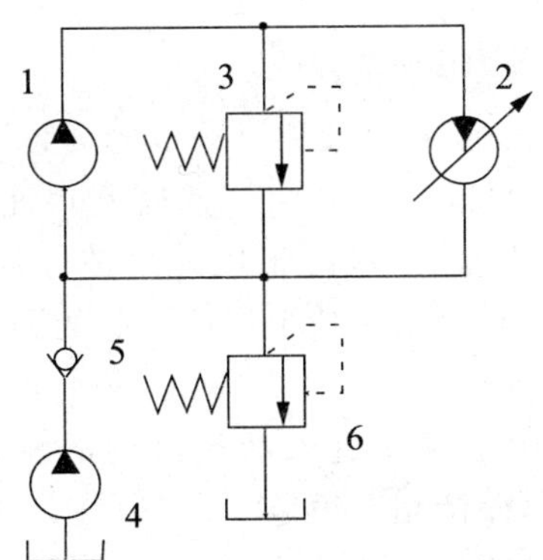

图 4-1-21　变量泵—变量马达容积调速

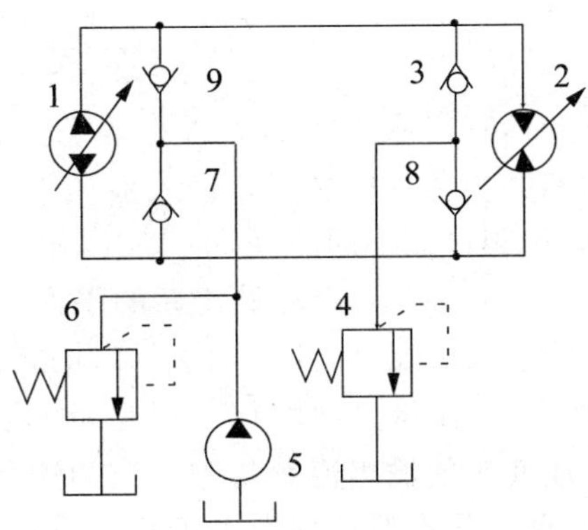

图 4-1-22　变量泵—变量马达容积调速

第一步：固定马达排量为最大，从小到大调节泵的排量，升高马达转速。

第二步：固定泵排量为最大，从大到小调节马达排量，进一步提高马达转速。

回路的调速范围较大，是变量泵和变量马达调速范围的乘积，其传动比一般可以达到100。这种调速回路常用于机床主运动、纺织机械、矿山机械和移动式工程机械中，以获得较大的调速范围。

三、容积节流调速回路

容积节流调速回路采用压力补偿型变量泵供油，用流量控制阀调节进入或流出液压缸的流量来调节其运动速度，并使变量泵的输油量自动与液压缸所需流量相适应，因此，它同时具有节流调速和容积调速回路的共同优点。这种调速回路工作时只有节流损失，回路的效率较高。回路的调速性能取决于流量阀的调速性能，与变量泵泄漏无关，因此，回路的低速稳定性比容积调速回路好。

(一)定压式变量叶片泵和调速阀的容积调速回路

如图 4-1-23(a)所示，快进时，变量泵以最大流量(变量泵处于最大排量)通过二位二通阀 4 的左位向执行元件液压缸供油。在调速特性曲线上工作在 AB 段。

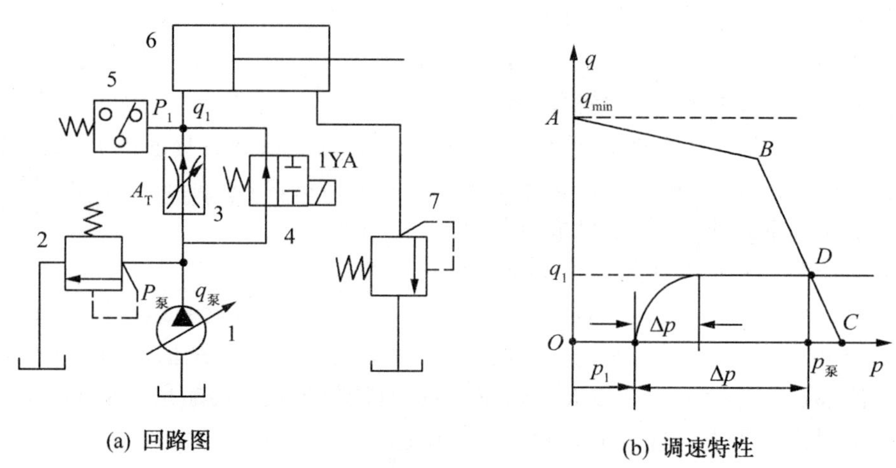

(a) 回路图　(b) 调速特性

图 4-1-23　定压式容积节流调速回路

工进时，缸内压力使压力继电器 5 发出电信号，接通电磁铁 1YA，阀 4 断开所在油路，压力油必须经过调速阀 3 进入液压缸。液压缸的运动速度由调速阀开口面积 A_T 控制。在调速阀口关小的瞬间，$q_泵 > q_1$，使泵出口处压力上升，由于压力反馈作用，定子与转子的偏心距 e 减小，自动处于新的平衡状态，泵的流量自动减小到调速阀的调定流量 q_1(进入缸的流量)；反之，开大调速阀口的瞬间，$q_泵 < q_1$，泵出口压力降低，定子与转子间偏芯距 e 增大，泵流量自动增加。可见，调速阀的作用不仅使进入液压缸内的流量保持恒定，而且还使泵的输出流量与进入缸的流量相适应，保持相对恒定。

图中调速特性曲线表示出了泵的流量压力特性曲线和调速阀某一开口 A_T 下的流量压差关系曲线，两曲线的交点 D 对应的流量(即是液压泵出口流量又是通过调速阀的流量)为工作流量，压力为泵的工作压力 $P_泵$。当负载变化时，调速阀出口处压力 p_1 变化，调速阀的流量压差关系曲线左右移动，只要 $\Delta p > \Delta p_{min}$，两曲线的交点 D 基本不变，所以此回路的速度稳定性很好。这种调速回路中的调速阀也可以装在回油路上，其调速性能与装在进油路上完全相同。

由于回路中泵压为一定值，这种回路称为定压式容积调速回路。

进一步分析，当负载较小时，p_1 左移，调速阀前后压力差增大，有较大的节流损失；低速时，泵的出口流量减小但压力增大，泄漏相应增加。所以该回路在低速、轻载时其效率较低。

本回路多用于机床进给系统。

（二）差压式容积节流调速回路

这种调速回路采用差压式变量叶片泵供油，通过节流阀来确定进入液压缸或自液压缸流出的流量，不但使变量泵输出的流量与液压缸所需流量自相适应，而且液压泵出口的工作压力能自动跟随负载压力的增减而增减，因此这种回路也称为变压式容积节流调速回路。

如图 4-1-24 所示，液压泵定子左、右两侧各有一个控制缸，节流阀进油口与左右控制缸 A、B 腔相通，节流阀出口与右控制缸的 C 腔相通。泵的输出流量经二通阀右位进入液压缸左腔，这时 A、B、C 三处压力相等，液压泵定子在弹簧作用下处于最左端，定子与转子的偏心距 e 最大，泵输出最大流量，实现快进。二通阀电磁铁 1YA 通电后，泵出口流量必须经过调定阀口的节流阀进入液压缸，开始时，$q_{泵} > q_{缸}$，泵压升高，即 A、B 腔内油压升高，克服弹簧力使定子右移，偏心距 e 减小，$q_{泵}$ 下降，直到 $q_{泵} = q_{缸}$；若因泄漏使 $q_{泵} < q_{缸}$，泵出口压力减小，定子左移，偏心距 e 增大，泵出口流量增大。

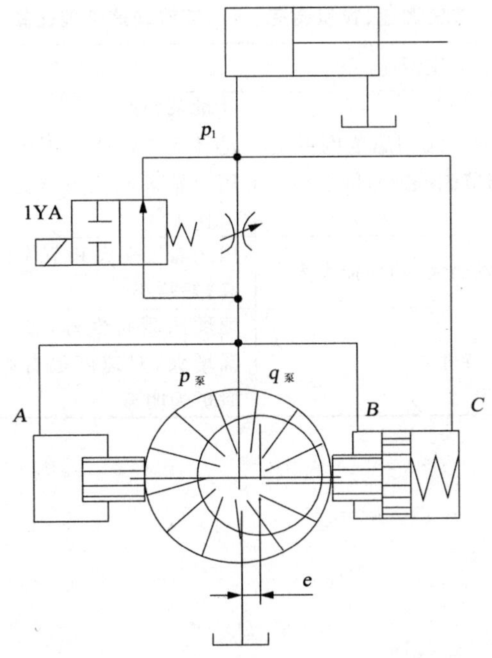

图 4-1-24　差压式容积节流调速回路

由此可见，在这种回路中，节流阀两端的压差基本上由作用在变量泵控制活塞上的弹簧力和控制活塞面积 A 来确定是一个常数，完全能够人为设计确定，与负载无关，这样可以确保节流阀前后的压强差是一个不变的值。因此，输入液压缸流量不受负载变化的影响，只和节流阀的开度大小有关。回路能补偿负载变化引起泵的泄漏变化，回路具有良好的稳速特性。

该回路使用了节流阀，但具有调速阀的特点，节流阀口调定后，进入缸内的流量基本不变，不受负载变化的影响。又将流量检测为压力差信号，反馈作用控制泵的流量，具有补偿泄漏功能，系统效率较高。这种调速回路，特别适用于负载变化较大、对速度负载特性要求较高的场合。

四、三种调速方法的比较和选择

节流调速回路都会因负载变化导致速度变化，采用节流阀调速不但油温变化影响流量变化，而且节流口较小时还容易堵塞，影响低速稳定性，节流调速回路的共同缺点是功率损失大，效率低，只适用于功率较小的液压系统。

容积调速回路的共同特点是既没有节流损失，又没有溢流损失，回路效率较高；泵与马达的容积效率随负载压力增大而下降；速度也随负载变化而变化，但与节流调速速度随负载变化的意义不同，容积调速比节流调速的速度刚度要高得多，而且调速范围很大。

容积节流调速回路存在节流损失，所以效率比容积调速回路低，比节流调速回路高；低速稳定性比容积调速回路好。

三种回路调速性能比较如表 4-1-8 所示。

表 4-1-8　　节流调速、容积调速、容积节流调速性能比较

调速方法/项目	节流调速	容积调速	容积节流调速
调整范围	进油、出油节流调速范围可达100，旁路节流调速范围较小	变量泵调速范围可达 20～40；变量马达调速范围不超过 4，同时用变量泵和变量马达调速范围可达 100	调整范围大
效率	效率低，发热大，功率损失大	因无溢流损失和节流损失，效率高，发热小	效率高
速度负载特性	速度负载特性差	速度负载特性好，负载增加，泄漏增大，对速度也有影响，低速时更为明显	速度负载特性好

课题二　快速运动回路

目标任务

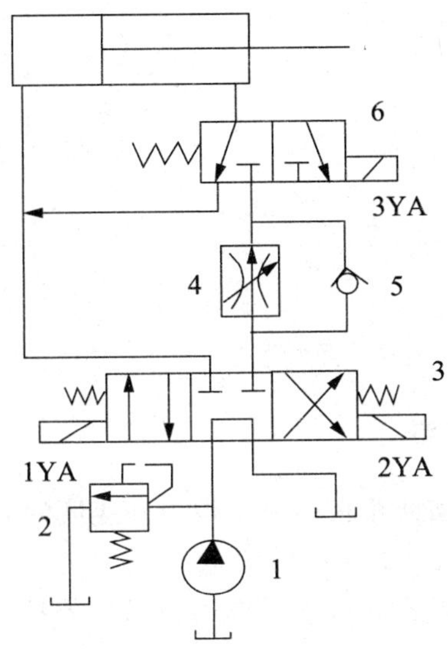

图 4-2-1　差动连接回路

目标及要求

(1)掌握快速运动回路的组成、类型、特点。

(2)能够根据液压回路原理图正确组装快速运动回路。

(3)能够排除实验过程中出现的故障。

许多液压设备都有辅助运动功能,这种运动一般都是空载运动,空载运动的基本特点是速度很快,负载很小,使液压系统处于低压、大流量、小功率的状态。快速运动回路的功用在于:当泵的流量一定,使液压执行元件在获得尽可能大的工作速度的同时,能够使液压系统的输出功率尽可能小,实现系统功率的合理匹配。快速运动回路一般采用差动缸、双泵供油、充液增速和蓄能器来实现。

一、液压缸差动连接快速运动回路

如图 4-2-2 所示为液压缸差动快速运动回路原理,换向阀处于右位时,液压缸有杆腔的回油流量 Δq 和液压泵输出的流量 q_p 合在一起共同进入液压缸无杆腔,使活塞快速向右运动。这种回路结构简单,应用较多,但由于液压缸的结构限制,液压缸的速度加快有限,有时不能满足快速运动的要求,常常需要和其他方法联合使用。特点:简单、经济,但快、慢速的转换不够平稳。

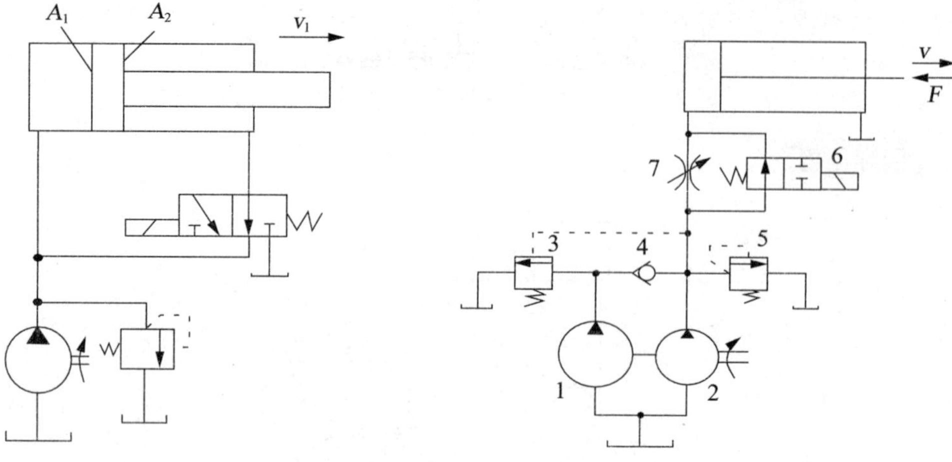

图 4-2-2 液压缸差动连接快速运动回路原理

图 4-2-3 双泵供油快速运动回路

二、双泵供油快速运动回路

采用双泵供油的快速运动回路在回路获得很高速度的同时,回路输出的功率较小,使液压系统功率匹配合理。如图 4-2-3 所示为双泵供油快速运动回路,在回路中用低压大流量泵 1 和高压小流量泵 2 组成的双联泵作动力源。外控顺序阀 3(卸荷阀)和溢流阀 5 分别设定双泵供油和小流量泵 2 供油时系统的最高工作压力。当换向阀 6 处于图示位置,由于空载时负载很小、系统压力很低,如果系统压力低于卸荷阀 3 调定压力时,阀 3 处于关闭状态,低压大流量泵 1 的输出流量顶开单向阀 4,与泵 2 的流量汇合实现两个泵同时向系统供油,活塞快速向右运动,此时尽管回路的流量很大,但由于负载很小回路的压力很低,所以回路输出的功率并不大。当换向阀 6 处于右位,由于节流阀 7 的节流作用,造成系统压力达到或超过卸荷阀 3 的调定压力,使阀 3 打开,导致大流量泵 1 经过阀 3 卸荷,单向阀 4 自动关闭,将泵 2 与泵 1 隔离,只有小流量泵 2 向系统供油,活塞慢速向右运动,溢流阀 5 处于溢流状态,保持系统压力基本不变,此时只有高压小流量泵 2 在工作。大流量泵 1 卸荷,减少了动力消耗,回路效率较高。特点:功率利用合理,效率较高。缺点:回路较复杂,成本较高。

三、充液增速回路

当回路快速运动需要的流量很大时,直接用液压泵供油不经济,这时往往采用从油箱中直接向回路充液补油的方法获得快速运动。

(一)自重充液快速运动回路

这种回路用于垂直运动部件质量较大的液压机系统。如图 4-2-4 所示为自重充液快进回路,当手动换向阀 1 右位接入回路时,由于运动部件的自重作用,使活塞快速下降,其下降速度由单向节流阀 2 控制。此时因液压泵供油不足,液压缸上腔将会出现负压,此时,安置在机器设备顶部的充液油箱 4 在油液自重和大气压力的作用下,通过液控单向阀(充液阀)3 向液压缸上腔补油。当运动部件接触到工件造成负载增加时,液压缸上腔压力升高,充液阀 3 关闭,此时只靠液压泵供油,使活塞运动速度降低。回程时,换向阀 1 左位接入回路,压力油进入液压缸下腔,同时打开充液阀 3,液压缸上腔低压回油进入充液油箱 4。为防止活塞快速下降时液压缸上腔吸油不充分,充液油箱常被充压油箱代替,实现强制充液。

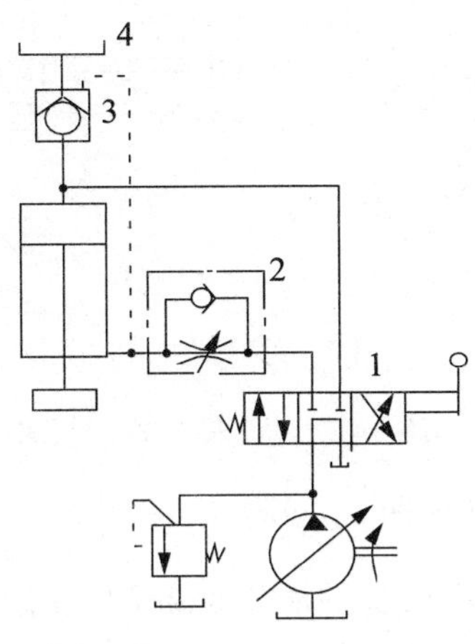

图 4-2-4 采用自重充液快速运动回路

(二)增速缸的增速回路

对于在机器设备中卧式放置的液压缸不能利用运动部件自重充液作快速运动,可采用增速缸或辅助缸的方案。图 4-2-5 增速缸的增速回路是采用增速缸的快速运动回路。增速缸由活塞缸与柱塞缸复合而成。当换向阀左位接入回路时,压力油经柱塞中间的孔进入到增速缸小腔 1,推动活塞快速向右移动,大腔 2 所需油液由充液阀 3 从油箱吸取,活塞缸右腔的油液经换向阀流回油箱,即快速运动时液压泵的全部流量进入到小腔 1 中。当执行元件接触到工件造成负载增加时,回路压力升高,使顺序阀 4 开启,高压油关闭充液阀 3,并进入增速缸大腔 2,活塞转换成慢速运动,且推力增大,即慢速运动时液压泵的流量同时进入到复合缸的大腔 2 和小腔 1 中。当换向阀右位接入回路,压力油进入活塞缸右腔,同时打开充液阀 3,大腔 2 的回油排回油箱,活塞快速向左退回。

(三)采用辅助缸的快速运动回路

如图 4-2-6 所示为辅助缸快速运动回路,当泵向成对设置的辅助缸 2 供油时,带动主缸 1 的活塞快速向左运动,主缸 1 右腔由充液阀 3 从充液油箱 4 补油,直至压板触及工件后,油压上升,压力油经顺序阀 5 进入主缸,转为慢速左移。此时主缸和辅助缸同时对工件加压。主缸左腔油液经换向阀回油箱。回程时压力油进入主缸左腔,主缸右腔油液通过充液阀 3 排回充液油箱 4,辅助缸回油经换向阀回油箱。

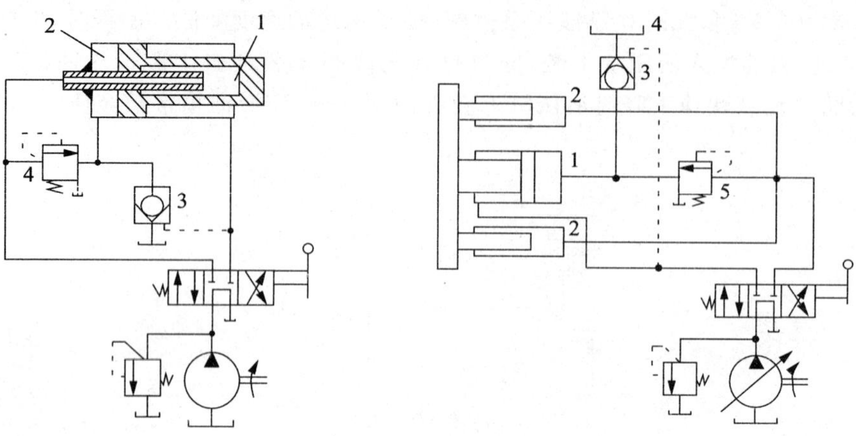

图 4-2-5　采用增速缸的增速回路　　　　图 4-2-6　采用辅助缸的快速运动回路

四、采用蓄能器的快速运动回路

对某些间歇工作且停留时间较长的液压设备，如冶金机械，对某些工作速度存在快、慢两种速度的液压设备，如组合机床，常采用蓄能器和定量泵共同组成的油源，如图 4-2-7 所示。其中定量泵可选较小的流量规格，在系统工作或要求快速运动时，由泵和蓄能器同时向系统供油，实现液压缸的快速运动；在系统不需要流量或工作速度很低时，泵的全部流量或大部分流量进入蓄能器储存待用，当蓄能器压力升高后，控制卸荷阀 2，打开阀口，使液压泵卸荷。卸荷阀的调定压力需高于系统快速运动的工作压力。

特点：可用较小流量的泵获得较高的运动速度。其缺点是蓄能器充油时，液压缸需停止工作。

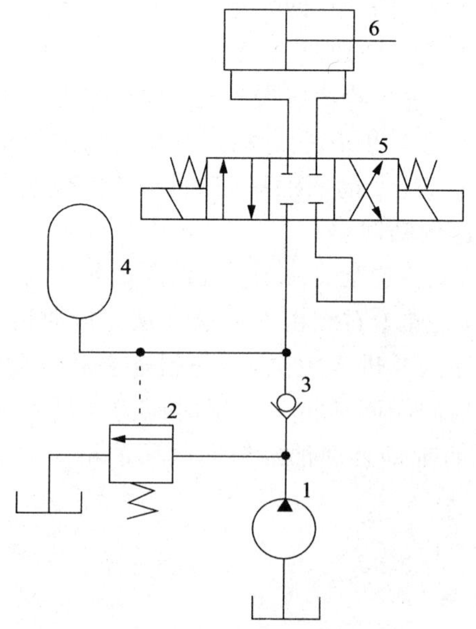

图 4-2-7　采用蓄能器的快速运动回路

五、技能训练：组装液压差动回路

1. 实训目的

(1)熟悉各液压元件的工作原理。

(2)掌握液压差动回路的概念和特点。

2. 实训器材

(1)液压实验工作台	一台
(2)泵站	一套
(3)三位四通电磁换向阀	一只
(4)二位三通电磁换向阀	一只
(5)液压缸	一只
(6)溢流阀	一只
(7)接近开关及其支架	三套
(8)四通油路过渡底板	两块
(9)调速阀(或单向节流阀)	一只
(10)油管及导线	若干

3. 液压原理

液压原理如图 4-2-1 所示，电路原理图如 4-2-8 所示，当三位四通电磁换向阀于左位工作时，活塞杆向右运行。同时，二位三通电磁阀于左位工作，形成差动，当接近开关 2 感应到信号时，使二位三通在右位工作，回油经过调速阀，调节调速阀即可控制活塞的前进速度，达到工作要求。

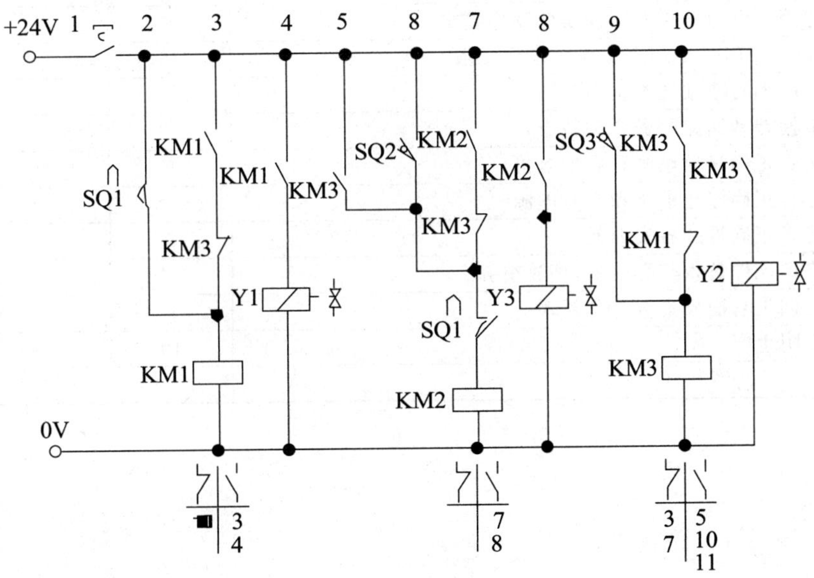

图 4-2-8　差动回路电路原理图

4. 实训步骤

(1)根据液压回路原理图正确连接各液压元件。

(2)对照实训回路原理图,检查连接是否正确。确认无误后,进入下一步。

(3)进行液压回路调试:先松开溢流阀,启动油泵,让泵空转 1~2min,慢慢调节溢流阀,使泵的出口压力调至适当值,调节节流阀至适当开度。

(4)操纵控制面板,检验:

1)"快进—工进—快退"工作循环能否实现?

2)若不能达到预定动作,检查:

①各液压元件连接是否正确。

②各液压元件的调节是否合理。

③电气线路是否存在故障等。

更正后重新开始实验,直至工作循环顺利实现。

(5)实训完毕后,打开溢流阀,停止油泵电机,待系统压力为零后,拆卸油管及液压阀,并把它们放回规定的位置,整理好实验台,并保持系统的清洁。

5. 技术评价

差动回路实训技术评价如表 4-2-1 所示。

表 4-2-1　差动回路实训技术评价

序号	考评项目	配分	得分	备注
1	分析实验原理并能正确选择实训元件	5		
2	液压管路布局是否合理	5		
3	液压管路连接是否正确	5		
4	电气控制线路连接是否正确	5		
5	能否用继电器控制实现实验动作要求	15		
6	能否用 PLC 或组态王实现动作要求	15		
7	正确编写或叙述本实训步骤	5		
8	掌握差动回路的概念和特点	10		
9	能否正确接通电源和启动电机	5		
10	能否正确停止电机和断开电源	5		
11	能否正确拆卸各实训元件	5		
12	实训元件是否归类放置,摆放整齐	5		
13	实训工具摆放是否符合要求	5		
14	文明生产	10		
合　计		100		

课题三　速度换接回路

目标任务

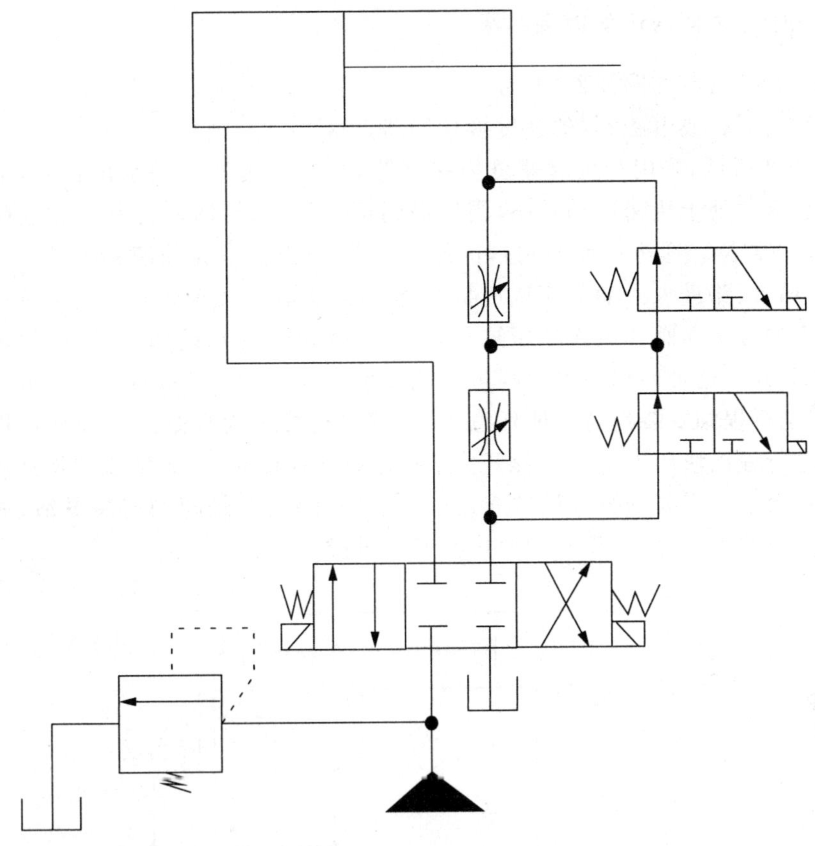

图 4-3-1　速度换接回路

目标及要求

(1)掌握速度换接回路的工作原理、性能特点及其在工业中的应用。

(2)能够根据液压回路原理图正确组装速度换接回路。

(3)能够排除实训过程中出现的故障。

机械设备上的工作部件在实现自动工作循环过程中,往往需要有不同的运动速度。例如在机床上,刀具对工件进行的切削加工工作循环为:快速趋近→Ⅰ工作进给→Ⅱ工作进给→快速退回。在这样的工作循环中,刀具首先要快速接近工件,然后以第Ⅰ种工作进给速度(慢速)对工件进行加工,接着又以第Ⅱ种工作进给速度(更慢的速度)对工件进行加工,加工结束后快速退回原位。实现上述要求的工作循环时,刀具的运动速度由快速转为慢速，由慢速又转为更慢的速度，再转为快速运动。为满足这些工作速度的要求，液压系统中设置了速度换接回路进行速度的转换。

(1)快速运动和工作进给运动的速度换接回路(快速与慢速的换接回路)。

(2)两种工作进给速度换接回路(两种慢速的换接回路)。

对速度换接回路的要求是具有较高的换接平稳性，具有较高的速度换接精度。

一、快—慢速之间的速度换接回路

1. 采用差动连接：如图 4-2-1 所示。

2. 采用行程阀(或电磁阀)的速度换接回路。

如图 4-3-2 所示，采用行程阀速度换接回路，当换向阀处于图示位置时，节流阀不起作用，液压缸活塞处于快速运动状态，当快进到预定位置，与活塞杆刚性相连的行程挡块压下行程阀 1(二位二通机动换向阀)，行程阀关闭，液压缸右腔油液必须通过节流阀 2 后才能流回油箱，回路进入回油节流调速状态，活塞运动转为慢速工进。当换向阀左位接入回路时，压力油经单向阀 3 进入液压缸右腔，使活塞快速向左返回，在返回的过程中逐步将行程阀 1 放开。这种回路速度切换过程比较平稳、冲击小，换接点位置准确，换接可靠。但受结构限制行程阀安装位置不能任意布置，管路连接较为复杂。如果将行程阀改用电磁阀，并通过行程挡块压下电气行程开关来操纵电磁换向阀，也可实现快慢速度之间的换接，这种方式由于不需要用行程挡铁直接碰行程阀，因此电磁阀的安装灵活、油路连接方便，但速度换接的平稳性、可靠性和换接精度相对较差。

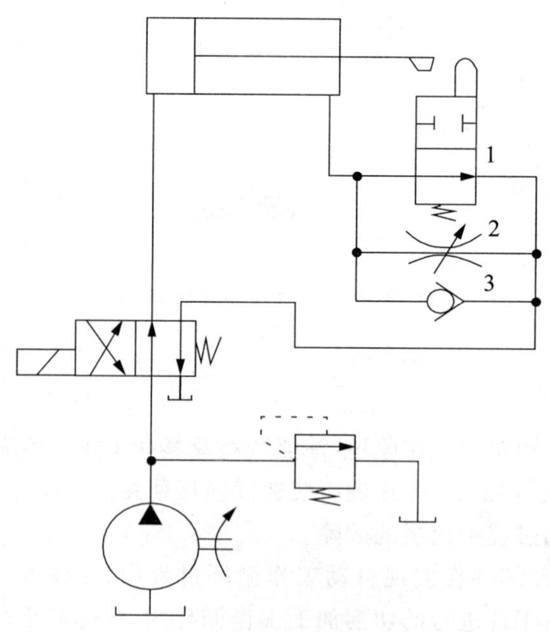

图 4-3-2　用行程阀的速度换接回路

3. 液压马达串、并联双速换接回路

在液压驱动的行走机械中，根据路况往往需要两挡速度：平地时为高速行驶；上坡时需要低速大转矩行驶。采用两个液压马达或串联、或并联，以达到上述目的。如图 4-3-3(a)所示为液压马达并联换接回路，两液压马达 1、2 主轴刚性连接在一起(一般为同轴双排柱塞液压马达)，手动换向阀 3 左位时，压力油只驱动马达 1，马达 2 空转；手动换向阀 3 右位时，马达 1 和 2 并联。若两马达排量相等，并联时进入每个马达的流量减少一半，转速相应降低一半，而转矩增加一倍。手动阀 3 实现马达速度的切换，不管阀处于何位，回路的输出功率相同。如图 4-3-3(b)所示为液压马达串、并联换接回路。用二位四通阀 1 使两马达串联或并联来实现快慢速切换。二位四通阀 1 上位接入回路，两马达并联；下位接入回路，两马达串联。串联时为高速，并联时为低速，输出转矩相应增加。串联和并联两种情况下回路的输出功率相同。

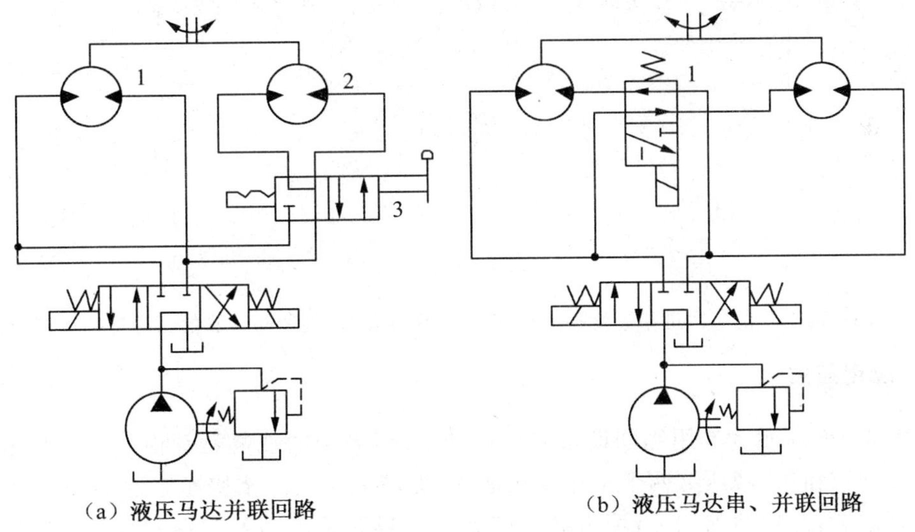

(a) 液压马达并联回路　　(b) 液压马达串、并联回路

图 4-3-3　液压马达双速换接回路

二、两种慢速之间的速度换接回路

一些机器设备工作时需要两种不同的工作速度，为实现两次不同的工作速度，常用两个调速阀串联或并联在油路中，用换向阀进行切换。

如图 4-3-4 所示为两个调速阀串联的二次工进速度换接回路。当电磁铁 1YA 通电时，压力油经调速阀 A 和二位二通阀进入液压缸左腔，进给速度由调速阀 A 控制，实现第一次进给；当电磁铁 1YA 和 3YA 同时通电后，则压力油先经调速阀 A，再经调速阀 B 进入液压缸左腔，速度由调速阀 B 控制，实现第二次进给。在这种回路中，它只能用于第二进给速度小于第一进给速度的场合，调速阀 B 的开口必须小于调速阀 A 的开口。这种速度换接回路的换接平稳性较好，但回路的压力损失较大。

如图 4-3-5 所示为两个调速阀并联的二次工进速度换接回路。如图 4-3-5(a)所示当换向阀 1 在左位工作时，并使阀 2 电磁铁通电，根据二位三通阀 3 的不同工作位置，压力油需经调速阀 A 或 B 才进入液压缸内，便可实现第一次工进和第二次工进速度的换接。两个调速阀可单独调节，两种速度互不限制。但当一个调速阀工作时，另一调速阀无油通过，后者的减压阀处于非工作状态，其阀口完全打开，一旦换接，油液大量流过此阀，通过该调速阀的流量过大会造成进给部件液压缸突然前冲。若将两调速阀按图 4-3-5(b)所示的方式并联，则可克服液压缸前冲的现象，速度换接平稳。

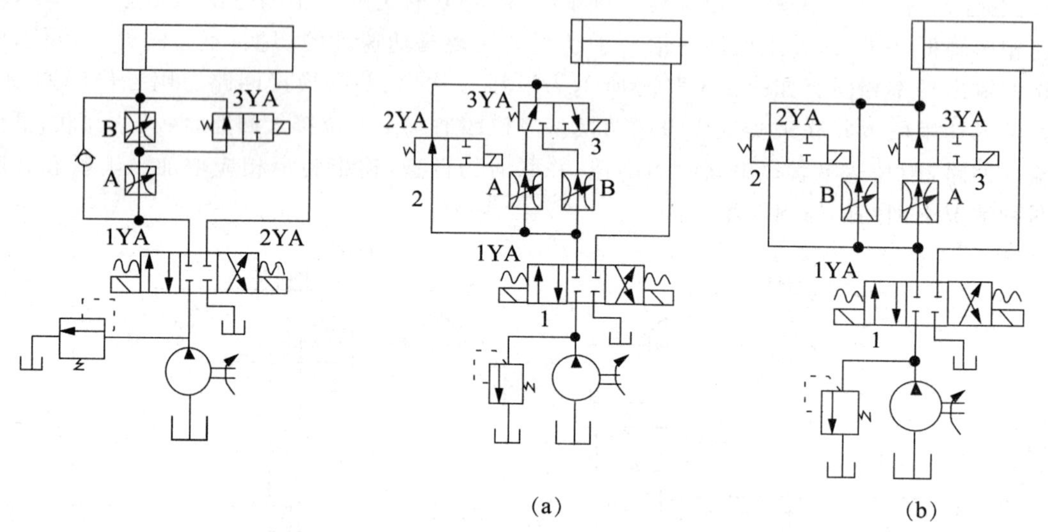

图 4-3-4　调速阀串联的二次进给速度换接回路　　图 4-3-5　调速阀并联的二次进给速度换接回路

三、应用拓展

如图 4-3-6 所示为专用刨削设备刀架运动系统，刀架的往复运动由一个液压缸带动。在按下启动按钮后，液压缸两个工作腔构成差动连接，带动刀架快速靠近工件。当刀架运动到预订位置，开始切削加工，液压缸工作进给。当刀架运动到末端时，液压缸带动刀架高速返回。此时该刀架的运动要求实现空载快进—工作进给(工进)—快速退回(快退)的自动速度换接的工作循环。目的是不加工时具有较高的运动速度，提高生产效率；加工时有稳定的速度保证加工质量。需要采用速度换接回路，具体回路连接如图 4-2-1 所示。

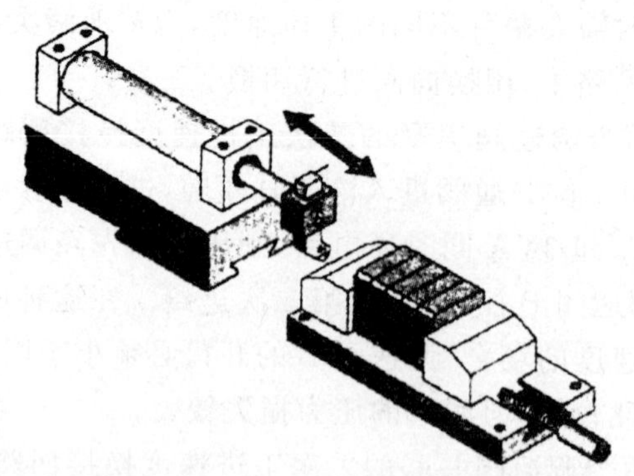

图 4-3-6　专用刨削设备示意图

四、技能训练：二次工进控制回路

1. 实训目的

(1)熟识实训元件。

(2)熟悉 PLC+组态王的使用方法。

(3)连接回路实现快速—慢速—工进—快退。

2. 实训器材

(1)液压实验工作台	一台
(2)液压泵站	一套
(3)油缸	一只
(4)溢流阀	一只
(5)三位四通电磁换向阀	一只
(6)二位三通电磁换向阀	二只
(7)调速阀(或单向节流阀)	二只
(8)接近开关及其支架	四套
(9)油管、压力表、四通油路过渡底板	若干

3. 液压原理

如图 4-3-1 所示，系统的速度可以由调速阀及两位三通电磁换向阀调定，当电磁阀没有接入油路时，速度由调速阀调节。但当两位三通接入时，系统处于没有背压的情况，调速阀没有调速功能，从而达到快速运动的实训要求。电磁阀的通断可以靠接近开关来控制。图 4-3-7 为二次工进回路的电路原理图。

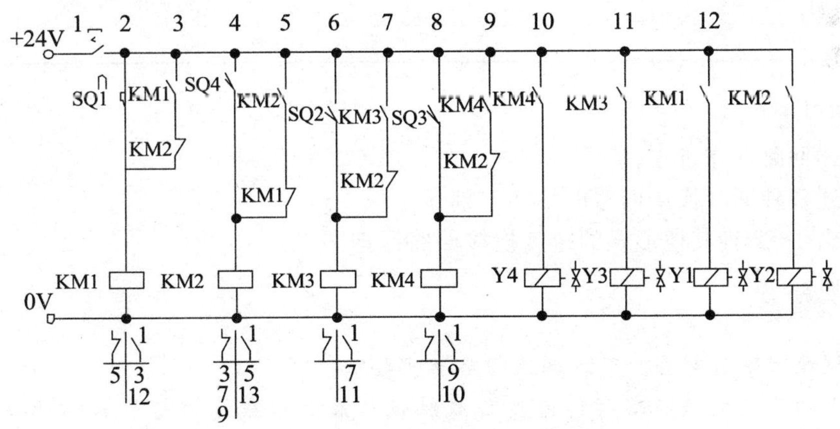

图 4-3-7　二次工进回路液压电路原理图

4. 实训步骤

(1)根据实训要求设计出合理的液压原理图。

(2)根据原理图选择恰当的液压元器件，并按图把实物连接起来。

(3)根据动作要求设计电路，并依据设计好的电路进行实物连接。

(4)在溢流阀打开的情况下，启动泵站电机，调定系统压力到工作压力，手动三位四通电磁换向阀，观看油缸的运行速度，调节其中一个调速阀的开口来达到一次工进的速度，再调节另外一个调速阀实现二次工进的速度，然后分别用继电器控制单元和 PLC 控制单元，来实现快进—慢进—工进—快退。

(5)实训完毕后，打开溢流阀，停止油泵电机，待系统压力为零后，拆卸油管及液压阀，并把它们放回规定的位置，整理好实验台，并保持系统的清洁。

5. 技术评价

二次进给回路实训技术评价如表 4-3-1 所示。

表 4-3-1　二次进给回路实训技术评价

序号	考评项目	配分	得分	备注
1	分析实训原理并能正确选择实训元件	5		
2	液压管路布局是否合理	5		
3	液压管路连接是否正确	5		
4	电气控制线路连接是否正确	5		
5	能否用继电器控制实现实验动作要求	15		
6	能否用 PLC 或组态王实现动作要求	15		
7	正确编写或叙述本实训步骤	5		
8	独立设计类似回路并写出工作原理	10		
9	能否正确接通电源和启动电机	5		
10	能否正确停止电机和断开电源	5		
11	能否正确拆卸各实训元件	5		
12	实训元件是否归类放置，摆放整齐	5		
13	实训工具摆放是否符合要求	5		
14	文明生产	10		
合　计		100		

6. 课题思考

(1)简述回路动作过程。

(2)简述各种速度换接回路的性能差别。

(3)画出 1～2 种其他形式的速度换接回路原理图。

思考与练习

4-1　调速回路有哪些？节流调速回路有哪些？

4-2　进油节流调速回路有何速度负载特性？最大承载能力与节流阀开口有关吗？在低速轻载时的速度刚度怎样？有哪些功率损失？回路效率如何？

4-3　进油和回油节流调速回路有什么不同点？

4-4　为提高回路的稳定性，常用的背压阀有哪些？

4-5　容积调速中溢流阀起什么作用？常用哪一种溢流阀？为什么？

4-6　说明应用变量泵—变量马达的调速方法。

4-7　马达的输出转矩和转速与马达的排量有何关系？

4-8 定压式容积节流调速回路中调速阀有什么作用？分析该回路的工作特点。

4-9 应用两个调速阀串联和并联实现二次进给时对两阀开口大小有何要求？

4-10 在图 4-1 所示调速阀节流调速回路中，已知液压泵的出口流量 $q_P=25\text{L/min}$，$A_1=100\times10^{-4}\text{m}^2$，$A_2=50\times10^{-4}\text{m}^2$，当负载 F 由 0 增加到 30000N 时活塞向右移动速度保持在 $v=0.2\text{m/min}$，若调速阀要求最小压差为 $\Delta p_{\min}=0.5\text{MPa}$，试求：

(1)不计调压偏差时溢流阀的调定压力是多少？

(2)液压缸可能达到的最高工作压力是多少？

(3)回路的溢流损失和节流损失各为多少？

(4)回路的最高效率 $\eta_{\max}$ 是多少？

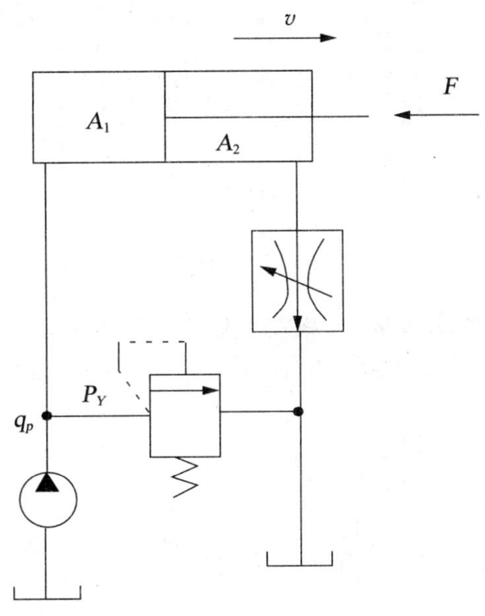

图 4-1

4-11 如图 4-2 所示为用调速阀的进油节流加背压阀的调速回路。负载 $F=9000\text{N}$，缸两腔面积 $A_1=50\times10^{-4}\text{ m}^2$，$A_2=20\times10^{-4}\text{ m}^2$。背压阀调定压力 $p_B=0.5\text{MPa}$，泵的供油量 $q=30\text{L/min}$，调速阀要求最小压差为 $\Delta p_{\min}=0.5\text{MPa}$。不计管路和换向阀压力损失。

(1)缸速恒定时，不计调压偏差，溢流阀的最小调定压力多大？

(2)克服负载时溢流损失和节流损失各为多大？

(3)回路效率是多少？

(4)卸荷时能量损失多大？

(5)背压若 Δp_B，溢流阀调定压力的增量就有多大？

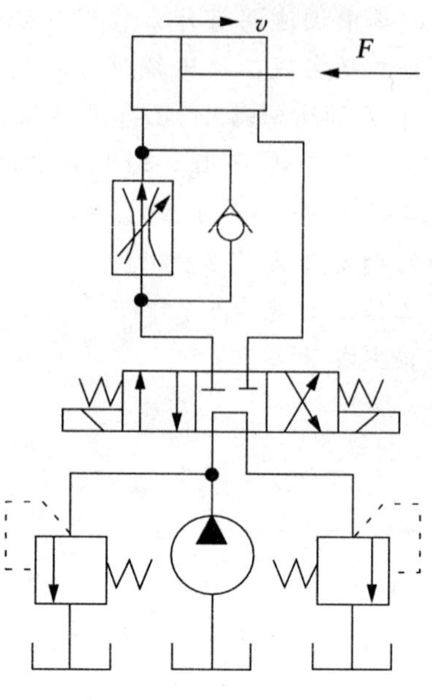

图 4-2

4-12 如图 4-3 所示液压回路，限压式变量叶片泵调定后流量压力特性曲线，调速阀调定流量为 2.5L/min，液压缸两腔面积 $A_1=2A_2=50\times10^{-4}\,m^2$，不计管路损失，试求：

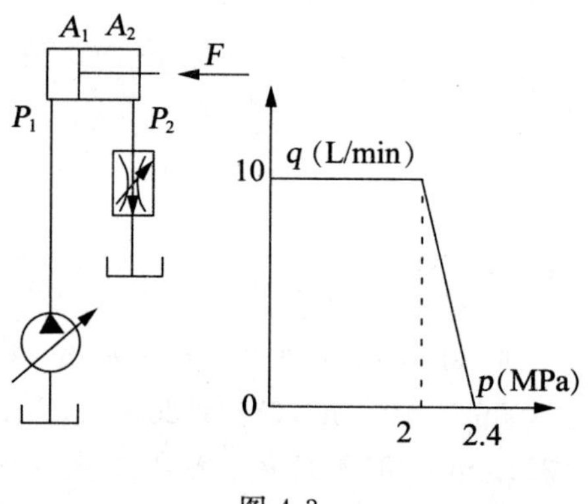

图 4-3

(1)液压缸左腔工作压力是多少？

(2)当负载 $F=0$ 和 $F=9000$N 时的右腔压力是多少？

(3)设泵的总效率为 0.8，求系统的在上述两种负载下总效率各是多少？

模块五　新型液压元件所组成的回路

课题一　比例溢流阀的调压回路

目标任务

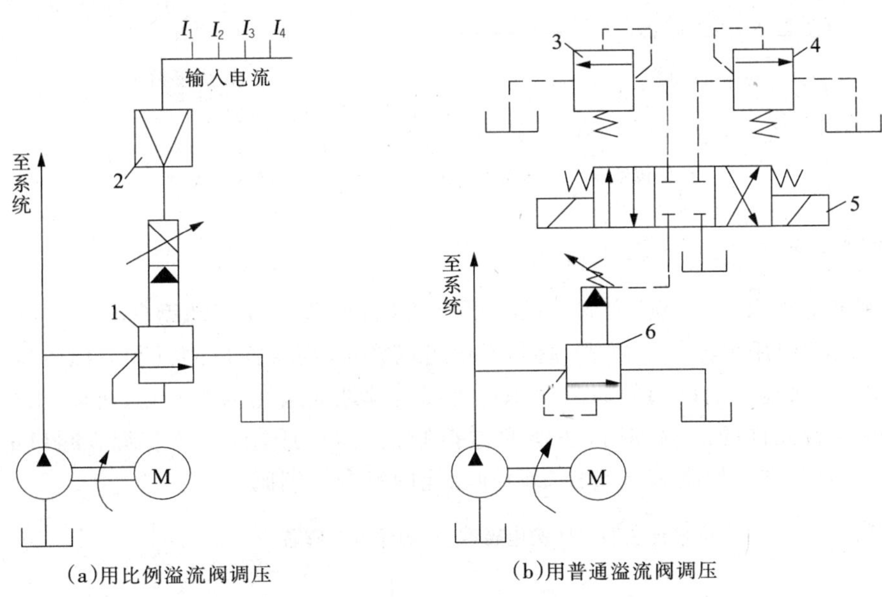

(a)用比例溢流阀调压　　(b)用普通溢流阀调压

图 5-1-1　比例溢流阀的调压回路

1—比例溢流阀　2—电子放大器　3、4、6—溢流阀　5—换向阀

目标及要求

(1)熟练掌握比例阀的种类和各种比例阀的结构。

(2)认识比例溢流阀的调压回路、调速回路等基本原理。

电液比例阀简称比例阀，在系统中能够按输入信号连续或按比例控制流量和压力。比例控制阀可分为压力控制阀、流量控制及方向控制阀三类。电液比例阀按其用途也可分为比例压力阀、比例换向阀、比例流量阀等。

一、比例式压力阀

比例式压力阀基本上是以电磁线圈所产生的电磁力来取代传统压力阀上的弹簧设定压力。由于电磁线圈产生的电磁力是和电流的大小成正比例的，因此控制线圈电流就能得到所要的压力。比例式压力阀可以无级调压，而一般的压力阀仅能调出特定的压力。

如图 5-1-2 所示为电液比例溢流阀，一个直流比例电磁铁取代原有的手调装置。与普通先导型溢流阀不同的是与阀芯上液压力进行比较的是比例电磁铁的电磁吸力，而不是弹簧力。弹簧 4 为传力弹簧，起到传递电磁吸力给阀芯的作用。比例电磁铁电磁吸力与输入信号的电流大小成比例，只要连续地按比例调节输入电流，就能连续地按比例控制锥阀的开启压力。这种阀可作为直动式溢流阀使用，也可作为先导阀使用。

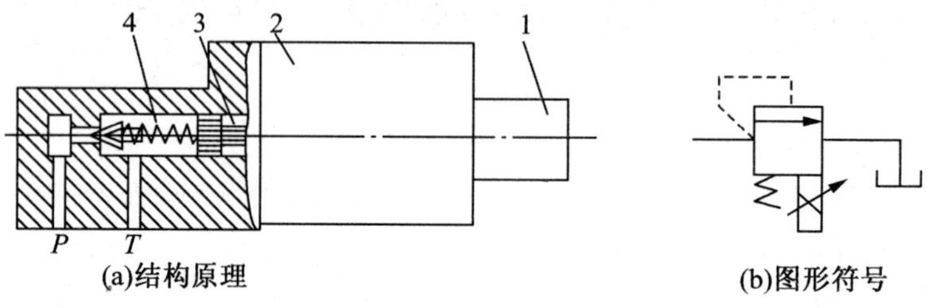

图 5-1-2　电液比例溢流阀

1—位移传感器　2—比例电磁铁　3—推杆　4—调压弹簧

二、比例换向阀

用比例电磁铁取代电磁换向阀中的普通电磁铁，便可构成直动型比例换向阀。如图 5-1-3 所示，由于使用了比例电磁铁，阀芯不仅可以换位，而且换位的行程可以连续地或按比例地变化，因而连通油口间的通流面积也可以连续地或按比例地变化，所以比例换向阀不仅能控制执行元件的运动方向，还能通过控制换向阀的阀芯位置来调节阀口的开度。实质上，它是兼有方向控制和流量控制两种功能的复合控制阀。

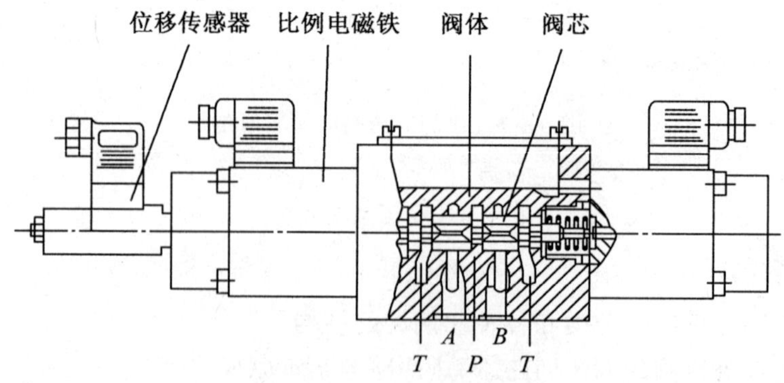

图 5-1-3　比例换向阀

当流量较大时(阀的通径大于 10mm),需采用先导式比例方向阀。例如压力控制型先导式比例方向阀、电反馈型先导式比例方向阀等。此外,多个比例方向阀也能组成比例多路阀。

总之,采用比例阀既能提高液压系统性能参数及控制的适应性,大大简化液压系统,又能明显地提高其控制的自动化程度。

三、比例流量阀

用比例电磁铁取代节流阀或调速阀的手动调速装置,使之成为比例流量阀或比例调速阀。它能用电信号控制油液流量,使其与压力和温度的变化无关。它也分为直动式和先导式两种。受比例电磁铁推力的限制,直动式比例流量阀适用作通径不大于 10mm 的小规格阀。当通径大于 10mm 时,常采用先导式比例流量阀。它用小规格比例电磁铁带动小规格先导阀,再利用先导阀的输出放大作用来控制流量大的主节流阀或调速阀,因此能用于压力较高的大流量油路的控制。比例调速阀主要用于多工位加工机床、注射机、抛砂机等液压系统的多速控制。

图 5-1-4 为比例调速阀结构示意图,它是由调速阀与比例电磁铁组合而成的。当有电信号输入时,比例电磁铁产生的电磁力通过推杆推动节流阀阀芯左移,使节流阀处于弹簧力与电磁力相平衡的位置上,节流口开度便由输入电信号的强度决定。所以,一定的输入流量对应一定的输出流量。

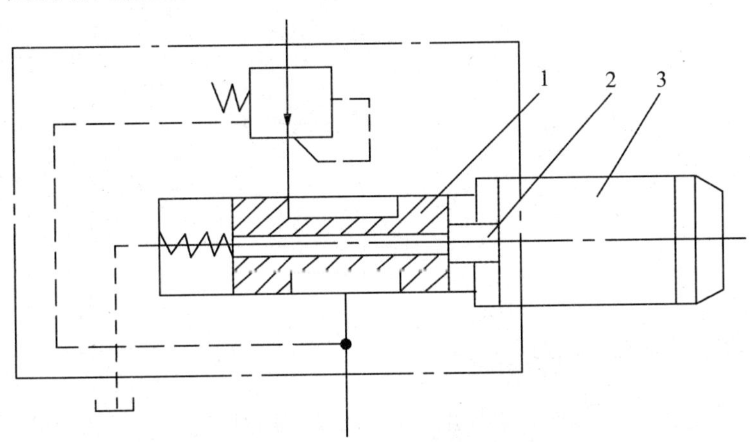

图 5-1-4　电液比例调速阀结构示意图和图形符号

1—节流阀阀芯　2—推杆　3—比例电磁铁

四、应用(一):比例溢流阀的调压回路

用比例电磁铁取代直动型溢流阀的手调装置,变成直动型比例溢流阀。把直动型比例溢流阀与普通压力阀的主阀相配,便可组成先导型比例溢流阀、比例顺序阀和比例减压阀等,使这些阀能随电流的变化而连续地或按比例地控制输出油的压力。

如图 5-1-1 所示为利用比例溢流阀调压的多级调压回路。改变输入电流,即可控制系统的工作压力。它比利用普通溢流阀的多级调压回路所用液压元件数量少,回路简单,且能对系统压力进行连续控制。电液比例溢流阀目前多用于液压压力机、注射机、轧扳机等设备的液压系统。

五、应用(二):比例流量阀的调速回路

如图 5-1-5 所示为使用普通调速阀控制的调速回路与采用比例调速阀的调速回路的比较。可以看出比例调速阀不但减少了控制组件的数量,而且使液压缸的工作速度更符合加工工艺和设备不同工况的要求。因此,比例调速阀更适合于各类液压系统的连续变速与多种速度控制。

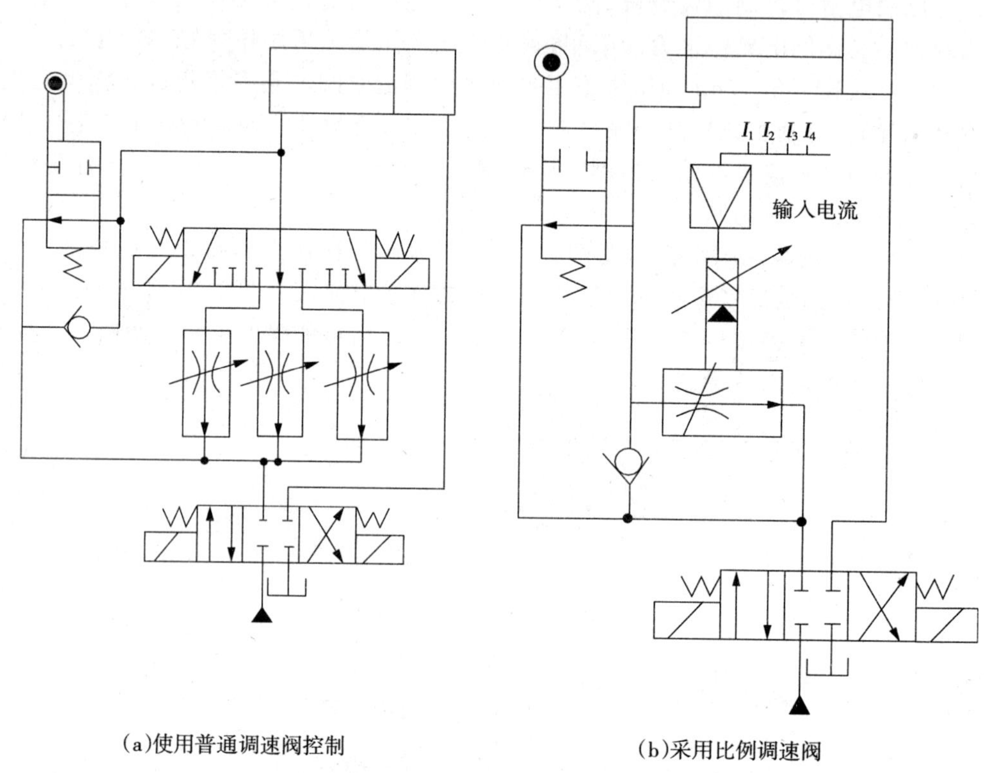

(a)使用普通调速阀控制　　(b)采用比例调速阀

图 5-1-5　用比例调速阀的调速回路

比例调速阀常用于注射成形机(如注塑机)、抛砂机、多任务加工机床等的速度控制系统中。进行多种速度控制时,只需要输入对应于各种速度的电流信号就可以实现,而不必像一般调速阀那样,对应一个速度值需要一个调速阀及换向阀等。当输入电流信号连续变化时,被控制的执行组件的速度也将连续变化。

课题二　叠加阀回路

目标任务

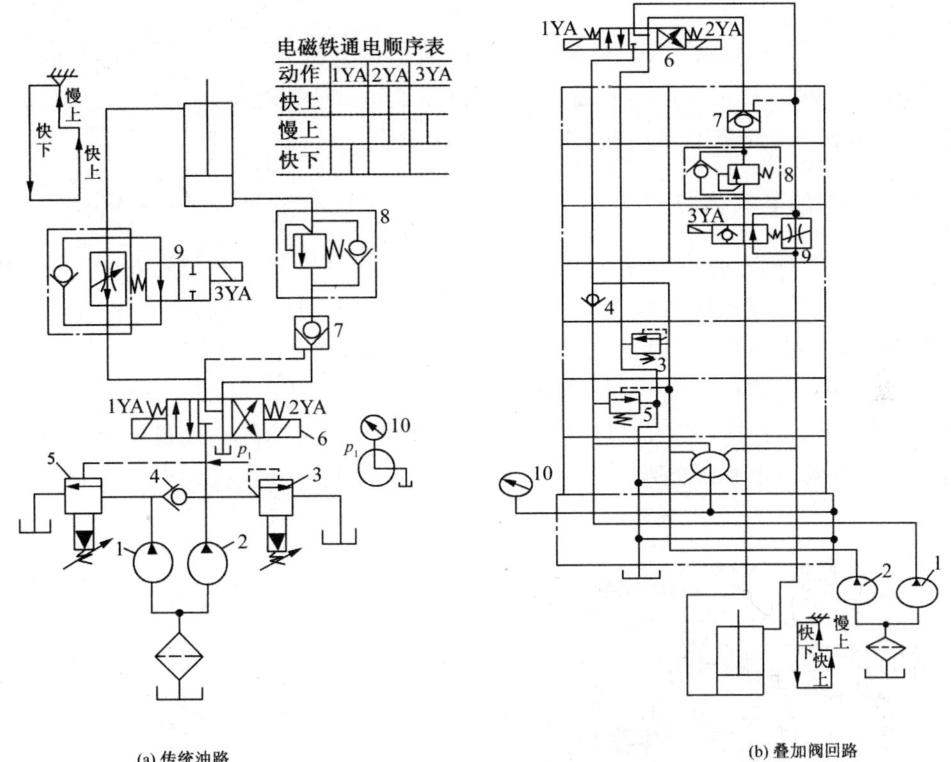

图 5-2-1　叠加阀组成的液压系统原理图

1、2—双联泵　3—溢流阀　4—单向阀　5—液控顺序阀　6—电磁换向阀
7—液控单向阀　8—单向顺序阀　9—电磁调速阀　10—压力表

目标及要求

(1)熟悉叠加阀的用途、优缺点及基本构造。

(2)认识叠加阀回路的组成及原理。

一、叠加阀用途及优缺点

叠加式液压阀简称叠加阀,它是近年来在板式阀集成化基础上发展起来的新型液压元件。这种阀既具有板式液压阀的工作功能,其阀体本身又同时具有通道体的作用,从而能用其上、下安装面呈叠加式无管连接,组成集成化液压系统。

叠加阀的主要优点有以下几个方面:

(1)标准化、通用化、集成化程度高,设计加工、装配周期短。

(2)用叠加阀组成的液压系统结构紧凑,体积小,重量轻,外型整齐美观。

(3)叠加阀可集中配置在液压站上,也可分散安装在设备上,配置形式灵活。系统变化时,元件重新组合安装方便、迅速。

(4)因不用油管连接,压力损失小,漏油少,振动小,噪声小,动作平稳,使用安全可靠,维修容易。

其缺点是回路形式较少,品种规格尚不能满足较复杂和大功率液压系统的需要。目前我国已生产 ϕ6mm、ϕ10mm、ϕ16mm、ϕ20mm、ϕ32mm 五个通径系列的叠加阀,其连接尺寸符合 ISO4401 国际标准,最高工作压力为 20MPa。

二、叠加阀的基本构造

叠加阀自成体系,每一种通径系列的叠加阀,其主油路通道和螺钉孔的大小、位置、数量都与相应通径的板式换向阀相同。所不同的是每个叠加阀都有四个油口 P、A、B、T,并且上下贯通。它不仅可以起到单个阀的功能,还起到通道的作用。每一种通径系列的叠加阀,其连接、安装尺寸应与同一规格的换向阀一致。用叠加阀组成回路时,换向阀安装在最上方,所有对外连接的油口开在最下边的底板上,其他的阀通过螺栓连接在换向阀和底板之间组成一个叠加阀组。一般一个叠加阀组控制一个执行元件,其结构如图 5-2-2 所示。

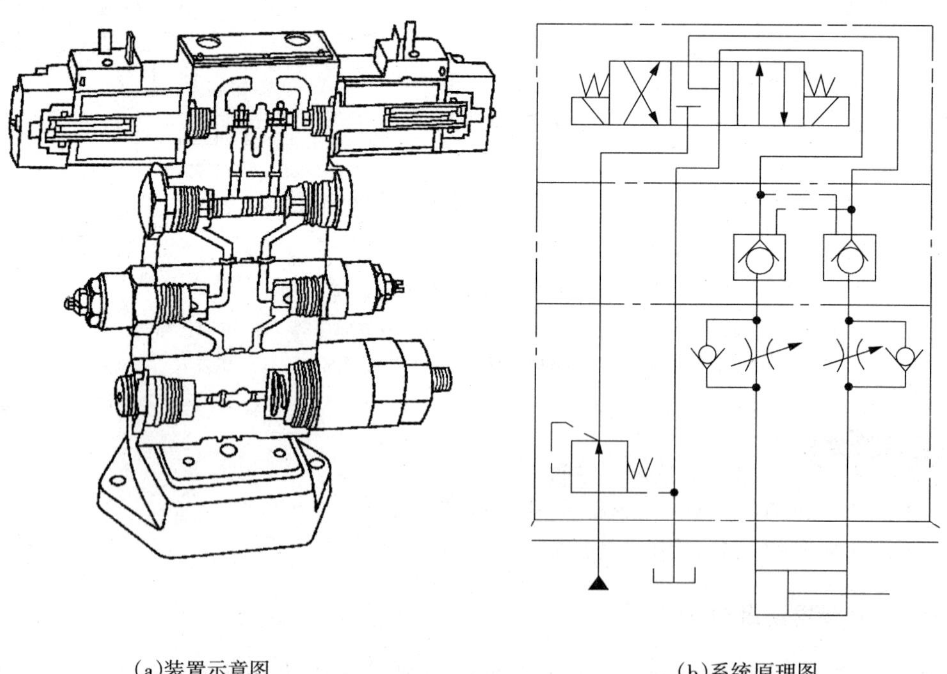

(a)装置示意图　　　　(b)系统原理图

图 5-2-2　叠加阀

其中最下面的基座板是用来承载安装叠加阀的,再把各种形状的叠加阀一个一个堆叠上去，最上面再放一个电磁阀就构成一个最基本的单元。像这样把另一基本单元所需的叠加阀堆叠在基座板上，而后排成一列，就构成了整个液压回路。

三、叠加阀回路

直接画出叠加阀回路往往比较困难，通常先绘出传统回路，然后再将传统的回路变成叠加阀回路。在电磁阀的符号上引出一条中心线，以此中心线为界将整个回路分成左、右两侧，然后将回路各接口之间的连接线弯曲成颠倒的“U”字形，这样就变成如图 5-2-3 所示的叠加阀回路了。

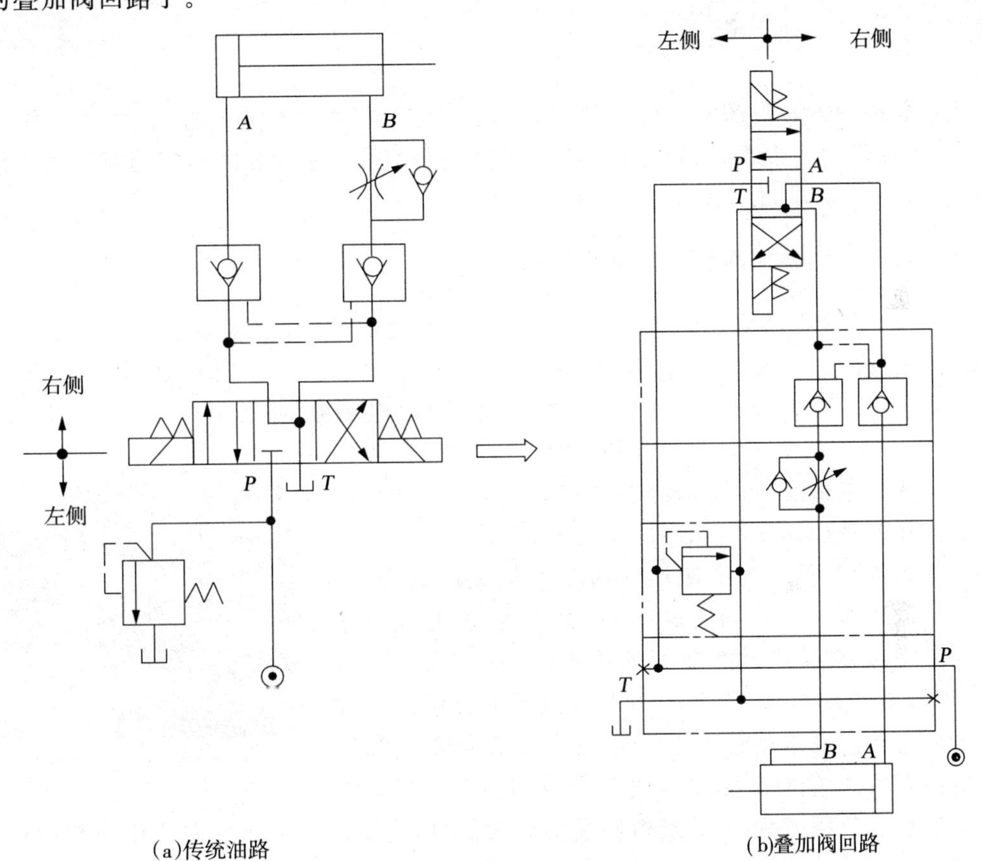

图 5-2-3　叠加阀构成的回路

图 5-2-1 液压系统的电磁铁的动作顺序如表 5-2-1 所示，其工作原理分析如下：

表 5-2-1　　**电磁铁的动作顺序**

电磁铁 / 作动	电磁铁		
	1YA	2YA	3YA
快上	+	−	+
慢上	+	−	−
快下	−	+	+

(一)快上

当 2YA 通电、阀 6 右位工作时,两泵油经阀 6、阀 7、阀 8 进入缸下腔,缸上腔经阀 9 中电磁阀及阀 6 回油,活塞快速上行。

(二)慢上

当 3YA 也通电时,缸上腔需经阀 9 中调速阀回油,且系统承载压力升高,液控顺序阀 5 开启,使泵 1 卸荷,系统仅由泵 2 供油,压力由阀 3 调定,活塞以调速阀调节速度慢速上行。

若需在上行到位时停留,则可使 2YA 断电,阀 6 回中位,阀 7 可将缸下腔油路封住,活塞则不会因自重而下滑。

(三)快下

当仅 1YA 通电时,阀 6 左位工作,两泵油经阀 9 中单向阀进入缸上腔,并使阀 7 开启,缸下腔油经阀 8 中顺序阀及阀 7、阀 6 回油,活塞下行,这时顺序阀实为背压阀。活塞行至原位,1YA 断电,使其原位停止。

四、应用拓展:叠加阀在实践中的应用

图 5-2-4 为现在某柴油机厂使用的 N40 车铣复合加工中心实物图。该车铣复合加工中心应用的叠加阀型号为:REXROTH,Z1SRD 6 R-1X/CM,先导型调压阀型号为 ZDR6DP1-4X/75YM,Z2FS 6-2-4X//2Q,三位四通电磁换向阀型号为 M5X170-10.9 NEL DIN939,主要应用为动力卡盘夹紧松开功能(见图 5-2-5)。

该机床加工内容为:曲轴综合加工(车、铣、钻、镗、铰等),其工作原理如图 5-2-6 所示,分析如下:

图 5-2-4　N40 外形图

夹紧过程:三位四通电磁换向阀 8 左侧电磁铁带电,油液流经调压阀 6,三位四通电磁换向阀 8 左位,单向调速阀模块 7 右位,旋转耦合接口 3、液控单向阀进入液压缸 1 左腔,液压缸活塞右移,带动动力卡盘机械部分做三爪同时卡紧动作。回油路经液控单向阀 2、旋转耦合接口 3、压力继电器模块 5、单向调速阀模块 7 右位回油箱。当进油路压力达到设定压力时,压力继电器发出夹紧信号,三位四通电磁换向阀切换至中位,两个液控单向阀 2 关闭,液压缸 1 进入夹紧保压状态。液压缸夹紧速度由调速阀模块 7 左位调节。

松开过程:三位四通电磁换向阀 8 右侧线圈得电,油液流经调压阀 6、三位四通电磁换向阀 8 右位、单向调速阀模块 7 左位、旋转耦合接口 3、液控单向阀进入夹紧液压缸 1 右腔,液压缸活塞左移,带动动力卡盘机械部分做三爪同时松开动作。回油经液控单向阀 2、旋转耦合接口 3、压力继电器模块 5、单向调速阀模块 7 左位回油箱。当进油路压力达到设定压力时,压力继电器发出松开信号,三位四通电磁换向阀切换至中位,两个液控单向阀 2 关闭,液压缸 1 进入松开保压状态。液压缸松开速度由调速阀模块 7 右位调节。

(a)动力卡盘实物图(夹紧前)

(b)动力卡盘实物图(夹紧后)

图 5-2-5　动力卡盘实物图

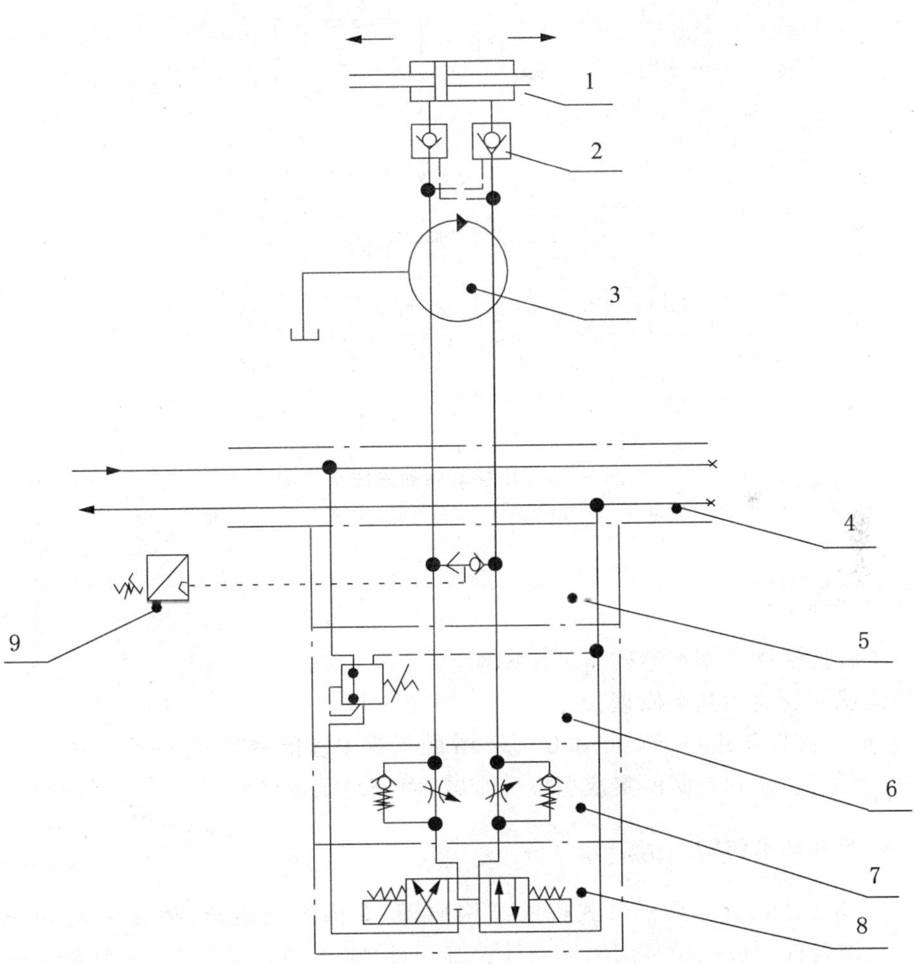

图 5-2-6　动力卡盘系统图

1—双作用液压缸　2—液控单向阀　3—旋转耦合接口　4—油路基板　5—压力继电器模块　6—调压阀模块　7—单向调速阀　8—电磁换向阀　9—压力继电器

课题三　插装阀回路

目标任务

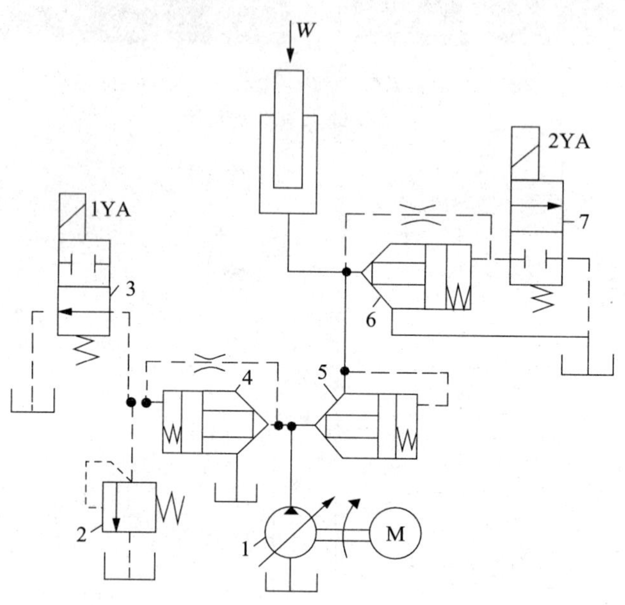

图 5-3-1　用插装阀的液压系统图

1—变量泵　2—溢流阀　3、7—电磁换向阀　4、5、6—锥阀

目标及要求

(1)了解插装阀的基本结构与工作原理。

(2)认识插装阀的基本原理。

普通液压阀在流量小于 200～300L/min 的系统中性能良好,但在大流量系统中并不具有良好的性能,特别是阀的集成更成为难题,而插装阀很好地解决了上述问题。

一、插装阀基本结构

如图 5-3-2 所示为二通插装式锥阀结构原理,它由控制盖板、插装单元(由阀套、弹簧、阀芯及密封件组成)、插装阀体和先导控制元件(置于控制盖板上,图中未示出)组成。插装单元采用插装式连接,阀芯为锥形。根据不同的需要,阀芯的结构不同。控制盖板将插装单元封装在阀体内,并沟通先导阀和主阀。通过主阀口的启闭,切断或沟通主油路。使用不同的先导阀可构成压力控制、方向控制和流量控制等。

插装阀安装在预先开好阀穴的油路板上,可构成所需要的液压回路。因此,插装阀可使液压系统小型化。

插装阀的特点有 5 点。

(1)插装阀盖的配合可使插装阀具有方向、流量及压力控制等功能。

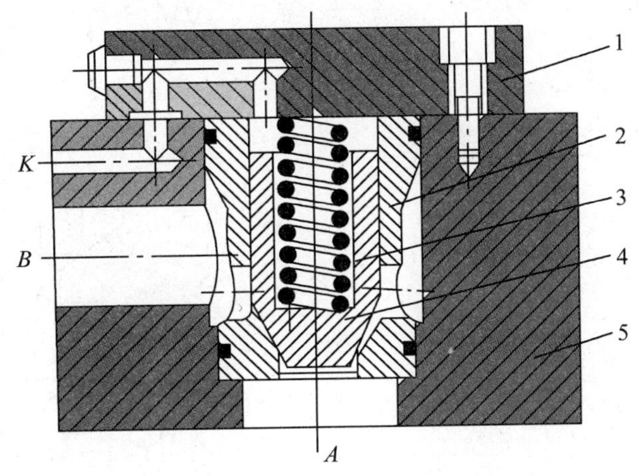

图 5-3-2　插装式锥阀结构原理图

1—控制盖板　2—阀套　3—弹簧　4—锥阀　5—阀体

(2)插件体为锥形阀结构,因而内部泄漏极少;其反应性能良好,可进行高速切换。

(3)通流能力大、压力损失小,适合于高压、大流量系统。

(4)插装阀直接组装在油路板上,因而减少了由于配管引起的外部泄漏、振动、噪声等事故,系统可靠性有所增加。

(5)安装空间缩小,使液压系统小型化。和以往方式相比,插装阀可降低液压系统的制造成本。

另外,插装阀流动阻力小、流通能力大、动作迅速、密封性好、制造简单、工作可靠,适合高水基介质大流量、高压的液压系统中。

二、插装阀应用

(一)插装阀用作单向阀和液控单向阀

将插装锥阀的 A 或 B 油口与控制油口 K 连通时,即成为单向阀,如图 5-3-3 所示。

在控制盖板上接一个二位三通液动换向阀,用以控制插装锥阀控制腔的通油状态,即成为液控单向阀,如图 5-3-4 所示。

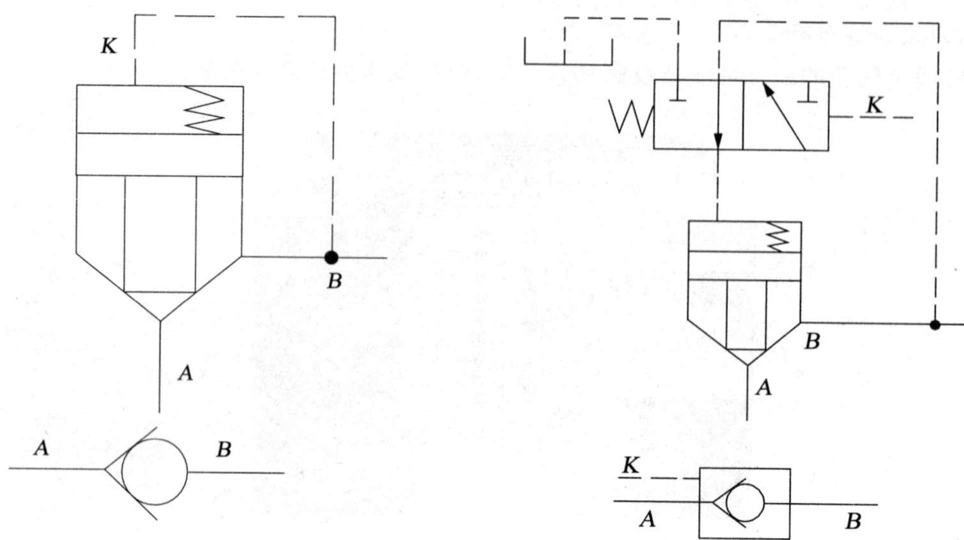

图 5-3-3 插装式锥阀用作单向阀

图 5-3-4 插装式锥阀用作液控单向阀

(二)插装阀用作换向阀

用小规格二位三通电磁铁换向阀来转换控制腔 K 的通油状态，即成为能通过高压大流量的二位二通换向阀，如图 5-3-5 所示。

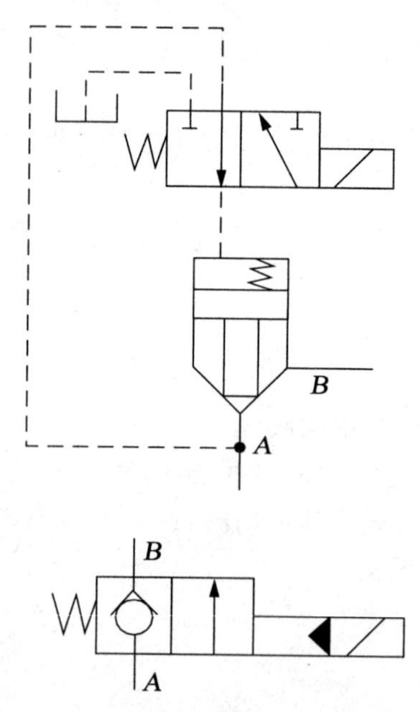

图 5-3-5 插装式锥阀用作二位二通换向阀

如图 5-3-6 所示，为用小规格二位四通电磁换向阀控制四个插装式锥阀的启闭，来实现高压大流量主油路的换向的应用实例。

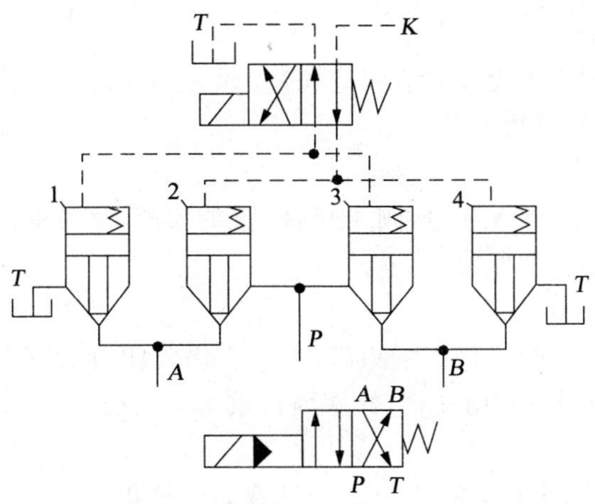

图 5-3-6　插装式锥阀用作两位四通换向阀

（三）插装式锥阀用作压力控制阀

对插装式锥阀的控制油腔 K 的油液进行压力控制，即可构成各种压力控制阀，以控制高压大流量液压系统的工作压力，如图 5-3-7～图 5-3-9 所示。

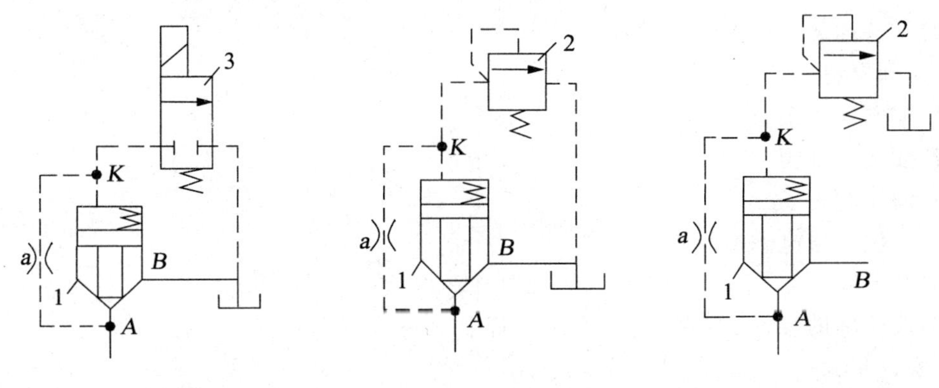

图 5-3-7　用作溢流阀　　图 5-3-8　用作卸荷阀　　图 5-3-9　用作顺序阀

（四）插装式锥阀用作流量控制阀

在插装阀的盖板上，增加阀芯行程调节装置，调节阀芯开口的大小，就构成了一个插装式可调节流阀。

三、插装阀应用简例

插装阀也称为插装式锥阀或逻辑阀，它是一种结构简单，标准化、通用化程度高，通油能力大，液阻小，密封性能和动态特性好的新型液压控制阀。目前在液压压力机、塑料成型机械、压铸机等高压大流量系统中应用很广泛。如图 5-3-1 所示为采用插装阀控制立式柱塞泵实现“慢速上升—保压停留—回程下降—停止”工作循环的液压系统图。

该液压系统的工作原理分析如下：

(一)承压上升

当1YA通电，锥阀4由先导溢流阀2控制，成为系统的安全阀。这时压力油经单向锥阀5进入柱塞缸，推动重物上升。

(二)保压停留

重物上升到位后，使1YA断电，阀4开启，使泵卸荷，此时锥阀5和锥阀6均为关闭状态，系统保压，柱塞在上位停留。

(三)回程下降

当仅2YA通电时，锥阀4仍使泵卸荷，锥阀5仍关闭，而锥阀6则开启，缸内油液经锥阀6(锥阀6起背压阀作用)回油箱，柱塞因自重下落回程。

(四)原位停止

柱塞降至原位，2YA断电，锥阀6关闭，柱塞原位停止。

四、技能训练：插装式锥阀用作压力控制阀

1.实训目的

(1)了解插装阀的内部结构、工作原理。

(2)掌握并熟悉插装式锥阀用作溢流阀、卸荷阀、顺序阀的系统原理。

(3)了解插装阀在实践中的应用。

2.实训器材

(1)单向液压泵	3个
(2)插装式锥阀	3个
(3)溢流阀	2个
(4)二位二通电磁换向阀	1个
(5)节流阀	3个
(6)液压辅助装置	若干

3.实训步骤

(1)准备实验器材，并检查试验器材是否完好无损。

(2)按照回路图5-3-1连接好液压回路。

(3)检查溢流阀是否开启，并检查回路连接是否正确。

(4)通电，启动泵开始给系统供油；观察系统图5-3-1中插装式锥阀A腔压力升高到溢流阀2的调定压力时，是否能实现溢流稳压。

(5)观察图5-3-8中是否能实现卸荷。

(6)图5-3-9中插装式锥阀的B腔接压力油路，控制油腔K接溢流阀2，组成插装式顺序阀。

4.技术评价

插装阀回路技术评价如表5-3-1所示。

表 5-3-1 插装阀回路技术评价

序号	考评项目	配分	得分	备注
1	分析液压原理并能正确选择实训元件	5		
2	液压管路布局是否合理	10		
3	液压管路连接是否正确	5		
4	电气控制线路连接是否正确	5		
5	电磁铁能否实现试验动作要求	15		
6	正确编写或叙述本实验步骤	15		
7	能否正确接通电源和启动电机	15		
8	能否正确停止电机和断开电源	10		
9	能否正确拆卸各实验元件	5		
10	实训元件是否归类放置,摆放整齐	5		
11	实训工具摆放是否符合要求	5		
12	文明生产	5		
合 计		100		

思考与练习

5-1 试说明比例换向阀和比例压力阀的工作原理,与一般压力换向阀和压力阀相比,它们有什么特点?

5-2 试说明插装式锥阀的工作原理及特点。试画出用插装式锥阀实现 H 型中位机能的三位四通换向阀。

5-3 试列举出叠加阀的优缺点。

5-4 试用插装阀组成方法实现图 5-1 所示的两种形式的三位换向阀。

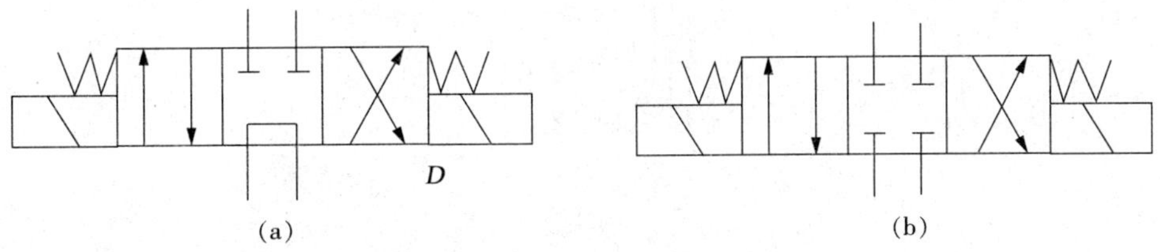

图 5-1 三位换向阀

5-5 举例说明如何由普通回路变成叠加阀回路。

5-6 从工作原理讲,插装阀是一个液控单向阀,试想一下插装阀能否完全等同于液控单向阀,或者说能否用插装阀代替液控单向阀。

模块六　多缸动作回路

课题一　顺序动作回路

目标任务

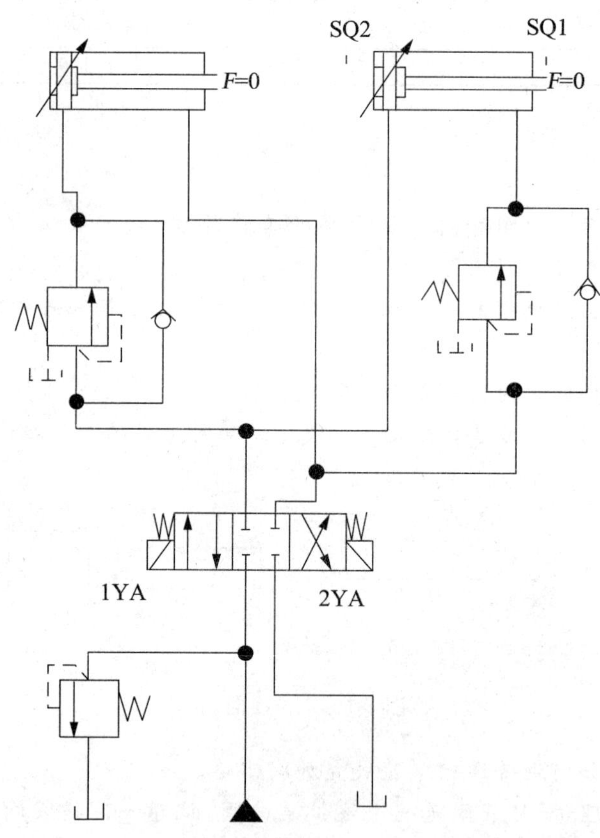

图 6-1-1　顺序阀控制的顺序回路

目标及要求

(1)掌握顺序动作回路的工作原理及特点。

(2)正确区分几种顺序动作回路的使用特点及应用。

(3)能够根据液压回路原理图正确组装顺序动作回路。

在液压系统中,一个液压源往往要驱动多个液压缸,根据系统的要求,这些液压缸或顺序动作,或同步动作,多缸之间要求能避免在压力和流量上的相互干扰。

一、顺序动作回路

顺序动作回路的功用在于使几个执行元件严格按照预定顺序依次动作,如利用两个液压缸实现的工件定位、夹紧保持、加工、退刀、松开过程。按控制方式不同,顺序动作回路分为压力控制顺序回路和行程控制顺序回路两种。

(一)压力控制顺序动作回路

利用液压系统工作过程中运动状态变化引起的压力变化使执行元件按顺序先后动作,这种回路就是压力控制顺序动作回路。

1. 用顺序阀控制顺序动作回路

如图 6-1-2 所示为顺序阀控制顺序回路。假设机床工作时液压系统的动作顺序为:①夹具夹紧工件—②工作台进给—③工作台退出—④夹具松开工件。其控制回路的工作过程为:回路工作前,夹紧缸 1 和进给缸 2 均处于起点位置,当换向阀 5 左位接入回路时,夹紧缸 1 的活塞向右运动使夹具夹紧工件,夹紧工件后会使回路压力升高到顺序阀 3 的调定压力,阀 3 开启,此时缸 2 的活塞才能向右运动进行切削加工;加工完毕,通过手动或操纵装置使换向阀 5 右位接入回路,缸 2 活塞先退回到左端点后,引起回路压力升高,使阀 4 开启,缸 1 活塞退回原位将夹具松开,这样就完成了一个完整的多缸顺序动作循环,如果要改变动作的先后顺序,就要对两个顺序阀在油路中的安装位置进行相应的调整。

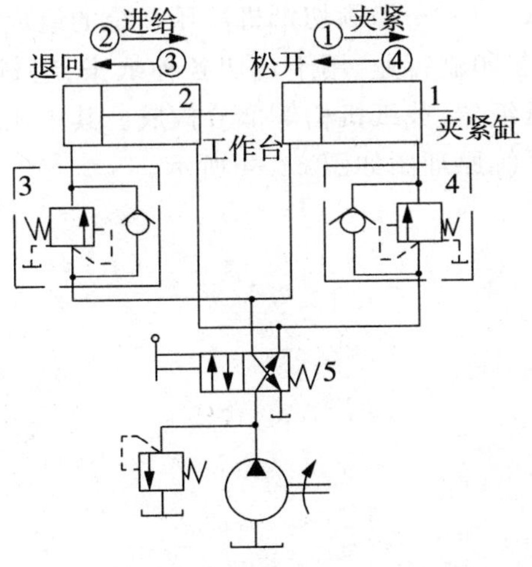

图 6-1-2　顺序阀控制顺序回路

顺序回路的应用拓展(一):图 6-1-3 为液压钻床示意图和液压系统图。对不同材料的工件进行钻孔加工,工件的夹紧和钻头的升降由两个双作用液压缸驱动,这两个液压缸都由一个液压泵来供油。由于工件材料不同,加工所需要的夹紧力也不同,所以工作时夹紧缸的夹紧力必须能调节并稳定在不同的压力值。为了避免夹紧力太大导致工件夹坏,要求夹紧缸的工作压力要低于进给缸的工作压力,需要对夹紧支路进行减压。同时为了保证安全,进给缸必须在夹紧缸夹紧力达到规定值时才能推动钻头进给,需要采用减压回路和顺序动作回路来完成。在顺序阀旁并联一个单向阀是为了减少液压缸活塞返回时的排油阻力。

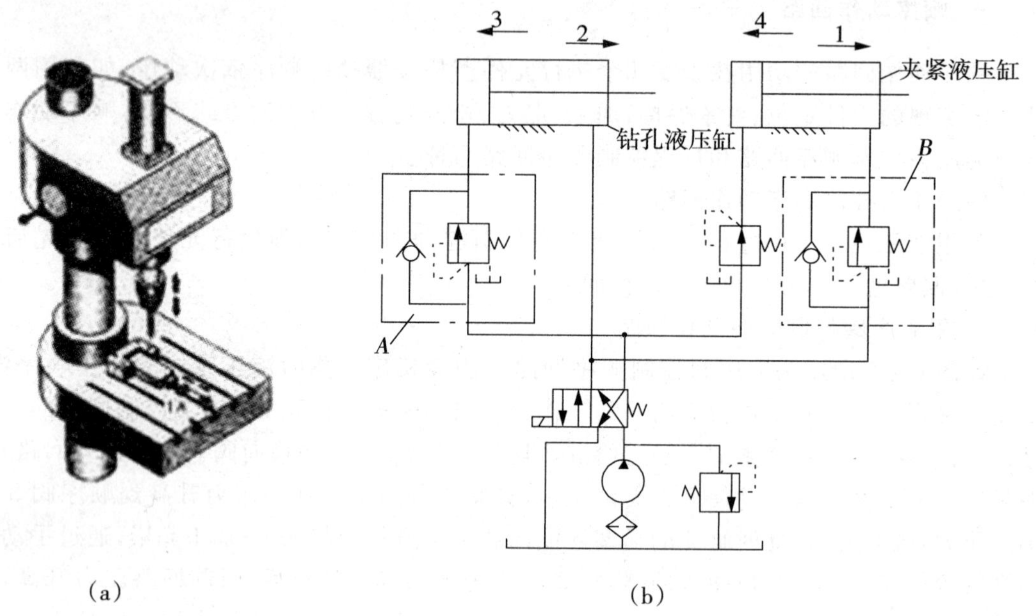

图 6-1-3　液压钻床示意图和液压系统图

顺序回路的应用拓展(二)——印刷切纸机液压系统的组成及工作原理

切纸机广泛应用于包装印刷行业,用于裁切各种纸张、塑料薄膜、皮革和其他类似的软性材料。它由送纸器、压纸器、裁纸机构等部分构成。其中压纸器及裁纸机构中的滑环由液压系统控制,其液压系统原理图如图 6-1-4 所示。

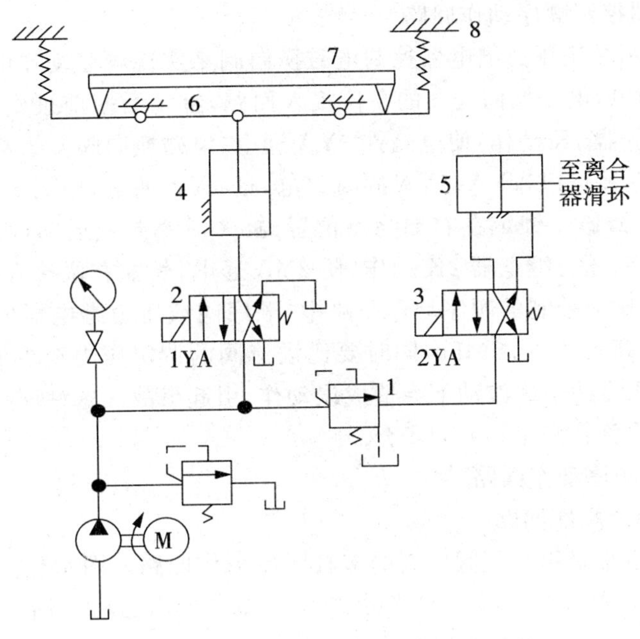

图 6-1-4　印刷切纸机液压系统原理图

1—顺序阀　2、3—电磁换向阀　4、5—液压缸　6—连杆机构　7—压纸器　8—弹簧

工作过程：工作人员将待切材料推送到指定位置，随后发出自动裁切指令。此时电磁换向阀 2 的电磁铁 1YA 通电，液压油经电磁换向阀 2 左位进入缸 4 无杆腔，推动活塞杆向上运动，活塞杆带动机构 6 的左、右杠杆绕各自的支点旋转，将压纸器 7 压下。压纸器压紧材料后，系统压力逐渐升高，直至打开顺序阀 1。同时压纸器到位后，由行程开关发出信号，电磁换向阀 3 的锁刀电磁铁 2YA 通电，压力油进入缸 5 的无杆腔，其活塞杆推动离合器滑环，操纵离合器结合，这样，主动轴带动刀床下移，进行裁切。裁切完毕后，刀床自动返回最高位置。同时行程开关使锁刀电磁铁 2YA 断电，滑环操纵离合器分离，然后电磁铁 1YA 断电，系统开始卸载，缸 4 的无杆腔同时接通油箱，由系统受力分析可知，原先伸长的弹簧 8 通过机构 6 将活塞压下，活塞带动压纸器 7 复位，准备下一次裁切。

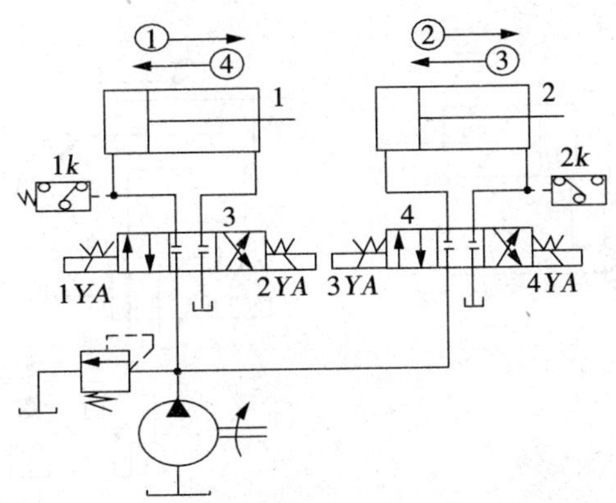

图 6-1-5　压力继电器控制顺序动作回路

2. 压力继电器控制顺序动作回路

如图 6-1-5 所示是用压力继电器控制电磁换向阀来实现顺序动作的回路。按启动按钮，电磁铁 1YA 通电，电磁换向阀 3 的左位接入回路，缸 1 活塞前进到右端终点后，回路压力升高，压力继电器 1K 动作，使电磁铁 3YA 通电，电磁换向阀 4 的左位接入回路，缸 2 活塞向右运动；按返回按钮，1YA、3YA 同时失电，且 4YA 通电，使阀 3 中位接入回路、阀 4 右位接入回路，导致缸 1 锁定在右端终点位置、缸 2 活塞向左运动，当缸 2 活塞退回原位后，回路压力升高，压力继电器 2K 动作，使 2YA 通电，阀 3 右位接入回路，缸 1 活塞后退直至到起点。在压力控制的顺序动作回路中，顺序阀或压力继电器的调定压力应比先动作缸的最高压力高 0.3～0.5MPa，同时要比溢流阀的调定压力至少低 0.3～0.5MPa。否则，在管路中的压力冲击或波动下会造成误动作，引起事故。这种回路只适用于系统中执行元件数目不多、负载变化不大的场合。

(二)行程控制顺序动作回路

1. 行程阀控制的顺序回路

如图 6-1-6 所示是采用行程阀控制的多缸顺序动作回路。图示位置两液压缸活塞均退至左端点。当电磁阀 3 左位接入回路后，缸 1 活塞先向右运动，当活塞杆上的行程挡块压下行程阀 4 后，缸 2 活塞才开始向右运动，直至两个缸先后到达右端点。将电磁阀 3 右位接入回路，使缸 1 活塞先向左退回，在运动当中其行程挡块离开行程阀 4 后，行程阀 4 自动复位，其下位接入回路，这时缸 2 活塞才开始向左退回，直至两个缸都到达左端点。这种回路动作可靠，但要改变动作顺序较为困难。

2. 用行程开关控制顺序动作回路

如图 6-1-7 所示是用行程开关控制顺序动作回路，启动按钮使 1YA 通电时，压力油进入 A 缸左腔，其活塞右移，实现动作 1，当到达预定位置时，挡块碰到行程开关 S_2，接通电磁铁 2YA，压力油进入 B 缸左腔，活塞右移，实现动作 2，当 B 缸挡块碰到行程开关 S_4，使 1YA 断电复位，压力油进入 A 缸右腔，实现动作 3，A 缸退到原位后，碰到 S_1，使 2YA 断电复位，压力油进入 B 缸右腔，实现动作 4，B 缸退回原位其挡块碰到 S_3 后，又使 1YA 重新通电，开始下一循环。

该回路结构简单，调整方便，顺序动作可靠，易于实现自动控制，但各动作转换平稳性差。

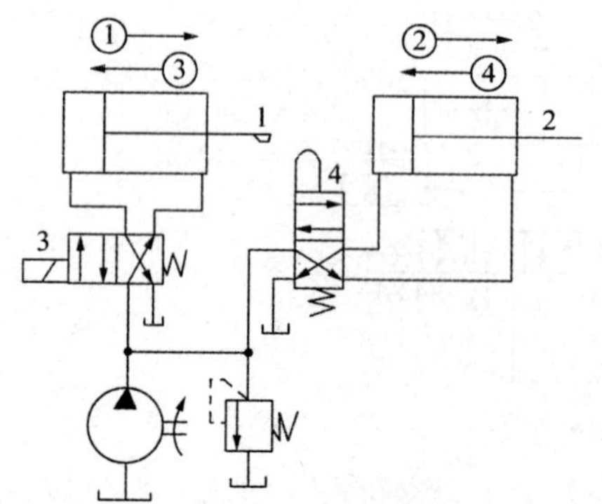

图 6-1-6　行程阀控制的顺序回路

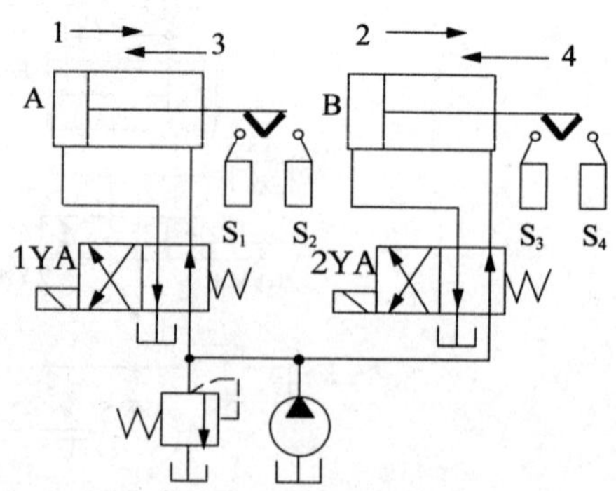

图 6-1-7　行程开关控制顺序动作回路

二、技能训练:顺序动作回路

1. 实训目的

(1)了解压力控制阀的特点。

(2)掌握顺序阀的工作原理、职能符号及其运用。

(3)会用顺序阀或行程开关实现顺序动作回路。

2. 实训器材

(1)液压实验台	一台
(2)换向阀(阀芯机能"O")	一只
(3)顺序阀	二只
(4)液压缸	二只
(5)接近开关及其支架	二只
(6)溢流阀	一只
(7)四通油路过渡底板	三个
(8)压力表(量程:10MPa)	二只
(9)泵站	一套
(10)油管	若干
(11)单向阀	二只

3. 液压原理

液压系统图如图 6-1-1 所示,电气控制图如图 6-1-8 所示。

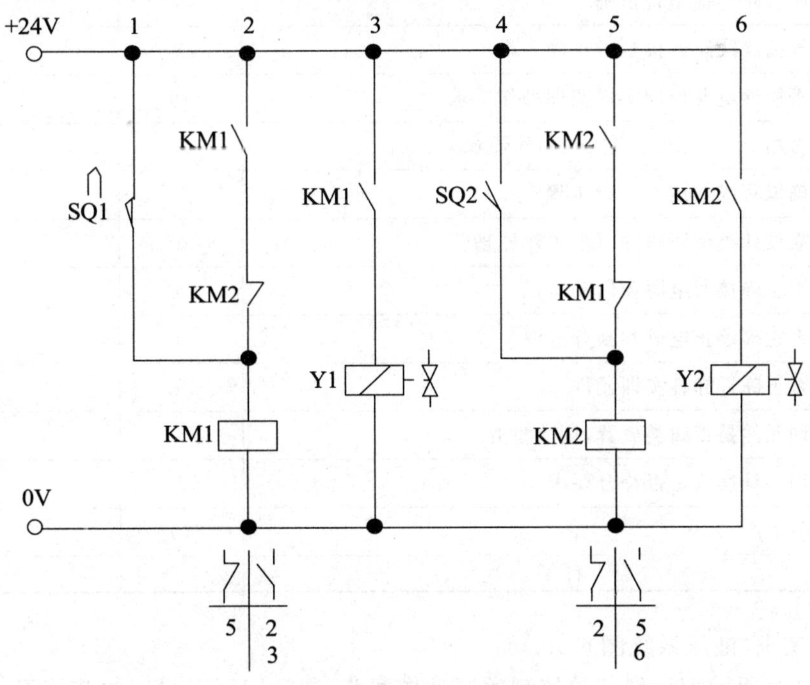

图 6-1-8　顺序阀控制顺序回路电路原理图

4. 实训步骤

(1)根据实训内容，设计实训所需的回路，所设计的回路必须经过认真检查，确保正确无误。

(2)按照检查无误的回路要求，选择所需的液压元件。

(3)将检验好的液压元件安装在插件板的适当位置，通过快速接头和软管按照回路要求，把各个元件连接起来(包括压力表)。

(4)将电磁阀及行程开关与控制线连接。

(5)按照回路图，确认安装连接正确后，旋松泵出口安装的溢流阀。经过检查确认正确无误后，再启动油泵，按要求调压。

(6)系统溢流阀做安全阀使用，不得随意调整。

(7)根据回路要求，调节顺序阀，使液压油缸按顺序要求左右运动，速度适中。

(8)实训完毕后，应先旋松溢流阀手柄，然后停止油泵工作。经确认回路中压力为零后，取下连接油管和元件，归类放置，清理卫生。

5. 技术评价

顺序动作回路技术评价如表 6-1-1 所示。

表 6-1-1　顺序动作回路技术评价

序号	考评项目	配分	得分	备注
1	分析实验原理并能正确选择实训元件	5		
2	液压管路布局是否合理	5		
3	液压管路连接是否正确	5		
4	电气控制线路连接是否正确	5		
5	能否用继电器控制实现实训动作要求	15		
6	能否用 PLC 或组态王实现动作要求	15		
7	正确编写或叙述本实验步骤	5		
8	独立设计类似回路并写出工作原理	10		
9	能否正确接通电源和启动电机	5		
10	能否正确停止电机和断开电源	5		
11	能否正确拆卸各实训元件	5		
12	实训元件是否归类放置，摆放整齐	5		
13	实训工具摆放是否符合要求	5		
14	文明生产	10		
合　计		100		

6. 参考实训(液压系统图)

如图 6-1-9 所示为行程开关控制顺序动作回路，同学们可以自行组装练习。

7. 图 6-1-10 为顺序阀控制的顺序回路仿真截图。

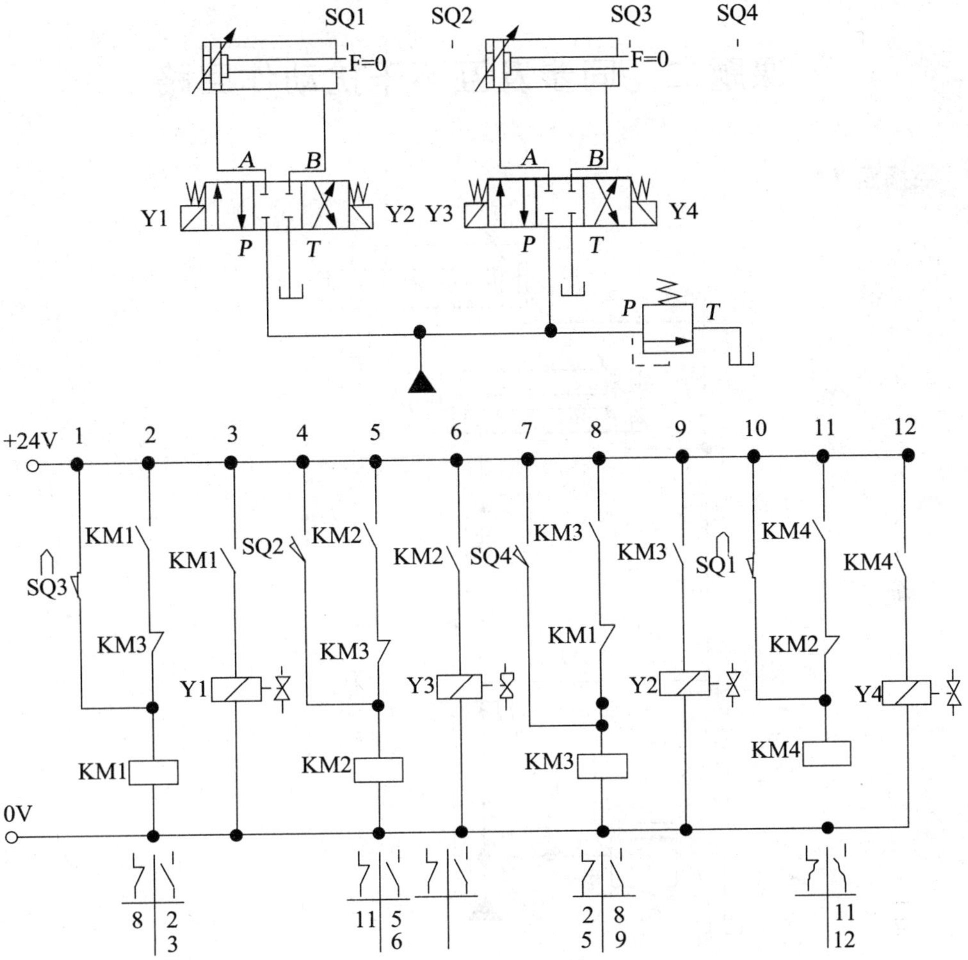

图 6-1-9　行程开关控制的顺序回路液压及电路原理图

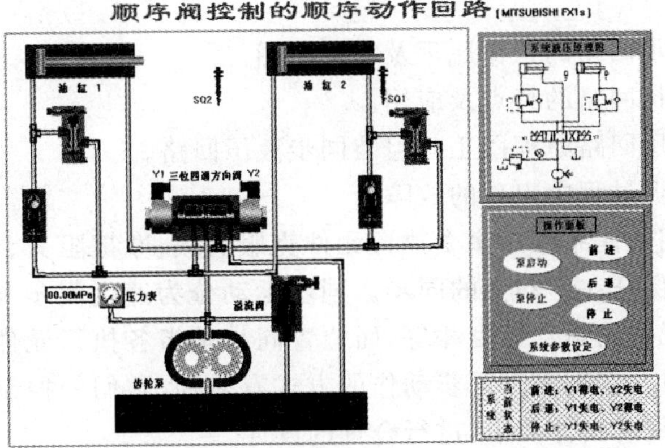

图 6-1-10　顺序阀控制的顺序回路仿真截图

课题二　同步及互不干扰动作回路

目标任务

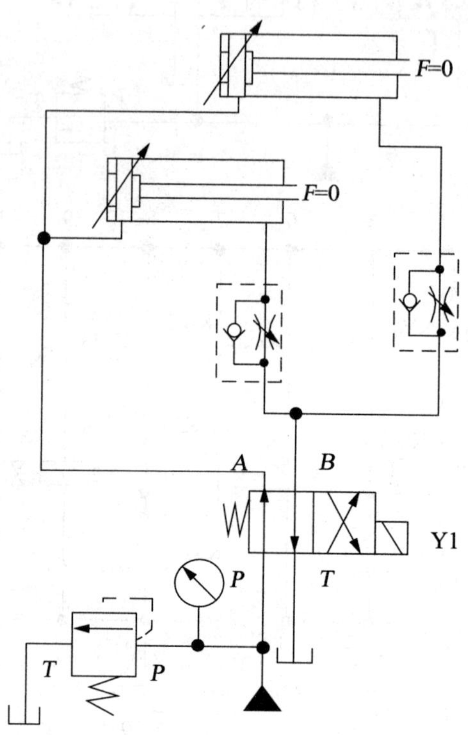

图 6-2-1　液压缸并联的同步回路

目标及要求

(1)掌握几种同步回路的工作原理及特点应用。

(2)了解互不干扰回路的特点及应用。

(3)能够根据液压回路原理图正确组装同步液压回路。

(4)能够排除实训过程中出现的故障。

同步回路的功用是使系统中多个执行元件克服负载、摩擦阻力、泄漏、制造质量和结构变形上的差异,而保证在运动上的同步。同步运动分为速度同步和位置同步两类。速度同步是指各执行元件的运动速度相等,而位置同步是指各执行元件在运动中或停止时都保持相同的位移量。实现多缸同步动作的方式有多种,它们的控制精度和价格也相差很大,实际中根据系统的具体要求,进行合理的设计。

一、用流量控制阀的同步回路

如图 6-2-2(a)所示，调速阀同步回路中，在两个并联液压缸的进(回)油路上分别串接一个单向调速阀，仔细调整两个调速阀的开口大小，控制进入两液压缸或自两液压缸流出的流量，可使它们在一个方向上实现速度同步。这种回路结构简单，但调整比较麻烦，同步精度不高，不宜用于偏载或负载变化频繁的场合。

如图 6-2-2(b)所示，用分流与集流阀的同步回路中，采用分流集流阀 3(同步阀)代替调速阀来控制两液压缸的进入或流出的流量，分流集流阀具有良好的偏载承受能力，可使两液压缸在承受不同负载时仍能实现速度同步。回路中的单向节流阀 2 用来控制活塞的下降速度，液控单向阀 4 是防止活塞停止时的两缸负载不同而通过分流阀的内节流孔窜油。由于同步作用靠分流阀自动调整，使用较为方便，但效率低，压力损失大，不宜用于低压系统。

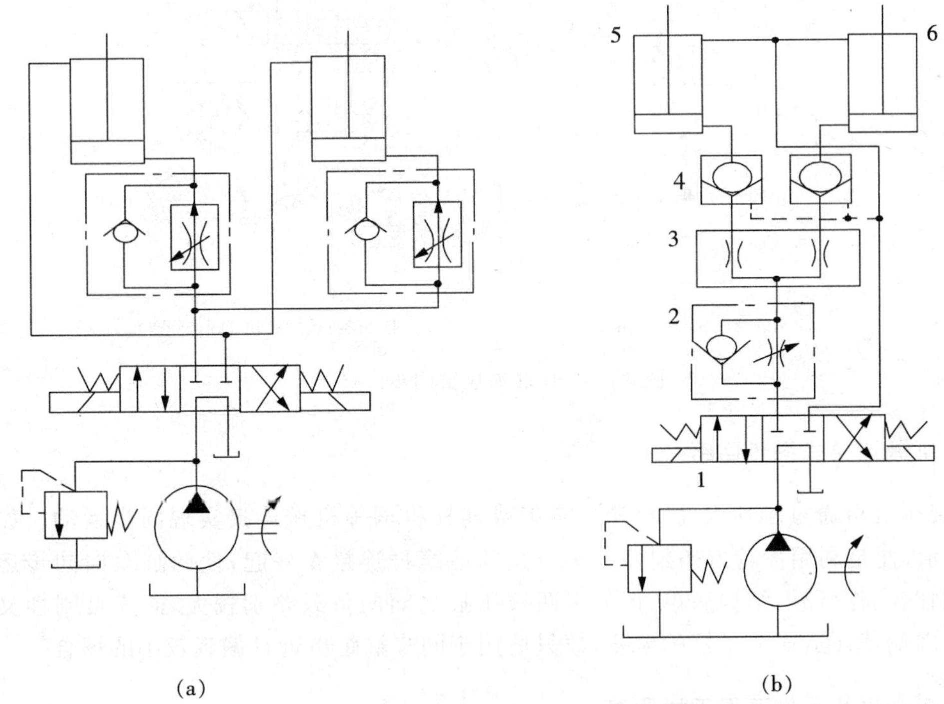

图 6-2-2　用流量控制阀的同步回路

二、用串联液压缸的同步回路

如图 6-2-3(a)所示，将有效工作面积相等的两个液压缸串联起来便可实现两缸同步，这种回路允许较大偏载，因偏载造成的压差不影响流量的改变，只导致微量的压缩和泄漏，因此同步精度较高，回路效率也较高。这种情况下泵的供油压力至少是两缸工作压力之和。由于制造误差、内泄漏及混入空气等因素的影响，经多次行程后，将积累为两缸显著的位置差别。为此，回路中应具有位置补偿装置，如图 6-2-3(b)所示，为带补偿装置串联缸同步回路。当两缸活塞同时下行时，若缸 5 活塞先到达行程端点，则挡块压下行程开关 1S，电磁铁 3Y 通电，换向阀 3 左位接入回路，压力油经换向阀 3 和液控单向阀 4 进入缸 6 上腔，进行补油，使其活塞继续下行到达行程端点；如果缸 6 活塞先到达端点，行程开关 2S 使电磁铁 4Y 通电，换向阀 3 右位接入回路，压力油进入液控单向阀 4 的控制腔，打开阀 4，缸 5 下腔与油箱接通，使其活塞继续下行到达行程端点，从而消除积累误差。

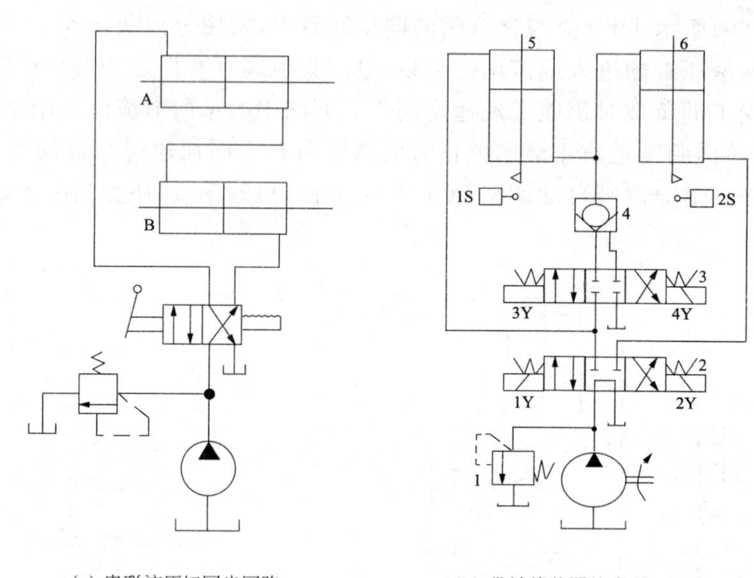

(a) 串联液压缸同步回路　　(b) 带补偿装置的串联缸同步回路

图 6-2-3　串联液压缸同步回路

三、机械连接式同步回路

两液压缸可通过刚性构件、齿轮齿条副或连杆机构等机械连接实现同步运动。如图 6-2-4 所示，便是利用齿轮齿条副将两液压缸的活塞杆连接在一起，使两缸双向同步运动的。该回路工作可靠，结构简单，但如果两液压缸之间的负载差别较大，而连接刚性又较小，则会因偏载而造成活塞杆的卡死，故只适用于同步缸距离近且偏载较小的场合。

四、多个执行元件互不干扰回路

这种回路的功用是使系统中几个执行元件在完成各自工作循环时彼此互不影响。如图 6-2-5 所示的多元件互不干扰回路是通过双泵供油来实现多缸快慢速互不干扰的回路。液压缸 1 和 2 各自要完成“快进—工进—快退”的自动工作循环。当电磁铁 1Y、2Y 通电，两缸均由大流量泵 10 供油，并作差动连接实现快进。如果缸 1 先完成快进动作，挡块和行程开关使电磁铁 3Y 通电，1Y 失电，大泵进入缸 1 的油路被切断，而改为小流量泵 9 供油，由调速阀 7 获得慢速工进，不受缸 2 快进的影响。当两缸均转为工进、都由小泵 9 供油后，若缸 1 先完成了工进，挡块和行程开关使电磁铁 1Y、3Y 都通电，缸 1 改由大泵 10 供油，使活塞快速返回。

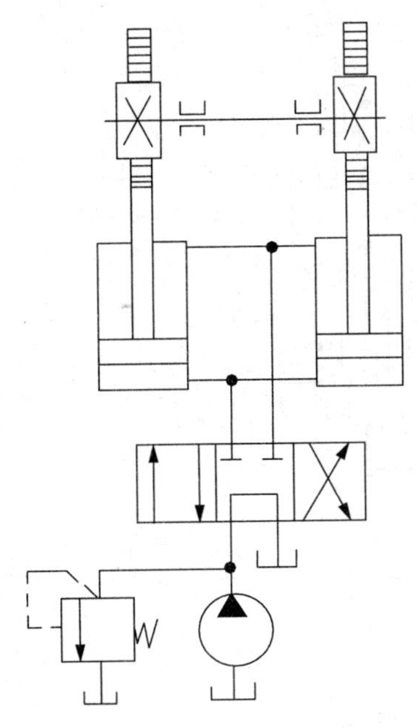

图 6-2-4　机械连接式同步回路

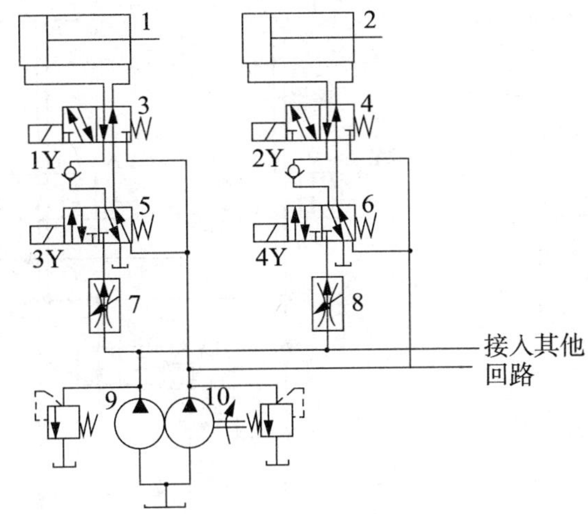

图 6-2-5　多缸快、慢互不干扰回路

这时缸 2 仍由泵 9 供油继续完成工进，不受缸 1 影响。当所有电磁铁都失电时，两缸都停止运动。此回路采用快、慢速运动由大、小泵分别供油，并由相应的电磁阀进行控制的方案来保证两缸快、慢速运动互不干扰。

应用拓展：校直机液压系统

系统概况：校直机是铝材厂组装生产线上对铝导杆进行校直的设备，由液压缸实施多点推压校直铝导杆。液压系统如图 6-2-6 所示，电磁铁动作如表 6-2-1 所示。

表 6-2-1　　校直机电磁铁动作表

作动 \ 电磁铁		1YA	2YA	3YA	4YA	5YA	6YA	7YA
缸 1	升	+					+	
	降							+
	停							
缸 2	伸	+			+			
	退	+				+		
	停							
缸 3	伸	+	+					
	退	+		+				
	停							

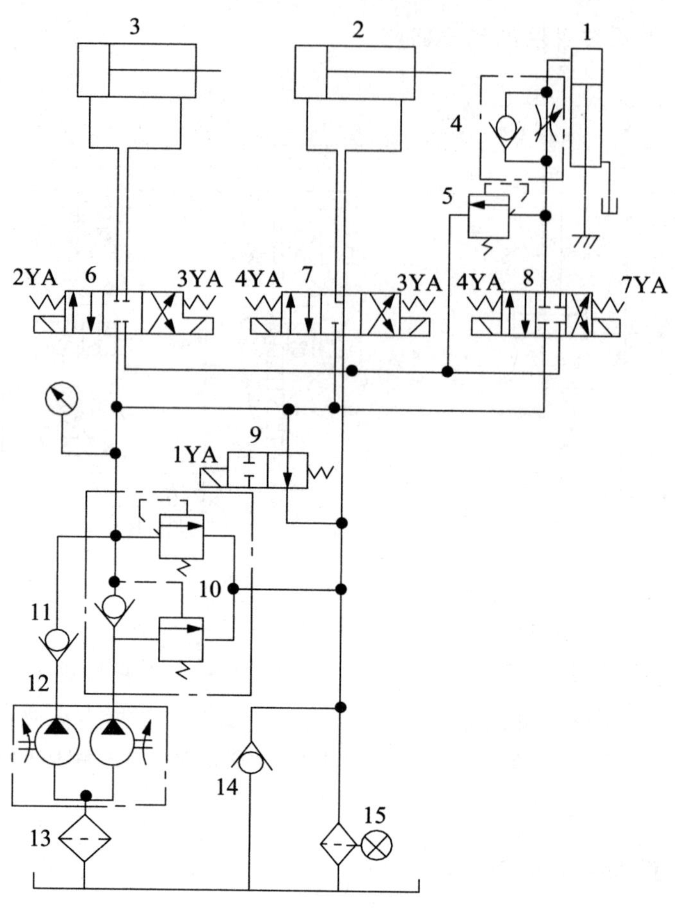

图 6-2-6　校直机液压系统原理图

1—升降缸　2、3—校直缸　4—单向节流阀　5—溢流阀　6、7、8、9—电磁换向阀　10—高低压组合溢流阀　11、14—单向阀　12—双联齿轮泵　13、15—过滤器

主机基本动作是导杆进入夹头校直区，升降缸 1 动作；找准校直点，校直缸 2、3 活塞杆伸出进行推压校直；升降台上下移动，以实现多位置点校直；各液压缸独立动作，互不干扰；轻载快进、重载慢进。

为满足导杆在生产线上悬挂输送的条件，主机采用立式结构，升降缸垂直安装在固定机架上，其缸体与升降台连接，升降台前侧设置校直夹头及其水平校直缸，后侧设置液压泵站兼起平衡配重的作用，使升降台立柱保持平衡。各支路液压阀采用叠加式并置于同一阀座，该阀座及系统其他液压阀、驱动电动机等均安装在油箱顶部。整机及液压系统结构紧凑，系统主要液压元件选用进口件，系统配置高低双联齿轮泵驱动并联液压缸，各缸独立动作。

液压系统采用高低压组合溢流阀和双联齿轮泵，实现轻载快速、重载慢速工况自动切换。

五、技能训练:液压缸并联的同步回路

1. 实训目的

了解并应用液压缸的串、并联的同步回路。

2. 实训器材

(1)液压实验台	一台
(2)泵站	一台
(3)溢流阀	一只
(4)二位四通电磁阀	一只
(5)节流阀	二只
(6)单向阀	二只
(7)液压缸	二只
(8)油管、压力表、四通油路过渡底板	若干

3. 回路原理图

液压原理图如图 6-2-1 所示，电气控制图如图 6-2-7 所示。

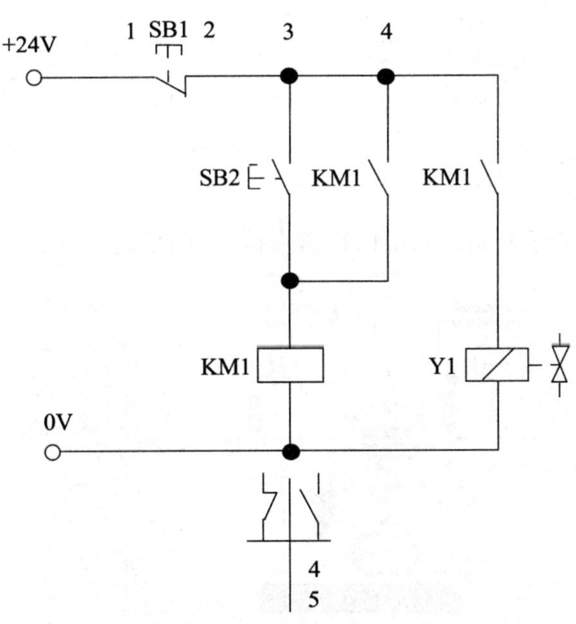

图 6-2-7　液压缸并联的同步回路电路原理图

4. 实训步骤

(1)看懂液压原理图，按照原理图连接好回路，将 Y1 电磁线插入继电器或 PLC 输出端的端口。

(2)将安全阀(溢流阀)处于开启状态，打开总电源，开启泵站电机，调节安全阀，系统压力达到一定值之后，缸的无杆腔开始进油，活塞杆向右运行，电磁阀 Y1 通电之后，两缸

的有杆腔开始进油，活塞杆向左运行。如果两缸的同步误差比较大，调节单向节流阀，通过调节其回油的流量来减少误差，使两缸的运动速度基本实现同步(误差为 2%～5%)。

(3)实训完毕之后，清理实验台，将各元器件放入原来的位置。

5. 技术评价

液压缸并联的同步回路技术评价如表 6-2-2 所示。

表 6-2-2　　液压缸并联的同步回路技术评价

序号	考评项目	配分	得分	备注
1	分析实训原理并能正确选择实训元件	5		
2	液压管路布局是否合理	5		
3	液压管路连接是否正确	5		
4	电气控制线路连接是否正确	5		
5	能否用继电器控制实现实训动作要求	15		
6	能否用 PLC 或组态王实现动作要求	15		
7	正确编写或叙述本实训步骤	5		
8	写出工作原理	10		
9	能否正确接通电源和启动电机	5		
10	能否正确停止电机和断开电源	5		
11	能否正确拆卸各实训元件	5		
12	实训元件是否归类放置，摆放整齐	5		
13	实训工具摆放是否符合要求	5		
14	文明生产	10		
合　计		100		

6. 图 6-2-8 为节流阀控制的同步回路仿真截图，同学们可以自行练习。

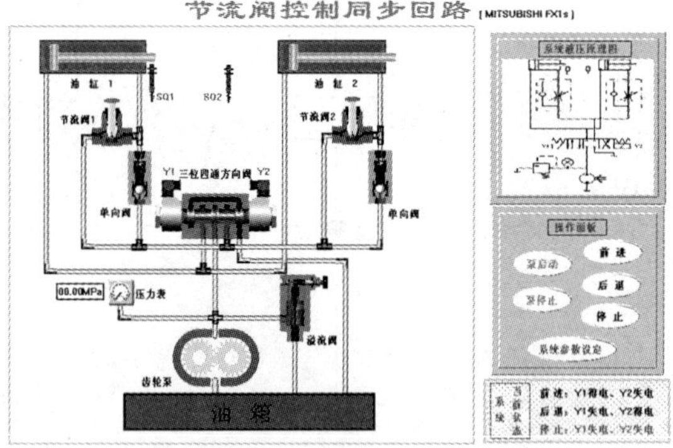

图 6-2-8　节流阀控制同步回路仿真截图

思考与练习

6-1　简述顺序动作回路图 6-1-3～图 6-1-5 的原理。

6-2　简述多缸动作回路图 6-2-1～图 6-2-6 的原理。

模块七　液压传动系统应用实例

课题一　YT4543 型动力滑台液压系统

目标任务

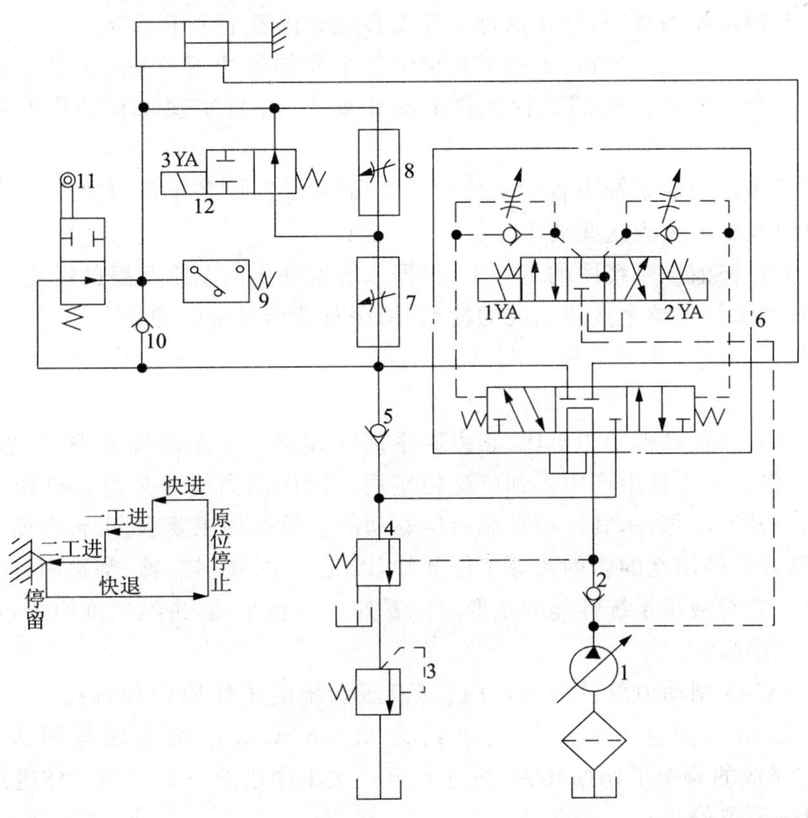

图 7-1-1　YT4543 型动力滑台液压系统图

1—变量泵　2、5、10—单向阀　3—背压阀　4—顺序阀　6、11、12—换向阀

7、8—调速阀　9—压力继电器

目标及要求

(1)弄懂 YT4543 型动力滑台的功能及工作原理。

(2)理解 YT4543 型动力滑台液压元件的功能。

(3)能归纳 YT4543 型动力滑台液压系统的特点,学会分析其液压系统所包含哪些基本回路。

(4)通过系统分析,理解基本回路的合理组合,归纳总结出阅读液压系统图的方法。

液压传动系统是根据液压设备的工作要求,选用适当的基本回路构成,其基本原理一般用液压系统图来表示。液压系统图是按国家标准图形符号绘制的,它仅仅表示各个液压元件及它们之间的连接与控制关系,并不代表它们的实际尺寸大小和空间位置。

本节主要通过几个典型实例来学习和分析液压系统,加深理解液压元件的功用和基本回路的组合原理,熟悉阅读液压系统图的基本方法,为分析和设计液压传动系统奠定必要的基础。

阅读和分析液压传动系统图可按以下方法和步骤进行:

1)了解设备的功用及对液压系统动作和性能的要求。

2)初步分析液压系统图,并按执行元件将系统分成若干个子系统。

3)对每个子系统进行分析,了解子系统中各个元件的功用和基本回路组成情况以及各元件之间的相互关系。按照执行元件的动作要求,分析实现每步动作的进油和回油路线。

4)根据机械设备对系统中各子系统的顺序、同步、互锁、防干扰等要求,分析各子系统之间的联系以及如何实现这些要求。

5)在全面读懂液压系统图的基础上,根据系统所使用的基本回路的性能,对系统作出综合分析,归纳总结出整个液压系统的特点,加深对液压系统的理解。

一、概述

组合机床是一种高效专用机床,它由通用部件和部分专用部件组成,工艺范围广,自动化程度高,在成批大量生产中得到广泛的应用。液压动力滑台是组合机床上用以实现进给运动的一种通用部件,其运动是靠液压驱动的。根据加工要求,滑台台面上可设置动力箱、多轴箱或各种用途的切削头等工作部件,以完成钻、扩、铰、镗、刮端面、倒角、铣削和攻丝等工序。它对液压系统性能的主要要求是速度换接平稳,进给速度稳定,功率利用合理,发热小,效率高。

现以 YT4543 型动力滑台为例,分析其液压系统的工作原理和特点。YT4543 型动力滑台最大进给力为 45kN,快进速度约为 6.5m/min,进给速度范围为 6.6～600 mm/min,它完成的典型工作循环为:快进→第一次工作进给→第二次工作进给→死挡块停留→快退→原位停止。

二、YT4543 型动力滑台液压系统的工作原理

如图 7-1-1 所示为 YT4543 型动力滑台液压系统图。下面以实现二次工作进给的自

动循环为例，说明其工作原理。

(一)快进

按下启动按钮，电磁铁 1YA 通电，电液换向阀 6 的先导阀左位工作，由泵 1 输出的压力油经先导阀进入液动换向阀的左侧，使其也处于左位工作，这时的主油路为：

进油路：油箱→滤油器→泵 1→单向阀 2→换向阀 6(左位)→行程阀 11→液压缸左腔。

回油路：液压缸右腔→换向阀 6(左位)→单向阀 5→行程阀 11→液压缸左腔。

由油路可知液压缸形成两腔连通，实现差动快进。由于快进负载小，系统压力低，变量泵输出最大流量。

(二)第一次工作进给

当滑台快进到预定位置时，挡块压下行程阀 11，切断了该通路，电磁铁 1YA 继续通电，液动换向阀仍处于左位工作，这时压力油经调速阀 7、二位二通阀 12(右位)进入液压缸左腔，由于工进时系统压力升高，变量泵 1 的输油量自动减小，且与一工进调速阀 7 开口相适应，此时液控顺序阀 4 打开，单向阀 5 关闭。液压缸右腔的回油经背压阀 3 流回油箱，其主油路为：

进油路：油箱→滤油器→泵 1→单向阀 2→换向阀 6(左位)→调速阀 7→换向阀 12→液压缸左腔。

回油路：液压缸右腔→换向阀 6(左位)→顺序阀 4→背压阀 3→油箱。

(三)第二次工作进给

一工进终了时，挡块压下行程开关使 3YA 通电，这时压力油经调速阀 7 和 8 进入液压缸的左腔。液压缸右腔的回油路线与一工进时相同。此时，变量泵输出的流量自动与二工进调速阀 8 的开口相适应。进给速度的大小由调速阀 8 调节。

(四)死挡块停留

当滑台完成第二次工作进给碰到死挡块时，滑台即停留，此时液压缸左腔压力升高，使压力继电器 9 发出信号给时间继电器。停留时间由时间继电器决定，设置停留是为了提高加工位置精度。

(五)快退

当滑台停留时间结束后，时间继电器发出信号，使电磁铁 1YA、3YA 断电，2YA 通电，这时，电液换向阀 6 的先导阀右位工作，液动换向阀在其控制压力油作用下将右位接入系统。其主油路为：

进油路：油箱→滤油器→泵 1→单向阀 2→换向阀 6(右位)→液压缸右腔。

回油路：液压缸左腔→单向阀 10→换向阀 6(右位)→油箱。

滑台返回时负载小，系统压力下降，变量泵流量恢复到最大，且液压缸右腔的有效作用面积较小，故滑台快速退回。

(六)原位停止

当滑台快速退回到原位时，挡块压下原位行程开关，发出信号，使电磁铁 2YA 断电，换向阀 6 处于中位，液压缸两腔油路均被切断，滑台原位停止。此时变量泵 1 通过换向阀中位机能卸荷，输出功率接近为零。

该系统中各电磁铁及行程阀的动作顺序如表 7-1-1 所示。表中"＋"表示电磁铁通电或行程阀压下,"－"表示电磁铁断电或行程阀复位。

表 7-1-1　电磁铁及行程阀的动作顺序表

电磁铁、行程阀 / 作动	电磁铁			行程阀
	1YA	2YA	3YA	
快进	＋	－	－	－
一次工进	＋	－	－	＋
二次工进	＋	－	＋	＋
死挡块停留	＋	－	＋	＋
快退	－	＋	－	±
原位停止	－	－	－	－

三、YT4543 型动力滑台液压系统的特点

通过前面的分析可知,该液压系统主要由这样几个基本回路组成:电液换向阀的换向回路,换向阀的卸荷回路,限压式变量泵和调速阀的联合调速回路,行程阀和电磁阀的速度换接回路,串联调速阀的二次进给调速回路等。这些基本回路的性能就决定了系统的主要性能,其主要特点如下:

(1)由于采用限压式变量泵,容积节流调速回路,无溢流功率损失,系统效率较高,且能保证稳定的低速运动、较好的速度刚性和较大的调速范围。

(2)采用限压式变量、调速阀和行程阀进行速度换接,使速度换接平稳、可靠,且位置准确。

(3)采用限压式变量泵和液压缸差动连接的快速回路,解决了快、慢速度相差悬殊的问题,又使能量得到经济合理的利用。

(4)进油调速在回路上设置了背压阀,改善了运动的平稳性。

(5)采用电液换向阀的换向回路,换向性能好,启动平稳,冲击小。

课题二　MJ-50 型数控车床液压系统

目标任务

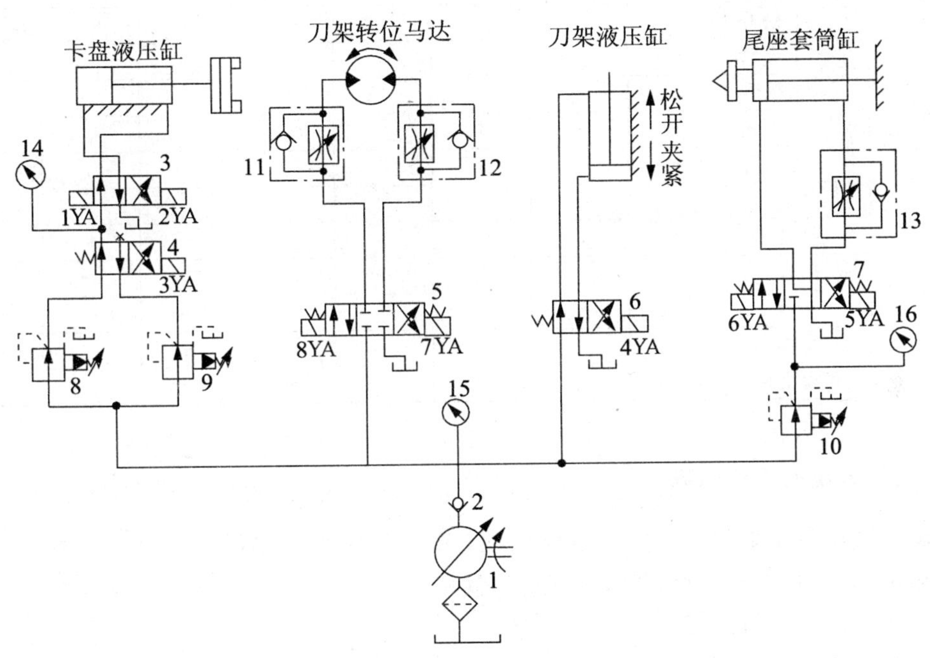

图 7-2-1　MJ-50 型数控车床液压系统

1—液压泵　2—单向阀　3、4、5、6、7—换向阀

8、9、10—减压阀　11、12、13—调速阀　14、15、16—压力计

目标及要求

(1)了解 MJ-50 型数控车床的功能。

(2)弄懂 MJ-50 型数控车床液压系统工作原理。

(3)能归纳 MJ-50 型数控车床液压系统的特点,会分析其液压系统所包含哪些基本回路。

一、概述

目前,在数控车床上,大多都使用了液压技术。这里介绍 MJ-50 型数控车床的液压系统,如图 7-2-1 所示为该系统的原理图。

数控车床由液压系统实现的动作包括:卡盘的夹紧与松开、刀架的夹紧与松开、刀架的正转与反转、尾座套筒的伸出与缩回。液压系统中各电磁阀的电磁铁动作由数控系统的可编程序控制器控制,各电磁铁动作如表 7-2-1 所示。

表 7-2-1　　MJ-50 型数控车床电磁铁动作表

动作＼电磁铁			1YA	2YA	3YA	4YA	5YA	6YA	7YA	8YA
卡盘正转	高压	夹紧	+	−	−					
		松开	−	+	−					
	低压	夹紧	+	−	+					
		松开	−	+	+					
卡盘反转	高压	夹紧	−	+	−					
		松开	+	−	−					
	低压	夹紧	−	+	+					
		松开	+	−	+					
刀架	正转								−	+
	反转								+	−
	松开					+				
	夹紧					−				
尾座	套筒伸出						−	+		
	套筒缩回						+	−		

二、液压系统的工作原理

机床的液压系统采用由单向变量泵供油，系统压力调至 4MPa，压力由压力计 15 显示。泵输出的压力油经过单向阀进入系统，其工作原理如下：

(一)卡盘的夹紧与松开

当卡盘处于正卡(或称外卡)且在高压夹紧状态下时，夹紧力的大小由减压阀 8 来调整，夹紧压力由压力计 14 来显示。当 1YA 通电时，换向阀 3 左位工作，系统压力油经减压阀 8、换向阀 4、换向阀 3 到液压缸右腔，液压缸左腔的油液经换向阀 3 直接回油箱。这时，活塞杆左移，卡盘夹紧。反之，当 2YA 通电时，换向阀 3 右位工作，系统压力油经阀 8、4、3 到液压缸左腔，液压缸右腔的油液经换向阀 3 直接回油箱。这时，活塞杆右移，卡盘松开。

当卡盘处于正卡且在低压夹紧状态下时，夹紧力的大小由减压阀 9 来调整。这时，3YA 通电，换向阀 4 右位工作。换向阀 3 的工作情况与高压夹紧时相同。卡盘反卡时的工作情况与正卡相似。

(二)回转刀架的回转

回转刀架换刀时，首先是刀架松开，然后刀架换位到指定位置，最后刀架复位夹紧。当 4YA 通电时，换向阀 6 开始工作，刀架松开，当 8YA 通电时，液压马达带动刀架正转，转速由单向调速阀 11 控制。若 7YA 通电，则液压马达带动刀架反转，转速由单向调速阀 12 控制，当 4YA 断电时，换向阀 6 左位工作，液压缸使刀架夹紧。

(三)尾座套筒缸的伸缩运动

当 6YA 通电时，换向阀 7 左位工作，系统压力油经减压阀 10、换向阀 7 到尾座套筒液压缸的左腔，液压缸右腔油经单向调速阀 13、换向阀 7 回油箱，缸筒带动尾座套筒伸出，伸出时的预紧力大小通过压力计 16 显示。反之，当 5YA 通电时，换向阀 7 右位工作，系统压力油经减压阀 10、换向阀 7、单向调速阀 13 到尾座套筒液压缸的右腔，液压缸左腔油经换向阀 7 回油箱，缸筒带动尾座套筒缩回。

三、液压系统的特点

(1)采用单向变量泵向系统供油，能量损失小。

(2)用换向阀控制卡盘，实现高压和低压夹紧的转换，并且分别调节高压夹紧力或低压夹紧力的大小，这样可根据工件情况调节夹紧力，操作方便简单。

(3)用液压马达实现刀架的转位，可实现无级调速，并能控制刀架正反转。

(4)用换向阀控制尾座套筒液压缸的换向，以实现套筒的伸出和缩回，并能调节尾座套筒伸出时的预紧力大小，以适应不同工件的需要。

(5)压力计 14、15、16 可分别显示系统相应处的压力，以便于故障诊断和调试。

课题三　压力机液压系统

目标任务

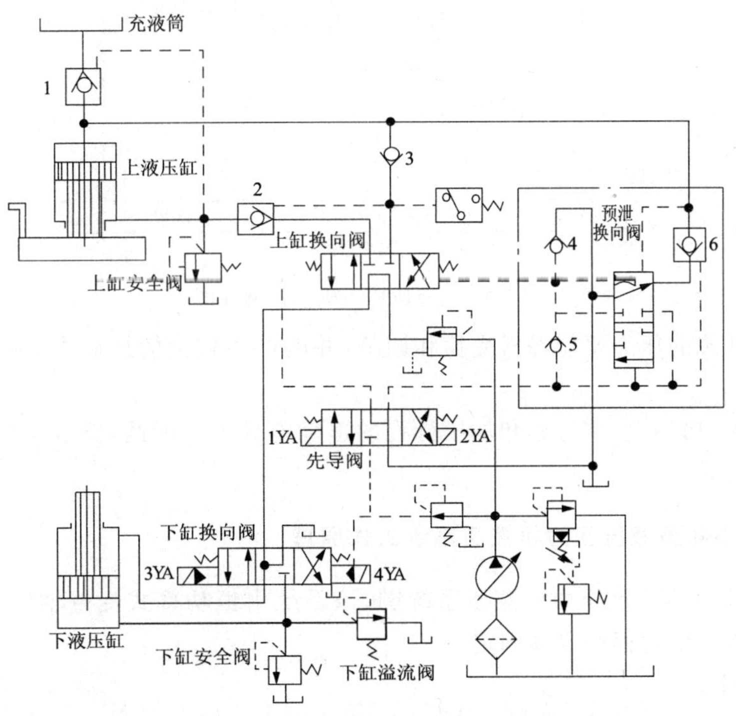

图 7-3-1　YB32-200 型液压机系统图

1、2、6—液控单向阀　3、4、5—单向阀

目标及要求

(1)了解 YB32-200 型液压机的功能。

(2)弄懂 YB32-200 型液压机液压系统工作原理。

(3)能归纳 YB32-200 型液压机液压系统的特点,会分析其液压系统所包含哪些基本回路。

一、概述

液压压力机是工业部门广泛应用的一种利用静压压力加工的设备,常用于塑性材料的压制工艺,如冲压、弯曲、翻边和薄板拉伸等,也可从事校正、压装、塑料及粉末制品的压制成型工艺。

液压机对其液压系统的基本要求有:

(1)为完成一般的工艺,要求主缸(上液压缸)驱动上滑块能实现"快速下行→慢速加压→保压延时→快速返回→原位停止"的工作循环;要求顶出缸(下液压缸)驱动下滑块实现"向上顶出→停留→向下退回→原位停止"的工作循环,如图 7-3-2 所示。

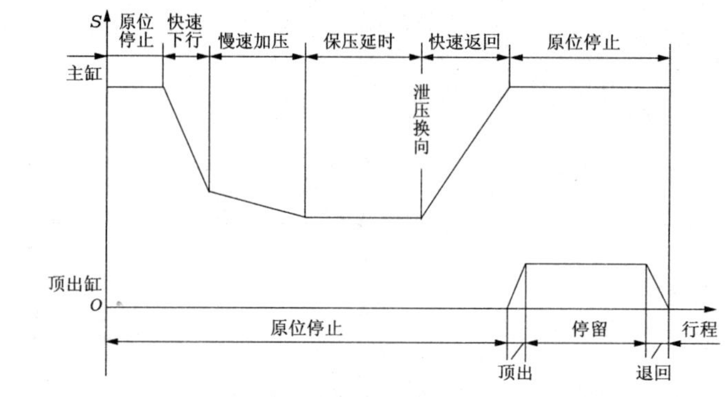

图 7-3-2 液压压力机工作循环图

(2)液压系统的压力要能经常变换和调节,并能产生较大的压制力(吨位),以满足工作要求。

(3)流量大、功率大、空行程和加压行程的速度差异大。因此,要求功率利用合理,工作平稳,安全可靠。

二、YB32-200 型液压压力机液压系统工作原理

如图 7-3-1 所示为该压力机液压系统图,该系统由恒功率式变量轴向柱塞泵给系统提供高压油,压力由远程调定阀调定。

(一)快速下行

按下启动按钮,电磁铁 1YA 通电,先导阀和上缸换向阀左位接入系统,液控单向阀被打开,这时系统中压力油进入液压缸上腔,活塞连同滑块在自重作用下快速下行,尽管泵在此时输出最大流量,但主缸上腔仍因油液不足而形成负压,吸开液控单向阀 1,充液筒内的油便补入主缸上腔,这时其主油路为:

进油路：液压泵→顺序阀→上缸换向阀(左位)→单向阀→上缸上腔。

回油路：上缸下腔→液控单向阀2→上缸换向阀(左位)→下缸换向阀(中位)→油箱。

(二)慢速加压

上滑块在运行过程中接触到工件，这时上液压缸上腔压力升高，液控单向阀1关闭，变量泵通过压力反馈，输出流量自动减小，此时上滑块转入慢速加压。

(三)保压延时

当系统压力升高到压力继电器调定值时，压力继电器发出信号使1YA断电，先导阀和上缸换向阀恢复到中位。液压泵通过换向阀中位机能卸荷，保压时间由时间继电器控制，可在0～24min内调节。

(四)卸压快速返回

保压结束后，时间继电器发出信号使电磁铁2YA通电，先导阀右位接入系统，为上缸回程创造条件。但是由于上缸上腔油压高、直径大、行程长，缸内油液在加压过程中储存了较多能量，为此，上缸先卸压后再回程。先导阀右位接入系统后，控制油路中压力油打开液控单向阀6内的卸荷小阀芯，使上缸上腔的油液开始卸压。压力降低后预泄换向阀阀芯向上移动，其下位接入系统，上缸换向阀右位处于工作状态，从而实现上滑块迅速返回。其主油路为：

进油路：液压泵→顺序阀→上缸换向阀(右位)→液控单向阀2→上缸下腔。

回油路：上缸上腔→液控单向阀1→充液筒。

上滑块迅速返回时，从回油路进入充液筒的油液若超过预定位置，多余油液就由溢流管流回油箱。单向阀4用于上缸换向阀由左位回到中位时补油；单向阀5用于上缸换向阀由右位回到中位时排油。

(五)原位停止

上滑块上升至预定高度，挡块压下行程开关，电磁铁2YA断电，先导阀和上缸换向阀均处于中位，这时上滑块停止运动，即原位停止。

(六)下滑块的顶出、返回和原位停止

下滑块向上顶出时，电磁铁4YA通电，这时油路为：

进油路：液压泵→顺序阀→上缸换向阀→下缸换向阀→下缸。

回油路：下缸上腔→下缸换向阀→油箱。

下滑块向上移动至下缸中活塞碰上缸盖时，便停留在这个位置上。当4YA断电、3YA通电时油路换向，下缸活塞向下退回。当3YA断电后，下缸处于中位，下缸活塞原位停止。

三、YB32-200型液压压力机液压系统主要特点

(1)系统采用轴向柱塞式高压大流量恒功率变量泵供油，既符合工艺要求又节省能量。

(2)该系统为典型的以压力控制为主的液压系统。采用远程调压控制回路、使控制油路获得低压2MPa的减压回路、高压泵的低压卸荷回路、利用管道和油液弹性变形及靠阀、缸密封的保压回路、采用液控单向阀的平衡回路。

(3)系统采用了专门的卸压回路，保证动作平稳，防止换向时的液压冲击和噪音。

(4)由于该系统利用上滑块自重作用实现快速下行，并利用充液阀对主缸上腔补油，故结构简单，液压元件少，在中、小型液压机中常被采用。

(5)该系统中两个液压缸各有一个安全阀进行过载保护。

课题四　M1432 型万能外圆磨床液压系统

目标任务

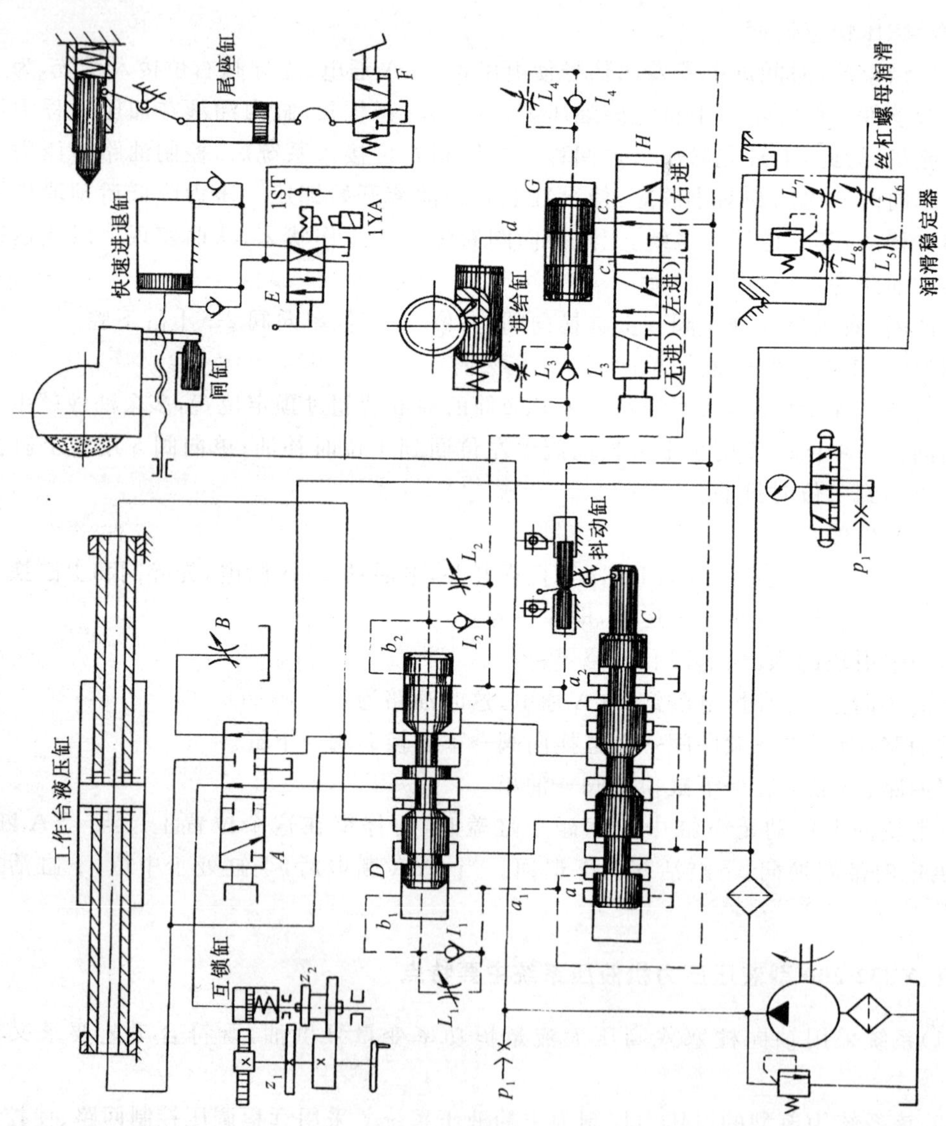

图 7-4-1　M1432 型万能外圆磨床液压系统

(1)了解 M1432 型万能外圆磨床液压系统的功能。

(2)弄懂 M1432 型万能外圆磨床液压系统液压系统工作原理。

(3)能归纳 M1432 型万能外圆磨床液压系统的特点,会分析其液压系统所包含哪些基本回路。

一、概述

外圆磨床主要用于各种圆柱面和圆锥面以及阶梯轴等零件的精加工。为完成所需的运动,机床必须具备砂轮的旋转、工件的旋转、工作台带动工件的往复直线运动和砂轮架的周期切入运动。此外,机床还必须完成砂轮架的快进、快退和尾座顶尖的伸缩等辅助运动。在这些运动中,除砂轮、工件的旋转运动由电动机驱动外,其他均为液压传动。其中,以工作台的往复直线运动要求最高。

对外圆磨床工作台的要求有:

(1)有较高的调速范围:工作台能在 0.05～4m/min 范围内实现无级调速,高精度的外圆磨床在修整砂轮时要达到 10～30mm/min 的最低稳定速度。

(2)能实现自动换向:要求机床在以上速度范围内可以实现频繁换向,并且换向过程平稳,冲击小,启动、停止迅速。

(3)换向精度高:在同一速度下,换向点变动量应小于 0.02mm;不同速度下,换向点变动量应小于 0.2mm。

(4)端点停留:为避免在磨削过程中因在工件两端磨削时间过短而造成尺寸偏差,要求换向时在两端能停留一定时间(0～5s)。

(5)工作台能作微量抖动:当磨削面较短时,为提高加工效率和改善表面加工质量,工作台需作短距离(1～3mm)的 1～3 次/s 的频繁往复运动。

二、外圆磨床工作台换向回路

为了使磨床工作台的运动获得良好的换向性能,提高换向精度,其液压系统需选用合适的换向回路。磨床工作台的换向回路一般分为时间控制制动式和行程控制制动式。

(一)时间控制制动式

如图 7-4-2 所示为时间控制制动式换向回路,其主油路由主换向阀 3 控制。当节流阀 1 的开口调定后,换向阀 3 移动使工作台制动的时间基本不变。所以当工作台速度大时,其制动过程的冲击就大,换向点的位置精度就较低。这种回路主要用于换向精度要求不高的场合,如平面磨床液压系统。

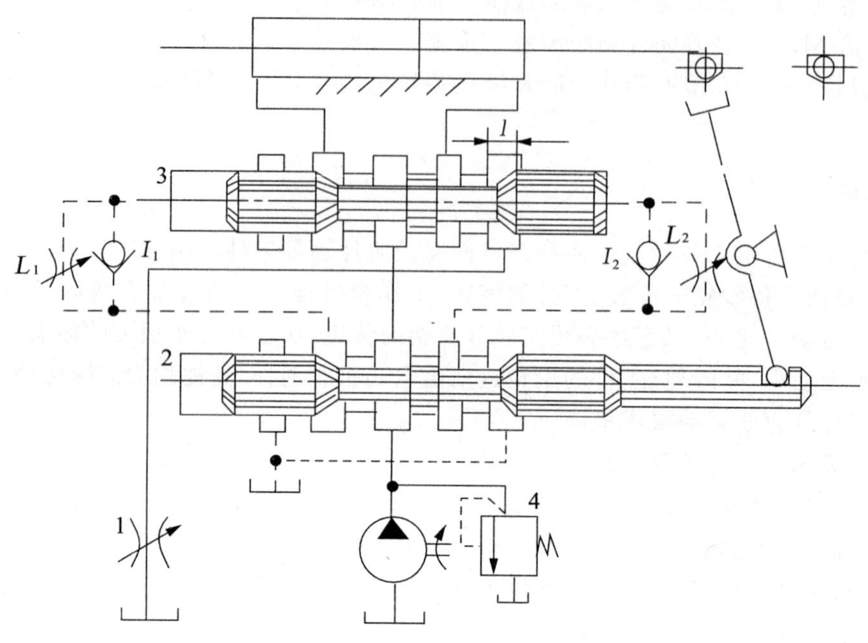

图 7-4-2　时间控制制动式换向阀

1—节流阀　2—先导阀　3—换向阀　4—溢流阀

(二)行程控制制动式

如图 7-4-3 所示为行程控制制动式换向回路。其特点是先导阀 2 不仅对操纵主阀的控制压力油起控制作用,还直接参与工作台换向制动过程的控制。当图示工作台向右移动的行程即将结束时,先导阀 2 阀芯左移,液压缸右腔回油路的通流截面面积逐渐减小(即 l 减小),对工作台起制动作用,使其速度逐渐减小。当液压缸回油通路接近于封闭,工作台运动速度很小时,主阀的控制油路开始切换,经单向阀 I_2 使换向阀 3 阀芯左移,工作台停止并换向。在此情况下,不论工作台原来的速度多大,总是在先导阀阀芯移动一定距离 l 之后,即工作台通过某一确定的行程减速后,主阀才开始换向,所以这种换向回路称为行程控制制动式换向回路。由于工作台制动过程中有预制动和终制动两步,所以工作台换向平稳,冲击小。工作台完成制动后,在一段时间内,主换向阀使液压缸两腔同时互通压力油,工作台处于停止不动的状态,直到主阀芯移动到两腔油路隔开,工作台反向启动为止,这个阶段又称为端点停留阶段,其时间可由主阀芯两端的节流阀 L_1 或 L_2 来调节。但是,由于先导阀的制动行程恒定不变,制动时间的长短和换向冲击的大小将受运动部件速度的影响。所以这种换向回路适用于机床工作部件运动速度不大,但换向精度要求较高的场合。

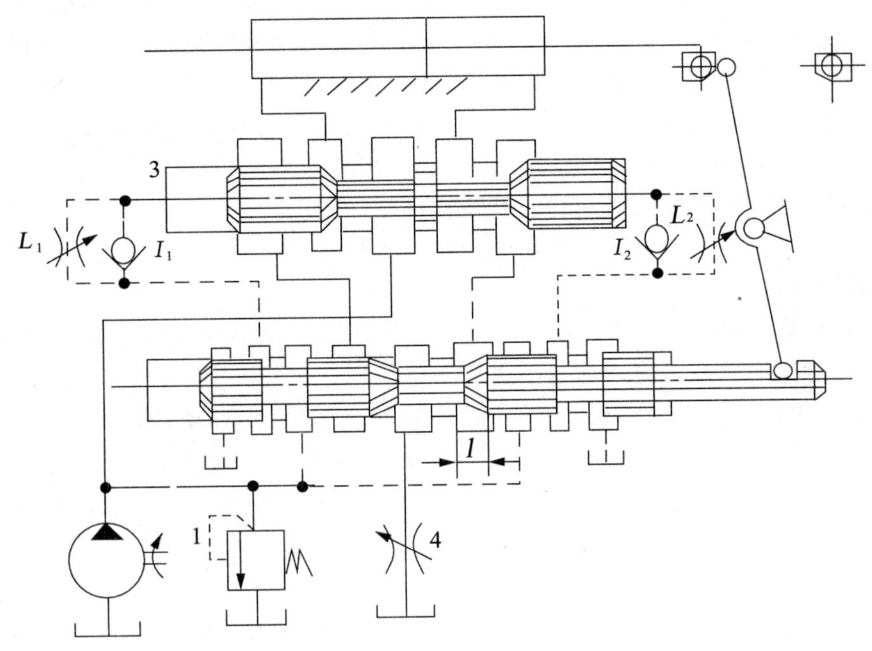

图 7-4-3　行程控制制动式换向阀

1—溢流阀　2—先导阀　3—换向阀　4—节流阀

三、M1432 型万能外圆磨床液压系统工作原理

图 7-4-1 所示为 M1432 型万能外圆磨床液压系统图。

(一)工作台的往复运动

该机床的工作液压缸为活塞杆固定、缸体移动的双杆活塞式液压缸。在图示状态下,开停阀 A 处于右位,先导阀 C 和换向阀 D 处于右端位置,工作台向右运动,主油路油液流动路线为:

进油路:泵→换向阀 D→工作台液压缸右腔。

回油路:工作台液压缸左腔→换向阀 D→先导阀 C→开停阀 A→节流阀 B→油箱。

当工作台右移到预定位置时,工作台上的左挡块拨动先导阀阀芯,并使它最终处于左端位置上。这时控制油路上 a_2 点接通高压油,a_1 点接通油箱,使换向阀 D 处于其左端位置上,于是主油路的油液流动路线变为:

进油路:泵→换向阀 D→工作台液压缸左腔。

回油路:工作台液压缸右腔→换向阀 D→先导阀 C→开停阀 A→节流阀 B→油箱。

这时,工作台向左运动,并在其右挡块碰上拨杆后发生与上述情况相反的变换,使工作台又改变方向向右运动。如此不停地往复运动下去,直到开停阀拨向左位时才使运动停下来。

(二)工作台换向过程

工作台换向时,先导阀先受到挡块的操纵而移动,接着又受到抖动缸的操纵而产生快跳。主换向阀的左端回油路则先后三次变换通流情况，使其阀芯产生第一次快跳、慢速移动和第二次快跳。这样就使工作台的换向经历了迅速制动、停留和迅速反向启动三个阶段。当图中先导阀被拨杆推着向左移动时，它的右制动锥逐渐将通向节流阀的通道关小，使工作台逐渐减速，实现预制动。当工作台挡块推动先导阀直到先导阀阀芯右部环形槽使 a_2 点接通高压油，左部环形槽 a_1 接通油箱时，控制油路被切换。这时左、右抖动缸便推动先导阀向左快跳，因为此时左、右缸油路为：

进油路：液压泵→精滤油器→先导阀（左位）→左抖动缸。

回油路：右抖动缸→先导阀（左位）→油箱。

由此可见，由于抖动缸的作用引起先导阀快跳，就使换向阀两端的控制油路一旦切换就迅速打开，为换向阀阀芯快速移动创造了条件。

由于主阀芯右端接通高压油，使液动换向阀阀芯开始向左移动，即

进油路：液压泵→精滤油器→先导阀（左位）→单向阀 I_2→主换向阀阀芯右端。

而液动换向阀阀芯左端通向油箱的回路先后有三种连通情况。开始阶段如图所示，回油路线为：

回油路：液动换向阀阀芯左端→先导阀（左位）→油箱。

由于回油路畅通无阻，阀芯移动速度很大，主阀芯出现第一次快跳，右部制动锥很快的关小主回油路的通道，使工作台迅速制动。第一次快跳使换向阀阀芯中部的台肩移到阀体中间沉割槽处，使液压缸两腔同时接通，工作台停止运动。此后换向阀阀芯在压力油作用下继续左移，直到先导阀的通道被切断，回油路线改为：

回油路：液动换向阀阀芯左端→节流阀 L_1→先导阀（左位）→油箱。

这时阀芯按节流阀 L_1 调定的速度慢速移动。由于阀体上的沉割槽宽度大于沉割槽中部台肩的宽度，液压缸两腔的油路在阀芯慢速移动期间继续保持相通，使工作台停止持续一段时间（0～5s 内调整），这就是工作台在反向前的端点停留。最后，当阀芯慢速移动到其左部环形槽和先导阀相连的通道接通时，回油路路线又变为：

回油路：液动换向阀阀芯左端→通道 b_1→换向阀左部环形槽→先导阀（左位）→油箱。

这时，回油路又畅通无阻，阀芯出现第二次快跳，主油路被迅速切换，工作台迅速反向启动，最终完成全部的换向过程。

在反向时，先导阀和换向阀自左向右移动的换向过程与上述相同，但这时 a_2 点接通油箱，而 a_1 点接通高压油。

（三）砂轮架的快进、快退运动

砂轮架的快进、快退运动由快动阀 E 操纵，由快动缸来实现。在图示状态下，快动阀 E 右位接入系统，砂轮架快速前进到最前端位置，此位置是靠活塞和缸盖的接触来实现的。为了防止砂轮架在快速运动终点处引起冲击和提高终点的重复位置精度，快动缸的两端设有缓冲装置（图中未标出），并设有抵住砂轮架的闸缸，用以消除丝杠、螺母间的间隙。快动阀的左位接入系统时，砂轮架后退到最后端位置。

（四）砂轮架的周期自动进给运动

该运动由进给阀操纵，通过砂轮架进给缸上的棘爪、棘轮、齿轮、丝杠螺母等传动副来

实现。砂轮架的周期自动进给可以在任意一端(左进给或右进给)或两端停留时进给(双向进给),也可以无进给运动,这些均由选择阀 H 的位置所决定。如图所示为双向进给位置,进给阀在操纵油路 a_1 和 a_2 点每次相互变换压力时,向左或向右移动一次,于是砂轮架便做一次间隙进给。进给量的大小由棘爪机构调整,进给快慢及运动的平稳性则通过节流阀 L_3、L_4 来保证。

砂轮架进退与头架、冷却泵电机之间可以联动。当快动阀 E 的手柄扳至图示状态,使砂轮架快进到加工位置时,行程开关 1ST 触头闭合,主轴电动机和冷却泵电动机随即启动,使工件旋转,并送出冷却液。

为确保机床的使用安全,砂轮架快速进退与内圆磨头的使用位置互锁。当磨削内圆时,将内圆磨头翻下,压住微动开关,使电磁铁 1YA 通电吸合,快动阀 E 的手柄即被锁在快进后的位置上,不允许在磨削内圆时,砂轮架有快退动作而发生事故。

(五)工作台液动与手动的互锁

该动作由互锁缸来实现。当开停阀 A 处于图示位置时,互锁缸通入压力油,推动活塞使齿轮 Z_1、Z_2 脱开,工作台运动就不会带动手轮转动。当开停阀 A 的左位接入系统时,互锁缸接通油箱,活塞在弹簧力的作用下移动,使 Z_1、Z_2 啮合,工作台就可以通过手动驱动工作台来调整工件的加工位置。

(六)尾座顶尖的退出

尾座顶尖的退出由一个脚踏式尾架阀操纵,由尾架缸来实现。当砂轮架快速退到安全位置时,踏动脚踏板,系统中压力油通过快动阀左位接入尾架阀处,使尾架顶尖实现快速退回。

(七)其他

液压泵输出的油液还有一部分用于导轨、丝杠螺母、轴承等处的润滑。

四、M1432 型万能外圆磨床液压系统的特点

(1)采用了活塞杆固定的双杆液压缸,既保证了左、右两个方向运动的速度一致,又减小了机床的占地面积。

(2)系统采用结构简单的节流阀式调速回路,功耗小,这对调速范围不需很大、负载较小且基本恒定的磨床来说非常适宜。

(3)由于采用回油节流调速回路,液压缸回油中有背压,可防止空气渗入液压系统,有助于工作稳定和工作台的制动。对于停车后再启动时的工作台“前冲”现象,由于采用的是手动开停阀,它的转动范围较大(90°),开启速度相对较慢,系统压力又较低,故“前冲”现象得到了改善。

(4)系统采用了把先导阀换向阀和开停阀做在一个共同阀体内的液压操纵箱结构,结构紧凑,操纵方便,换向精度和换向平稳性都较高。

(5)由于设置了抖动阀,使工作台能作短距离的高频抖动,有利于保证切入式磨削和阶梯轴(孔)磨削的加工质量。

(6)由于系统中液动换向阀能实现一次快跳、慢速移动、二次快跳的油路结构和先导阀的快跳运动,能使工作台获得理想的换向精度。

(7)由于系统中的开停阀和节流阀单独设置，所以机床重复起动后，工作台速度仍保持不变，从而保证了加工质量。

(8)磨削内孔时，采用电磁铁将快速进退阀锁在快进后的位置上，以防止因误操作而造成事故。

思考与练习

7-1　YT4543型动力滑台液压系统是由哪些基本液压回路组成的？各液压元件的作用是什么？如何实现差动连接？采用行程阀进行快慢速切换，有何特点？

7-2　MJ-50型数控车床液压系统是由哪些基本液压回路组成的？各液压元件的作用是什么？

7-3　YT32-200型液压系统的主要特点是什么？液压机主缸的工作循环是怎样实现的？

7-4　M1432型万能外圆磨床液压系统为什么要采用行程控制制动式换向阀？磨床工作台换向过程分为哪几个阶段？

7-5　图7-1为多轴钻床液压传动系统图，3个液压缸的动作顺序是：夹紧液压缸下降→分度液压缸前进→分度液压缸后退→进给液压缸快速下降→进给液压缸慢速钻削→进给液压缸上升→夹紧液压缸上升→暂停，完成一个工作循环。读懂此液压系统图，并写出：

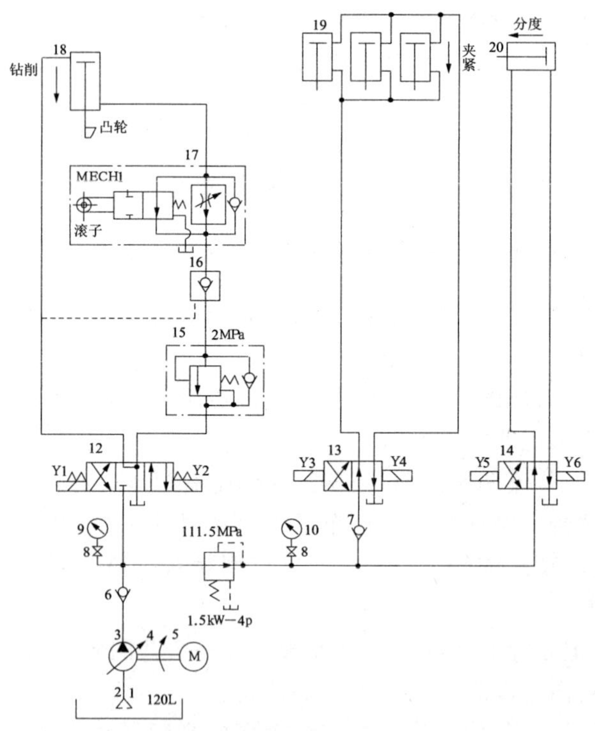

图7-1　砂轮机多轴钻床液压传动系统图

1—油箱　2—过滤器　3—变量叶片泵　4—联轴节　5—电动机　6、7—单向阀　8—切断阀　9、10—压力计　11—减压阀　12、13、14—电磁阀　15—平衡阀　16—液控单向阀　17—凸轮操作调速阀(二级速度)　18、19、20—液压缸

(1)各工况的油液流动情况；

(2)各元件的作用；

(3)根据其循环动作顺序写出电磁铁动作顺序表。

模块八　液压系统使用、维护、故障排除

课题一　液压系统安装、调试和维护

目标任务

对 M1432 型外圆磨床的液压系统进行调试、使用和维护。

目标及要求

(1)掌握液压系统安装、调试和维护等基本知识。

(2)能够正确安装、调试、使用和维护液压系统。

一台液压装置，如果不注意维护保养工作，就会过早损坏或频繁发生故障，使装置的使用寿命大大降低。在对液压装置进行维护保养时，应针对发现的事故苗头，及时采取措施，这样可减少和防止故障的发生，延长元件和系统的使用寿命。因此，设备管理人员应制定液压装置的维护保养管理规范，并严格执行。

一、液压系统安装、调试

(一)液压装置的配置形式

液压装置的配置形式是指各种阀类等液压元件的装配形式。液压装置的配置形式有集中式和分散式两种。

集中式是将液压系统的动力源、阀类元件集中安装在主机外的液压泵站上。其优点是安装和维修方便，并消除了动力源振动和油温对主机工作的影响。

分散式是将动力源、各液压元件分散到主机各处。其优点是结构紧凑，占地面积小；缺点是动力源的振动、发热等会影响设备的工作精度。

(二)阀类元件的连接方式

对于机床等固定的液压设备，液压装置的配备形式常采用集中式。采用集中式时，阀类元件在液压泵站上的配置形式目前主要采用集成化配置，具体有下列三种：

1. 板式连接

如图 8-1-1 所示板式连接是将各种板式液压阀统一安装在油路连接板上，元件之间

的油路由板内加工的孔道形成。这种联结方式结构紧凑，调节方便，由于拆卸阀时不必拆卸与阀相连的其他元件，故拆卸、调整、维修方便，在机床行业中应用很广。但加工较困难，且油路压力损失大。

2.叠加阀式连接

叠加阀式连接是由叠加阀自身阀体作为连接体直接叠加而组成的一种液压系统。各油口通过阀体的上、下两连接结合面叠装而成。每个阀除其自身的功能外，还起油路通道的作用，这种连接方式可以实现液压元件间无管化连接，结构紧凑，体积小，重量轻，且油路压力损失小，设计安装周期短，如图 8-1-2 所示，在机械工程中应用较多。

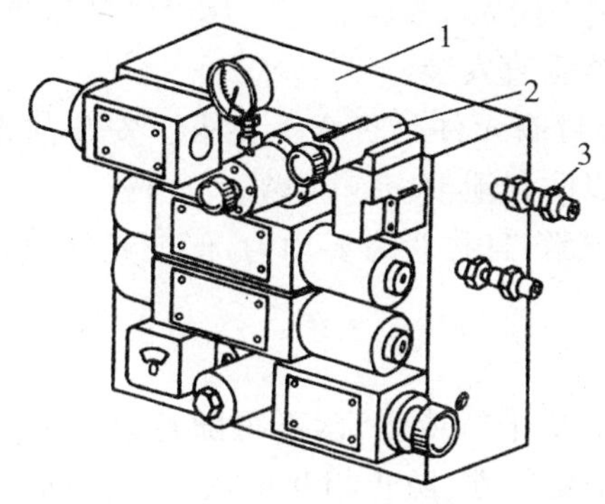

图 8-1-1　板式连接

1—油路板　2—阀体　3—管接头

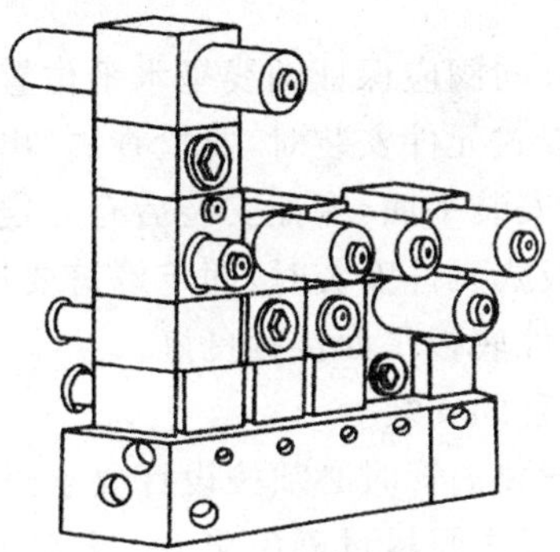

图 8-1-2　叠加式连接

3.集成块式连接

集成块式连接是将各种基本的液压回路做成通用化的集成块，然后再将组成液压系统的各种集成块连接起来。如图 8-1-3 所示，各集成块周围三面用于安装液压元件，一面安装管接头，通过油管连接到所需的执行件。块内则钻孔形成各种回路，一般为基本回路。上、下面作为结合面，通过长螺栓将各种集成块和顶盖、底板叠装起来就构成所需的液压系统。这种连接方式结构紧凑，占地面积小，维修方便，压力损失小，发热小，抗外界干扰能力强，并具有系列化、标准化产品，在机床液压系统中得到广泛的应用。

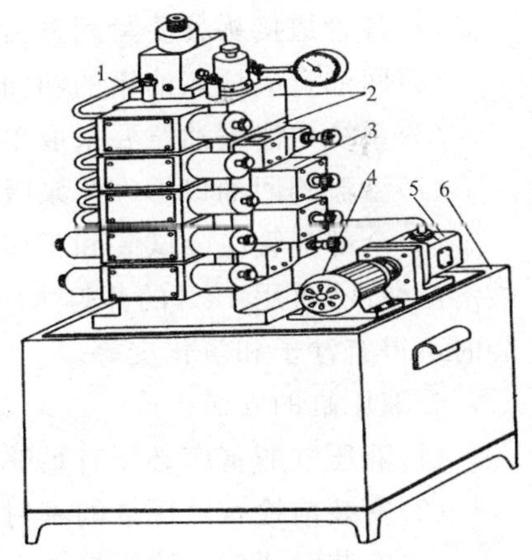

图 8-1-3　集成块式连接

1—油管　2—集成块　3—阀

4—电动机　5—液压泵　6—油箱

(三)液压系统的安装

液压系统安装是否正确直接影响设备的工作性能和可靠性，因此在安装之前必需认真分析液压系统工作原理图、管道连接图以及液压元件使用说明书等相关的技术文件，按要求检查各种液压元部件、辅件是否完好正确。

1.液压泵的安装

(1)液压泵传动轴与电动机驱动轴同轴度偏差应小于 0.1mm，一般采用挠性联轴器连接，不容许采用V带传动，以免因V带轴向拉力影响泵的正常运转。

(2)液压泵的旋转方向和进、出油口方向按要求安装，不得接反。

(3)液压泵安装后吸油高度一般不得超过0.5m。

2.液压元件的安装

(1)液压元件在安装之前要用煤油清洗，自制重要元件应进行密封和耐压试验，试验压力取工作压力的两倍，或取最高压力的1.5倍。试验时应分级进行，压力每升级一次检查一次。

(2)安装时不要把相似元件装错。装配时调压弹簧要全部放松，待调试时再调定压力。

(3)方向阀应保证轴线呈水平位置安装，蓄能器垂直安装。

(4)板式元件安装时，要检查进、出油口处的密封圈元件是否合乎要求。安装前密封圈应突出安装平面，保证安装后有一定的压缩量，以防止泄漏。

(5)板式元件安装时，固定螺钉要按一定顺序拧紧，且拧紧力要均匀，保证元件的安装平面和元件底板平面接触良好。

3.油管的安装

(1)安装油管时必须按设计要求进行，使油管尽量平行或垂直，不得随意改变配置方案。各支管之间尽量避免交叉。各油管之间要有一定间隙，防止相互接触，产生振动。

(2)油管尽可能的短，且安装在牢固的地方。弯管的最小弯曲半径应大于三倍的油管半径。对于软管安装时要防止扭转，并留有一定的松弛量。

(3)吸油管下端应安装过滤器。

(4)各管道接头处要紧固密封好，吸油管不能漏气。

(5)回油管应插入油箱的油面以下，以防止飞溅泡沫和混入空气。

(6)系统中泄漏油路要采取单独回油管，避免泄漏回油时产生背压。

(7)溢流阀回油口不许与泵吸油口相接或相近，以免油温升高。

(8)全部油管应分试装和正式安装两次进行。试装后，拆下油管，用20%的硫酸或盐酸溶液酸洗，再用10%的苏打水中和，最后用温水清洗，待干燥后涂油进行正式安装。安装时不得有沙子和氧化皮等。

4.液压缸的安装

(1)液压缸的基座必须有足够的刚度，避免加压时缸筒变形，活塞杆弯曲。

(2)安装前检查液压缸的密封元件和缓冲装置配置是否正确。

(3)安装时要保证液压缸活塞的轴线和运动部件导轨面的平行度要求。

(4)垂直安装的液压缸要防止自重对液压系统的影响。

(5)缸的轴向两端不能同时固定死，以适应温度变化引起的变形。

(四)液压系统的调试

液压系统在装配好或经维修、保养和重新装配后，必须经过调试才能使用。调试的目的是通过调试了解和掌握液压系统各元件、回路运行状态、工作性能，及时排除系统中存在的各种缺陷和故障，为系统的正常使用做好准备。液压系统的调试分空载调试和负载调试，调试前要根据说明书检查液压系统各液压管道、电器线路安装是否正确可靠，液压油与说明书是否一致，油标高度是否符合要求，各液压元件安装是否正确，各控制手柄是否打在相应位置，各仪表安装是否正确、显示是否正常等。

1.空载调试

(1)启动液压泵，检查其转向是否正确，运行是否正常，有无异常声响，泵是否漏气，在卸荷状态下，泵的卸荷压力是否在规定范围内。双泵供油时先启动控制用液压泵，再启动主液压泵。对油温有一定要求的液压系统，必须先对油液进行升温处理。

(2)操纵手柄，使执行件逐一空载运行，速度由慢到快，行程由小到大，直到高速全程运行以排除系统中的空气，观察其速度换接的平稳性，检查各元件、接头是否有泄漏，油箱中油液是否下降过多。

(3)检查各液压元件在规定范围内调整时是否能满足使用要求。如关小溢流阀流量，执行件是否达到规定的最低速度和平稳性。

(4)检查各执行件是否按预定顺序和工作循环动作，各动作是否协调，动作是否平稳。

(5)一般空载运行2～4h后再检查油温，液压系统要求的精度等。一切正常后才可以进行负载调试。

2.负载调试

负载调试的目的是在规定的负载工况下运转，进一步观察液压系统的运行状态、工作性能，检查液压系统在负载后能否实现预定的工作要求，如噪声、振动、泄漏、油温、功耗、精度等是否在规定范围内。负载调试一般分轻负载、最大负载和超负载三次进行。对调试期间的各种数据要做好记录，备查。调试完毕后，一切正常才可以交付使用。

系统试压时，应注意以下事项：

(1)试压时，系统的安全阀应调到所选定的试验压力值。

(2)在向系统供油时，应将系统放气阀打开，待其空气排除干净后，方可关闭。同时将节流阀打开。

(3)系统中出现不正常声响时，应立即停止试验，待查出原因并排除后，再进行试验。

(4)试验时，必须注意安全措施。

二、液压系统的使用和维护保养

为了保证液压设备的良好工作状态，延长使用寿命，必须合理、正确地使用和维护保养液压设备。

(一)液压系统的使用

(1)使用者应明白液压系统的工作原理，熟悉各种操作和调整手柄的位置及旋向等。

(2)开车前应检查液压系统上各调整手柄、手轮是否打在相应位置上，电器开关和行程开关的位置是否正常，主机上工件安装是否正确、牢固，再对导轨和活塞杆进行擦拭，然后才可以开车。

(3)开车前还应检查油面，保证系统有足够的油液。液压油要定期检查更换，新设备使用三个月后即应清洗油箱，更换新油，以后每隔半年到一年进行清洗和更换一次。

(4)开车时，应先启动控制油路液压泵。

(5)工作中要随时注意油液温度，保证油温在规定范围内，一般油箱中油液温度不超过 60℃，当油温过高时需设法冷却。当油温过低时，应进行预热，使油温逐步升高，再进入正常工作状态。

(6)系统中应根据需要配置粗、精过滤器，对过滤器要经常检查、清洗和更换。

(7)油箱要加盖密封，油箱上面的通气孔要设置空气过滤器，加油时要进行过滤。

(8)有排气装置的系统要进行排气，无排气装置的系统在工作之前要进行几次空载往复运动，使之自然排出气体。

(9)对压力控制元件的调整，一般先调整溢流阀，压力从零开始逐步提高，使之达到规定的压力值，然后依次调整各回路的压力控制阀。主油路液压泵的安全溢流阀的调整压力一般要大于执行件所需工作压力的 10%～25%；快速运动液压泵的压力阀的调整压力要大于所需压力的 10%～20%；用卸荷压力油供给控制油路和润滑油路时，压力应保持在 0.3～0.6MPa；压力继电器的调整压力一般应低于供油压力 0.3～0.5MPa。

(10)流量控制阀要从最小流量开始逐步调整到大流量。同步运动执行件的流量控制阀应同时调整，保证运动的平稳性。

(11)若设备长期不使用，应将各手轮、手柄全部放松，防止弹簧产生永久变形而影响元件的性能。

(二)液压系统的维护保养

维护保养工作的中心任务是保证供给液压系统清洁的液压油；保证液压系统的封闭性；保证液压元件和系统得到规定的工作条件，以保证液压执行机构按预定的要求进行工作。维护工作可以分为经常性的日常维护、定期检查。前者是每天必须进行的维护工作，后者可以是每周、每月或每季度进行的维护工作。维护工作应有记录，以利于今后的故障诊断和处理。

1. 日常维护

日常维护指工作人员利用触觉、视觉、听觉和嗅觉等简单的方法，在液压泵启动前、后和停止运转前，检查油的质量、油量、油温、压力、泄漏、振动、噪声等情况，及时发现、解决问题，并对系统进行维护和保养，对重要设备填写“日常维护卡”。日常检查维护有两个要点：一是防止泄漏；二是液压流体的处理。

发现异常的处理方法：如果在日常检查过程中发现任何异常现象，应将它报告给维修部门，并尽可能地在不耽误工作的情况下调查原因。同时，保持设备、周边及地面清洁是检查项目中比较容易的检查(“设备 5S 的完全执行”)。

2. 定期检查

定期检查是指每隔一固定时间就对相关元部件进行检查维修，调查日常维护中发现的异常现象的原因并进行排除，目的是提早发现事故的苗头。如定期更换密封件、定期清洗更换液压元件、定期检查润滑油路。定期检查时间通常与过滤器检修期相同(2～3 个月)。

注意：漏油检查应在白天车间休息的空闲时间或下班后进行。这时，液压装置已停止工作，车间内噪声小，但管道内还有一定的压力，根据漏油的声音及气味便可知何处存在泄漏。严重泄漏处必须立即处理，如软管破裂、连接处严重松动等。其他泄漏应作好记录。

三、M1432 型万能外圆磨床液压系统的调试

机床液压系统在制造厂已经全面试验及调整固定，在使用单位一般可按使用程序进行开车运行，不必重新调整。但在运输及安装过程中可能产生某种情况而发生变化，可按调试方法中有关项目进行(大修后也必须进行调试才能投入使用)。

(1)按液压系统调试进行外观检查(见知识点一)并进行开车准备。注意将各操纵手柄置于关闭位置，砂轮架位于退出位置，砂轮架离工作台的距离不少于快速进给的行程量。

(2)起动液压泵电动机并检查、记录泵的运转是否正常，如有异常，应予以排除。

(3)将开停阀的手柄搬到“开”的位置。此时，由于溢流阀调压手轮处于放松状态，系统压力很低，故液压缸可能动作不了。

(4)调整工作台挡铁位置，然后逐渐旋紧溢流阀和润滑油稳定器的调压手轮，适当调节阻尼器 L_5 的开口，使系统压力为 0.9～1.1MPa，润滑系统压力为 0.08～0.15MPa；使液压缸全行程动作数次，由低速到中速，打开排气阀进行排气 2～3min。

检查工作台动作是否正常并记录各压力值，特别要注意润滑油是否正常，如发现导轨润滑油过多(会使工作台产生浮动而影响加工精度)或过少(会使工作台产生爬行现象)，可调整润滑油稳定器的调节螺钉。一般若油量过多，则首先检查是否由于压力过高而引起的，必要时可降低压力；如油量过少，则应考虑是否由于压力过低而引起的，可先升高压力。

(5)验证并记录工作台的液动与手摇机构是否能连锁。

(6)调整工作台挡铁，使工作台在床身中部以低速(约 1m/min)、较短行程(约 1/2 全行程)作往复运动，观察换向是否正常，然后调整至全行程以低速运行数次后，再逐渐转至最高速度运行。在工作台运行时，观察换向是否正常(两端点停留时间的可调性应在 0～5s范围内，是否有冲击现象等)，若有残留空气，可继续排除。

(7)调整工作台行程为 1m，验证工作台的调速性能。测出工作台的最大速度和最低稳定速度，并作好记录。

(8)验证并记录砂轮架快速移动是否正常，注意观察快到终点位置时是否有冲击，并调节进给量，观察进给量为使用说明书中规定的数值时砂轮架是否正常。

(9)验证并记录行程开关 1SA 的联动作用(砂轮架快进时，砂轮主轴旋转，冷却泵电动机起动；快退时，砂轮主轴、冷却泵电动机停止转动)。

(10)验证并记录是否只在砂轮架快退时尾座顶尖才有可能退出。

(11)验证并记录内圆磨头放下时，电磁铁 1YA 是否可靠地将砂轮架锁在快进位置上。

(12)记录调试时的油温和室温，出现异常情况时，应及时予以排除。

经上述所有动作循环运行验证均正常后，机床液压系统就能进入正常运转使用，但必须指出：若机床长期停止使用再开动时，仍应按上述程序进行检查，以免影响正常使用性能。调试完毕，必须整理调试记录并存入设备技术档案，作为以后设备故障分析的资料和数据。

课题二　液压系统的故障分析及排除方法

目标任务

对 M1432 型外圆磨床在工作中出现的故障进行分析和排除

目标及要求

(1)熟悉液压系统的常见故障及排除方法。

(2)能够排除一些液压常见故障。

授课 No.1——液压故障及诊断

液压设备是由机械、液压及电器等组成的统一体，结构复杂，其液压系统的故障也是各种各样的。由于内部情况从外部观察不到，要寻找故障产生的原因是比较困难的。当液压系统产生故障的时候绝不能毫无根据地乱拆，更不能把系统中的元件全部拆下来检查。只有熟悉液压系统工作原理、基本回路的功能和液压元件的结构，并且具有一定的实践经验，采用一定方法才能迅速查明故障原因，准确判断故障部位，并及时排除。

(一)设备检修人员在生产现场对故障的排除方法

在生产现场，设备检修人员可以通过“四觉诊断法”来分析判断故障产生的部位和原因，从而采取相应方法措施排除故障。

所谓“四觉诊断法”就是指经验丰富的检修人员利用触觉、视觉、听觉和嗅觉来分析判断液压系统的故障。

1. 触觉

触觉指检修人员通过触摸来判断系统各处温度的高低和振动的大小及各元件的松动情况。

2. 视觉

视觉指检修人员凭经验观察机构运动的力度、运动的平稳性、泄漏和油液变色的情况对故障进行分析。

3. 听觉

听觉指检修人员通过根据液压泵和液压马达的异常声响、溢流阀发出的声音及油管的振动和其他异常的声音等来判断噪声和振动的大小以及元件的损坏情况。

4. 嗅觉

嗅觉指检修人员通过气味来判断油液变质和液压泵发热烧结等故障。

(二)通过逻辑分析法对液压系统故障进行排除

所谓的逻辑分析法就是根据液压系统的基本原理进行逻辑分析，减少怀疑对象，逐渐逼近，找出故障发生部位的方法。故障逻辑分析的步骤如图 8-2-1 所示。液压系统工作不正常归根到底可归纳为压力、流量和方向三大问题。当系统出现故障时，根据问题形式分析液压系统图并检查各元件，确认其性能和作用，初步评定系统质量状况。接着列出与故障有关的元件清单，在列清单时不要漏掉任何一个对故障有重大影响的元件。之后根据检查的难易程度安排元件检查的顺序，并列出重点检查的元件和部位。然后，进行初步检查，判断元件的选用和装配是否合理；元件的测试方法是否正确；元件的外部信号是否合适，对外部信号是否有响应等。在初检过程中要特别注意出现故障的前兆，如高温、噪声、振动和泄漏以及以前出现的类似故障和处理的方法等。如果初检没有检查出引起故障的元件，则应用仪器反复检查，直到检查出引起故障的元件，并对发生故障的元件进行修理或更换。最后在重新启动设备前要认真思考引起故障的前因后果，预测出以后可能出现的故障和隐患，以便采取相应的措施。

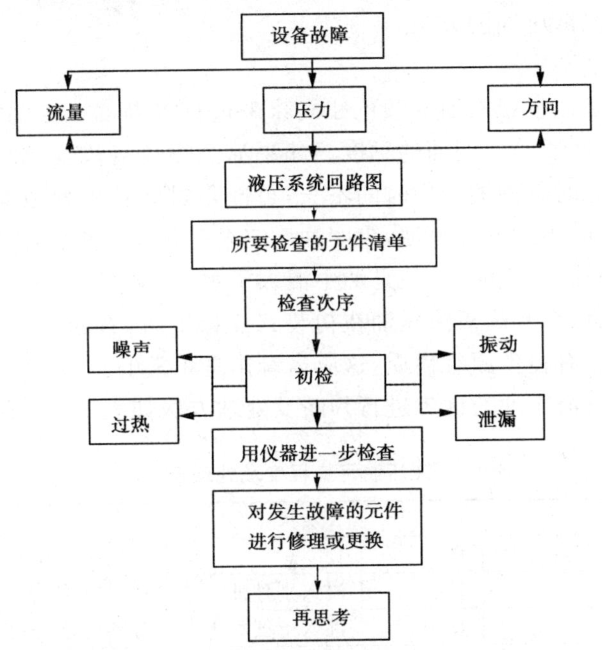

图 8-2-1　故障逻辑分析的步骤

一、工作介质污染造成的故障及排除方法

液压油的污染是液压系统发生故障的主要原因，液压油污染严重影响液压系统的可靠性及液压元件的寿命。因此，对液压油的正确使用及污染控制是提高液压系统综合性能的重要手段。

1. 污染的原因

(1)残留污染

液压元件和液压系统装配中的残留物，如毛刺、切屑、型砂、棉纱等。

(2)侵入污染

液压系统运行中，由于密封不完善由系统外部侵入的污染物，如灰尘、水分等。

(3)生成污染

液压系统运行中本身生成的污染物，如腐蚀剥落的金属颗粒、油液老化后胶状生成物等。

2. 污染的危害

(1)固体颗粒及胶状物

造成缝隙堵塞,过滤器失效,泵运转困难,阀动作失灵,产生噪声。

(2)微小颗粒

加速零件磨损,擦伤密封件,泄漏增加。

(3)水分和空气

降低油液润滑能力,加快油液氧化变质,元件表面产生气蚀,系统出现振动和爬行现象。

3. 几种现场检测液压油的方法

(1)外观检测

外观检测主要是通过观察油的颜色和气味来进行判断的。如油的颜色变浅,应考虑是否混入了稀释油,必要时检测油的黏度。如果油的颜色变浅,稍微发黑,则表明油已开始变质或被污染。此时若油的工作时间不长,可能是过滤器失效或有其他污染途径。如果油的颜色变得更深、不透明并浑浊,表明油已完全劣化或严重污染。如果油本来颜色没有多大变化,只是浑浊、不透明,往往是油中混入了水,至少有 0.03%的水,必要时可进行水分检测。但要注意,有些高级液压油在初装到油箱里时,看起来好像浑浊,经过一段运转后,便透明了,并没有丧失原有性质,这应当看作是正常的。

通过外观检测对液压油的优劣进行判断及处理方法如表 8-2-1 所示。

表 8-2-1 液压油污染程度及处理表

外　观	气　味	状　态	处理方法
色透明无变化	良	良	仍然可使用
透明但色变淡	良	混入别种油	检查黏度、若好可再使用
变成如白色	良	混入空气和水	分离掉水分;部分或全部换油
变成黑褐色	不好	氧化变质	全部更换
透明而有小黑点	良	混入杂质	过滤后使用;部分或全部换油
透明而闪光	良	混入金属粉末	过滤后使用;部分或全部换油

(2)水分检测

水分是液压油中的含水量,是液压油中的液体污染物。液压油中的含水量一般用百分率表示。现场可用经验测定方法:取一只试管($\phi15\times150$mm),将油样注入试管 50mm 高,再将试管中的油样充分摇晃均匀,用试管夹夹住放在酒精灯上加热。如果没有显著的响声,可认定不含水分。如果发生不断的连续响声,而且持续在 20～30s 以内,响声消失,则可估计其含水量小于 0.03%,连续响声持续到 40～50s 以上时,可粗略估计其含水量为 0.05%～0.10%,这时应考虑离心除水或换油。

(3)机械杂质测定

液压油中机械杂质包括从外部混入的夹杂物(如切屑、焊渣、磨料、锈片、漆片、纤维末等),工作中系统本身不断产生的污垢(如元件磨损生成的金属粉末、密封材料的磨损颗粒等),这些颗粒杂质严重地影响着液压系统的正常工作,如阻塞孔道、加剧元件磨损等。液压油中的机械杂质是液压油中固体污染物的主要成分。

在各种污染物中固体污染物是液压系统中最普遍、危害性最大的污染物。据经验，在由污染物造成的液压系统故障中，至少70%是由于固体颗粒污染物所造成的。因此，及时检测液压油中的机械杂质，采取相应措施，不但能保证系统用油质量，而且能延长液压元件的使用寿命，确保液压系统的正常工作。

1）检测固体颗粒污染物的定量方法

液压油的污染度是指单位容积液体中固体颗粒污染物的含量。目前，常用的污染度等级标准有两个：一个是ISO4406国际标准，一个是美国NAS1638标准。

ISO4406国际标准用两个代号表示油液的污染度，如等级代号为19/16的液压油，前面的代号19表示1mL油液中尺寸大于5μm颗粒数的等级，颗粒数在2500～5000之间，后面的代号16表示1mL油液中尺寸大于15μm颗粒数的等级，颗粒数在320～640之间。代号的含义如表8-2-2所示。

表8-2-2　ISO4406污染度等级标准

1mL油液中的颗粒数	等级代号	1mL油液中的颗粒数	等级代号
>5000000	30	>80～160	14
>2500000～5000000	29	>40～80	13
>1300000～2500000	28	>20～40	12
>640000～1300000	27	>10～20	11
>320000～640000	26	>5～10	10
>160000～320000	25	>2.5～5	9
>80000～160000	24	>1.3～2.5	8
>40000～80000	23	>0.64～1.3	7
>20000～40000	22	>0.32～0.64	6
>10000～20000	21	>0.16～0.32	5
>5000～10000	20	>0.08～0.16	4
>2500～5000	19	>0.04～0.08	3
>1300～2500	18	>0.02～0.04	2
>640～1300	17	>0.01～0.02	1
>320～640	16	≤0.01	0
>160～320	15		

2）现场检测固体颗粒污染物的经验方法

目测法是用肉眼直接观察油液被污染程度的方法，在机械工作一段时间后，取数滴液压油放在手上，用手指捻一下，查看是否有金属颗粒，或在太阳光下观察是否有微小的闪光点。如果有较多的金属颗粒或闪光点，说明液压油中含有较多机械杂质。由于人眼的能见度下限是40μm，所以能观察出杂质的油已经很脏了，必须更换。滤纸试验法是把用过的一滴油滴在240目（9216孔/cm^2）的滤纸上，滤纸在吸干这滴油后形成一种特定的形式，根据这种形式鉴别出油的污染程度。几种典型的实验结果如图8-2-2所示。图8-2-2(a)所示为扩散性特别高，不溶性污物少，油滴中心颜色一般较浅，外圈不明显，油仍可使用。图8-2-2(b)所示为扩散性高，不溶性污物中等，油滴中心颜色很淡，外部有个昏圈，油也仍可使用。图 8-2-2(c)所示为外圈清晰，有一个分布均匀的暗色中心，油不能用。图 8-2-2(d)所示为外圈很清晰，圈内呈均布的暗色，油滴颜色的浓度随污染而变，油不能用。

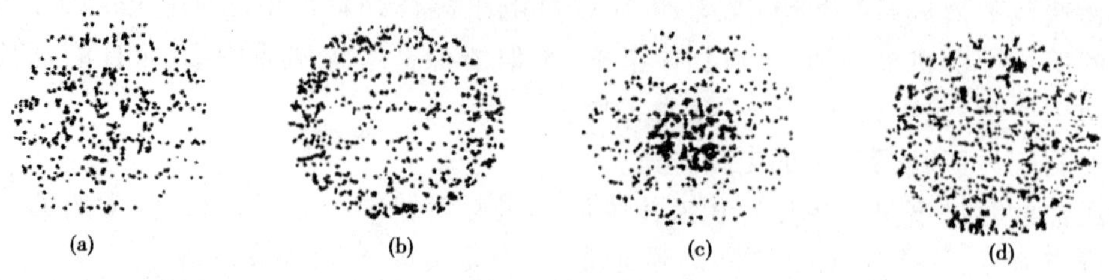

图 8-2-2 几种典型的试验结果

4. 污染的控制

为防止油液污染，在实际工作中应采取如下措施：

(1) 液压系统在装配后、运转前必须用系统工作中使用的油液进行彻底清洗。

(2) 液压油在工作中保持清洁，尽量防止工作中空气、水分和灰尘的侵入。

(3) 采用合适的滤油器，并要定期检查和清洗滤油器，发现损坏应及时更换。

(4) 必要时检查并更换防尘圈和密封圈。

(5)定期更换液压油。一般在累计工作 1000h 后，应当换油。在间断使用时可根据具体情况隔半年或一年换油一次。

(6)油箱应加盖密封，防止灰尘落入，在油箱上面应设有空气过滤器。

控制液压油的工作温度。一般液压系统的工作温度最好控制在 65°C 以下，机床液压系统则应控制在 55°C 以下。

二、液压系统的泄漏及控制措施

(一)缝隙泄漏

液压元件的零件之间，特别是相对运动面之间都有一定的配合间隙，即缝隙。油液在两配合面相对运动作用下形成剪切流动，在缝隙两端压力差作用下形成压差流动，从而产生缝隙流量，即泄漏。泄漏造成液压系统流量损失，功率损耗加大，油温升高，效率降低。

由于配合间隙很小，一般在几微米到几十微米之间，所以缝隙内的流动通常为层流。

现将各种缝隙的流量公式汇总如下，以便计算时选用。

1. 固定平行平板间压差流量

$$q=\frac{b\delta^3}{12\mu l}\Delta p \tag{8-1}$$

式中，b 为平板宽度；δ 为平板间距离；l 为平板缝隙长度；Δp 为缝隙两端压力差。

上式表明在压力差作用下，流过固定平行平板缝隙的流量与缝隙厚度的三次方成正比，说明液压元件内缝隙大小对泄漏量的影响很大。

2. 相对运动平行平板间剪切流量

设一平极固定，另一平极以速度 u 作相对运动因板间为层流，平均流速是最大流速 u 的一半，所以平板间相对运动时剪切流量为

$$q=\frac{u}{2}b\delta \tag{8-2}$$

一般情况下，相对运动平行平板间缝隙中既有压差流动，又有剪切流量，因此，缝隙流量应为两者代数和，即

$$q_V=\frac{b\delta^3}{12\mu l}\Delta p\pm\frac{u}{2}b\delta \tag{8-3}$$

式中，当长板相对于短板移动方向和压差方向相同时取"＋"号，相反时取"－"号。

3. 同心圆环缝隙流量

在液压元件中，液压缸的活塞和缸孔之间，液压阀阀芯和阀孔之间都存在圆环缝隙。圆环缝隙有同心圆环和偏芯圆环两种，对于同心圆环缝隙相当于沿圆周方向展开形成的平行平板缝隙。宽度 b 为圆周长 πd，缝隙厚度 δ 为内外圆环半径之差。因此有

$$q_V=\frac{\pi d\delta^3}{12\mu l}\Delta p\pm\frac{u}{2}\pi b\delta \tag{8-4}$$

4. 偏芯圆环缝隙流量

设圆环内外圆环偏芯距为 e(最大偏芯距为两外内圆环半径之差，即同心环缝隙厚度 δ)，取偏芯距 e 与同心环缝隙厚度 δ 的比值为相对偏芯率，即 $\varepsilon=\frac{e}{\delta}$，则其流量公式为

$$q_V=\frac{\pi d\delta^3}{12\mu l}\Delta p(1+1.5\varepsilon^2)\pm\frac{u}{2}\pi d\delta \tag{8-5}$$

可见，当 $\varepsilon=0$ 时，为同心圆环，当 $\varepsilon=1$ 时，有最大偏芯。最大偏芯时，泄漏量最大。所以为减小圆环缝隙泄漏，相互配合的零件应尽量处于同心状态。

(二)液压装置外泄漏的主要部位和原因

液压装置的外泄漏，主要发生在元件之间或零件之间的固定连接处，以及外伸轴杆的动配合处。以下是根据治漏实践总结而得的液压件泄漏的各主要部位及其常见原因。

1. 管头接触

管接头类型与使用条件不符；接头的加工质量差，不起密封作用；接头装配不良；接头密封圈老化或破损；机械振动或压力脉冲等原因引起接头松动等。

2. 不承受压力负载的结合面处

结合面的表面粗糙度和不平度过大；由各种原因引起的零件变形使两表面不能全面接触；密封件硬化或破损是密封失效；装配时结合面上有砂尘等杂质；被密封的油腔内有压力等。

3. 承受压力负载的结合面处

结合面粗糙不平；紧固螺栓拧紧力矩不够或各螺栓拧紧力矩不等；密封圈失效；结合表面翘起变形；密封圈压缩量不够等。

4. 轴向滑动表面密封处

密封圈的材料或结构类型与使用条件不符；密封圈老化或破损；轴表面粗糙或划伤；密封圈安装不当等。

5. 转轴密封处

转轴表面粗糙或划伤；油封材料或结构类型与使用条件不符；油封老化或破损；油封

与轴偏芯过大或转轴振动过大等。

(三)防止泄漏的方法

为了防止泄漏,在更换元件、软管以及硬管时,需要遵循以下几条原则:

(1)一般应按照原来的管道位置和长度更换,原因是设备上原来的管道的位置是经过精心设计的,特别是一些车辆上的管道位置。由于空间窄小,因此设计时都考虑了尽量避免震动和磨损,所以应按原来的管道尺寸和位置更换新的管道,这样做会避免产生新故障。

(2)避免在管道布置时产生角度很大的急弯。急弯在任何形式的液压管线中都会产生对油液的节制作用,从而引起油液过热。应当选择合适的管道弯曲半径,对软管来讲,软管的弯曲半径应当等于10倍的软管外径。尤其是对在工作期间软管需要弯曲时,一个比较大的弯曲半径则是必需的,对于硬管的弯曲半径应等于管道外径的2.5～3倍。

(3)不要试图用力(超过允许的转矩)旋紧管接头,这样做带来的后果是管接头损坏和密封圈变形。

(4)应使管道长度尽可能的短,管道越长,内阻就越大。更换管道时,不要用一根长的管道来代替原来比较短的管道。另外,也不要使管道短到弯曲半径小于所规定的值,应当仔细测量是原管道长度,考虑所有的弯曲部分,然后用相同长度的管道代替。对于软管,需要注意的就是当软管被加压时,有轻微缩短的趋势,所以在更换软管时要考虑到这一点,要留出一些长度。

(5)应当使用合适的支架和管夹,主要原因是要避免软管与软管之间或软管与硬管之间或者软管与设备之间形成摩擦,摩擦会缩短软管的寿命,导致早期的软管的更换。确信使用合适的管夹,因为在一个比较松的管夹内,软管的前后移动会引起摩擦。还要使用推荐的管接头,假如管接头与管道不是精确的匹配的话,阻力和泄漏将由此产生。

(6)安装时要使用合适的工具,不要用管钳子之类的工具代替扳手,也不要使用密封胶来防止泄漏。

(7)无论什么时候,在从液压系统中拆除软管和硬管时,都要用干净的材料盖住拆除部分的管道,也不要用废旧的材料堵塞系统和元件,记住棉丝纤维材料与其他类型的污物一样有害。

三、液压系统的振动噪声控制

(一)液压系统振动噪声的来源

机械振动噪声是由于零件之间发生接触、冲击和振动引起的。例如,液压系统中的电动机、液压泵和液压马达这些高速回转体,如果转动部分不平衡,会产生周期性的不平衡离心力,引起转轴的弯曲振动,因而产生噪声。

电动机噪声除机械噪声外,还有通风噪声(如冷却风扇声和风声)和电磁噪声(电动机通电后的电磁噪声和蝉鸣声),当电动机和液压泵不同轴以至联轴器偏斜,也会引起振动噪声。

齿轮泵工作时,齿轮啮合的频率、齿轮啮合受到圆周方向的强制力引起圆周方向的振动,而齿轮啮合产生圆周方向的振动使齿面受到动载荷而引起的轴向振动(产生径向方向的振动的同时产生轴向振动)，从而产生噪声。

滚动轴承中滚动体在滚道中滚动时产生交变力而引起轴承环固有振动形成的噪声；滚动体移动引起噪声；滚动体和滚道之间的弹性接触引起噪声；滚道中的加工波纹是轴承处于偏芯转动引起的噪声；滚动体中进入灰尘或有伤痕或锈蚀时发出噪声。

液压零件频繁接触而引起噪声，电磁铁的吸合产生蜂鸣声、换向阀阀芯心移动时发生冲击声、溢流阀在泄压时阀芯产生高频振动声。

油箱本身并不发出噪声，但如果液压泵和电动机直接装在油箱上，它们的振动引起油箱产生振动，会使噪声进一步扩大。

(二)流体振动噪声

流体振动噪声由液压的流速、压力的突然变化及气穴爆炸等引起。在液压系统中，液压泵是主要噪声源，其噪声量约占整个噪声的75%主要由泵的压力和流量的周期性变化及气穴现象引起。在液压泵吸油和压油的循环中，产生周期性的压力和流量变化，形成压力脉动，引起液压振动，并经出口向整个液压系统传播，液压回路的管道和阀类将液压泵的脉动液压油压力反射，在回路中产生波动而使液压泵产生共振，以至重新使回路受到激振，发出噪声。

在管路内流动的液体常因突然关闭阀门而在管内形成很高的压力峰值。液压冲击不仅引起巨大的振动和噪声，压力峰值有时还达到足以使液压系统损坏的程度。

(三)液压泵和液压马达的振动与噪声

液压泵有多种振动与噪声，其原因与机理差异很大。

如液压泵的运动件磨损，轴向、径向间隙过大，会引起压力与流向的脉动，同时使噪声增大。液压泵的压力波动也会使阀件产生共振，因而增大噪声。控制阀节流开口小，流速高，易产生涡流，有时阀芯拍击阀座，同时会增大振动。产生这种现象，可用小规格的控制阀来替换或将节流口开大。另外，油的黏度太高，吸油过滤器阻塞或油面过低，引起泵吸油困难，产生气穴，引起严重的噪声。

轴向柱塞泵由于油污染，吸油不畅，引起滑靴与斜盘干摩擦，发出尖利的声响。柱塞泵的柱塞卡死或移动不灵活也会引起振动。

叶片泵转子断裂，叶片卡死，从而引起压力波动及噪声。

当油泵中有漏油现象时，齿轮油泵齿形的误差大，会导致振动。

一般情况下，齿轮泵与轴向柱塞泵的噪声比叶片泵大得多。

液压马达的噪声与振动主要有下列几种情况：轴承及零部件磨损；液压马达传动轴与负载传动轴连接不同轴；轴向柱塞式液压马达因结构原因产生脱缸与撞击。

(四)其他原因造成的振动与噪声及预防

1. 阀类元件引起的振动与噪声

(1)油中杂质把阀阻尼孔堵塞、阀中弹簧疲劳或损坏、杂质过多使阀芯移动不灵活等都会引起振动与噪声。应及时清洗阻尼孔、过滤油中的杂质和更换弹簧。

(2)阀芯与阀体配合不好或表面拉毛，使配合间隙过松，内泄漏严重，易产生噪声振动；过紧的阀芯使移动困难，也会产生振动噪声。因此，装配时要掌握合适的间隙，以阀芯在阀孔内可以自由移动但不松、不涩为度。

(3)换向阀换向时产生噪声。解决办法:避免或减少快速换向,清洁换向阀铁心与衔铁杆吸合端面,改善断面平整度,校正衔铁杆长度。

(4)电磁铁的振动与噪声,电磁铁因阀芯卡滞,电信号断断续续,电磁阀两个电磁铁同时通电而产生明显的振动与噪声。

2.管道的振动与噪声

各类刚性管道,因安装不牢靠,或过长的管道没有合适的支撑座,会产生明显的振动与噪声,且系统压力越高,问题越严重。由于谐振,管网有时会产生严重的破坏性剧烈振动。液压泵产生的流量脉动经过管路的作用,形成压力脉动,流体的振动通过管路还会传至系统。

随着流体动力技术向着高压、大流量和大功率发展,有动力源产生的流量压力脉动和由此诱发的管道振动和噪声问题越来越突出。近年来由于管道振动造成的泄漏和爆炸事件时有发生。

3.液压系统中混入空气而产生振动与噪声

应采取以下几种措施:油箱设计合理,容积要足够大,可采用设有隔板的长油箱,分成回油箱和吸油箱。油箱中的油液要加到规定的高度,一般油面高度为油箱高度的0.8倍。吸油管一定深入油池3/5深度,吸油管的管口应切成45°角,以防止脏物的吸入,距油箱底部的距离要大于两倍的管径,以便流油畅通。加油管管口必须侵入油面以下,以免油液飞溅而混入空气引起噪声和振动。各接头要严格密封,防止泵内短时吸入空气。

4.装配、操作与维修不当产生振动与噪声

油泵内零件损坏严重,装配松动或零件装错,引起油泵噪声过大。解决办法:立即停车,解体检查校正或更换有关零件。

零件的光滑程度,零件外部的几何形状不规则,或有毛刺,或结合面平整度不合要求等原因,会造成元件的密封不良,混入空气,产生空气噪声。如有此种情况只能更换零配件。

如长时间不开机,在突然开机时产生的振动和噪声。在日常工作中按工作要求则能避免。工作要求:长时间不开机,再开机时应对液压泵注满清洁的液压油(从回孔注入),平时最好每周开一次。

(五)振动与噪声的防治与改进措施

1.正确安装液压泵

安装液压泵与电动机时,要注意将同轴度误差控制在0.02mm以内,并采用柔性联轴器,回转部分要做动平衡。如果泵与电动机装在油箱盖上,则泵—电动机与油箱盖之间应加防振橡胶垫和吸振材料。如有可能,应尽量减小泵的吸油高度或吸油过滤器的密度。

2.正确安装管道

较好的防振措施是在硬管的两端用软管连接。管道应尽量短一些,对长管道要注意设置足够的隔振支撑点,保证管道有足够的刚性,防止管道共振。

管道与泵、阀、中介法兰等位置确定,连接处密封良好,以免吸油管管道中混入空气产生噪声和振动。

管道弯曲小于30°,弯头曲率半径应大于管道直径的5倍。

3.改进液压系统的结构

(1)采用低噪声的液压元件

老式液压泵噪声大,可用新型液压泵取而代之。柱塞泵与齿轮泵的振动与噪声比叶片泵要大,但叶片泵没有柱塞泵那么高的额定压力,新型叶片泵的额定压力有很大的改进,达 20MPa,用叶片泵取代柱塞泵也是降低振动与噪声的一种途径。

(2)减少液压泵的数量

液压泵少了,振源就少了,噪声也就降低了。老式液压系统的采用多个液压泵来调节系统的流量与压力。新式液压系统采用比例阀调整系统压力和流量,可减少液压泵的数量。

(3)在系统中设蓄能器

液压系统的压力脉动引起的严重的噪声,可在系统中通过并联蓄能器吸收压力脉动消除。

(4)在系统中设消音器和滤波器

对于高频振动与噪声,可通过设消振器和滤波器予以消除。

四、液压系统其他常见故障原因及排除方法

液压系统的故障种类较多,常见的故障主要有爬行、液压冲击、油温过高及泄漏等。表 8-2-3～表 8-2-5 是常见故障的原因及排除方法。

表 8-2-3　系统产生爬行的原因及排除方法

原　　因	排　除　方　法
系统侵入空气	利用排气装置排气,加强密封,防止液压泵吸空
节流阀或调速阀流量不稳定	更换性能好的元件
液压缸安装精度差,与导轨面不平行	重新装配,提高安装精度,调整平行度
油液污染,堵塞液压元件	更换液压油,保持油液清洁
导轨等导向机构精度低	修复导向导轨
导轨润滑条件差	改善润滑条件
回油无背压	增设背压阀
负载变化引起供油波动	选用低速稳定性好的调速阀

表 8-2-4　系统产生液压冲击的原因及排除方法

原　　因	排　除　方　法
系统侵入空气	利用排气装置排气，加强密封，防止液压泵吸空
液压缸无缓冲装置或缓冲装置失灵	增设或检修缓冲装置
换向阀换向过快	换向阀阀芯做成锥角或开轴向三角槽，或者采用电液换向阀
系统工作压力过高	降低系统工作压力
回油无背压或背压太低	增设背压阀，提高回油背压压力
运动件、油液的惯性冲击	设置制动阀和蓄能器

表 8-2-5　系统产生油温过高的原因及排除方法

原　　因	排　除　方　法
系统压力过高	合理调整系统压力
液压泵及各处连接泄漏严重	检修液压泵，加强密封，防止泄漏
油箱体积小，散热性能差	适当增大油箱面积，改善散热性能，必要时增设冷却装置
液压元件工作性能差或选用不合理	选择合适的液压元件，提高液压元件的工作性能
油液黏度太高	选用适当黏度的油液
系统沿程功率损失大	选择合适管径，减少弯头，缩短长度
环境温度过高	设置反射板或利用隔热材料将系统与热源隔开
定量泵功率浪费造成油温升高	将定量泵改成变量泵

授课 No. 2——故障诊断实例

面对液压故障的多种可能原因，在各种故障原因可能性大小并不清楚（如首次参加某不熟悉的液压设备的故障分析）的情况下，应按照拆卸分解及观测液压元件的难易程度设定检测次序，即先检查比较容易观察测试或易于拆卸的元件与环境因素（如油、电气系统、冷却水等），再检查较难拆卸的元件，特别是体积大、重量大的元件；先检查外部因素，再检查元件内部；先检查比较简单的元件，再检查结构功能比较复杂，其状况不甚明了的元件。就各元件而言，应先检查阀，再检查泵，最后检查液压缸与液压马达。现举例说明按“先易后难”原则检查液压故障的实例。

某液压回路如图 8-2-3 所示，故障症状为液压系统在工作过程中突然不工作了。做如下检查：

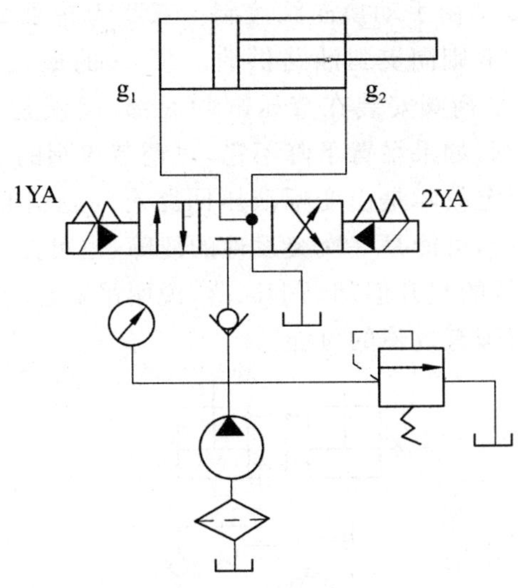

图 8-2-3　液压回路

(1)查油箱油位,看看油位是否在最低油位以上。

(2)手动操纵方向控制阀(电磁阀通过电磁铁两端的手动按钮推动),如果阀芯推不动,说明是方向阀出了故障;如果方向阀可以换向,且液压缸动作了,说明是电磁阀的电气线路出了故障;如果液压缸还不能动作,进行第三步。

(3)检查泵站压力。方向阀处中位,查看泵出口处压力表的读数是否调至额定值。如果低得多,作下列检查:压力表开关是否开了;压力表是否损坏;溢流阀是否出现故障;吸油过滤器是否堵塞;管路是否堵塞;泵是否损坏。如果压力低得不多,可作下列检查:泵内是否有严重的内泄漏;溢流阀调整是否正确。将溢流阀压力调高,再控制换向阀换向,液压缸应动作。如果液压缸的运动速度满足工作要求,故障就排除了;如果速度不能满足要求,则需修理液压泵;如果在溢流阀调整后液压缸仍不能动作,则作下一步检查。

上述工作做完以后,仍没有排除故障,那么可能就是液压缸出故障了。首先不要急于拆卸液压缸,把方向阀打开到左位或右位,启动液压泵一段时间后,仔细摸一摸整个缸壁,看看是否有局部发热处。如果活塞处密封损坏了,就会有油液从高压腔漏至低压腔,油液从狭窄的缝隙流过时,液压能便转化为热能,如果没有局部热点,进行下一步检查。即拆开液压缸一端的管接头 g_1,把它连接到一个三通管接头上,三通的另外两端分别接压力表与截止阀。方向阀换向至左位,读压力表的读数,如果读数与主压力表读数不接近,说明管路堵死;如果接近,用同样的方法试验另外一个管接头 g_2,如果管路无堵塞,再进行下一步拆卸分解并检测液压缸。

一、TL-360 型起重机液压故障逻辑诊断实例

有台日产多田野 TL-360 型起重机,一次吊臂起升作业时,在发生异常声响后吊臂突然下落。此后,吊臂空载时虽能少量的起升,但随即回落了。初步判断,故障可能发生在变幅液压回路中。

由图 8-2-4 知变幅缸 6、7 由手动换向阀控制。双联齿轮泵 2a 既向变幅缸供油，又向伸缩缸供油。双联齿轮泵 2b 则向支腿油路供油。泵 2a 的最大工作压力有溢流阀限定，其调定压力为 17.5MPa。平衡阀安装在液压缸的底部，起锁紧和防止超速下降的作用，其控制油路设有可变节流阀，如果吊臂下降不稳，可调节该阀的节流开度。

发动机运转正常，可断定故障是由变幅液压回路有问题引起的。根据变幅液压回路的原理并结合故障现象分析，可能是一次突发性的故障，也可能是因压力不足而造成的。

吊臂空载时虽能有少量的起升但却马上回落，说明吊臂已处在不能抬起来的状态。

据此，可首先排除平衡阀有故障的可能。

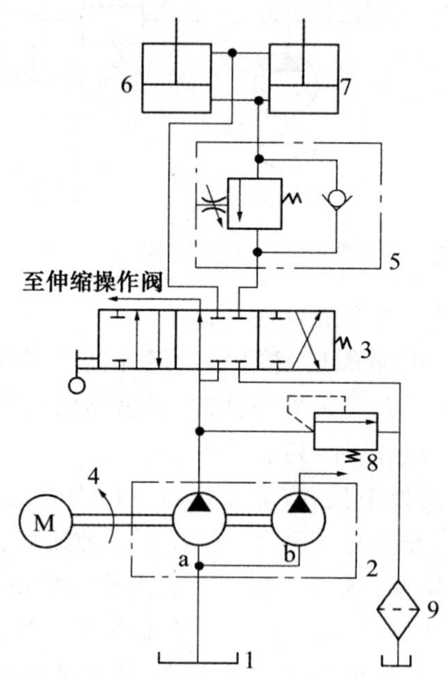

图 8-2-4 TL-360 型汽车起重机变幅液压回路

1—油箱 2—双联齿轮泵 3—手动换向阀 4—发动机

5—平衡阀 6、7—变幅缸 8—溢流阀 9—过滤器

因油箱的油量正常，因此可推出故障原因在系统内部。

可能原因有：①双联齿轮泵磨损造成严重泄漏，或泵的吸油管路吸入了空气；②溢流阀 8 失效，造成压力上不来；③变幅液压缸 6、7 漏油；④手动换向阀磨损严重。

齿轮泵 2a 既向变幅缸供油又向伸缩缸供油，伸缩回路和变幅回路的最大压力均有溢流阀 8 限定。操作伸缩操纵阀实现吊臂伸缩作业时工作正常，这就排除了①、②两种可能出现故障的原因。

手动换向阀磨损是属于磨损性故障，相对于液压缸来说，其故障的频率要小得多。为此，应首先检查液压缸。

将变幅缸 6、7 上腔的油管在接头处拆开，放掉余油，然后进行吊臂起升作业。此时有大量的液压油自上腔油管接头处流出，从而证明故障是由液压缸泄漏而造成的。

将拆检变幅缸 6、7 时，发现活塞上的 O 形圈及活塞杆密封圈皆正常。接着检查缸体的圆度、圆柱度，结果其中一个液压缸缸体下端的圆度误差达 3mm，圆柱度误差值最大值达 6mm。于是，可判定作业过程中有可能产生了液压冲击，造成安全阀开启滞后、压力瞬时上升过快，加上变幅缸缸体上原有的缺陷(因整机年久失修而造成的严重变形)，导致其密封失效。从另一台型号工作正常的起重机上拆下一变幅缸，装上试机时故障消失。

二、M1432 外圆磨床常见液压故障分析

(1)液压泵及液压泵装置工作不正常

故障现象：

1)液压泵运转时有显著连续的或周期性的噪声。

2)液压泵运转时，压力有剧烈跳动。

3)液压泵运转时，输出流量在负载增加时有显著降低。

4)液压泵的工作压力不能建立或调低。

可能原因及排除方法：参阅液压泵的故障排除方法

(2)工作台运动时，有爬行、跳动现象以及速度有显著的不均匀现象，且不能达到最高速度，最低速度时趋向停止。

可能原因及排除方法：参见液压缸的故障排除方法。

(3)工作台换向时有冲击或振动，换向明显迟缓或冲出量太大等。

可能原因一：系统内有大量空气。

排除方法：利用排气阀排除系统中的空气。

可能原因二：单向阀中的 I_1、I_2 中的钢球与阀座接触不良。

排除方法：拆卸工作台换向时冲击大的那端的单向阀盖板，检查、更换不圆的钢球，将钢球放在阀座上，用油枪检查是否泄漏。

可能原因三：针形节流阀 L_1、L_2 调节过大、过小或泄漏严重，或有杂物堵塞。

排除方法：重新调节，若仍不能解决，则拆卸检查节流阀是否堵塞或是否泄漏严重，并予以排除。

可能原因四：液压缸(或活塞杆)连接处有松动现象。

排除方法：紧固各连接处。

可能原因五：操纵箱内的滑阀被卡住，移动不灵敏或磨损较大，管道有泄漏或操纵箱的纸垫被冲破而造成内泄漏。

排除方法：拆卸操纵箱，检查内部零件和密封情况。

应用拓展：YB32-200 型压力机液压故障逻辑诊断实例

YB32-200 型压力机液压系统图见模块七课题四，该机常见的液压故障及排除方法如表 8-2-6 所示。

表 8-2-6　　**YB32-200 型压力机液压故障及排除方法**

故障现象	产生原因	排除方法
无动作	电气接线故障 油箱中油量不足 控制油压不够 滤油器堵塞	检查电气线路,有无接错或接头不良 检查油面高度,补充油量至规定值 适当提高其控制油压 检查、清洗
活动横梁运行中有抖动爬行现象	管路内积存空气或液压泵吸进空气 精度调整不当或立柱缺润滑油	检查吸油管路是否进气,然后快速上下运行次数,加压排气 立柱上注油并重新检查,调整精度
停车后活动横梁下溜(下沉)现象	缸口密封圈有渗漏 液控单向阀阀口接触不良,密封不严 顺序阀压力调整过低或阀口不严	观察缸口处是否漏油,必要时,更换密封圈 检查有无污垢或划伤,并进行配研 重新调整压力,并检查阀口
高压行程速度不够,上压慢	高压液压泵调得过小 液压泵磨损或烧伤 系统内泄漏严重	重新调整恒功率变量泵 检查、修复或更换 检查充液阀是否关闭,各有关部分密封圈是否损坏
保压时压力降过大	与保压有关的阀口不严或管路渗漏 液压缸的缸口及内部有泄漏	检查充液阀 1,单液阀 3 等 密封圈,必要时,更换 检查密封圈损坏情况,必要时更换
压力表的指针摆动较大	压力表油路内存有空气 管路机械振动较大 压力表故障	上压时略拧松管接头放气,并调整压力表 将管路卡牢 校验或更换

应用拓展:YT4543 动力滑台液压系统故障分析及诊断

组合机床是由一定功能的通用部件(如各类切削动力头、滑台、回转工作台底座、立柱等)和部分专用部件(如变速箱等)组合而成的高效专用机床,以便适应不断发展变化中的大批量生产的需要。例如汽车、拖拉机、柴油机、电机、仪器仪表、机床制造业中都使用者大量组合机床。液压动力滑台是组合机床上用以实现进给运动的一种通用部件,其运动是靠液压驱动的。根据加工要求,滑台台面上可设置动力箱、多轴箱或各种用途的切削头等工作部件,以完成钻、扩、铰、镗、刮端面、倒角、铣削和攻丝等工序。它对液压系统性能的主要要求是速度换接平稳,进给速度稳定,功率利用合理,发热小,效率高。

一般国内组合机床的主轴旋转运动采用结构简单的机械传动方式,而完成进给运动的滑台、工件的定位夹紧,回转工作台的分度让刀、随行夹具或零件的输送转位以及各种辅助装置的移动等许多都是采用液压传动的。

YT4543液压系统的工作原理图及分析详见模块七课题一。

与其他液压设备一样，组合机床的液压故障也是多种多样的，产生的原因也是五花八门。组合机床种类繁多，此处仅就组合机床（液压）最通用的液压滑台和液压回转工作台的故障作出分析，并说明排除这些故障的方法。

1.滑台不运动（无快进）

这一故障现象是指当启动油泵发出滑台前进信号，驱动滑台的油缸不动作。产生的原因和排除方法有：

（1）限压式变量叶片泵1有故障：泵不出油或输出流量不够，或者泵输出的油液压力不够或根本无压力，造成缸无动作，可参阅变量叶片泵故障原因进行故障分析与排除。

（2）电液换向阀6和电磁换向阀12故障

如：①因电路故障电磁铁1YA未能通电，3YA未能断电，可检查电路情况，消除接触不良及断线等。

②阀6中液动阀卡死，控制油推不动阀芯移动而接入左端工作油路（即中位或右位）；或者阀12的阀芯卡死在3YA通电的位置。这样无压力油进入油缸，油缸与滑台不工作，此时应拆修阀6与阀12使阀芯能灵活运动。

③电液换向阀的阻尼调节螺钉拧得过死，即右端节流阀处于完全关闭状态，电液动阀6右端的控制回油无法流回油箱，受阻困油压力增高，背压相当大，使阀6左端的控制油路无法推动阀芯换向，此时应当适当开大右端节流阀。

（3）滑台油缸本身故障：例如油缸因安装别劲，密封调得过紧，污物卡住活塞及活塞杆等原因，造成压力油推不动滑台油缸。此时可查明原因，根据情况予以排除。

（4）滑台导轨面的压板或镶条压得太紧，或有异物落在导轨面上，使油压力推不动油缸。可检查和调整导轨间隙，并注意油缸的安装精度，清除导轨面上异物，导轨拉毛严重者重新产刮，使手推滑台（断掉油缸）灵活移动。

（5）单向阀5卡死在关闭位置。拆修阀5。

2.滑台能快进，但快进速度不够

（1）如果是泵输出流量不够，则修理泵或更换泵。

（2）如果是滑台油缸两腔串腔，则拆开油缸，更换活塞密封，并注意防止油缸别劲现象。

（3）阀12卡死在通电位置，油缸进油只能通过调速阀7与8进入油缸，速度自然很慢，可拆修阀12。

3.滑台能正常快进，但不能由快进转一次工进

（1）快进转一次工进的行程阀11未能被压下，这多半是撞块松脱或修理后漏装的缘故，可压紧撞块和补装挡块。对于其他不是采用行程阀而是采用电磁换向阀进行速度转换的滑台，则要注意电磁铁短线、电路不通和阀芯被卡死等情况。

（2）因使用过久，顶压二位二通机动换向阀11的撞块严重磨损或者撞块错位而不能完全压下阀11的阀芯，此时应更换或补焊撞块。

4.滑台能快进转一次工进，但无第二次工进（二工进速度由阀8调节）

（1）由一次快工进转二次工进的行程开关没有被压下，或阀12的电磁铁因电路接触

不良、断线等故障，3YA不能通电，可检查和调整二次工进的行程开关位置，并检查电路、行程开关及电磁铁3YA的接触情况，对造成电路断开的原因予以排除。

(2)二次进给调速阀8开口未调好，阀8的开口应调得比阀7的小，才会有二次工进速度。

(3)阀12的复位弹簧太硬，3YA推不动阀芯，无二次工进。如3YA为交流电磁铁，伴随有严重的发叫(嗒嗒)声，可更换成合适的弹簧。

5. 只有二次工进，没有一次工进

(1)阀12弹簧漏装或折断，或阀芯卡死在通电的位置，可更换或补装合格的复位弹簧，修复阀12。

(2)阀7的开度调得比阀8的小，可适当加大阀7的开度(调节手柄旋松)。

6. 滑台快进转工进时有冲击

如表8-2-4所示。

7. 滑台工进有爬行或跳跃运动现象

如表8-2-3所示。

8. 滑台工进时力量不够或根本无力

(1)液控顺序阀(卸荷阀)4的阀芯因磨损等原因，阀芯配合阀间隙较大，进入阀4控制腔的油经阀芯间隙再经背压阀漏往油箱，使泵1输出的压力油部分泄压，压力上不去，使滑台工进时无力。此时应修理或更换阀4。

(2)调速阀7或8的开口被堵塞或调节不当而关死，出现工进根本无力推动缸，此时可检修或合理调节调速阀7与8，并根据情况更换干净的油液。

9. 滑台工进到终点需要延时但不能延时便返回，或延时时间更长

压力继电器分为有延时和不能延时之分，本动力滑台中使用的压力继电器为DP63型，无延时调节装置因而到达终点后，只要压力超过压力继电器9的调节压，马上快退，解决办法是在电路中想办法，即压力继电器9先发信给延时继电器，经延时后再发信给2YA，使2YA通电、阀6换向后，滑台才返回，也可改用带延时调节装置的压力继电器。

当时间继电器调节的延时时间太长，或压力继电器的延时装置调节不当，都会出现延时过长的现象，可重新进行调节。

10. 滑台工进到底后，不能快速返回或者不返回

(1)返回的行程开关没有被压下，或电磁铁线圈断线或控制电路未导通，使2 YA不能通电，可检查和调整行程开关位置，检查电路的情况和电磁铁不能通电的原因，需一一排除。

(2)检查压力继电器9和行程开关发信的连锁情况，是只要当中一个发信还是需要二者同时发信后，2 YA才能通电做返回动作。

(3)返回行程开关接触不良，造成返回电磁铁2 YA不动作，可修复或更换返回行程开关。

(4)电液阀的阻尼调节螺钉(节流阀)拧得过紧，但节流阀尚未完全关闭，会出现滑台返回延时过长的故障，完全关闭则不能返回。

(5)阀6的阀芯卡死在左位，使阀6的右位职能接入工作使缸作返回动作，拆修阀6。

(6)3 YA 未断电，行程阀 11 未被压下，可分别作处理。

11. 滑台返回时换向冲击

(1)电液换向阀的换向停留时间调节不良，即电液换向阀上的节流阀开口调得过大，失去了阻尼作用，可适当关小节流阀。

(2)电液换向阀中的单向阀不密合，或漏装钢球，可换新钢球，并使之与阀座密合，可用榔头敲击，使钢球与密封锥面密合。

12. 油温过高

这主要与系统压力调节过高，变量叶片泵性能差及油液黏度过大等因素有关，本系统采用的联合调速方式，调节得当不会产生这一故障。

13. 振动与噪声

(1)空气进入系统，需采取排气和防止空气进入等措施。

(2)导轨润滑不良，以及组合机床其他部分刚性差、精度差等可分析各种不同的情况，做出不同的处理。

思考与练习

8-1　液压系统常见的故障有哪些？

8-2　空气侵入液压系统会造成什么样的不良后果？如何解决？

8-3　调试液压系统的步骤和方法有哪些？

8-4　如图 8-1 所示回路中，试确定下列各种情况下系统的调定压力各为多少？

(1)1YA、2YA 和 3YA 都断电；

(2)2YA 通电，1YA 和 3YA 断电；

(3)2YA 断电，1YA 和 3YA 通电。

8-5　在图 8-2 所示回路中，液压缸无杆腔面积为 $100cm^2$，负载 F 在 500～4000N 的范围内变化。如将泵的工作压力调到额定压力 6.3MPa，问是否合适？

8-6　在图 8-3 所示回路中，液压缸两腔面积分别为 $A_1=100\ cm^2$，$A_2=50\ cm^2$。当负载 $F_1=28\times10^3$N，$F_2=8.4\times10^3$N，背压阀的背压 $p_2=0.2$MPa，节流阀压差 $\Delta p=0.2$MPa时，不计其他损失，试求图中 A、B、C 各点压力。

8-7　读懂各种常见机械液压系统故障及诊断方法。

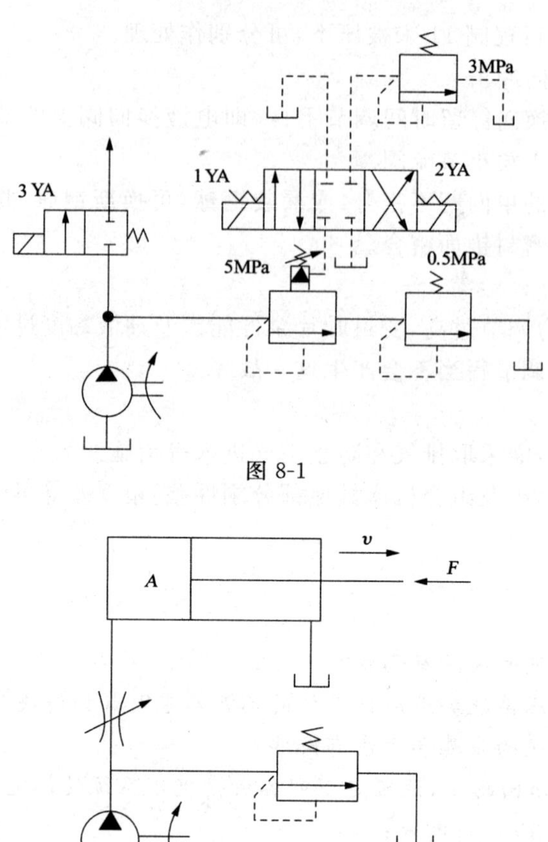

图 8-1

图 8-2

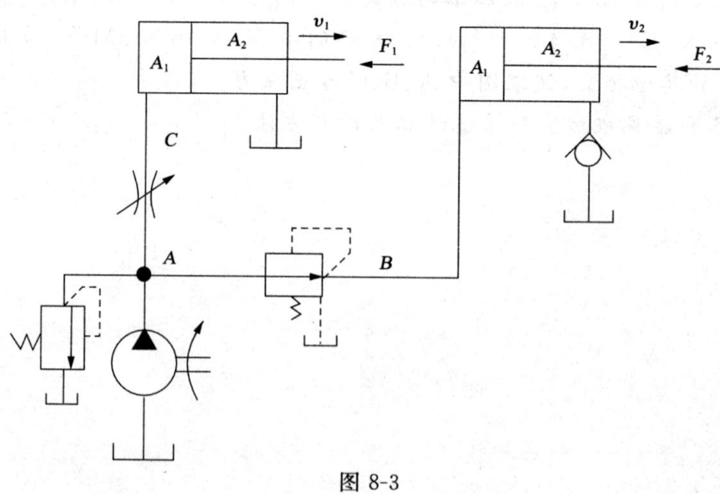

图 8-3

模块九　气压传动基础知识

课题一　认知气压传动工作原理与组成

目标任务

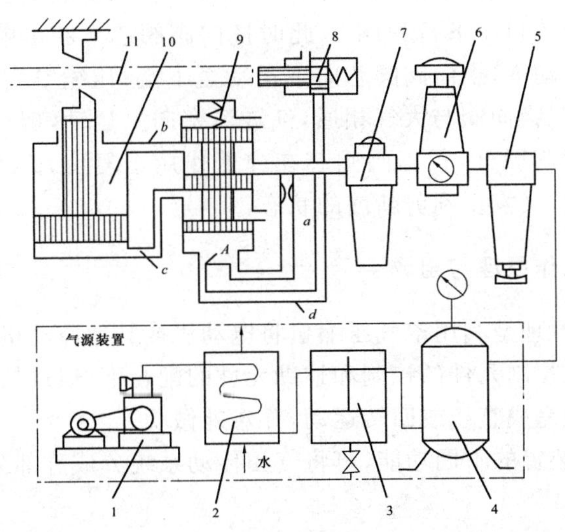

(a)结构原理图

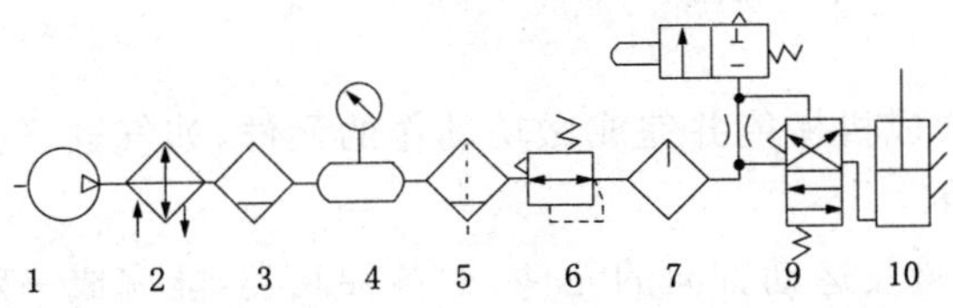

(b)图形符号图

图 9-1-1　气动剪切机的工作原理

1—空气压缩机　2—后冷却器　3—油水分离器　4—储气罐　5—分水滤气器
6—减压阀　7—油雾器　8—行程阀　9—换向阀　10—气缸　11—工料

目标及要求

(1)参观气动实训室和典型应用设备,掌握气压传动的工作原理与组成。

(2)掌握气压传动的优缺点。

(3)熟悉气源装置的组成和各部分的作用。

(4)了解气液压传动的应用与发展。

授课 No. 1——液压传动工作原理与组成

在高净化、无污染的场合,如食品、印刷等工业环境中,常常会用到气压传动设备。如气动食品压力机和气动印刷机。它们是以压缩空气为工作介质,使用气压传动来传递动力的。图 9-1-1 为气动剪切机的工作原理图,图示位置为剪切前的情况。空气压缩机 1 产生的压缩空气经后冷却器 2、油水分离器 3、储气罐 4、分水滤气器 5、减压阀 6、油雾器 7 到达换向阀 9,部分气体经节流通路 a 进入换向阀 9 的下腔,使上腔弹簧压缩,换向阀阀芯位于上端;大部分压缩空气经换向阀 9 后由 b 路进入气缸 10 的上腔,而气缸的下腔经 c 路、换向阀与大气相通,故气缸活塞处于最下端的位置。当上料装置将工料 11 送入剪切机并到达规定位置时,工料压下行程阀 8,此时换向阀阀芯下腔压缩空气经 d 路、行程阀排入大气,在弹簧的推动下,换向阀阀芯向下运动至下端;压缩空气经换向阀由 c 路进入气缸的下腔,上腔 b 路、换向阀与大气相通,气缸活塞向上运动,剪刃随之上行剪切工料。工料剪下后,即与行程阀脱开,行程阀阀芯在弹簧作用下复位,d 路堵死,换向阀阀芯上移,气缸活塞向下运动,又恢复到剪断前的状态。

一、气压传动的工作原理与组成

气压系统的工作原理是利用空气压缩机将电动机或其他原动机输出的机械能转变为空气的压力能,然后在控制元件的控制和辅助元件的配合下,通过执行元件把空气的压力能转变为机械能,从而完成直线或回转运动,并对外做功。

根据气动元件和装置的不同功能,可将气压传动系统分成五部分。

(一)气源装置

压缩空气的发生装置以及压缩空气的存储、净化的辅助装置。它为系统提供合乎质量要求的压缩空气。如空气压缩机。

(二)气动执行元件

将气体压力能转换成机械能并完成做功动作的元件,如气缸、气马达。

(三)气动控制元件

控制气体压力、流量及运动方向的元件,如各种阀类,能完成一定逻辑功能的元件,即气动逻辑元件,感测、转换、处理气动信号的元器件,如气动传感器及信号处理装置。

(四)辅助元件

使压缩空气净化、润滑、消声以及用于元件间连接等所需的装置,如各种冷却器、分水滤气器、干燥器、油雾器、消声器、管道、接头等。它们对保持气动系统可靠、稳定和持久工作起着十分重要的作用。

(五)工作介质

传递能量的流体,即压缩空气。

二、气压传动的优缺点

气压传动能够得到迅速发展和广泛应用的原因是由于它具有如下优点:

(1)工作介质是空气,来源方便,取之不尽,使用后直接排入大气而无污染,不需要设置专门的回气装置。

(2)空气的黏度很小,所以流动时压力损失较小,节能,高效,适用于集中供应和远距离输送。

(3)气动动作迅速,反应快,维护简单,调节方便,特别适合于一般设备的控制。

(4)工作环境适应性好。

(5)成本低,过载能自动保护。

气压传动与其他传动相比,具有以下缺点:

(1)空气具有可压缩性,不易实现准确的速度控制和很高的定位精度,负载变化时对系统的稳定性影响较大。

(2)空气的压力较低,只适用于压力较小的场合。

(3)排气噪声较大,高速排气时应加消声器。

(4)因空气无润滑性能,故在气路中应设置给油润滑装置。

三、气压传动的应用

由于气压传动相比较其他的传动方式具有防火、防爆、节能、高效、成本低廉、无污染等优点,因此在国内外工业生产中应用越来越普遍。表 9-1-1 列举了气压传动的部分应用实例。

表 9-1-1 气压传动的应用实例

应用领域	采用气压传动的机器设备和装置
轻工、纺织及化工机械	气动上下料装置;食品包装生产线;气动灌装装置;制革生产线
化工	化工原料输送装置;石油采钻装置;射流负压采样器等
能源与冶金工业	冷轧、热轧装置气动系统;金属冶炼装置气动系统、水压机动系统
电器制造	印制电路板自动生产线;家用电气生产线;显像管转动机械手动装置
机械制造工业	自动生产线;各类机床;工业机械手和机器人;零件加工及检测装置

四、技能训练——认知气压传动实验台

操作由教师构建好的气动剪切机的气动传动系统,指出图 9-1-2 中各组成部分的名称及作用。

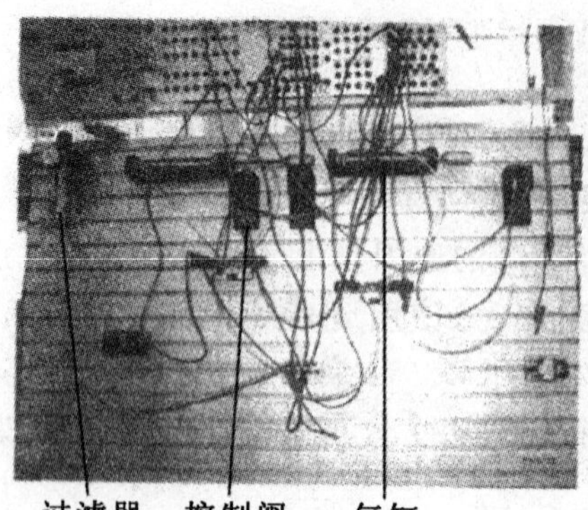

图 9-1-2 气动系统实验台

(1)气源装置。图 9-1-2 中的空气压缩机是气源装置的核心,它将电动机输入的机械能转化为气体的压力能,即压缩空气。

(2)执行元件。图 9-1-2 中的气缸在压缩空气的推动下移动,可以对外输出推力,通过它把压缩空气的压力能释放出来,转换成机械能,是执行元件。

(3)控制元件。图 9-1-2 中的控制阀控制气缸的运动方向,是控制元件。

(4)辅助元件。图 9-1-2 中的过滤器能除去压缩空气中的固态杂质、水滴和油污等污染物,是气压系统中不可缺少的元件,是气压系统的辅助元件。

授课 No. 2——气源装置与辅助元件

气源装置为气动系统提供满足一定质量要求的压缩空气,是气动系统的重要组成部分。气动系统对压缩空气的主要要求:具有一定压力和流量,并具有一定的净化程度。

气源装置由以下四部分组成:

(1)气压发生装置——空气压缩机。

(2)净化、储存压缩空气的装置和设备。

(3)管道系统。

(4)气动三大件。

一、压缩空气站及空气压缩机

(一)压缩空气站

压缩空气站是气压系统的动力源装置,一般规定排气量大于或等于 $6\sim12\text{m}^3/\text{min}$ 时,就应独立设置压缩空气站;若排气量低于 $6\text{m}^3/\text{min}$ 时,可将压缩机或气泵直接安装在主机旁。

气压传动系统所使用的压缩空气必须经过干燥和净化处理后才能使用,因为压缩空气中的水分、油污和灰尘等杂质会混合成胶体渣质,若不经处理而直接进入管道系统时,将导致机器和控制装置出现故障,损害产品质量,增加气动设备和系统的维护成本。因此,必须对压缩空气进行干燥和净化处理。对于一般的压缩空气站除空气压缩机外,还必须设置过滤器、后冷却器、油水分离器和储气罐等净化装置,其流程装置如图 9-1-3 所示。

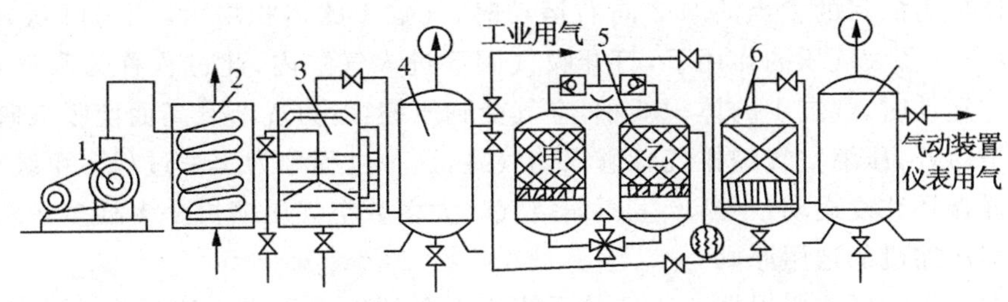

图 9-1-3　气源系统组成示意图

1—空气压缩机　2—后冷却器　3—油水分离器　4、7—储气罐　5—干燥器　6—过滤器

图 9-1-3 中,空气压缩机 1 用以产生压缩空气,一般由电动机带动。其吸气口装有空气过滤器,以减少进入空气压缩机内气体的杂质。压缩机输出的空气进入后冷却器 2 进行冷却,当温度下降到 40℃～50℃时,使油气与水气凝结成油滴和水滴,然后进入油水分离器 3,使大部分油、水和杂质从气体中分离出来。将得到的初步净化的压缩空气送入储气罐 4 中(此时称为一次净化系统)。对于要求不高的气压系统即可从储气罐直接供气,但对仪表用气和质量要求高的工业用气,则必须进行二次和多次净化处理,即将经过一次净化处理的压缩空气再送进干燥器 5 进一步除去气体中的残留水分和油。经过滤器 6 是进一步清除压缩空气中的渣子和油气。经过处理的气体进入储气罐 7,可供给气动设备和仪表使用。

(二)空气压缩机

空气机压缩机是气压发生装置,是将机械能转换为气体压力能的转换装置。

1. 空气压缩机的分类

空气压缩机的种类很多,按工作原理主要分为容积式和速度式两类。两种压缩机的原理比较如表 9-1-2 所示。目前,使用最广泛的是容积式中的活塞式压缩机,图 9-1-4 为活塞式压缩机的工作原理图。

表 9-1-2　容积式和速度式压力机工作原理比较

按工作原理分	工作原理
容积式	压缩气体的体积,使单位体积内气体分子的密度增加来提高压缩空气的压力
速度式	提高气体分子的运动速度,使气体分子的动能转化为压力能来提高压缩空气的压力

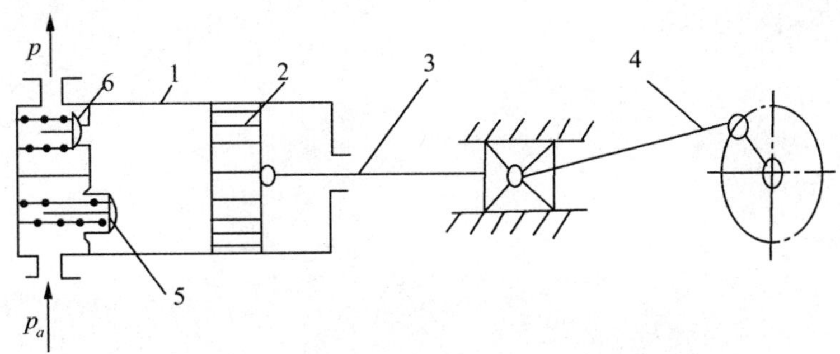

图 9-1-4　活塞式空气压缩机工作原理图

1—缸体　2—活塞　3—活塞杆　4—曲柄连杆机构　5—吸气阀　6—排气阀体

活塞式空气压缩机是通过曲柄连杆机构使活塞作往复运动而实现吸气、压气,并达

到提高气体压力的目的。当活塞 2 向右运动时，气缸 1 的体积增大，压力降低，排气阀 6 关闭，外界空气在大气压的作用下，打开吸气阀 5 进入气缸内，此过程称为吸气过程。当活塞 2 向左运动时，气缸 1 的体积减小，空气受到压缩，压力逐渐升高而使吸气阀 5 关闭，排气阀 6 被打开，压缩空气经排气口进入储气罐，这一过程称为压缩过程。单级单缸压缩机就是这样循环往复运动，不断产生压缩空气。大多数空气压缩机是多缸多活塞的组合。

2. 空气压缩机的选用原则

选择空气压缩机主要根据气压传动系统所需要的工作压力和流量两个主要参数，如表 9-1-3 所示。

表 9-1-3　　　　空气压缩机的选用

选择方法	基本形式	说明
按输出压力选择（MPa）	低压空气压缩机	0.2～1.0
	中压空气压缩机	1.0～10
	高压空气压缩机	10～100
	超高压空气压缩机	>100
按输出流量选择（m^3/min）	微型	<1
	小型	1～10
	中型	10～100
	大型	>100

二、气源净化装置

压缩空气净化设备一般包括后冷却器、油水分离器、储气罐、干燥器和分水滤气器。

（一）后冷却器

后冷却器的作用是使温度高达 120℃～150℃的空气压缩机排出的气体冷却到 40℃～50℃，并使其中的水蒸气和被高温氧化的变质油雾冷凝成水滴和油滴，以便对压缩空气实施进一步净化处理。

后冷却器有水冷式和风冷式两大类。水冷式是通过强迫冷却水沿压缩空气流动方向的反方向流动来进行冷却；风冷式是靠风扇产生的冷空气吹向带散热片的热空气管道。如图 9-1-5 所示。

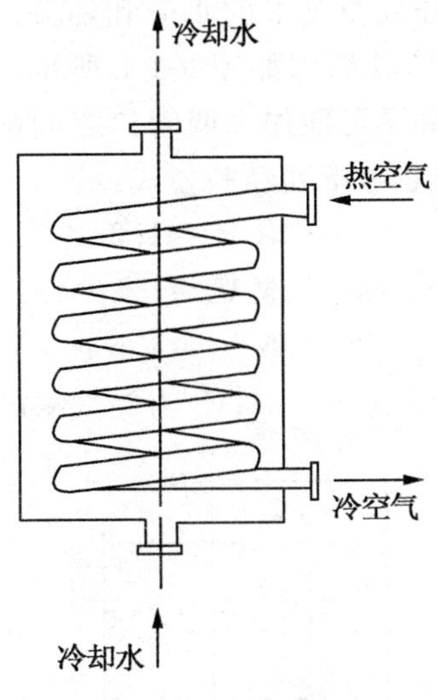

图 9-1-5　后冷却器

(二)油水分离器

油水分离器的作用是将压缩空气中的冷凝水和油污等杂质分离出来,使压缩空气得到初步净化,如图 9-1-6 所示为撞击挡板式油水分离器,因固态、液态的物质密度比气态物质的密度大得多,依靠气流撞击隔壁时的转折和旋转离心作用,使气体上浮,液态和固态物下沉,固液态杂质积聚在容器底部,经排污阀排出。

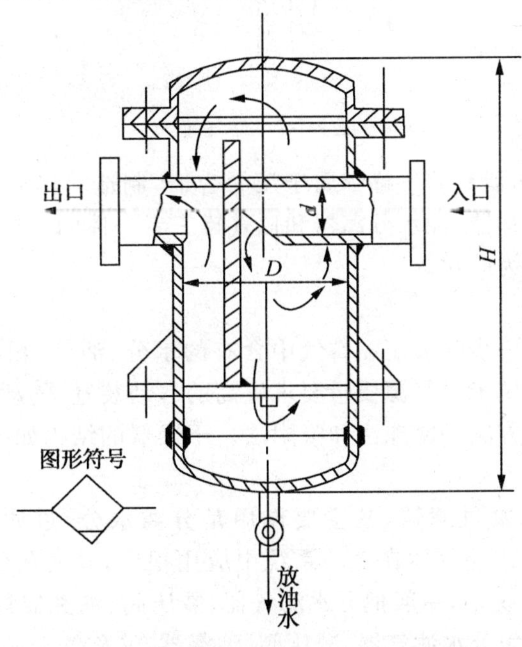

图 9-1-6　撞击挡板式油水分离器

(三)储气罐

储气罐的主要作用是储存一定数量的压缩空气,减少输出气流脉动,保证气流连续性，减弱管道振动，进一步分离压缩空气中的水分和油分。储气罐一般多采用焊接结构，有立式和卧式两种，以立式居多，其结构如图 9-1-7 所示。罐的高度 H 为其内径的2～3倍。进气口在下，出气口在上，并尽可能加大两管口之间的距离，以利于充分分离空气中的杂质。选择储气罐容积时，可参考下列经验公式：

$q<0.1\ m^3/s$ 取 $V_c=1.2m^3$

$q=0.1\sim0.5\ m^3/s$ 取 $V_c=1.2\sim4.5\ m^3$

$q>0.5m^3/s$ 取 $V_c=4.5\ m^3$

式中，q 为压缩机的额定排气量(m^3/s)；V_c 为储气罐的容积(m^3)

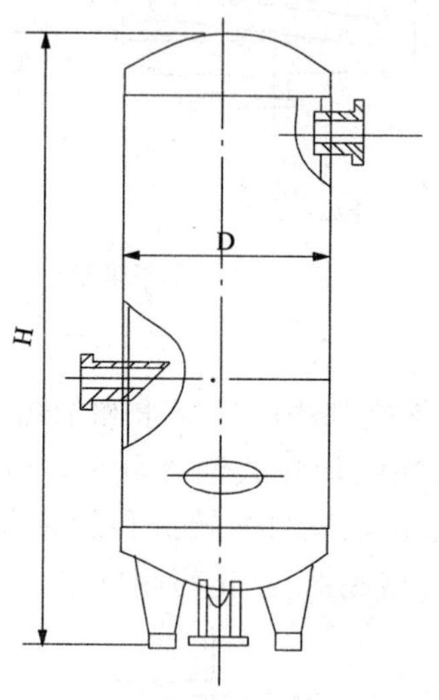

图 9-1-7 储气罐

后冷却器、油水分离器和储气罐都属于压力容器，制造完毕后，应进行水压试验。目前，在气压传动中，后冷却器、油水分离器和储气罐三者一体的结构形式已被采用，这使压缩空气站的辅助设备大为简化。

(四)干燥器

干燥器的作用是进一步除去压缩空气中含有的水分、油分、颗粒杂质等，使压缩空气干燥。提供的压缩空气用于对气源质量要求较高的气动装置、气动仪表等。目前，在工业上常用的压缩空气干燥方法是冷冻法和吸附法。干燥器的结构如图 9-1-8 所示。

(五)分水滤气器

分水滤气器又称二次过滤器，其主要作用是分离水分，过滤杂质。滤灰效率可达70%～90%。QSL 型分水滤气器在气动系统中应用很广，其滤灰效率可达 95%，分水效率大于 75%。在气动系统中，一般把分水滤气器、减压阀、油雾器称为气动三大件。三大件安装次序依进气方向为分水滤气器、减压阀、油雾器，又称气动三联件，是气动系统中必不可少的气动元件。三大件应安装在用气设备的近处，压缩空气经过三联件的最后处理，进入各气动元件及气动系统。因此，三联件是气动元件及气动系统使用压缩空气质量的最后保证。图 9-1-9 为分水滤气器的结构简图。

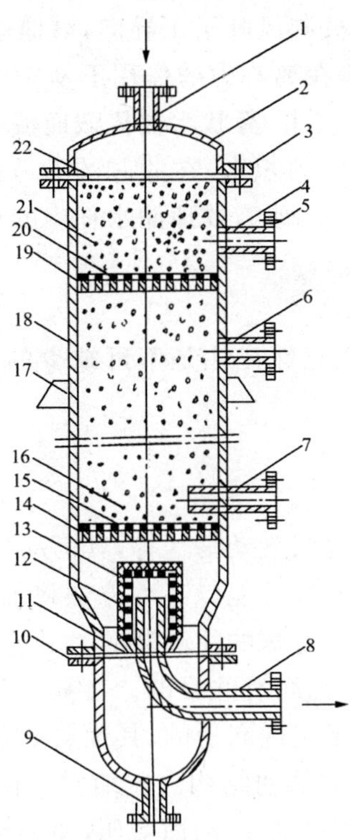

图 9-1-8　干燥器

1—湿空气进气管　2—顶盖　3、5、10—法兰　4、6—再生空气排气管　7—再生空气进气管　8—干燥空气输出管　9—排水管 11、22—密封垫　12、15、20—钢丝过滤网　13—毛毡　14—下栅板　16、21—吸附剂层　17—支撑板　18—筒体　19—上栅板

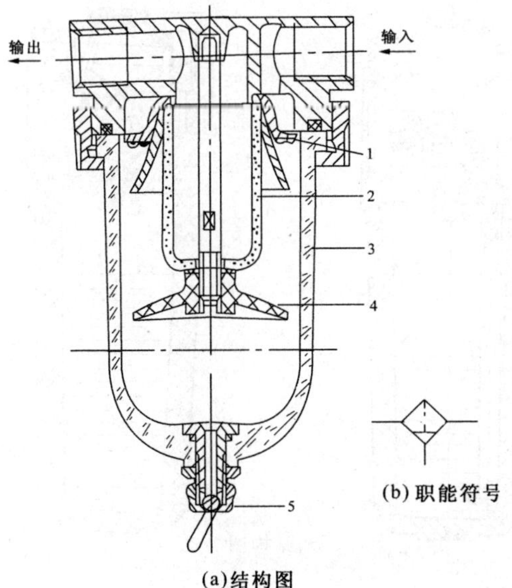

图 9-1-9　分水滤气器的结构

1—旋风叶子　2—滤芯　3—储水杯　4—挡水板　5—手动放水阀

从输入口进入的压缩空气被旋风叶子 1 导向，沿储水杯 3 的四周产生强烈的旋转，空气中夹杂的较大的水滴、油滴等在离心力的作用下从空气中分离出来，沉降到杯底，然后气体通过中间的滤芯 4，少量的灰尘、雾状水被拦截而滤去，洁净的空气便从输出口输出。为防止气流的漩涡卷起储水杯中的积水，在滤芯的下方设置了挡水板 4。为保证分水滤气器的正常工作，应及时打开放水阀 5，放掉储水杯中的积水。

授课 No. 3——其他辅助元件

气动控制系统中，许多辅助元件往往是不可缺少的，如油雾器、消声器、转换器和管件等。

一、油雾器

气动系统中的各种气阀、气缸、气动马达等，其可动部分需要润滑，但以压缩空气为动力的气动元件都是密封、气室，所以只能以某种方法将油混入气流中，随气流带到需要润滑的地方。油雾器就是这样一种特殊的注油装置。其作用是使润滑油雾化后，随压缩空气一起进入需要润滑的部件，达到润滑的目的。目前，气动控制阀、气缸和气动马达主要是靠这种带有油雾的压缩空气来实现润滑的，其优点是方便、干净、润滑质量高。

如图 9-1-10 所示是普通油雾器的结构。压缩空气由输入口进入后，一部分由小孔 a 通过特殊单向阀进入存油杯 5 的上腔 c，油面受压，使油经过吸油管 6 将钢球 7 顶起，钢球 7 不能封住它到节流阀的通油孔，油可以不断地经节流阀 1 的阀口进入滴油管，再滴入喷嘴 11 中，被主通道中的高速气流引射出，雾化后从输出口输出。节流阀 1 可以在 0～200 滴/min 的范围内调节滴油量，可通过透明的视油器 8 观察滴油情况。

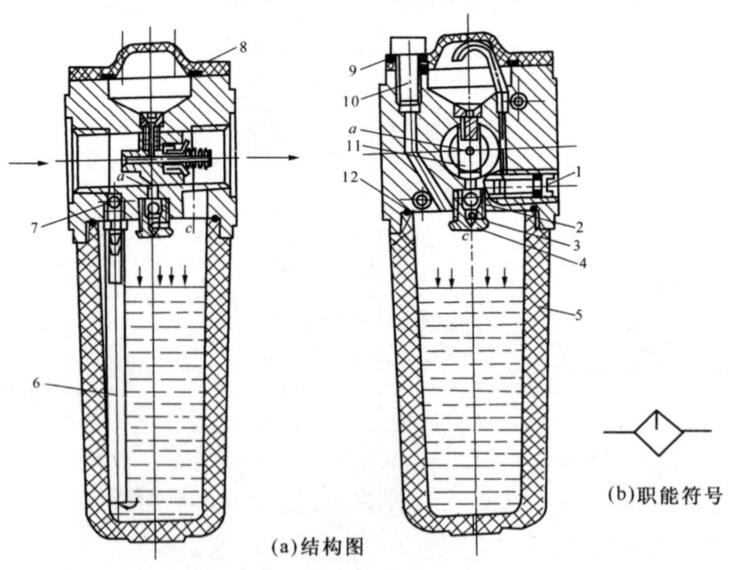

图 9-1-10　油雾器的结构示意图

1—节流阀　2、7—钢球　3—弹簧　4—阀座　5—存油杯　6—吸油管
8—视油器　9、12—密封垫　10—油塞　11—喷嘴

这种油雾器也称为一次油雾器。二次油雾器能使油滴在油雾器内进行两次雾化，使油雾粒度更小、更均匀，输送距离更远。

油雾器一般应安装在分水滤气器、减压阀后，尽量靠近换气阀，与阀的距离一般不应超过 5m，应避免把油雾器安装在换向阀与气缸之间，以避免漏掉对换向阀的润滑。

二、消声器

气动回路与液压回路不同，它没有回收气体的必要，压缩空气使用后直接排入大气，因排气速度较高，会产生尖锐的排气噪声。为降低噪声，一般在换向阀的排气口上安装消声器。消声器是一种允许气流通过而使声能衰减的装置，能够降低气流通道上的空气动力性噪声。目前，使用的消声器种类繁多，主要有阻性消声器、抗性消声器和阻抗复合式消声器等。图 9-1-11 是阻性消声器的结构图，消声套是用铜颗粒烧结成形。

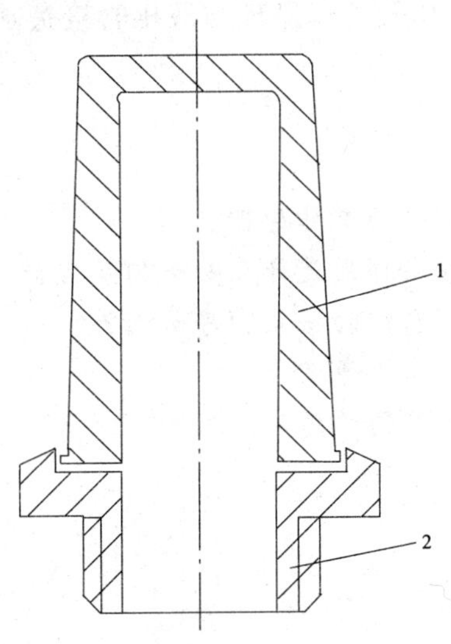

图 9-1-11　阻性消声器

1—消声套　2—管接头

三、转换器

在气动控制系统中，也与其他自动控制装置一样，有发信、控制和执行部分，其控制部分工作介质是气体，而信号传感部分和执行部分不一定全用气体，可能用电或液体传输，这就要通过转换器来转换。常用的转换器有气—电、电—气、气—液等。

(一)气电转换器及电气转换器

气电转换器是将压缩空气的气信号转变成电信号的装置，即用气信号接通或断开电路的装置，也称为压力继电器。

电气转换器的作用正好与气电转换器的作用相反，它是将电信号转换成气信号的装置。各种电磁换向阀都可作为电气转换器。

(二)气液转换器

气动系统中常用到气液阻尼缸或使用液压缸作执行元件,以求获得较平稳的速度,因而就需要一种把气信号转换成液压信号的装置,这就是气液转换器。

四、管件和管路系统

管道连接件包括管子和各种管接头。有了管路连接,才能把气动控制元件、气动执行元件以及辅助元件等连接成一个完整的气动控制系统。因此,实际应用中管路连接是必不可少的。

管子可分为硬管、软管两种。如总气管等一些固定不动、不需要经常装拆的地方用硬管;连接运动部件、临时使用、希望装拆方便的管路应使用软管。硬管有钢管、铁管和紫铜管等;软管有塑料管、尼龙管和橡胶管等。常用的有紫铜管和尼龙管。

气动系统中的管接头的结构及工作原理与液压管接头基本相似,在此不再介绍。

思考与练习

9-1　简述气压系统的组成。

9-2　简述活塞式空气压缩机的工作原理。

9-3　气源净化装置各元件的作用是什么?如何确定储气罐的容积?

9-4　气动三联件是什么?它们的安装顺序如何?

9-5　简述油雾器的作用及工作原理。

9-6　转换器在气动系统中有何作用?

模块十　气动基本回路

课题一　方向控制回路

目标任务

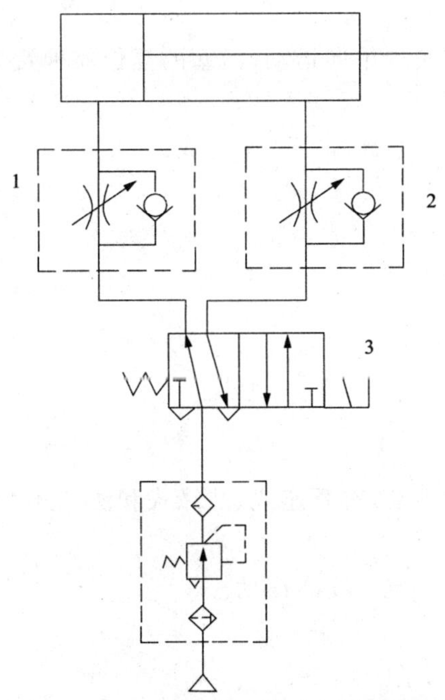

图 10-1-1　双作用气缸换向回路原理图

1、2—单向节流阀　3—二位五通换向阀

目标及要求

(1)熟悉气缸的结构组成和使用。

(2)熟悉常见方向控制阀的工作原理。

(3)熟悉气压方向控制回路的组成和工作原理。

(4)会分析和组装气动换向回路。

授课 No. 1——气缸

气压传动系统形式多种多样,但和液压传动系统一样,是由各种基本回路组成的。熟悉和掌握其基本回路有助于更好地分析、设计和使用各种气动系统。

气缸和气动马达是气动传动中所用的执行元件,是将压缩空气的压力能转变为机械能的能量转换装置。气缸用于实现直线往复运动或摆动,气动马达则用于实现连续回转运动。

气缸是用于实现直线运动并做功的元件,是气动系统中最常用的一种执行元件。与液压缸相比,它具有结构简单、制造成本低、污染少、便于维修、动作迅速等优点,但由于推力小,所以广泛用于轻载系统。

一、气缸的分类

气缸常用的分类有四种。

(一)按压缩空气对活塞端面作用力的方向分

1. 单作用气缸

气缸在压缩空气作用下实现单向运动,活塞的复位靠弹簧力、自重或其他外力。

2. 双作用气缸

双作用气缸的往返运动全靠压缩空气来完成。

(二)按气缸结构不同分

1. 活塞式气缸

2. 叶片式气缸

3. 薄膜式气缸

4. 气液式阻尼缸

(三)按气缸安装方式分

1. 固定式气缸

气缸安装在机体上固定不动,有耳座式、凸缘式和法兰式。

2. 轴销式气缸

气缸围绕一固定轴可作一定角度的摆动。

(四)按气缸的功能分

1. 普通气缸

普通气缸包括单作用气缸和双作用气缸,常用于无特殊要求的场合。

2. 特殊气缸

特殊气缸用于有特殊要求的场合,如薄膜式气缸、气液式阻尼缸、冲击气缸、摆动气缸和回转气缸等。

二、标准化气缸的参数

目前,在设计和生产中要求尽可能选用标准化气缸。

(一)标准化气缸的标记和系列

标准化气缸使用的标记是用符号"QG"表示气缸,符号"A、B、C、D、H"表示五种系列,具体的标记方法是:

QG	ABCDH

缸径	×	行程

五种标准化气缸的标记和系列为:

QGA——无缓冲普通气缸　　QGB——细杆(标准杆)缓冲气缸

QGC——粗杆缓冲气缸　　QGD——气液阻尼缸

QGH——回转气缸

例如:QGA100×125 表示直径为 100mm、行程为 125mm 的无缓冲普通气缸。

(二)标准化气缸的主要参数

标准化气缸的主要参数是缸筒内径 D 和行程 L。因为在一定的气源压力下,缸筒内径标志气缸活塞的理论输出力,行程标志气缸的作用范围。

缸径 D(mm):如表 10-1-1 所示。

行程 L(mm):对无缓冲气缸:$L=(0.5\sim2)D$。

对有缓冲气缸:$L=(1\sim10)D$。

三、气缸的结构

根据以上气缸的分类,本书重点介绍以下几种气缸的结构和工作原理:

(一)单作用气缸

单作用气缸是指压缩空气仅在气缸的一端进气,并推动活塞运动,而活塞的返回则是借助于其他外力,如重力、弹簧力等,其结构原理如图 10-1-2 所示。

单作用气缸由于单边进气,其结构简单,耗气量小。缸体内安装弹簧减小了空间,使活塞的有效行程缩短。由于用弹簧复位,使压缩空气的能量有一部分用来克服弹簧的弹力,减小了活塞杆的输出推力。另外,复位弹簧的弹力随其变形大小而变化,因此活塞杆的推力和运动速度在行程中是有变化的。

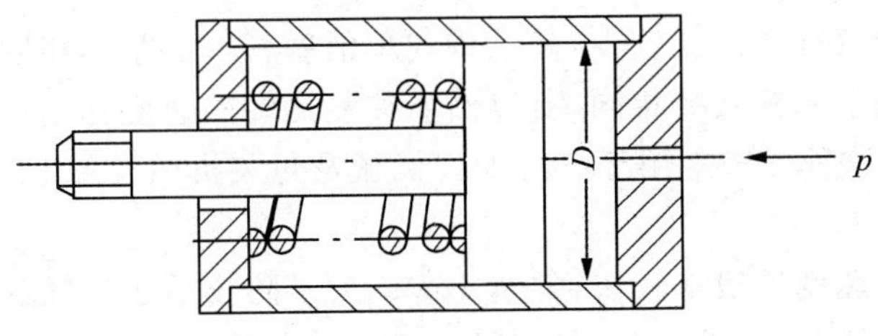

图 10-1-2 单作用气缸

基于以上特点,单作用活塞式气缸多用于短行程及对活塞杆推力、运动速度要求不高的场合,如定位和夹紧装置。

气缸工作时,活塞杆输出的推力必须克服弹簧的阻力及各种阻力,其推力公式为

$$F=\frac{\pi}{4}D^2 p\eta-F_s \tag{10-1}$$

式中，F 为活塞杆上的推力(N)；D 为活塞直径(mm)；p 为气缸工作压力(Pa)；F_s 为弹簧力(N)；η 为气缸的效率，一般取 0.7～0.8，活塞运动速度低于 0.2m/s 时取大值，活塞运动速度高于 0.2m/s 时取小值。

(二)双作用气缸

1. 单杆双作用气缸

使用得最为广泛的一种普通气缸，其结构如图 10-1-3 所示。这种气缸工作时活塞杆上的输出力公式为

$$F_1=\frac{\pi}{4}D^2 p\eta \tag{10-2}$$

$$F_2=\frac{\pi}{4}(D^2-d^2)p\eta \tag{10-3}$$

式中，F_1 为当无杆腔进气时活塞上的输出力；F_2 为当有杆腔进气时活塞杆上的输出力；D 为活塞直径(mm)；d 为活塞杆直径(mm)；p 为气缸工作压力(Pa)；η 为气缸的效率，一般取 0.7～0.8，活塞运动速度低于 0.2m/s 时取大值，活塞运动速度高于 0.2m/s 时取小值。

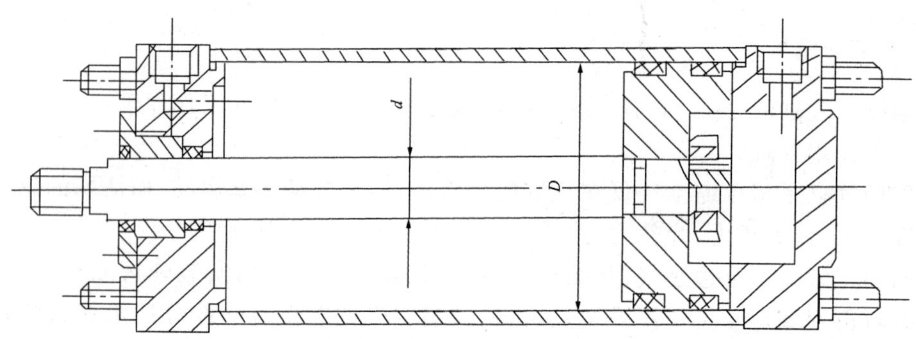

图 10-1-3　双作用气缸

2. 双活塞杆双作用气缸

双活塞杆双作用气缸使用得较少，其结构与单活塞杆气缸基本相同，只是活塞两侧都装有活塞杆。因两端活塞杆直径相同，所以活塞往复运动的速度和输出力均相等，其输出力用式(10-3)计算。这种气缸常用于气缸加工机械及包装机械设备上。

3. 缓冲气缸

这种气缸的运动速度一般都较快，常达 1m/s，为了防止活塞与气缸端盖发生碰撞，必须设置缓冲装置，使活塞接近端盖时逐渐减速，其结构如图 10-1-4 所示，此气缸的两侧都设置了缓冲装置。在活塞到达行程终点前，缓冲柱塞将柱塞孔堵死，活塞再向前运动时，被封闭在缸内的空气被压缩，将吸收部件的惯性力所产生的动能，从而使运动速度减慢。在实际应用中，常使用节流阀将封闭在气缸内的空气缓慢地排出。

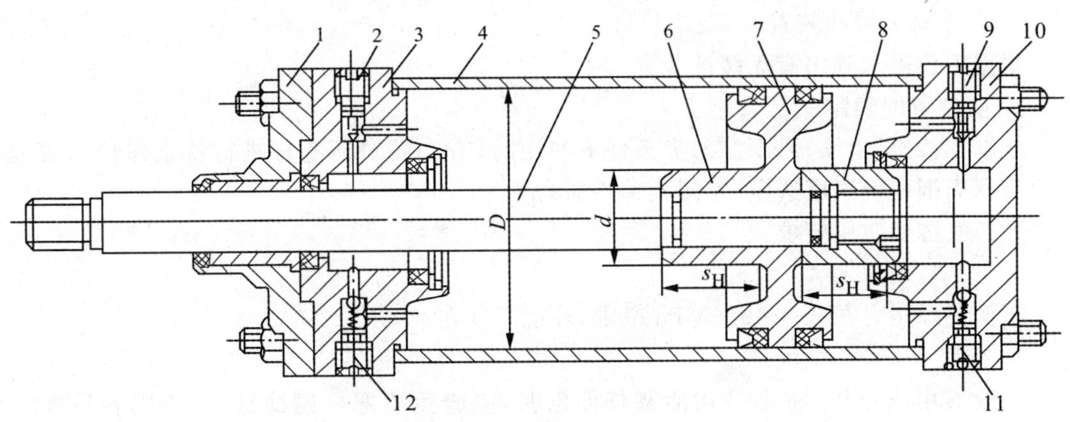

图 10-1-4　缓冲气缸

1—压盖　2、9—节流阀　3—前缸盖　4—缸体　5—活塞杆　6、8—缓冲柱塞　7—活塞　10—后缸盖　11、12—单向阀

另外，气液阻尼缸、薄膜式气缸、冲击气缸、回转气缸、微型气缸等各种类型的气缸在气动领域中得到广泛的应用，限于篇幅这里不作介绍。

四、气缸的选择和使用要求

使用气缸应首先立足于选择标准气缸，其次才是设计气缸。如要求高速运动，应选用大内径的进气管道。对于行程中途有变动的情况，为使气缸速度平稳，可选用气液阻尼缸。当要求行程终端无冲击时，则应选用缓冲气缸。

（一）气缸的选择步骤

1. 气缸内径的确定

根据气缸输出力的大小来确定气缸内径。气缸的缸筒内径尺寸如表 10-1-1 所示，摘自 GB/T 2348-1993（ISO3320）液压气动系统及元件——缸内径及活塞杆外径系列。

表 10-1-1　　气缸的缸内径系列

8	10	12	16	20	25	32	40	50	63	80	(90)
100	(110)	125	(140)	160	(180)	200	(220)	250	320	400	500

注：括号中数据非优先选用。

2. 安装方式

根据负荷的运动方向来选择。工件做周期性的转动或连续转动时，应选用旋转气缸，在一般场合应尽量选用固定式气缸。具体安装见模块 12 气缸的安装。

3. 根据气缸行程确定活塞杆直径

气缸的行程一般比所需行程长 5～10mm。活塞杆为受压杆件，其强度是很重要的问题，应采用高强度钢、对其进行热处理和加大活塞杆直径等方法提高其强度（参阅相关手册）。

4. 确定密封件的材料

标准气缸密封件的材料一般为丁腈橡胶。

5. 确定有无缓冲装置

根据工作需求确定有无缓冲装置。

6. 防尘罩的确定

气缸在沙土、尘埃、风雨等恶劣条件下使用时，有必要对活塞杆进行特别保护。防尘罩要根据周围环境温度选定(参阅相关手册)。

(二)气缸的使用要求

1. 正常工作条件

工作气源压力在0.3～0.6MPa范围，环境温度在－35℃～80℃。

2. 行程

一般不用满行程，特别是在活塞杆伸出时，应避免活塞杆碰撞缸盖，否则容易破坏零件。

3. 安装

安装时要注意运动方向。活塞杆不允许承受偏载或轴向负载。

4. 润滑

压缩空气必须经过净化处理，在气缸进气口前应安装油雾器(不供油气缸例外)，以利气缸工作时相对运动部件的润滑。不允许用油润滑时，可用无油润滑气缸。在灰尘大的场合，运动件应设防尘罩。

授课 No. 2——方向控制阀和方向控制回路

方向控制阀是控制压缩空气的流动方向和气路的通断的阀类。其与液压方向控制阀相似，分类方法也大致相同。按其气流在阀内的流动方向可分为单向型控制阀和换向型控制阀。换向阀按其控制方式不同可分为电磁式、气动式、机械式、电气动式和手(脚)动式等；按切换的通路数目，换向阀分为二通阀、三通阀、四通阀和五通阀等；按阀芯工作位置的数目，方向阀分为二位阀和三位阀等。

一、单向型控制阀

(一)单向阀

单向阀是指气流只能向一个方向流动而不能反向流动的阀。单向阀的工作原理、结构和图形符号与液压阀中相应的阀基本相同，只不过在气动单向阀中，与阀座之间有一层密封垫，如图10-1-5所示。

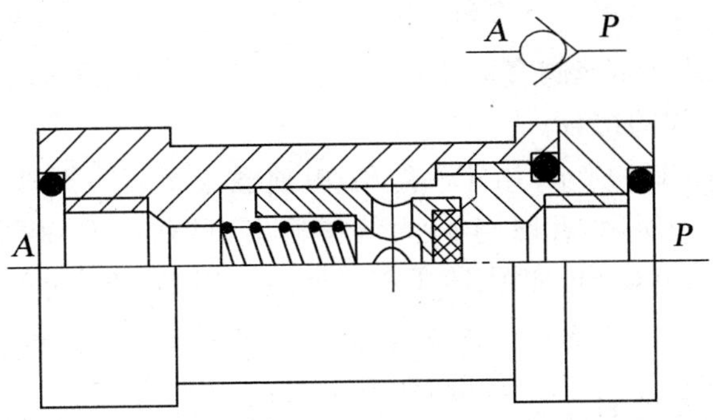

图 10-1-5　单向阀

(二)或门型梭阀

或门型梭阀在气压传动系统中,当两个进气口 P_1 和 P_2 均能与工作口 A 相通,而不允许 P_1 与 P_2 相通时,就要采用或门型梭阀,如图 10-1-6 所示。

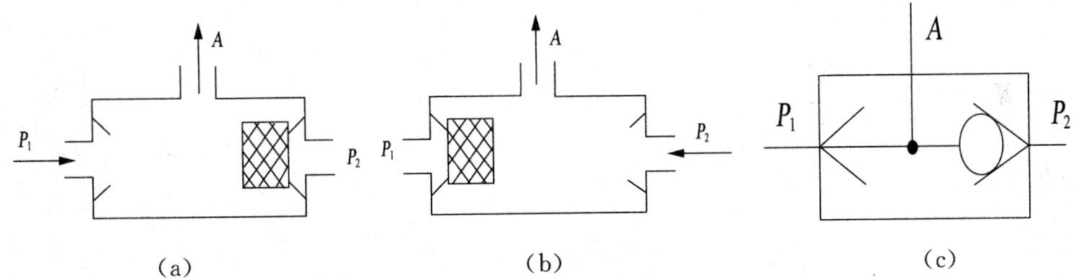

图 10-1-6　梭阀

当进气口 P_1 进气时,将阀芯推向右边,封住进气口 P_2,于是气流从 P_1 到工作口 A,如图 10-1-6(a)所示;反之,气流则从 P_2 到 A,如图 10-1-6(b)所示;当 P_1、P_2 同时进气时,哪端压力高,A 就与哪端相通,另一端就自动关闭。如图 10-1-6(c)所示为该阀的图形符号。

或门型梭阀在逻辑回路和程序控制回路中被广泛应用。如图 10-1-7 所示为手动—自动回路的转换上常用的或门型梭阀.

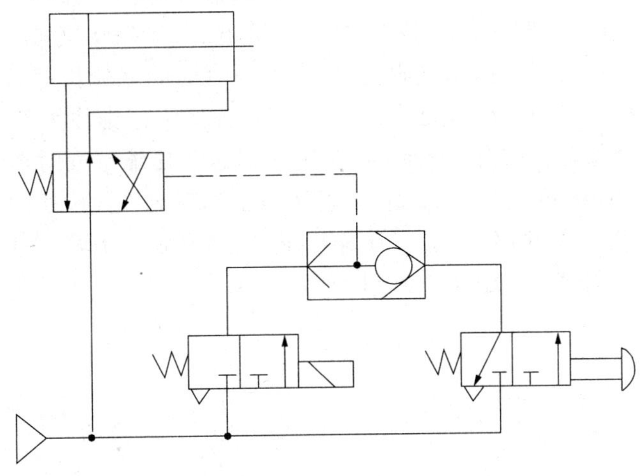

图 10-1-7　或门型梭阀在手动—自动回路的应用

(三)与门型梭阀

与门型梭阀又称双压阀,该阀有两个进气口 P_1 和 P_2,只有同时进气,A 口才有输出,这种阀相当于两个单向阀的组合。

与门型梭阀如图 10-1-8 所示,当 P_1 或 P_2 单独输入压缩空气时,阀芯被推向右边或左边,如图 10-1-8(a)、(b)所示,此时 A 口无气体输出;只有当 P_1 和 P_2 同时输入相同压力的压缩空气时,A 口才有输出,如图 10-1-8(c)所示。当 P_1、P_2 的压力不等时,则高压侧关闭,低压侧与 A 口相通。如图 10-1-8(d)所示为与门型梭阀的图形符号。

应用拓展——与门型梭阀应用

如图 10-1-9 所示为与门型梭阀在钻床控制回路中的应用。行程阀 1 为工件定位信号,行程阀 2 为夹紧工件信号。当两信号同时发出时,与门型梭阀 3 才有输出,换向阀 4 切换,钻孔气缸 5 进给,钻孔开始。

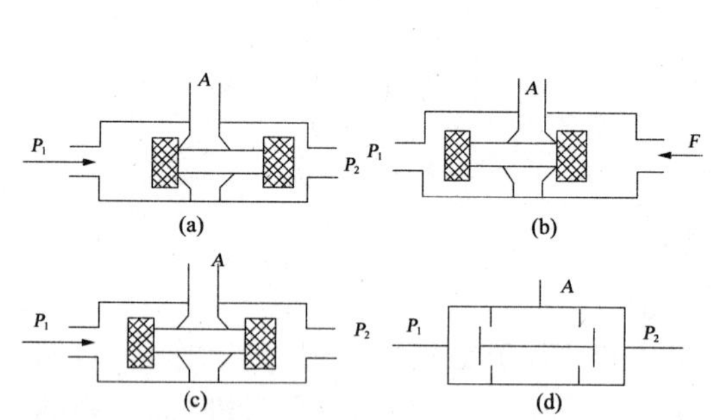

图 10-1-8　与门型梭阀

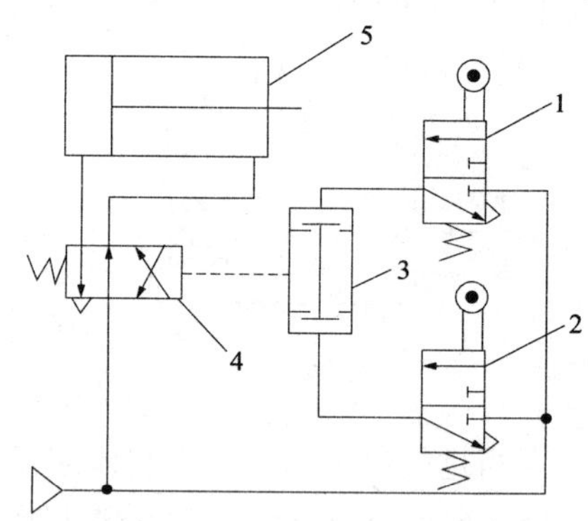

图 10-1-9　与门型梭阀应用回路

(四)快速排气阀

快速排气阀的作用是使气动元件或装置快速排气以提高气缸的运动速度。通常气缸排气时,气体是从气缸经管路由换向阀的排气口排出的,如果从气缸到换向阀的管路较长,而换向阀的排气口又较小时,排气阻力就较大,排气时间就较长,气缸的运动速度会较慢。此时,若采用快速排气阀,则气缸内的气体就能直接快速排往大气中,加快气缸的运动速度。快速排气阀如图 10-1-10 所示,当进气口 P 进入压缩空气时,将密封活塞迅速上推,开启阀口 2,同时关闭排气口 1,使进气口 P 与工作口 A 相通,如图 10-1-10(a)所示;当 P 腔没有压缩空气进入时,在 A 腔气压作用下,密活塞迅速下降,关闭 P 口,使 A 腔通过阀口 1 经 O 腔快速排气,如图 10-1-10(b)所示。图 10-1-10(c)所示为该阀的图形符号。

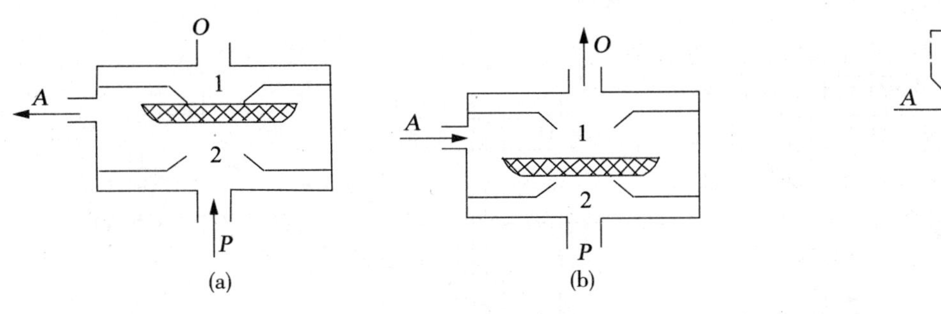

图 10-1-10　快速排气阀

1—排气口　2—阀口

快速排气阀的应用回路如图 10-1-11 所示。在实际使用中，快速排气阀应安装在换向阀和气缸之间。它使气缸的排气不用通过换向阀而快速排出，从而加速了气缸往复的运动速度，缩短了工作周期。

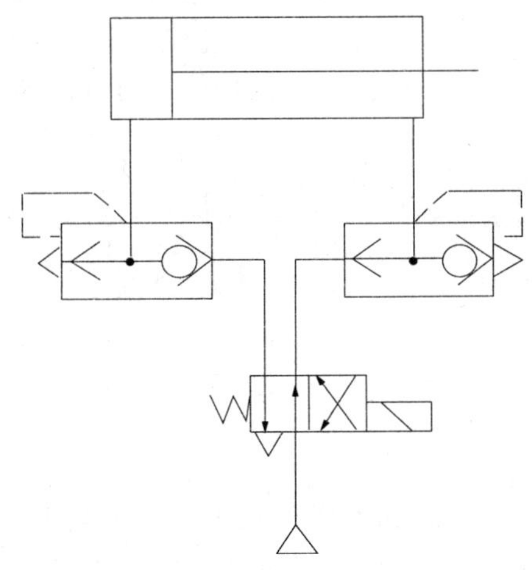

图 10-1-11　快速排气阀的应用回路

二、换向型控制阀

换向型方向控制阀的功能是改变气体通道，使气体流动方向发生变化，从而改变气动执行元件的运动方向。换向型控制阀根据控制阀芯的方式不同，包括气压控制阀、电磁控制阀、机械控制阀、人力控制阀和时间控制阀。下面仅介绍几种典型的方向控制阀。

(一)气压控制换向阀

气压控制换向阀是利用气体压力来使阀芯移动而使气体改变流向的。气压控制换向阀适用于易燃、易爆、潮湿、灰尘多的场合。

1. 单气控换向阀

单气控换向阀如图 10-1-12 所示，图 10-1-12(a)为没有控制信号 K 时的状态，阀芯在弹簧及 P 腔压力作用下关闭，阀处于排气状态；当输入控制信号 K[见图 10-1-12(b)]时，主阀芯下移，打开阀口使 P 与 A 相通。故该阀属常闭型两位三通阀，当 P 与 O 换接时，即成为常开型二位三通阀，图 10-1-12(c)为其图形符号。

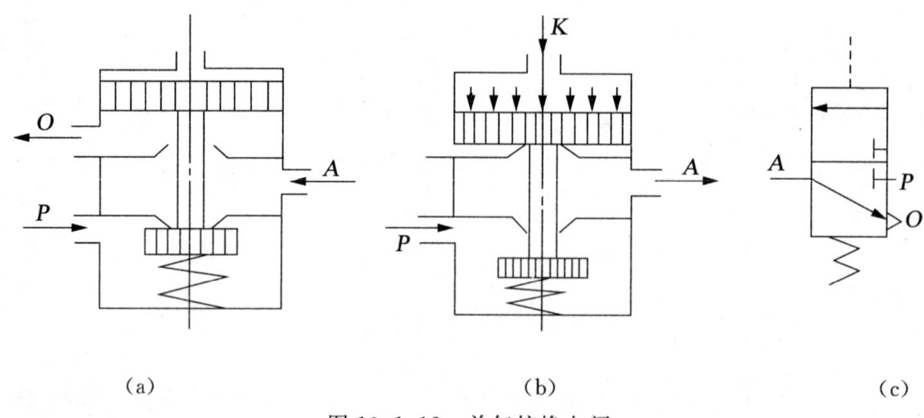

图 10-1-12 单气控换向阀

2. 双气控换向阀

双气控滑阀式换向阀如图 10-1-13 所示，当气控口 K_1 通控制气体时，阀芯右移，此时 P 与 B、A 与 O_1 相通[见图 10-1-13(a)]；当气控口 K_2 通控制气体时，阀芯左移，此时 P 与 A、B 与 O_2 相通[见图 10-1-13(b)]。如图 10-1-13(c)所示为其图形符号。

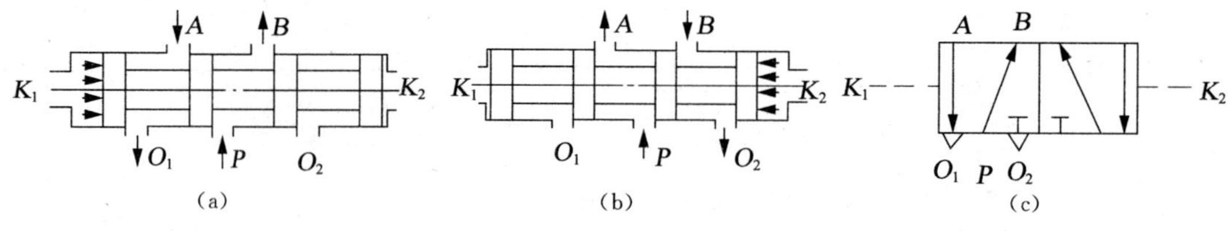

图 10-1-13 双气控换向阀

(二)电磁控制换向阀

气压传动中的电磁控制换向阀和液压传动中的电磁控制换向阀一样，也由电磁铁控制部分和主阀两部分组成，按控制方式不同可分为电磁铁直接控制电磁阀和先导型电磁阀两种。它们的工作原理分别与液压阀中的电磁阀和电液动阀相类似，只是二者的工作介质不同而已。

1. 直动型电磁阀

由电磁铁直接推动换向阀阀芯换向的阀称为直动型电磁阀，直动型电磁阀分为单电磁铁和双电磁铁两种。单电磁铁换向阀的工作原理如图 10-1-14 所示，图(a)为原始状态，A、O 通，图(b)为通电状态，P、A 通，图(c)为该阀的图形符号。

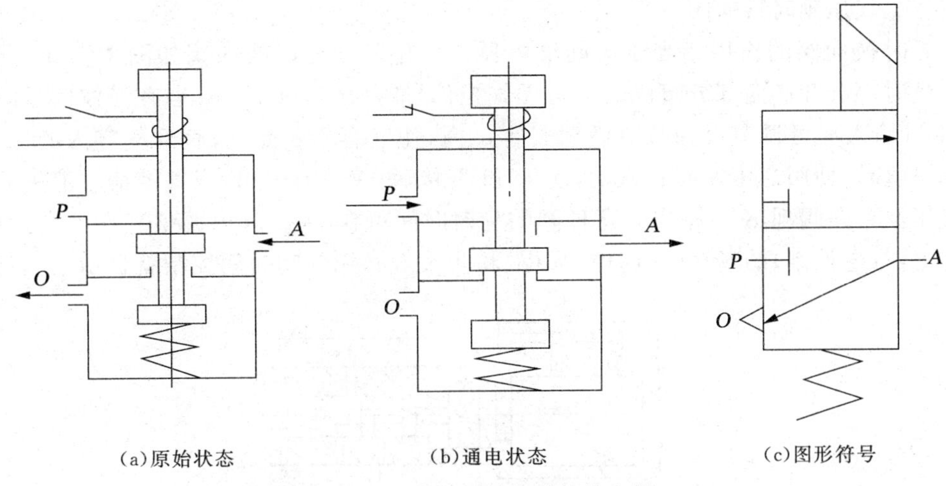

(a)原始状态　(b)通电状态　(c)图形符号

图 10-1-14　直动型单电磁铁换向阀

如图 10-1-15 所示为直动型双电磁铁电磁换向阀。如图 10-1-15(a)所示为 1 通电、2 断电时的状态。如图 10-1-15(b)所示为 2 通电、1 断电的状态,如图 10-1-15(c)所示为其图形符号。双电磁铁换向阀的两个电磁铁只能交替通电工作,不能同时通电,否则会产生误动作。由于该阀没有复位弹簧,因而称这种阀具有记忆功能。所谓记忆功能是指当有控制信号时阀位按电磁铁的通电情况动作,而当控制信号消失以后阀位仍维持原位置不变的功能。

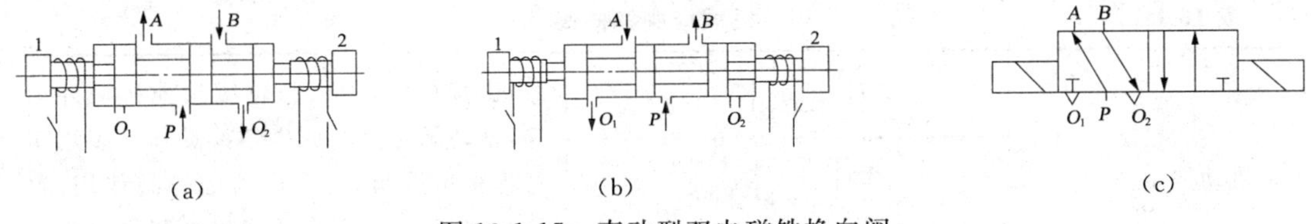

(a)　(b)　(c)

图 10-1-15　直动型双电磁铁换向阀

2. 先导型电磁阀

先导型电磁阀由电磁先导阀和主阀两部分组成。用先导阀的电磁铁控制气路,产生先导压力,再由先导压力去推动主阀阀芯,使其换向。一般电磁先导阀都单独制成通用件,既可用于先导控制,也可用于气流量较小的直接控制。先导型电磁阀也分单电磁铁控制和双电磁铁控制两种。

如图 10-1-16 所示为双电磁铁控制的先导型换向阀,如图 10-1-16(a)所示为电磁先导阀 1 通电、2 断电时的状态。如图 10-1-16(b)所示为电磁先导阀 2 通电、1 断电时的状态。如图 10-1-16(c)所示为其图形符号。

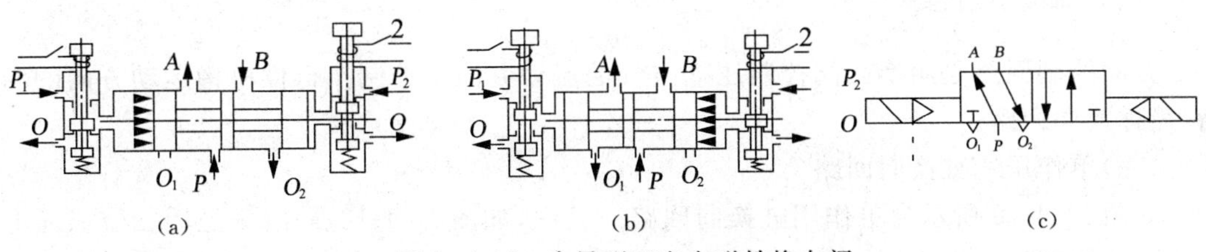

(a)　(b)　(c)

图 10-1-16　先导型双电电磁铁换向阀

（三）气压延时换向阀

延时换向阀的作用相当于时间继电器。二位三通延时换向阀如图 10-1-17 所示，它是由延时部分和换向部分组成的。当无气控信号时，P 与 A 断开；当有气控信号时，气体从 K 口输入经可调节流阀节流后到气容 a 内，使气容不断充气，直到气容内的气压上升到某一值时，使阀芯由左向右移动，使 P 和 A 接通，A 口有输出；当气控信号消失后，气容内气压经单向阀到 K 口排出。这种阀的延时时间可在 0～20s 内调整。在不允许使用时间继电器（电控制）的场合（如易燃、易爆、粉尘大等），用气动时间控制就显示出其优越性。

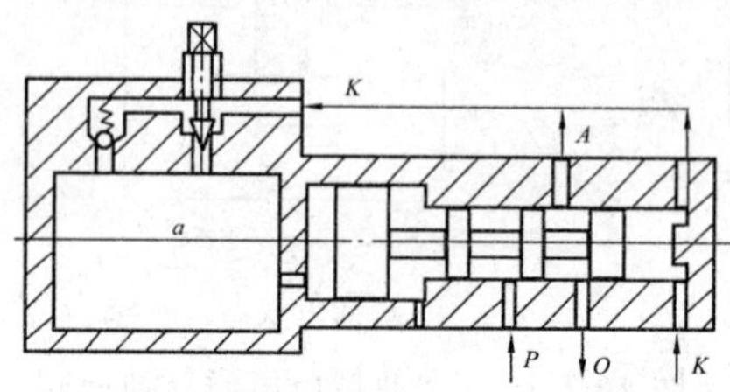

图 10-1-17　二位三通延时换向阀

（四）机械控制换向阀

机械控制换向阀是靠机动（行程挡块等）或人力（手动或脚踏等）来使阀产生切换动作的，其工作原理和液压阀中相类似的阀基本相同，如表 10-1-2 所示。

表 10-1-2　　机械控制换向阀

机动控制换向阀	(a)	靠机动（行程挡块、凸轮或其他机械外力等）推动阀芯使阀产生切换动作。多用于行程程序控制系统，作为信号阀使用，也称行程阀。(a)为直动式机控阀，(b)为滚轮式机控阀，(c)为可通过式机控阀
	(b)	
	(c)	
人力控制换向阀	(d)	靠人力来使阀产生切换动作。分为手动及脚踏两种方式。(d)为脚踏式，(e)为手柄式，(f)为按钮式
	(e)	
	(f)	

三、方向控制回路

方向控制回路是用换向阀控制压缩空气的流动方向来控制执行件机构运动方向的回路，简称换向回路。

（一）单作用气缸换向回路

如图 10-1-18 所示为单作用缸换向回路。其中，如图 10-1-18(a)所示是用二位三通电磁换向阀控制的单作用气缸的升降运动。在该回路中，当电磁铁通电时，气缸向上运动；当电磁铁失电时，气缸活塞在弹簧力的作用下返回。如图 10-1-18(b)所示为三位四通电磁阀控制的单作用气缸的伸、缩和任意位置停留的换向回路，当电磁铁都失电时换向阀处于中位，气缸停止不动，气缸可停在任何位置但定位精度不高，且定位时间不长。

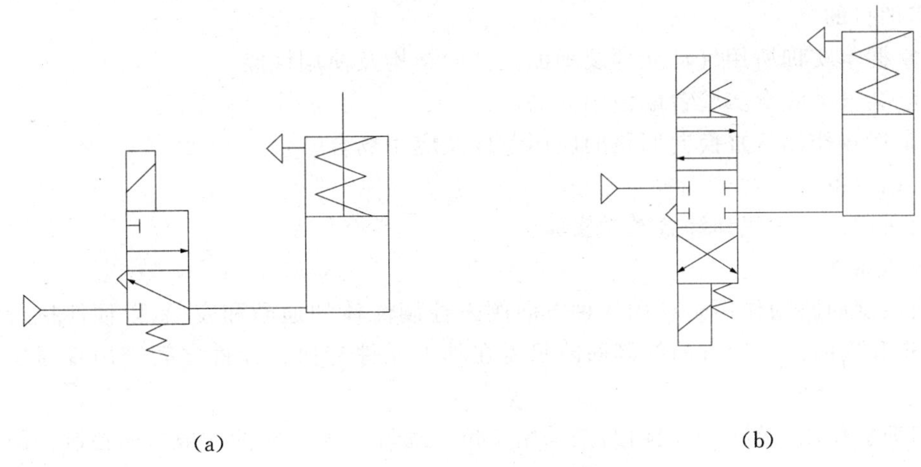

(a)　　　　　　　　　　　　　　　　(b)

图 10-1-18　单作用气缸换向回路

（二）双作用气缸换向回路

如图 10-1-19 所示为各种双作用气缸的换向回路，如图 10-1-19(a)所示是比较简单一个二位五通换向阀控制的换向回路；图 10-1-19(b)是由两个二位三通阀控制的换向回路，当有气控信号 K 时活塞杆推出，反之，活塞杆退回；图 10-1-19(c)是由行程阀和二位五通换向阀组合的换向回路；图 10-1-19(d)、(e)、(f)都是双电控或双气控的换向回路，换向阀的两端电磁铁或按钮不能同时操作，否则将出现误动作，其回路相当于双稳的逻辑功能；如图 10-1-19(f)所示的双作用气缸换向回路有中间任意位置停止功能，但位置精度不高，停留时间不长。

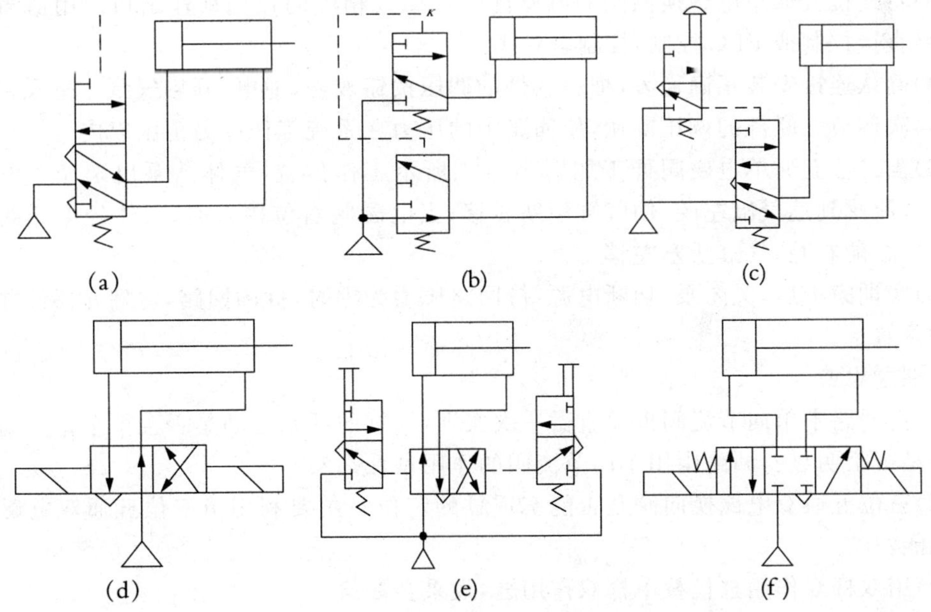

(a)　(b)　(c)

(d)　(e)　(f)

图 10-1-19　双作用气缸换向回路

四、技能训练:组装双作用气缸的换向回路

1. 实训目的

(1)掌握本实训所用气动元件及辅助元件的结构及使用性能。

(2)学会气动综合实验台的使用方法。

(3)掌握双作用气缸换向回路的应用条件及应用场合。

2. 实训设备

实训所用设备为气动综合教学实验台。

3. 气压原理

方向控制回路的作用是利用各种方向阀来控制流体的通断和变向,以便使执行元件启动、停止和换向。一般方向控制回路只需在动力元件与执行元件之间采用普通换向阀即可。

本实训双作用气缸的换向回路是采用二位五通气动换向阀的一般方向控制回路。二位五通换向阀 3 左位接入时(DT 不带电时),压缩空气进入气缸左腔,气缸活塞右移,右腔气体通过单向节流阀 2 再经电磁换向阀排到大气层。二位五通换向阀右位接入时(即 DT 带电),压缩空气进入气缸右腔,气缸活塞左移,左腔气体通过单向节流阀 1 和电磁阀排到大气层,如此改变气缸活塞运动方向。两单向节流阀可以控制气缸活塞两个方向的运动速度(出口节流),原理如图 10-1-1 所示。

4. 实训步骤

(1)依照实训回路图选择气动元件(单杆双作用缸、两个单向节流阀、二位五通电磁换向阀、三联件、长度合适的连接软管及快速接头),并检验元器件的实用性能是否正常。

(2)读懂气压原理图,按原理图在实验台上搭接实训回路。

(3)将二位五通单电磁换向阀的电源输入口插入相应的控制板输出口。用适当的控制方式(直接控制或 PLC 控制)控制电磁阀。

(4)确认连接安装正确稳妥,把三联件的调压按钮放松,通电,开启气泵。待泵工作正常后,再次调节三联件的调压旋钮,使回路中的压力在系统工作压力范围以内。

(5)当二位五通单电磁阀处于如图 10-1-1 所示工作位置,气体从泵出来经过电磁阀再经过节流阀到达气缸左腔,使气缸活塞右移;当电磁阀右位接入时,气体经电磁阀的右位进入气缸的右腔,气缸活塞左移。

(6)实训完毕后,关闭泵,切断电源,待回路压力为零时,拆卸回路,清理元器件并放回规定的位置。

5. 课题思考

(1)把回路中单向节流阀拆掉重做一次实训,气缸的活塞运动是否会很平稳?而且冲击效果是否很明显?回路中用单向节流阀的作用是什么?

(2)三位五通双电磁换向阀是否能实现缸的定位?主要利用了三位五通双电磁阀的什么机能?

(3)用双杆双作用缸代替单杆双作用缸,效果会如何?

6. 技术评价

换向回路实训技术评价如表 10-1-3 所示。

表 10-1-3　换向回路实训技术评价

序号	考评项目	配分	得分	备注
1	分析实训原理并能正确选择实训元件	15		
2	气压管路布局是否合理	10		
3	气压管路连接是否正确	15		
4	电气控制线路连接是否正确	15		
5	正确编写或叙述本实验步骤	10		
6	能否正确接通电源和启动空气压缩机	5		
7	能否正确停止空气压缩机和断开电源	5		
8	实训元件是否归类放置，摆放整齐	5		
9	实训工具摆放是否符合要求	5		
10	文明生产	15		
合计		100		

授课 No. 3——气马达

气马达是将压缩空气的压力能转换成旋转运动机械能的装置。在气压传动中使用最广泛的是叶片式和活塞式气马达。

一、气马达的工作原理

如图 10-1-20 所示为双向旋转叶片式气马达，当压缩空气由进气口进入气室后立即喷向叶片 1，并作用在叶片的外伸部分，产生旋转力矩带动转子 2 作逆时针转动，输出旋转的机械能，废气从排气口 C 排出，残余气体则经 B 排出(二次排气)。若进、排气口互换，则转子反转，输出相反方向转动的机械能。转子转动的离心力和叶片底部的气压力、弹簧力(图中未画)使得叶片紧紧地抵在定子 3 的内壁上以保证密封，从而提高容积效率。

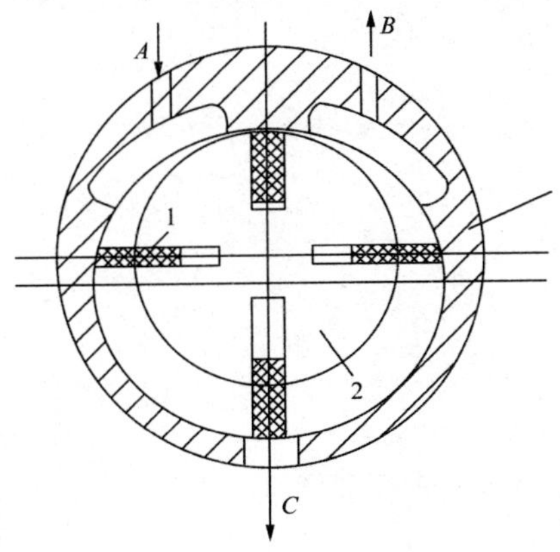

图 10-1-20　双向旋转叶片式气马达

1—叶片　2—转子　3—定子

叶片式气马达主要用于风动工具、高速旋转机械及矿山机械等。气马达具有一些特殊的特点，在某些场合，它比电动马达和液压马达更适用，这些特点是：

(1)安全性能好。气马达可在易燃、易爆、潮湿及多尘的场合使用，同时不受高温及振动的影响。

(2)具有过载保护，可长时间满载工作。气马达过载只是速度减慢或停转，当过载解除后，可立即重新运转。

(3)由于压缩空气膨胀时会吸收周围的热量，因此能长期工作而温升很小。

(4)有较大的起动转矩，能带载起动。

(5)换向容易，操作简单，可实现无级调速。

(6)与电动机相比，单位功率尺寸小，质量小，适于安装在位置狭小的场合及手工工具上。

二、气马达的选择及使用要求

(一)气马达的选择

不同类型的气马达具有不同的特点和适用范围，因此要从负载特点和工作环境出发来选择合适的马达。

(1)叶片式马达适用于低转矩、高转速场合，如各种手提工具、复合工具、传送带、升降机等起动转矩小的中、小功率的机械。

(2)活塞式气马达适用于中、高转矩，中、低转速，中、大功率的场合，如起重机、绞车、绞盘、拉管机等负荷较大和结构复杂的机械。由于活塞式气马达只能单向旋转，因此工作中需要换向的场合不要采用活塞式气马达。

(二)气马达的使用要求

润滑是气马达正常工作不可缺少的一个重要条件。气马达在得到正确、良好润滑的条件下，可在两次检修之间运行 2500h 以上。一般在换向阀前安装油雾器，以进行不间断地润滑。

课题二 压力控制回路

目标任务

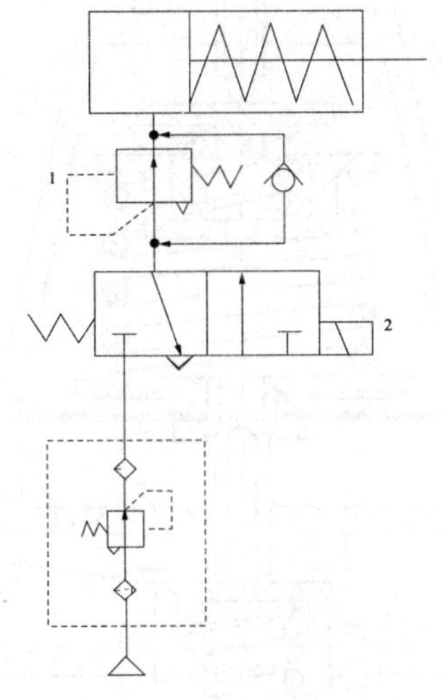

图 10-2-1 二次压力控制回路原理图
1—减压阀 2—电磁阀

目标及要求

(1)掌握减压阀、顺序阀、安全阀的工作原理和使用。
(2)掌握气动压力控制回路的组成和工作原理。
(3)会分析和组装气动压力控制回路。

一、压力控制阀

压力控制阀主要用来控制系统中气体压力的大小,满足系统对各种不同压力的需要。其基本原理就是利用压缩空气压力和弹簧力相平衡的原理来进行工作。

(1) 起降压稳压作用的减压阀、定值器。

(2) 起限压安全保护作用的安全阀、限压切断阀等。

(3) 根据气路压力不同进行某种控制的顺序阀、平衡阀等。

(一)气动减压阀

气动系统与液压系统不同的一个特点是:液压系统的液压油是由安装在每台设备上的液压泵直接提供的。而在气动系统中,一个空压站输出的压缩空气通常可供多台气动装置使用。由于气源空气压力往往比每台设备实际所需要的压力高些,同时压力波动值比较大,因此需要用减压阀将其压力减到每台设备所需要的压力。减压阀的作用是将输出压力调节在比输入压力低的调定值上,并保持稳定不变,减压阀也称调压阀。气动减压阀与液体减压阀一样，也是以出口压力为控制信号的。

直动型减压阀如图 10-2-2 所示，当顺时针方向调整手柄 1 时，调压弹簧 2(实际上有两个弹簧)推动下弹簧座 3、膜片 4 和阀芯 5 向下移动，使阀口开启，气流通过减压阀口压力降低，然后从右侧出口输出。

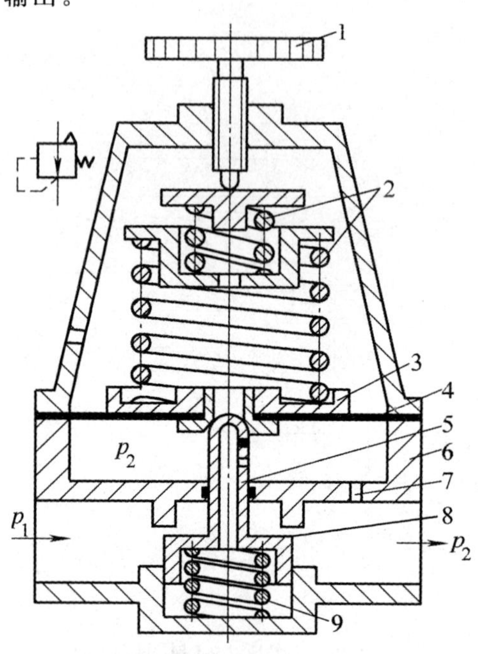

图 10-2-2 直动型减压阀

1—调整手柄 2—调压弹簧 3—弹簧座 4—膜片

5—阀芯 6—阀体 7—阻尼孔 8—阀口 9—复位弹簧

与此同时，有一部分气流通过阻尼孔 7 进入膜片室，在膜片下产生一个向上的推力与弹簧力平衡，减压阀有稳定的压力输出。当输入压力 p_1 增高时，输出压力 p_2 也随之增高，使膜片下的压力也增高，将膜片向上推，阀芯 5 在复位弹簧 9 的作用下上移，从而使阀口 8 的开度减小，节流作用增强，使输出压力降低到调定值为止；反之，输出压力下降，则输出压力也随着下降，膜片下移，阀口开度增大，节流作用降低，使输出压力回到调定压力，以维持稳定的压力输出。

(二)气动溢流阀

气动溢流阀的作用是当系统压力超过调定值时，为了保证系统的工作安全，往往用安全阀来实现自动排气，使系统的压力下降，以保证系统能安全可靠地工作。因而，溢流阀也称安全阀。如储气罐必须安装安全阀。

溢流阀如图 10-2-3 所示，当气体作用在阀芯 3 上的力小于弹簧 2 的力时，阀处于关闭状态。当系统压力升高，气体作用在阀芯 3 上的力大于弹簧 2 的力时，气流推开阀芯，经阀口向外排气，使系统压力基本稳定在调定值，确保系统安全可靠。调整弹簧的预压缩量可改变其调定压力的大小。

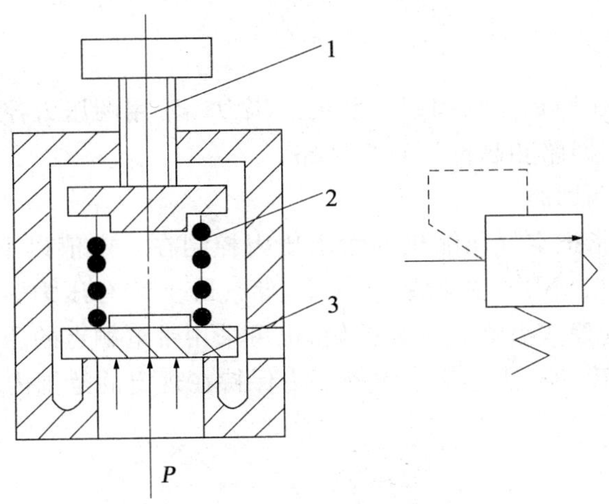

图 10-2-3　直动型溢流阀结构与符号

1—调节杆　2—弹簧　3—阀芯

由此可知，对于溢流阀来说，要求当系统中的工作气压刚超过阀的调定压力(开启压力)时，阀便迅速打开，并以额定流量排放；而一旦系统中的压力稍低于调定压力时，便能立即关闭阀门。

(三)气动顺序阀

气动装置中不便安装行程阀，而要根据气压的大小来控制两个以上的气动执行机构的顺序动作时，要用到顺序阀。

顺序阀是依靠气路中压力的变化来控制各执行元件按顺序动作的压力阀，其作用和工作原理与液压顺序阀基本相同。顺序阀常与单向阀组合成单向顺序阀。如图 10-2-4 所示为单向顺序阀的工作原理图。当压缩空气由 P 口输入时，单向阀 4 在压差力及弹簧力的作用下处于关闭状态，作用在活塞 3 上输入侧的空气压力超过弹簧 2 的预紧力时，活塞被顶起，顺序阀打开，压缩空气由 A 输出；当压缩空气反向流动时，输入侧变成排气口，输出侧变成进气口，其进气压力将顶开单向阀，由 O 口排气。调节手柄 1 就可改变单向顺序阀的开启压力。

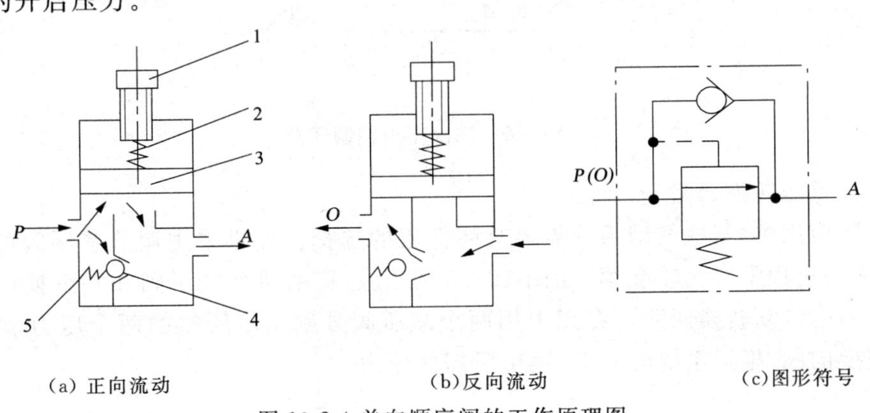

(a) 正向流动　　(b)反向流动　　(c)图形符号

图 10-2-4 单向顺序阀的工作原理图

1—手柄　2—压缩弹簧　3—活塞　4—单向阀　5—小弹簧

二、压力控制回路

压力控制回路的作用是控制和调节系统的压力。常用的压力控制回路有一次压力控制回路、二次压力控制回路和高低压转换回路。

(一)一次压力控制回路

一次压力控制是指把空气压缩机的输出压力控制在一定值以下。一般情况下,空气压缩机的出口压力为0.8MPa,并设置储气罐,储气罐上装有压力表、安全阀等,如图10-2-5所示。它常采用外控式溢流阀1来控制,也可采用带电触点的压力表2代替溢流阀1来控制空气压缩机的转、停,使储气罐内的压力保持在规定的范围内。

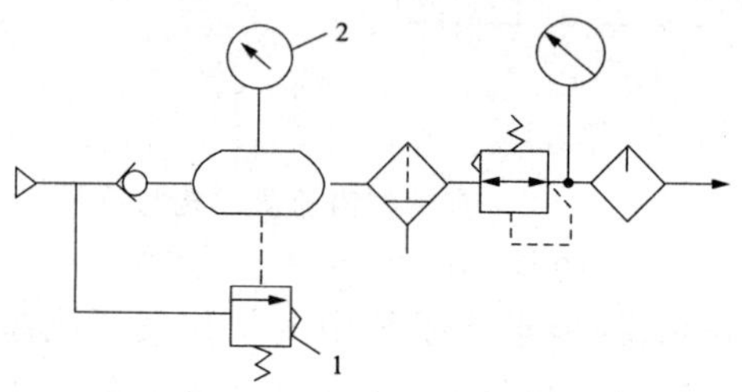

图 10-2-5 一次压力控制回路

1—溢流阀 2—压力表

(二)二次压力控制回路

二次压力控制回路是指控制气动系统二次压力,在系统气源进口处利用分水过滤器、减压阀、油雾器(气动三大元件,可做成联件形式)组成的压力控制回路,如图10-2-6所示。过滤器可除去压缩空气中的灰尘、水分等杂质;减压阀可使二次压力稳定;油雾器使清洁的润滑油雾化后注入空气流中,对需要润滑的气动部件进行润滑。如果系统不需润滑,则可不用油雾器。

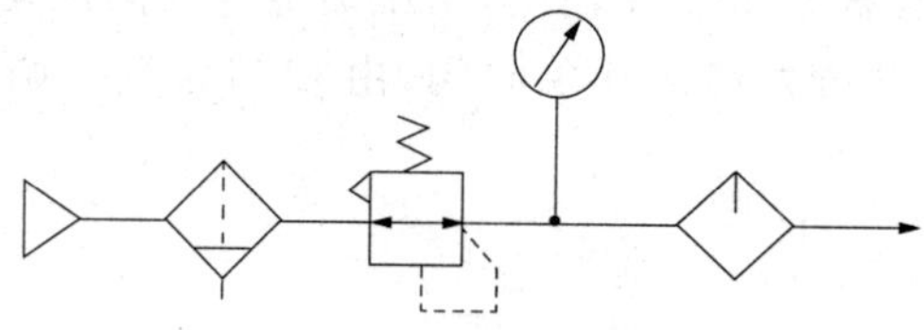

图 10-2-6 二次压力控制回路

(三)高低压转换回路

在实际应用中,某些气动系统需要有高低压的选择。如果采用调节减压阀的办法来解决,在使用过程中会比较麻烦,如图10-2-7所示是利用两个减压阀和一个换向阀构成的高低压力的自动转换回路。在图中用两个减压阀分别调出所需的两个压力 p_1、p_2,再通过气控换向阀,根据系统的要求,输出所需的压力。

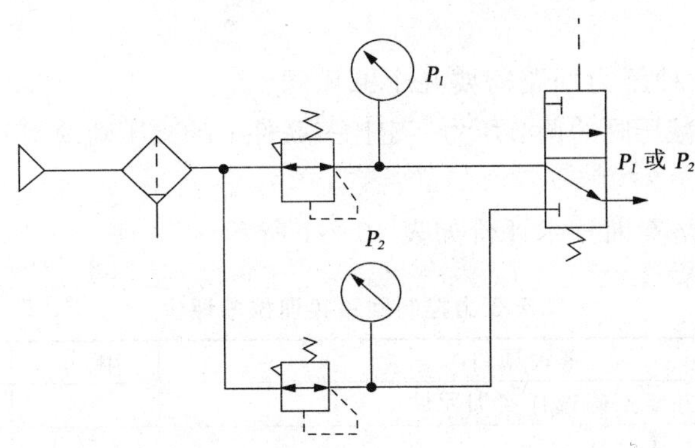

图 10-2-7　高低压转换回路

三、技能训练：组装二次压力控制回路

1. 实训目的

(1)掌握本实训所用气动元件及辅助元件的结构及使用性能。

(2)学会气动综合实验台的使用方法。

(3)掌握二次压力控制回路的应用条件及应用场合。

2. 实训设备

气动综合教学实验台

3. 气压原理

压力控制回路是利用压力控制阀来控制系统或系统某一部分的压力。压力控制回路主要有调压回路、减压回路、增压回路、保压回路、卸荷回路、平衡回路和释压回路等。

图 10-2-1 是一种二次压力控制回路原理图。当电磁阀 2 电磁铁通电，右位接入，压缩空气经减压阀 1 进入缸的左腔，活塞右行。在此过程中，可以调节三联件中减压阀的压力调节旋钮控制压力；同时调节减压阀 1 也可以调节系统中的压力。三联件中减压阀和减压阀 1 均可控制系统的压力，使系统可以得到两种压力值。减压阀 1 的调节压力一定要小于三联件(虚线框内的为气动三连件)中减压阀的调节压力。

4. 实训步骤

(1)根据实训需要选择元件(三联件、二位三通单电磁换向阀、减压阀、弹簧缸、连接软管)，并检验元件的使用性能是否正常。

(2)看懂气压原理图，在实验台上搭建实训回路。

(3)将二位三通单电磁换向阀的电源输入口插入相应的控制板输出口。

(4)确认连接安装正确稳妥，把三联件的调压旋钮放松，通电开启气泵。待气泵工作正常后，再次调节三联件的调压旋钮，使回路中的压力在系统工作压力范围以内。

(5)当电磁阀通电时，压缩空气进入缸的左腔，活塞右行。在此过程中，可以调节三联件的压力调节旋钮控制压力；同时，调节减压阀 1 可调节系统中的压力。三联件和减压阀同时控制了系统的压力。

(6)实训完毕后，关闭泵，切断电源，待回路压力为零时，拆卸回路，清理元器件并放回规定的位置。

5.思考题

(1)如果要得到3种压力回路需要几个减压阀?

(2)三联件后面的减压阀的调节压力一定比三联件上的减压阀的调节压力小,为什么?

6.技术评价

二次压力控制回路实训技术评价如表10-2-1所示。

表10-2-1 二次压力控制回路实训技术评价

序号	考评项目	配分	得分	备注
1	分析实训原理并能正确选择实训元件	15		
2	气压管路布局是否合理	10		
3	气压管路连接是否正确	15		
4	电气控制线路连接是否正确	15		
5	正确编写或叙述本实训步骤	10		
6	能否正确接通电源和启动空气压缩机	5		
7	能否正确停止空气压缩机和断开电源	5		
8	实训元件是否归类放置,摆放整齐	5		
9	实训工具摆放是否符合要求	5		
10	文明生产	15		
合计		100		

课题三 速度控制回路

目标任务

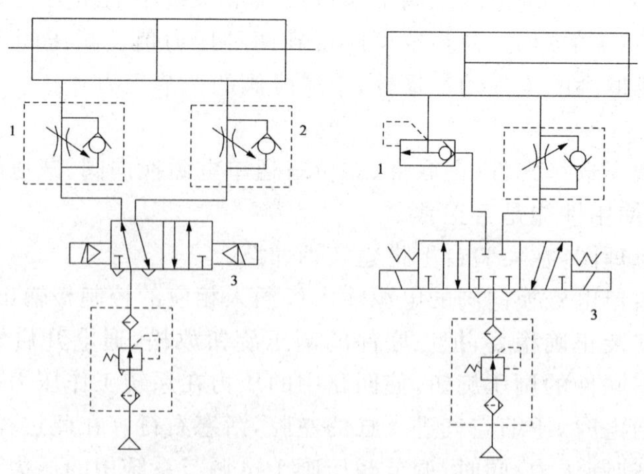

(a) 进口节流调速回路　　(b) 出口节流调速回路

图10-3-1 双作用气缸的速度控制回路原理图

目标及要求

(1)掌握常见流量控制阀的工作原理。

(2)掌握流量控制回路的组成和工作原理。

(3)会分析和组装气动流量控制回路。

一、流量控制阀

在气压传动系统中，经常要求控制气动执行元件的运动速度，这要靠调节压缩空气的流量来实现。凡用来控制气体流量的阀，均称为流量控制阀。流量控制阀就是通过改变阀的通流截面积来实现流量控制的元件，它包括节流阀、单向节流阀、排气节流阀等。由于节流阀和单向节流阀的工作原理与液压阀中同类型阀相似，本节仅对排气节流阀作简要介绍。

气动系统的废气一般可以直接排入大气，因此可以在排气口安装节流阀以调节排气速度，这种阀称为排气节流阀。

排气节流阀的节流原理和液压系统节流阀一样，也是靠调节通流截面积来控制流量的。它们的区别是:液压系统的节流阀通常是安装在系统中来调节液压油的流量，而排气节流阀只能安装在排气口处来调节排入大气的流量，以此来调节执行机构的运动速度。排气节流阀如图 10-3-2 所示，气流从左腔进入阀内，由节流口 1 节流后经消声套 2 排出，因此，它不仅能调节执行元件的运动速度，还能起到降低排气噪声的作用。

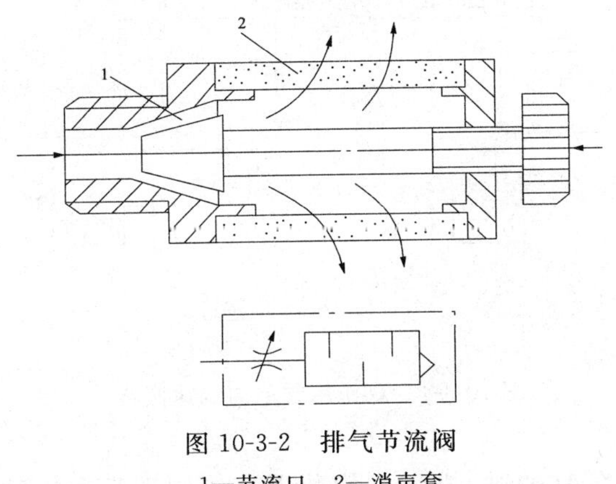

图 10-3-2　排气节流阀

1—节流口　2—消声套

二、速度控制回路

(一)单作用气缸速度控制回路

如图 10-3-3 所示为单作用气缸速度控制回路。图 10-3-3(a)采用两个相反安装的单向节流阀，可分别控制液压缸活塞的伸出和缩回的速度，是一个双向调速的速度控制回路。图 10-3-3(b)采用节流阀和排气阀串联来控制活塞杆的伸出速度和退回，伸出时利用节流阀调节速度，退回时，排气阀排气，气缸快速返回，返回时速度不可调。

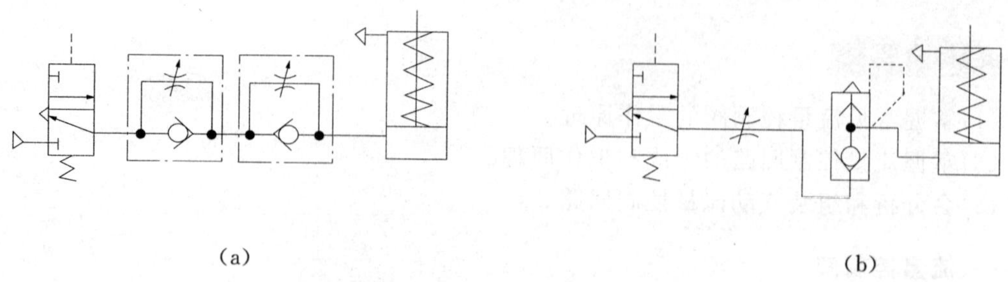

图 10-3-3　单作用气缸速度控制回路

(二)双作用气缸速度控制回路

1. 单向调速回路

双作用缸单向调速回路与液压系统相仿,也有进口、出口节流调速之分,但在气动系统中称为节流供气和节流排气,如图 10-3-4 所示。

图 10-3-4(a)是采用供气节流调速的方式,由于空气可压缩膨胀的特性,当负载与活塞运动方向相反时易产生“爬行”现象;当负载与活塞运动方向相同时易产生“跑空”现象,使气缸失去控制。所以,供气节流调速多用于垂直安装的气缸的供气回路中。

在水平安装的气缸中通常采用图 10-3-4(b)所示的排气节流调速方式。这种节流调速方式由于存在背压,从而减少了“爬行”现象。采用这种节流调速方式,气缸速度随负载变化较小,运动较平稳,且能承受反向负载。

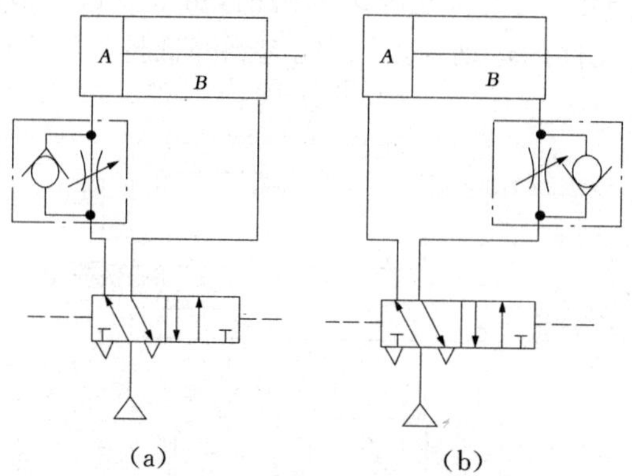

图 10-3-4　双作用缸单向调速回路

2. 双向调速回路

双向调速回路指在气缸的进、排气口均装设节流阀进行调速的回路,如图 10-3-5 所示。图 10-3-5(a)是采用单向节流阀式的双向节流调速回路,图 10-3-5(b)是采用排气节流调速的双向节流调速回路。

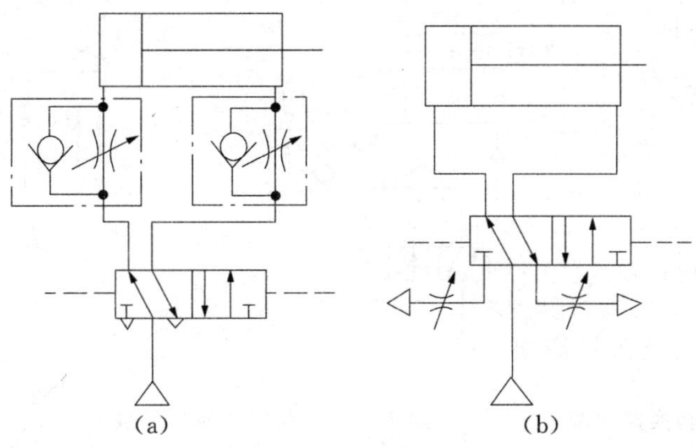

图 10-3-5　双向调速回路

(三)气液联动速度控制回路

由于空气具有易压缩膨胀的物理特性,前面几种调速方式只适用于负载变化不大的场合。当负载突然增大时,由于气体的可压缩性就将迫使气缸内的气体压缩,使活塞运动速度减慢;反之,当负载突然减小时,气缸内被压缩的空气,必然膨胀,使活塞运动加快,称为气缸的"自走"现象。因此,在要求气缸具有准确而平稳的速度时,特别是在负载变化较大的场合,就需采用气液相结合的调速方式。它是以气压做动力,利用气液转换器或气液阻尼缸将气压传动转变为液压传动,从而控制执行机构的速度。这种速度控制方式在气压传动中应用较广泛。

如图 10-3-6 所示为利用气液转换器的调速回路。它利用气液转换器将气压转变为液压,再利用液压油驱动低压液压缸,从而获得平稳易控的活塞运动速度,调节节流阀的流量就可以改变活塞的速度。采用此回路时应注意,气液转换器的容积应大于液压缸的容积,气、液间的密封性要好。

如图 10-3-7 所示为利用气液阻尼缸的调速回路。图 10-3-7(a)为慢进快退回路,调节单向节流阀的流量就可控制活塞的前进速度;返回时,由于液压缸无杆腔的油液通过单向阀流向液压缸的有杆腔,故返回速度较快,高位油箱起补充泄漏油液的作用。图 10-3-7(b)为能实现机床工作循环中常用的快进→工进→快退动作的回路,当 K_2 有信号输入时,换向阀换向,活塞向左运动,液压缸无杆腔的油液通过 a 口进入液压缸有杆腔,气缸快速向左运动;当活塞将 a 口关闭时,液压缸无杆腔的油液被迫从 a 口经节流阀进入液压缸有杆腔,活塞工作进给,调节节流阀流量就可控制工进速度;当 K_2 信号消失,K_1 信号输入时,换向阀换向,活塞向右快速返回。

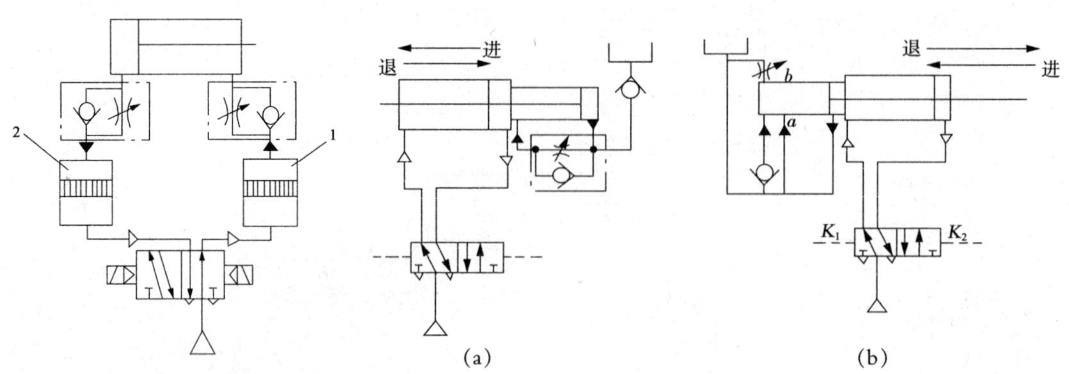

图 10-3-6　利用气液转换器的调速回路
1、2—气液转换器

图 10-3-7　利用气液阻尼缸的速度控制回路

(四)缓冲回路

当气动运动部件质量较大,动作速度较快时,可采用如图 10-3-8 所示的缓冲回路。当活塞向右运动时,右腔的气体经行程阀和换向阀后排出,当活塞快运动到行程末端,挡块压下行程阀后,气体只能经节流阀排出,这样使活塞运动速度减慢,达到缓冲的目的。调整行程阀的安装位置就可改变缓冲的起始时刻。

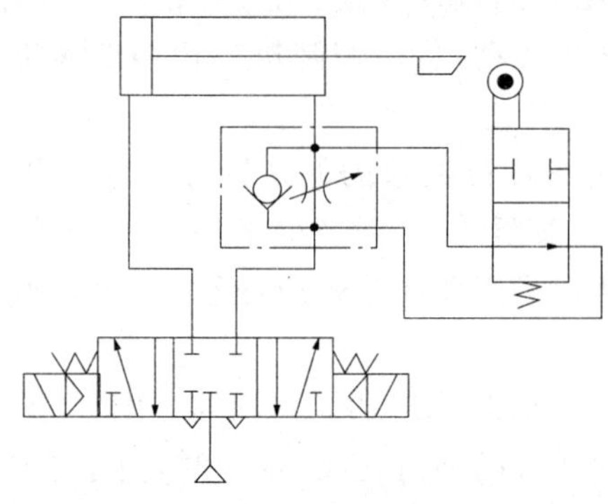

图 10-3-8　缓冲回路

三、技能训练:双作用气缸的速度调节回路实验

1. 实训目的

(1)掌握本实训用气动元件及辅助元件的结构及使用性能。

(2)学会气动综合实验台的使用方法。

(3)掌握双作用气缸速度调节回路的应用条件及应用场合。

2. 实训设备

所用设备为气动综合教学试验台。

3. 实训原理

与液压传动相比,气缸传动有很高的运动速度,这在某种意义上来讲是一大优点。但是许多场合不需要执行机构高速运动,这就需要通过控制元件进行速度控制。由于气动泵系统所使用的功率都不太大,调速方式大多采用节流调速。

本实训是利用单向节流阀对双作用气缸进行速度控制。在这种调速回路中又分为进口调速回路和出口调速回路,原理图如10-3-1所示。

进口调速回路中,双作用气缸的每个入口各安装一个单向节流阀。当二位五通电磁阀3左位通电后,压缩空气通过单向节流阀1中的节流口进入气缸的左腔,活塞在压缩空气的作用下向右运动。气缸右腔的空气经过单向节流阀2中的单向阀再经电磁阀3排入大气。在此过程中,调节单向节流阀1的开口大小就能调节活塞的运动速度,实现了进口调速功能。而当电磁阀3右位接入时,压缩空气经过电磁阀3的右位,再经过单向节流阀2中的节流口进入缸的右腔,活塞在压缩空气的作用下向左运行。而在此过程中调节单向节流阀1就不起节流作用,只有调节单向节流阀2才能控制活塞的运动速度。两个方向的速度控制都是通过进口的单向节流实现的,因此称为进口调速回路。

本实训的出口调速回路主要由三位五通电磁阀3、单向节流阀2及快速排气阀1等组成。电磁换向阀3中位时,气缸不动作。当电磁换向阀3左位通电时,压缩空气经电磁换向阀再经过快速排气阀1进入缸的左腔,活塞在压缩空气的作用下向右运动,在此时调节出口的单向节流阀2的开口大小就能改变活塞的运行速度。而当电磁阀3的右位接入时,压缩空气进入缸的右腔使活塞向左运动,由于缸的左边是接了一个快速排气阀1,所以可以使活塞迅速地回位,此时不能控制活塞的运动速度。

4.进口调速回路实训步骤

(1)根据实训的需要选择元件(双杆双作用缸、单向节流阀两个、二位四通双电磁换向阀、三联件、连接软管),并检验元件的实用性能是否正常。

(2)看懂原理图,在实验台上搭建实训回路。

(3)将二位四通双电磁换向阀的电源输入口插入相应的控制板输出口。用适当的控制方式(直接控制或PLC控制)控制电磁阀。

(4)确认连接安装正确稳妥,把三联件的调压旋钮放松,通电,开启气泵。待泵工作正常后,再次调节三联件的调压旋钮,使回路中的压力在系统工作压力范围以内。

(5)当电磁阀通电后,压缩空气通过三联件经过电磁阀3再经过单向节流阀1进入气缸的左腔,活塞在压缩空气的作用下向右运动。在此过程中,调节单向节流阀1的开口大小就能调节活塞的运动速度,实现了进口调速功能。

(6)当电磁阀右位接入时,压缩空气经过电磁阀3的右边再经过单向节流阀2进入缸的右腔,活塞在压缩空气的作用下向左运行。在此过程中,调节单向节流阀1就不再起作用,只有调节单向节流阀2才能控制活塞的运动速度。

(7)实训完毕后,关闭泵,切断电源,待回路压力为零时,拆卸回路,清理元器件并放回规定的位置。

5.思考题

(1)换用其他的换向阀做实验,顺便了解其他换向阀的工作机能。

(2)想想如果不采用单向节流阀,而采用一般节流阀行不行?

(3)将节流阀的方向接反,看看实验会怎样?

6. 出口调速回路实训步骤

(1)根据实训的需要选择元件(单杆双作用杆、单向节流阀、快速排气阀、三位五通双电磁换向阀、三联件、连接软管),并检验元件的使用性能是否正常。

(2)看懂原理图,在试验台上搭建实训回路。

(3)将三位五通双电磁换向阀的电源输入口插入相应的控制板输出口。用适当的控制方式(直接控制或 PLC 控制)控制电磁阀。

(4)确认连接安装正确稳妥,把三联件的调压旋钮放松,通电,开启气泵。待泵工作正常后,再次调节三联件的调压旋钮,使回路中的压力在系统工作压力范围以内。

(5)电磁换向阀如图 10-3-1(b)所示时,压缩空气是进入不了缸,当电磁换向阀 3 左侧电磁铁通电时左位接入,压缩空气经三联件过电磁换向阀 3 再经过快速排气阀 1 进入气缸的左腔,活塞在压缩空气的作用下向右运动,此时调节出口的单向节流阀 2 的开口大小就能随意地改变活塞的运动速度。

(6)当电磁阀的右位接入时,压缩空气进入气缸的右腔活塞向左运动,由于气缸的左边是接了一个快速排气阀,所以可以迅速地回位(对于小压力小管径的系统也可以不用快排阀)。

(7)实训完毕后,关闭泵,切断电源,待回路压力为零时,拆卸回路,清理元器件并放回规定的位置。

7. 思考题

(1)本实训出口调速回路中,如何实现在活塞回位时也能控制速度?

(2)用进口节流调速回路的原件能否实现出口节流调速,原理图和关键元件的连接需做怎样的改变?

(3)解释节流调速中“爬行”和“自走”现象。

(4)分析这两种速度控制回路的应用条件。

8. 技术评价

速度调速回路实训技术评价如表 10-3-1 所示。

表 10-3-1　　速度调速回路实训技术评价

序号	考评项目	配分	得分	备注
1	分析实训原理并能正确选择实训元件	15		
2	气压管路布局是否合理	10		
3	气压管路连接是否正确	15		
4	电气控制线路连接是否正确	15		
5	正确编写或叙述本实验步骤	10		
6	能否正确接通电源和启动空气压缩机	5		
7	能否正确停止空气压缩机和断开电源	5		
8	实训元件是否归类放置,摆放整齐	5		
9	实训工具摆放是否符合要求	5		
10	文明生产	15		
合计		100		

课题四　其他常用控制回路

目标任务

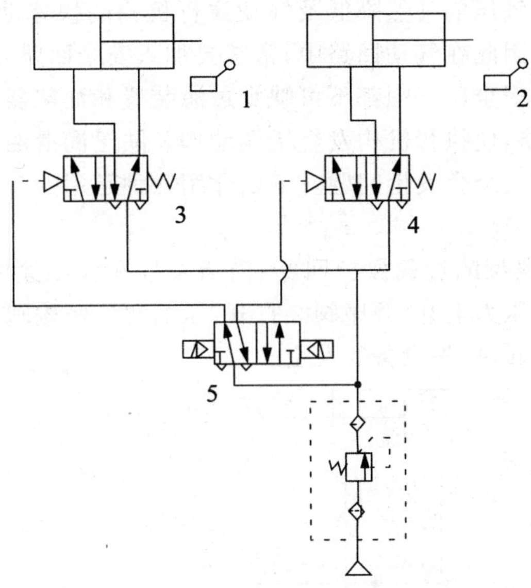

图 10-4-1　双缸顺序动作回路原理图

1、2—接近开关　3、4—气控阀　5—电磁阀

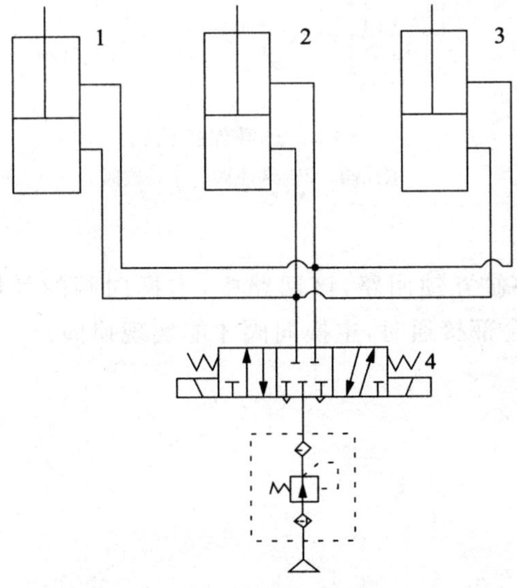

图 10-4-2　三缸联动回路原理图

1、2、3—气缸　4—电磁阀

目标及要求

(1)熟悉常见的气动控制回路。

(2)会分析和组装气动控制回路。

一、安全保护回路

由于气动系统过载、气压的突然降低及气动执行机构的快速动作等原因都可能危及操作人员或设备的安全,因此在气动回路中,常常要加入安全回路。需要指出的是在设计任何气动回路中,特别是安全回路中都不可缺少过滤装置和油雾器,因为空气中的杂物可能堵塞阀中的小孔与通路,使执行机构发生错误动作。缺乏润滑油,很可能使阀发生卡死或磨损,以致整个系统的安全会发生问题。下面介绍几种常用的安全保护回路。

(一)过载保护回路

如图 10-4-3 所示为典型的过载保护回路,当活塞杆在伸出途中,如遇到偶然障碍或运动受阻时,气缸无杆腔压力上升,顺序阀 2 打开,压缩空气经梭阀 3 使换向阀 1 换向,右位接入系统,活塞立即退回,保护设备的安全。

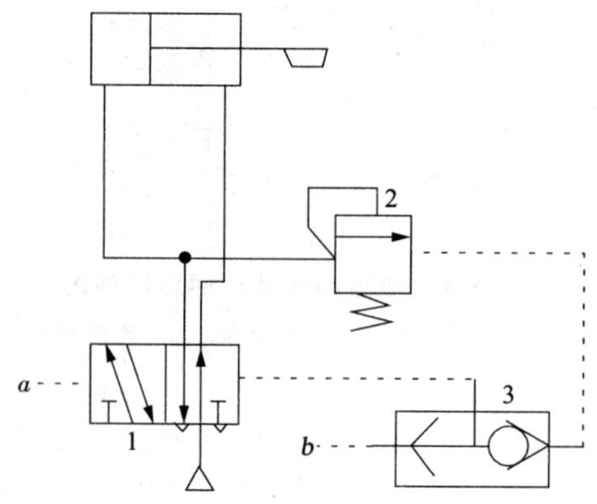

图 10-4-3 过载保护回路

1—主控阀 2—顺序阀 3—梭阀

(二)互锁回路

如图 10-4-4 所示为多缸互锁回路,该回路中,主换向阀的气控口接三个串联的气动行程阀,只有三个行程阀全部接通时,主换向阀才能实现换向。

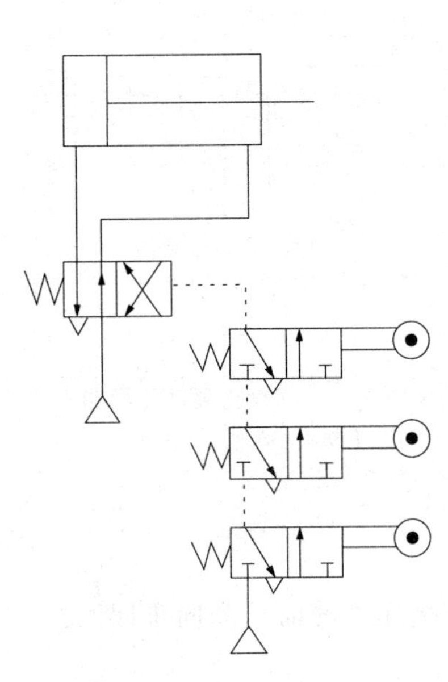

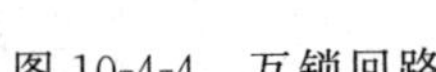

图 10-4-4　互锁回路

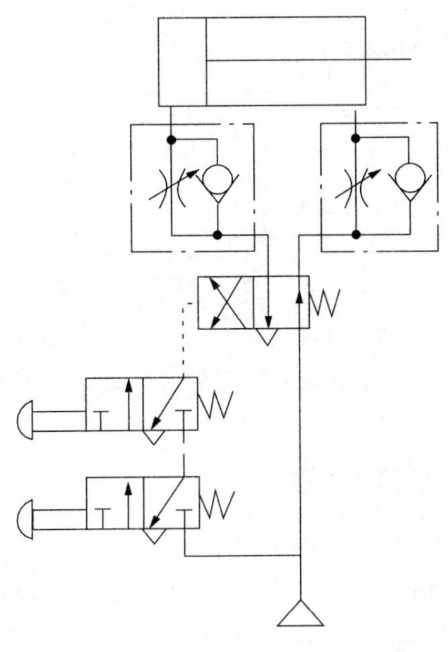

图 10-4-5　双手同时操作回路

(三)双手同时操作回路

所谓双手同时操作回路就是使用两个启动用的手动阀，只有同时按下两个阀才动作的回路。这种回路主要是为了安全。在冲床、锻压机床上常用来避免误动作，对操作人员的手起保护作用。

如图 10-4-5 所示为使用两个手动阀的双手同时操作回路，为使主控阀换向，必须使压缩空气信号进入其左侧气控口。为此，必须使两个三通手动阀同时换向，另外这两个阀必须安装在单手不能同时操作的距离上。在操作时，如任何一只手离开时则控制信号消失，主控阀复位，活塞杆后退。

二、往复动作回路

(一)单往复运动回路

如图 10-4-6 所示为利用机动换向阀和手动换向阀组成的位置控制式单往复运动回路。按下手动阀 1 的手动按钮后，压缩空气使阀 3 换向，活塞杆前进，气缸外伸。当活塞杆挡块压下机动阀 2 后，阀 3 复位，活塞杆返回，气缸缩回，完成一次往复运动。

(二)连续往复运动回路

如图 10-4-7 所示为多往复运动回路。当手动阀换向时，压缩空气经阀 3 发出信号使气控换向阀 2 换向，气缸活塞杆外伸，阀 3 复位，当活塞杆行至挡块处压下行程阀 4 时，气控换向阀失去信号，换向到图示位置，活塞杆缩回，阀 4 复位。当活塞行至终点时又压下行程阀 3，换向阀 2 再次换向，如此往复循环。

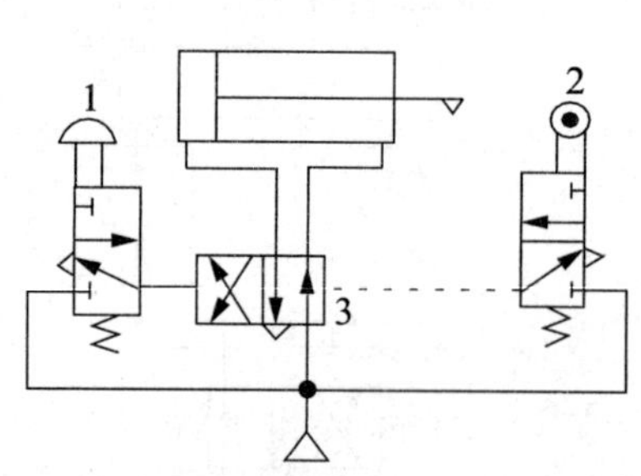

图 10-4-6　单往复运动回路

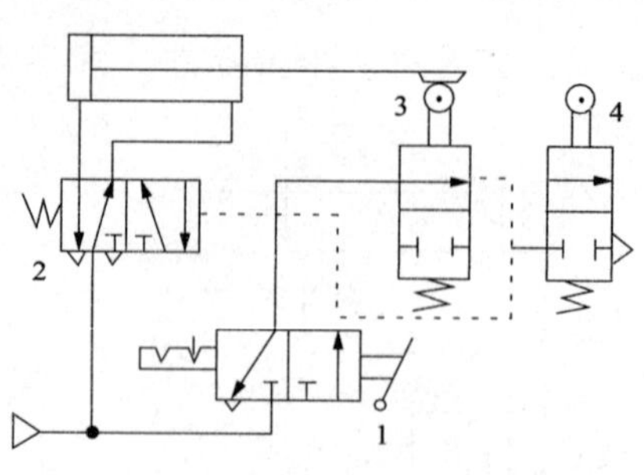

图 10-4-7　连续往复动作回路

1—手动阀　2、3、4—换向阀

三、同步动作回路

(一)机械联结的同步回路

如图 10-4-8 所示为利用刚性零件将两缸活塞连接起来的简单的同步回路。该种同步回路,同步可靠,但两缸的空间位置受到限制。

(二)气液联动的同步回路

如图 10-4-9 所示为采用气液转换的同步回路。图中缸 1 的左腔与缸的右腔连通,内部注入液压油。只要保证两缸的尺寸相同就可以实现同步动作。但当发生泄漏或油中混入空气时,会影响两缸的同步性,此时可打开气堵 6 放气并补入油液。

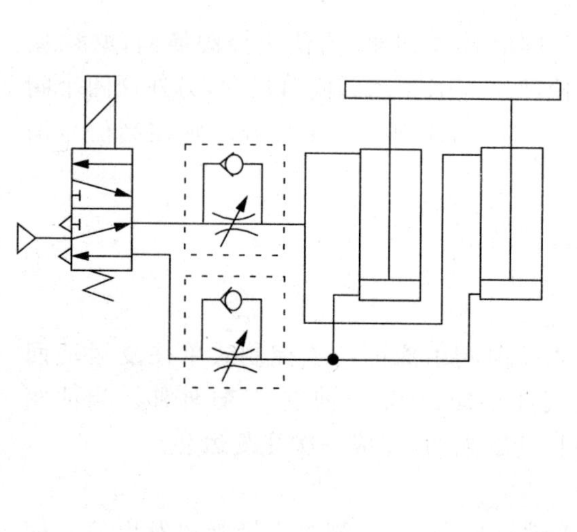

图 10-4-8　机械连接的同步回路

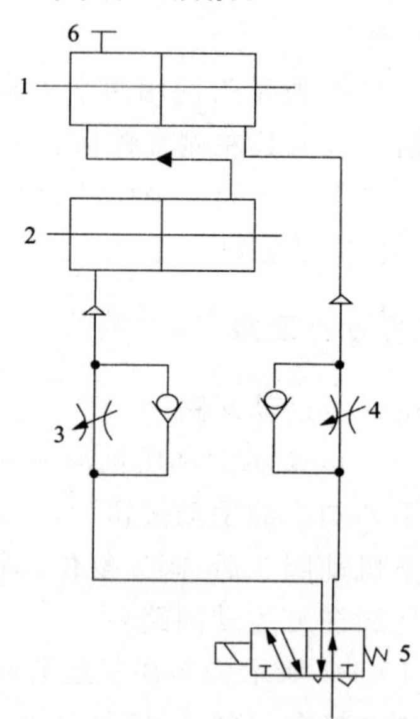

图 10-4-9　气液转换的同步回路

1、2—气缸　3、4—单向节流阀　5—电磁阀　6—气堵

四、多缸顺序动作回路

在气压传动系统中,用一个能源向两个或多个缸(或马达)提供压缩空气,按各气缸之间运动关系要求进行控制,完成预定功能的回路,称为多缸运动回路。气缸严格地按给定

顺序运动的回路称为顺序回路。顺序运动的控制方式有三种，即行程控制、压力控制和时间控制。

多缸顺序动作回路应用广泛，在一个循环里，若气缸只作一次往复，称为单往复顺序，若某些气缸作多次往复，就称为多往复顺序。若用A、B、C……表示气缸，用1、0表示活塞的伸出和退回，则两只气缸的基本顺序动作回路有$A_1B_0A_0B_1$、$A_1B_1B_0A_0$和$A_1A_0B_1B_0$三种。而三只气缸的基本动作则达到十五种之多，如$A_1B_1C_1A_0B_0C_0$、$A_1A_0B_1C_1C_0B_0$、$A_1A_0B_1C_1B_0C_0$、$A_1B_1C_1A_0C_0B_0$…这些顺序回路都属于单往复顺序，即在每一个程序里，气缸只作一次往复。多往复顺序动作回路顺序的形成方式比单往复顺序多得多，如图10-4-1和10-4-2所示。

在程序控制系统中，把这些顺序动作回路都称为程序控制回路。

五、技能训练：组装双缸顺序动作回路

1. 实训目的

(1)掌握本实验所用气动元件及辅助元件的结构及使用性能。

(2)学会气动综合实验台的使用方法。

(3)掌握双缸顺序动作回路的应用条件及应用场合。

2. 实训设备

所用设备为气动综合实验台。

3. 实训原理

图10-4-1是一种由接近开关控制的双缸顺序动作回路原理图。当电磁阀5左侧电磁铁通电，左位接入，压缩空气使得单气控阀3动作，压缩空气进入左缸的左腔使得活塞向右运动。此时右缸因为没有气体进入左腔而不能动作(此时右腔通压力气体)。

当左缸活塞杆靠近接近开关1时，接近开关动作，控制二位五通电磁阀5右侧电磁铁通电而迅速换向，气体作用于气控阀4促使其左位接入，压缩空气经过气控阀4的左位进入右缸的左腔，活塞在压力的作用下向右运动。当活塞杆靠近接近开关2时，接近开关动作，控制二位五通电磁阀5左侧电磁铁通电，左位接入，从而实现双缸的下一个顺序动作。

4. 实训步骤

(1)根据实训需要选择元件(单杆双作用缸、接近开关、单气控换向阀、二位四通双电磁换向阀、三联件、连接软管)，并检验元件的使用性能是否正常。

(2)看懂原理图，在实验台的T形槽板上搭建实验回路。

(3)将二位五通双电磁换向阀和接近开关输入口插入相应的控制板输出口，选择适当的控制方法(PLC编程控制)。

(4)确认连接安装正确稳妥，把三联件的旋钮放松，通电，开启气泵。待气泵工作正常后，再次调节三联件的调压旋钮，使回路中的压力在系统工作压力范围以内。

(5)当电磁阀5左电磁铁通电，左位接入，压缩空气使得单气控阀3动作，压缩空气进入左缸的左腔使得活塞向右运动；此时的右缸因为没有气体进入左腔而不能动作。

(6)当左缸活塞杆靠近接近开关1时，接近开关控制二位五通电磁阀5迅速转向，气体作用于气控阀4促使其左位接入，压缩空气经过气控阀4的左位进入右缸的左腔，活塞

在压力的作用下向右运动。当活塞杆靠近接近开关 2 时，接近开关控制二位五通电磁阀 5 又回到左位，从而实现双缸的下一个顺序动作。

(7)实训完毕后，关闭泵，切断电源，待回路压力为零时，拆卸回路，清理元器件并放回规定的位置。

5. 思考题

(1)采用机械阀代替接近开关，系统会怎样动作？回路怎样搭建？

(2)用压力继电器能实现这个顺序动作吗？从理论上验证一下。

6. 技术评价

双缸顺序动作实训技术评价如表 10-4-1 所示。

表 10-4-1　双缸顺序动作实训技术评价

序号	考评项目	配分	得分	备注
1	分析实训原理并能正确选择实训元件	15		
2	气压管路布局是否合理	10		
3	气压管路连接是否正确	15		
4	电气控制线路连接是否正确	15		
5	正确编写或叙述本实训步骤	10		
6	能否正确接通电源和启动空气压缩机	5		
7	能否正确停止空气压缩机和断开电源	5		
8	实训元件是否归类放置，摆放整齐	5		
9	实训工具摆放是否符合要求	5		
10	文明生产	15		
合计		100		

六、技能训练：组装三缸联动回路

1. 实训目的

(1)掌握本实训所用气动元件及辅助元件的结构及使用性能。

(2)学会气动综合实验台的使用方法。

(3)掌握三缸联动回路的应用条件及应用场合。

2. 实训设备

所用设备为气动综合教学实验台。

3. 实训原理

图 10-4-2 是一种由三位五通电磁换向阀控制的三缸联动回路原理图。当电磁阀 4 左侧电磁铁通电、左位接入时，气缸 1、2、3 开始一起向一个方向运动。当电磁阀 4 右位接入时，3 个缸开始复位动作。

4. 实训步骤

(1)根据实训需要选择元件(单杆双作用缸、三位五通双电磁阀、三联件、连接软管)，并检验元件实用性能是否正常。

(2)看懂原理图，在实验台上搭建气动回路。

(3)将三位五通双电磁换向阀和接近开关的电源输入口插入相应的控制板输出口。

(4)确认连接安装正确稳妥,把三联件的调压旋钮放松,通电,空气气泵。待气泵工作正常,再次调节三联件的调压旋钮,使回路中的压力在系统工作压力范围以内。

(5)当电磁阀左电磁铁得电左位接入时,三个缸开始一起向一个方向运动。当右位接入时,三个缸开始复位动作。

(6)实训完毕后,关闭泵,切断电源,待回路压力为零时,拆卸回路,清理元器件并放回规定的位置。

5. 思考题

(1)三个缸是否同步动作?

(2)如果将 3 号单出杆改为双出杆缸,能否实现同步运动,为什么?

6. 技术评价

三缸联动实训技术评价如表 10-4-2 所示。

表 10-4-2　　三缸联动实训技术评价

序号	考评项目	配分	得分	备注
1	分析实训原理并能正确选择实训元件	15		
2	气压管路布局是否合理	10		
3	气压管路连接是否正确	15		
4	电气控制线路连接是否正确	15		
5	正确编写或叙述本实训步骤	10		
6	能否正确接通电源和启动空气压缩机	5		
7	能否正确停止空气压缩机和断开电源	5		
8	实训元件是否归类放置,摆放整齐	5		
9	实训工具摆放是否符合要求	5		
10	文明生产	15		
合计		100		

思考与练习

10-1　气动方向控制阀有哪些类型?各自具有什么功能?

10-2　减压阀是如何实现减压、调压的?

10-3　在气压传动中,宜选用何种流量控制阀来调节气缸的运行速度?

10-4　快速排气阀为什么能快速排气?

10-5　试说明排气节流阀的工作原理、主要特点及用途。

10-6　气动系统中溢流阀、减压阀、顺序阀的进、出口接错后会发生什么故障?

10-7　常见的气动压力控制回路有哪些?其用途是什么?

10-8　分析如图 10-1-1、10-2-1、10-3-1、10-4-1 所示回路的工作过程,并指出元件的名称。

10-9　试设计一双作用缸动作之后单作用缸才能动作的联锁回路。

10-10　利用两个双作用气缸、一只顺序阀、一个两位单电控换向阀设计顺序动作回路。

模块十一　气动传动应用实例

阅读气压传动系统图的步骤一般可归纳为：

(1)看懂气压传动系统原理图中各气动元件的图形符号。了解其名称及一般用途，并分析气压传动系统的组成及各元件在系统中的作用。

(2)分析图中的基本回路及功用。需要注意的是，由于一个空压机能向多个气动回路供气，因此，通常在设计气动回路时，压缩机是另行考虑的，在回路图中通常被省略，但在设计是必须考虑原空压机的容量，以免在增设回路后引起使用压力下降。

(3)了解系统的工作程序及程序转换的发信元件。

(4)按工作程序图逐个分析其程序动作。要特别注意主控阀芯的切换是否存在障碍，若设备说明书中附有逻辑框图，则用来指导分析气动回路原理图将显示的更为方便。

课题一　气动夹紧系统回路

目标任务

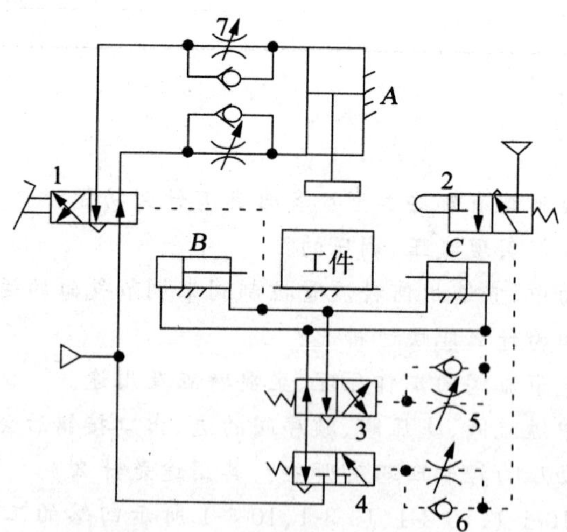

图 11-1-1　气动夹紧系统

目标及要求

(1)气动夹紧系统回路的原理。

(2)会阅读气动系统图。

如图 11-1-1 所示为机床夹具的气动夹紧系统。它的动作循环是：垂直活塞杆下降将工件压紧，两侧的气缸活塞杆再同时前进，对工件两侧进行夹紧，加工完后，各气缸退回，松开工件。

工作原理为：用脚踩下脚踏阀 1，压缩空气经单向节流阀 7 进入气缸 A 的无杆腔，夹紧头下降夹紧工件，当压下行程阀 2 后，压缩空气经单向节流阀 6 发出信号，气控换向阀 4(调节节流阀开度可控制阀 4 的延时接通时间)换向。这样压缩空气经过气控阀 3 进入 B、C 气缸的无杆腔，使活塞杆伸出夹紧工件，工件开始加工。

加工的同时，流经阀 3 的一部分压缩空气经单向节流阀 5 进入阀 3 的右控制端，经过一段时间后(通过节流阀控制时间的长短)，发出信号，阀 3 换向，两侧气缸退回。同时，流经阀 3 的一部分压缩空气进入脚踏阀的右控制端，发出信号，脚踏阀 1 复位，压缩空气进入 A 气缸的有杆腔，使夹紧头退回原位。

夹紧头上升的同时，行程阀 2 复位，气控阀 4 复位(此时阀 3 右位接通)，由于 B、C 气缸的无杆腔通过阀 3 和 4 排气，阀 3 自动复位到左位，完成一个工作循环。该回路为单循环工作回路，只有再踏下脚踏阀 1 才能进行下一个工作循环。

课题二　门户开闭装置

目标任务

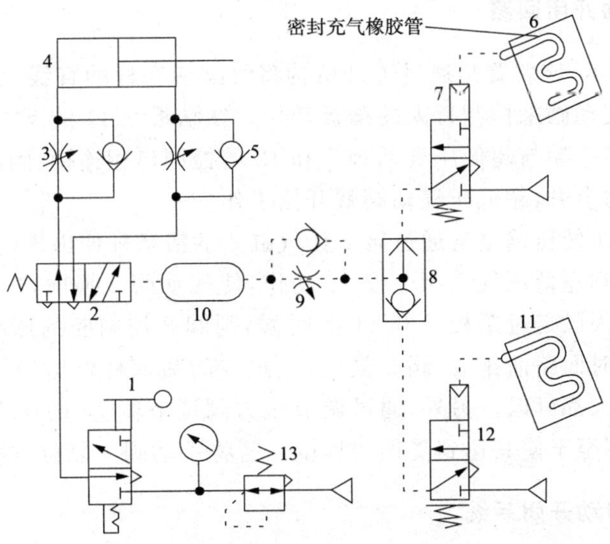

图 11-2-1　拉门的自动开闭系统

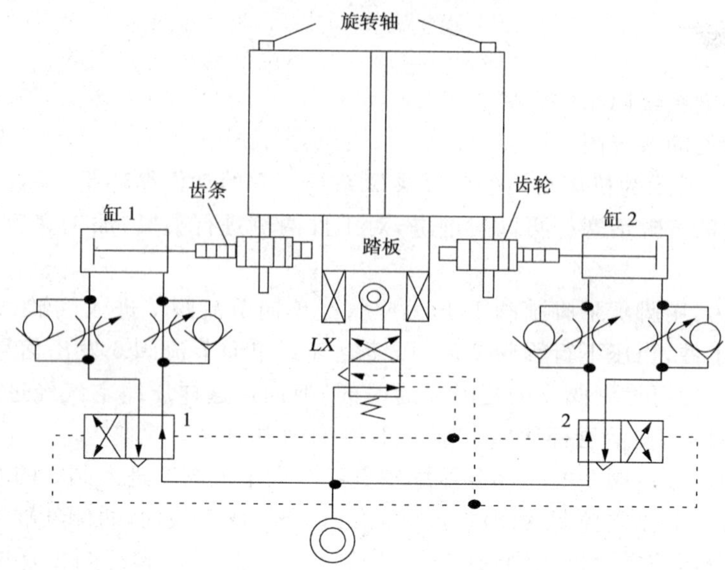

图 11-2-2　旋转门的自动开闭系统

目标及要求

(1)门户开闭装置回路的原理。

(2)会阅读气动系统图,看懂其中包含的气动基本回路。

门的形式多种多样,有推门、拉门、折叠门、左右门扇的旋转门以及上下关闭的门等,在此就拉门、旋转门地气动回路加以说明。

一、拉门的自动开闭回路

如图 11-2-1 所示,该装置是通过连杆机构将气缸活塞杆的直线运动转换成门的开闭运动,利用超低压气动阀来检测行人的踏板动作。在踏板 6、11 的下方装有一端完全密封的橡胶管,而管的另一端与超低压气动阀 7 和 12 的控制口相连接,因此,当人站在踏板上时,橡胶管内的压力上升,超低压气动阀就开始工作。

首先用手动阀 1 使压缩空气通过阀 2 让气缸 4 的活塞杆伸出来(关闭门)。若有人站在踏板 6 或 11 上,则超低压气动阀 7 或 12 动作,使气动阀 2 换向,气缸 4 的活塞杆收回(门打开)。若是行人已走过踏板 6 和 11 的时候,则阀 2 控制腔的压缩空气经由气容 10 和阀 9、8 组成的延时回路而排气,阀 2 复位,气缸 4 的活塞杆伸出使门关闭。由此可见,行人从门的哪边出入都可以。另外,通过调节压力阀调节器 13 的压力,使由于某种原因把行人夹住时,也不至于使其达到受伤的程度。若将手动阀 1 复位,则变成手动门。

二、旋转门的自动开闭系统

旋转门是左右两扇门绕两端的枢纽旋转而开的门,如图 11-2-2 所示为旋转门的气动自动开闭回路。此回路只能实现单方向开启,不能反向打开,常用于为防止危险:只适宜于单向通行的地方。

其工作原理为：若行人踏上门前脚踏板，则由于其重量使脚踏板产生微小的下降，检测阀 LX 被压下，双气控阀 1、2 换向，压缩空气经单向节流阀进入气缸 1、2 的无杆腔，通过齿轮齿条机构，两边的门同时向同一方向打开。行人通过后，踏板恢复到原位，检测阀 LX 自动复位。双气控阀 1、2 换向到原来的位置，气缸活塞杆后退，使门关闭。

课题三 数控加工中心气动换刀系统回路

目标任务

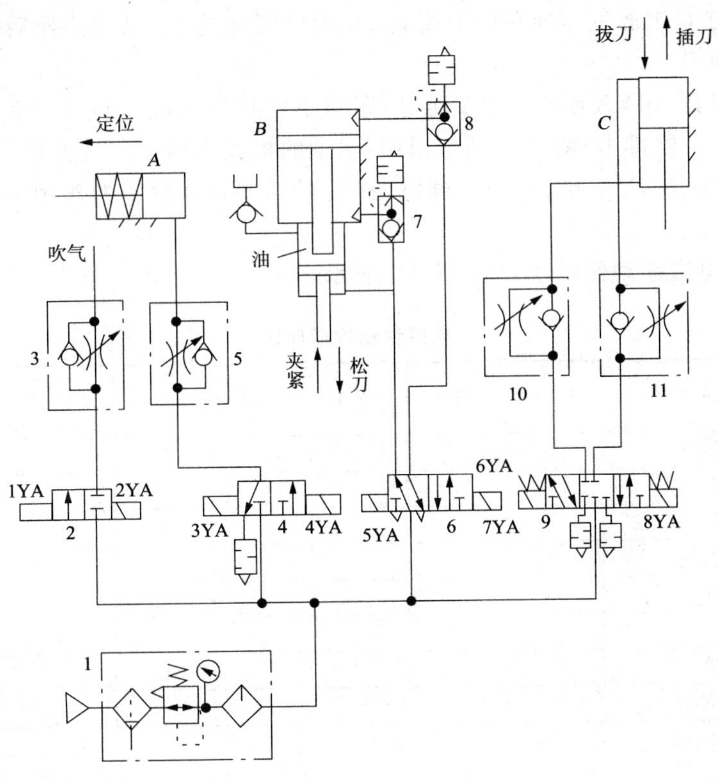

图 11-3-1 数控加工中心气动换刀系统原理图

目标及要求

(1)数据加工中心气动换刀系统回路的原理

(2)会阅读气动系统图，弄懂各气动元件的名称和功用

如图 11-3-1 所示为某数控加工中心气动换刀系统原理图，该系统在换刀过程中要依次实现主轴定位、主轴松刀、拔刀、向主轴锥孔吹气和插刀等动作。其工作原理如下：

(1)主轴定位。当数控系统发出换刀指令时，主轴停止旋转，同时，4YA 通电，压缩空气经气动三联件 1、换向阀 4、单向节流阀 5 进入主轴定位缸 A 的右腔，使活塞左移，使主轴实现自动定位。

(2)主轴松刀。主轴定位后压下无触点开关,使6YA通电,压缩空气经换向阀6和快速排气阀8进入气液增压缸B的上腔,使活塞下移,实现主轴松刀。

(3)机械手拔刀。主轴松刀时,使8YA通电,压缩空气经换向阀9和单向节流阀11进入气缸C的上腔,其下腔空气经单向节流阀10和换向阀9后排出,使活塞下移实现拔刀。

(4)主轴锥孔吹气。回转刀库交换刀具,同时1YA通电,压缩空气经换向阀2(左位)和单向节流阀3向主轴锥孔吹气。

(5)停止吹气。稍后1YA断电,2YA通电,停止吹气。

(6)插刀。8YA断电,7YA通电,压缩空气经换向阀9(左位)和单向节流阀10进入气缸C下腔,缸C上腔气体经单向节流阀11、换向阀9(左位)及消声器后排出,使缸C活塞上移,实现插刀。

(7)刀具夹紧。6YA断电,5YA通电,压缩空气经换向阀6进入气液增压缸B的下腔,其上腔经消声器排出,使缸B活塞退回,主轴的机械机构使刀具夹紧。

(8)主轴复位。4YA断电,3YA通电,缸A的活塞在弹簧力的作用下复位,恢复到开始状态,换刀结束。

换刀过程电磁铁动作顺序如表11-3-1所示。

表11-3-1　　电磁铁动作顺序表

电磁铁 / 工况	1YA	2YA	3YA	4YA	5YA	6YA	7YA	8YA
主轴定位				+				
主轴松刀				+		+		
拔　刀				+		+		+
主轴锥孔吹气	+			+		+		+
停止吹气	−	+		+		+		+
插　刀				+		+	+	−
刀具夹紧				+	+	−		
主轴复位			+	−				

注:电磁铁通电用“+”,反之用“−”。

选作课题:汽车车门气动安全操纵系统

汽车车门安全操纵系统如图11-4-1所示,要求该气动系统能控制汽车车门打开、关闭,并且当车门在关闭过程中若遇到障碍时,能使车门再自动开启,起安全保护作用。其工作原理如下:

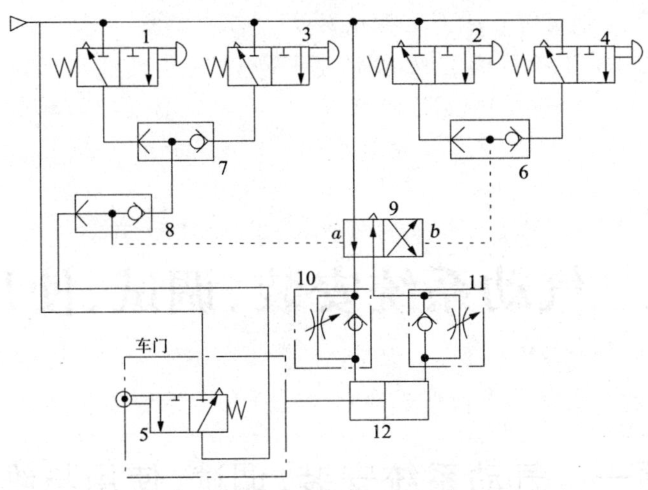

图 11-4-1　汽车车门安全操纵气动回路

车门的打开和关闭通过气缸 12 中活塞的左、右移动实现，而气缸的换向则用气控换向阀 9 来控制。气控换向阀又受 1、2、3、4 四个按钮式二位三通换向阀操纵。气缸运动速度(即车门开启速度)由单向节流阀 10 或 11 来调节。通过操纵阀 1 或 3 使车门打开，操纵阀 2 或 4 使车门关闭，起安全保护作用的机动换向阀 5 则安装在车门上。

在需要开门时，按下手动阀 1 或 3，压缩空气便经阀 1 或 3 到梭阀 7 和 8，将气压控制信号送到换向阀 9 的 a 侧控制口。压缩空气便经阀 9 左位和阀 10 中的单向阀到气缸有杆腔，无杆腔气体经单向节流阀 11、阀 9 后排出，推动活塞右移而使车门开启。车门开启速度由阀 11 来调节。

在需要关门时，按下手动阀 2 或 4，压缩空气则经阀 2 或 4 到梭阀 6，将气压控制信号送到阀 9 的 *b* 侧控制口，压缩空气则经阀 9 右位和阀 11 中的单向阀到气缸的无杆腔，而有杆腔中的气休经阀 10 中的单向阀和换向阀 9 后排出，活塞左移而使车门关闭。车门关闭的速度由阀 10 来调节。

在关门过程中若遇到障碍物，便推动机动阀 5 并使其换向，使压缩空气经阀 5 把控制信号经梭阀 8 送到阀 9 的 *a* 侧控制口，使车门重新开启。但是，此时若阀 2 或阀 4 仍然保持按下状态，则阀 5 起不到自动开启车门的安全保护作用。

思考与练习

11-1　对本章所提供的气动实例，用自己的语言说明其功能。

11-2　如果实验室条件允许，对本章提供的气动实例进行验证，也可以用气动仿真软件 Fluid-SIM 进行仿真。

模块十二 气动系统安装、调试、使用与维护

课题一 气动系统安装、调试、使用与维护

目标及要求

(1)熟悉气动系统安装方法、调试方法。

(2)熟悉气动系统的使用与维护。

一、气动系统的安装

(一)管道的安装

安装前要彻底清理管道内的粉尘及杂物,接管时应防止密封带碎片进入阀内,安装时按管路系统安装图中标明的安装、固定方法安装,并注意以下问题:

(1)管路中任何一段管道均应能自由拆装。

(2)导管扩口部分的几何轴线必须与管接头的几何轴线重合。否则,当外套螺母拧紧时,扩口部分的一边压紧过度,而另一边压得不紧,导致产生安装应力或密封不好。

(3)为了防止漏气,连接前平管嘴表面和螺纹处应涂密封胶。为了防止密封胶进入管道内,螺纹前端2～3牙不涂密封胶或拧入2～3牙后再涂密封胶。

(4)螺纹连接接头的拧紧力矩要适中,拧得太紧,扩口部分受挤压太大而损坏,拧得不够紧则影响密封。

(5)软管的抗弯曲刚度小,在软管接头的接触区内产生的摩擦力不足以消除接头的转动,因此在安装后有可能出现软管的扭曲变形。检查方法是在安装前给软管表面涂一条纵向色带,安装后用色带判断软管是否扭曲。为了防止软管的扭曲,可在最后拧紧外套螺母之前将软管向拧紧外套螺母相反的方向转动1/8～1/6圈。

软管不允许急剧弯曲,通常弯曲半径应大于其外径的9～10倍。为了防止软管的挠性部分的过度弯曲和在自重作用下发生的变形,往往采用能防止软管过度弯曲的接头。

(6)为了保证焊缝质量,零件上应开焊缝坡口,焊缝部位要清理干净(除去氧化皮、油污、镀锌层等),焊缝管道的装配间隙最好保持在0.5mm左右。应尽量采用平焊位置,焊接时可以边焊边转,一次焊完整条焊缝。

(7)管路的走向要合理，尽量平行布置，减少交叉，力求最短，弯曲要少，并避免急剧弯曲。短软管只允许作平面弯曲，长软管可以作复合弯曲。

(二)元件的安装

1. 气缸的安装方式

采用脚架式、法兰式安装时，应尽量避免安装螺栓直接受推力或拉力作用。同时，要求安装底座有足够的刚性。安装底座刚性不足，受力后将发生变形，这对活塞运动会产生不良影响。采用尾部悬挂中间摆动(耳环中间轴销型)安装时，活塞杆顶端连接销位置与安装件轴的位置应处于同一方向。采用中间轴销摆动式安装时，除注意活塞杆顶端连接销的位置外，还应注意气缸轴线与轴支架的垂直度。气缸的中心应尽量靠近销轴的支点，以减小弯矩，使气缸活塞杆的导向套不至于承受过大的横向载荷。缸体的中心高度比较大时，可将安装螺栓加粗或将螺栓的间距加大。

2. 控制阀的安装

(1)安装前应查看阀的铭牌，注意阀的型号、规格与使用条件是否相符，包括电源、工作压力、通径、螺纹接口等。随后，应进行通电、通气试验，检查阀的换向动作是否正常。用手动装置操作，阀是否换向。手动切换后，手动装置应复原。

(2)应注意阀的安装方向，要符合气流流动方向。大多数电磁阀对安装位置和方向无特殊要求，对指定要求的应予以注意。

(3)对于双电控电磁阀，应在电气回路中设置互锁回路，防止两端电磁铁同时通电而烧毁线圈。

(4)使用小功率电磁阀时，应注意继电器节电保护电路 RC 元件的漏电流造成的电磁铁误动作。因为此漏电流在电磁线圈两端产生漏电压，若漏电压过大时，就会使电磁铁一直通电而不能关断，此时可接入漏电阻。

(5)应注意采用节流的方式和场合。对于截止式阀或有单向密封的阀，不宜采用排气节流阀，否则将引起误动作。对于内部先导式电磁阀，其入口不得节流。所有阀的进气孔或排气孔不得堵塞。

3. 逻辑元件应按控制回路的需要，将其成组地装在底板上，并在底板上开出气路，用软管接出。

4. 移动缸的中心线与负载作用力的中心线要同心，否则引起侧向力，使密封件加速磨损，活塞杆弯曲。

5. 各种自动控制仪表、自动控制器、压力继电器等，在安装前应进行校验。

系统安装后应进行吹风，以除去安装过程中带入的杂质。可用洁净的细白布判断系统内部的清洁程度。

二、气动系统的调试

(一)调试前的准备

1. 气动回路的调试必须要在机械部分动作完全正常的情况下进行。如果机械部分尚未调整好，不能进行气动回路的调试。

2. 在调试气动回路前，首先要仔细阅读气动回路图。

(1)要熟悉说明书等有关技术资料,力求全面了解系统的原理、结构、性能和操作方法。

(2)气动回路图中表示的位置(包括各种阀、执行元件的状态等)均为停机时的状态。

(3)详细检查各管道的连接情况,在绘制气动回路图时,为了减少线条数目,有些管路在图中并未表示出来。例如,非门元件、逻辑双稳元件等的气源在绘制回路时一般都省略了,但在布置管路时却应连接上。

(4)在回路图中,线条不代表管路的实际走向,只代表元件与元件之间的联系与制约关系。

(5)熟悉换向阀(包括行程阀等)的换向原理和气动回路的操作规程。

3. 熟悉气源,向气动系统供气时,首先要把压力调整到工作压力范围(一般为 0.4～0.5MPa)。然后观察系统有无泄漏,如发现泄漏,应先解决泄漏问题。调试工作一定要在无泄漏情况下进行。

4. 气动回路无异常的情况下,首先继续手动调试。在正常工作压力下,按程序节拍逐个进行手动调试,如发现机械部分或控制部分存在不正常的现象时,应逐个予以排除,直至完全正常为止。在手动动作完全正常的基础上,方可转入自动循环的调试工作。直至整机正常运行为止。

(二)空载运行

空载运行一般不少于 2h,注意观察压力、流量、温度的变化,如发现异常应立即停车检查,待排除故障后才能继续运转。

(三)负载试运转

负载试运转应分段加载,运转一般不少于 4h,分别测出有关数据,记入试运转记录。

三、气动系统的使用与维护

(一)使用

1. 系统使用中应定期检查各部件有无异常现象,各连接部位有无松动,气缸、各种阀的活动部位应定期加润滑油。

2. 气缸检修重新装配时,零件必须清洗干净,特别注意防止密封圈剪切、损坏,注意唇形密封圈的安装方向。

3. 阀的密封元件通常用丁腈橡胶制成,应选择对橡胶无腐蚀作用的透平油作为润滑油(ISO VG32)。即使对无油润滑的阀,一旦用了含油雾润滑的空气后,则不能中断使用。因为润滑油已将原有的油脂洗去,中断后会造成润滑不良。

4. 气缸拆下长时间不使用时,所有加工表面应涂防锈油,进、排气口加防尘塞。

5. 应严格管理所用空气的质量,注意空压机等设备的管理,除去冷凝水等有害杂质。

(二)维护

为了使气动系统能够长期的稳定地运转,应定期采取下述维护措施:

1. 每天应将过滤器中的水排放掉。有大的储气罐时,应装油水分离器。检查油雾器的油面高度和油雾器的调节情况。

2. 每周应检查信号发生器上是否有灰尘和铁屑沉积。查看调压阀上的压力表,检查油雾器的工作情况是否正常。

3. 每三个月检查管道连接处的密封，以免泄露。更换连接到移动部件上的管道。检查阀口有无泄漏。严重的漏气在气压系统停止运行时，由漏气引起的响声很容易发现；轻微的漏气则可用仪表或用涂抹肥皂水的方法进行检测，

4. 每六个月检查气缸内活塞杆的支撑点是否磨损，必要时可更换，同时应更换刮板和密封圈。

5. 气动系统中从控制元件到执行元件，凡有相对运动的表面都需润滑。如润滑不当，会使摩擦阻力增大导致元件动作不良，因密封面磨损会引起系统泄漏等危害。润滑的方法一般采用油雾器进行喷雾润滑，油雾器一般安装有过滤器和减压阀。润滑油的性质直接影响润滑效果。通常，高温环境下用高黏度润滑油，低温环境下用低黏度润滑油。如果温度特别低，为克服起雾困难可在油杯内装加热器。供油量是随润滑部位的形状、运动状态及负载大小而变化。供油量总是大于实际需要量。一般以每 $10m^3$ 自由空气供给 1mL 的油量为基准。检查润滑是否良好的一个方法是用一张白纸放在换向阀的排气口附近，如果阀在 3～4 个循环后，白纸上只有很轻的斑点，表明润滑良好。

课题二　气动系统常见故障诊断及维修

目标任务

如图 11-3-1 所示为数控加工中心气动换刀系统，该系统在工作过程中出现以下故障：

(1)该加工中心换刀时，向主轴锥孔吹气，把含有铁锈的水分子吹出，并附着在主轴锥孔和刀柄上。

(2)该加工中心换刀时，主轴松刀动作缓慢。

(3)该加工中心插刀、拔刀动作缓慢或不动作。

要求根据故障的现象，分析故障原因，提出维修方案并加以实施。

目标及要求

以点带面，以数控加工中心气动换刀装置故障及排除为例，达到会分析气动系统的常见故障诊断与维修。

一、气动系统使用的注意事项

(1)起动前后要放掉系统中的冷凝水。

(2)定期给油雾器注油。

(3)起动前检查各调节手柄是否在正确位置，机控阀、行程开关、挡块的位置是否正确、牢固，对导轨、活塞杆等外露部分的配合表面进行擦拭。

(4)随时注意压缩空气的清洁度，对空气过滤器的滤芯要定期清洗。

(5)设备长期不用时，应将各手柄放松，防止弹簧永久变形，而影响元件的调节性能。

二、气动系统故障的分类及诊断方法

根据故障发生的时期、内容和原因不同，将故障分为初期故障、突发故障和老化故障。

(1)初期故障，主要是原件加工、装配不良、设计失误，安装不符号要求、维护管理不善，在调试阶段和开始运转的二、三个月内发生的故障。

(2)突发故障，系统在稳定运行时期突然发生的故障。

(3)老化故障，个别或少数元件达到使用寿命后发生的故障。其发生期限是可以预见的。

故障的诊断方法如下：

(1)经验法。可按中医诊断病人的四字，具体方法如表 12-2-1 所示。

表 12-2-1　　直观检查法

望	看执行元件的运动速度有无异常变化；各侧压点的压力表显示的压力是否符合要求，有无大的波动，润滑油的质量；滴油是否符号要求；电磁阀的指示灯显示是否正常；紧固螺钉及管接头有无松动；管道有无扭曲和压扁；有无明显振动存在；加工产品质量有无变化等。冷凝水是否正常排出；换向阀排气口排出空气是否干净
闻	包括耳闻和鼻闻。如执行元件及换向阀换向时有无异常声音；系统停止工作但尚未泄压时，各处漏气情况；电磁线圈和密封圈有无因过热而发出的特殊气味等
问	查阅系统的技术档案，了解系统的工作程序、运行要求及主要技术参数；查阅产品样本，了解每个元件的作用、结构、功能的性能；查阅维护检查记录，了解日常维护保养工作情况；访问现场操作人员，了解设备运行情况，了解故障发生前的征兆及故障发生时的状况，了解曾经出现过的故障及排除方法
切	触摸相对运动件外部的手感的温度，电磁线圈处的温升等。触摸 2s 感到烫手，应查明原因。气缸、管道等处有无振动感，有无爬行感，各接头处元件手感有无漏油、漏气等

(2)逻辑推理。原则是：由简到繁、由易到难、由表及里地逐一进行分析，排除掉不可能和非主要的故障原因。

(3)仪表分析法。利用检测仪器仪表，如压力表、差压表、电压表、温度计、电秒表及其他电子仪器等，检查系统或元件的技术参数是否合乎要求。

(4)部分停止。即暂时停止气动系统某部分的工作，观察对故障征兆的影响。

(5)试探反证法。即试探性地改变气动系统中部分工作条件，观察对故障征兆的影响。

(6)比较法。即用标准的或合格的元件代替系统中相同的元件，通过工作状况的对比，来判断被更换的元件是否失效。

三、压缩空气的污染及防止方法

压缩空气的质量对气动系统性能的影响极大，它如被污染将使管道和元件锈蚀、密封件变形、堵塞喷嘴，使系统不能正常工作。压缩空气的污染主要来自水、油和粉尘三个方面，其污染原因及防止方法如下：

1. 水

空气压缩机吸入的是含水的湿空气，经压缩后提高了压力，当再度冷却时就要析出冷凝水，侵入到压缩空气中致使管道和元件锈蚀，影响其性能。介质中水分造成的故障如表12-2-2所示。

表 12-2-2　　介质中水分造成的故障

故　障	原因及后果
管道故障	使管道内部生锈 使管道腐蚀造成空气泄漏、容器破裂 管道底部滞留水分引起流量不足、压力损失过大
元件故障	因管道生锈加速过滤器网眼堵塞，过滤器不能工作 管内锈屑进入阀的内部，引起动作不良，泄漏空气 锈屑能使执行元件咬和，不能顺利地运转 使气动元件的零部件（弹簧、阀芯、活塞杆、活塞）受腐蚀，引起装换不良、空气泄漏、动作不稳定 水滴侵入阀体内部，引起动作失灵 水滴进入执行元件内部，使其不能顺利运转 水滴冲洗掉润滑油，造成润滑不良，引起阀动作失灵，执行元件运转不稳定 阀内滞留水滴引起流量不足，压力损失增大 因发生冲击现象引起元件破损

防止冷凝水侵入压缩空气的方法是及时排除系统各排水阀中积存的冷凝水，经常注意自动排水器、干燥器的工作是否正常，定期清洗空气过滤器、自动排水器的内部元件等。其除水方法有多种：①吸附除水法，用吸附能力强的吸附剂如硅胶、铝胶和分子筛等；②压力除湿法，利用提高压力缩小体积，降温使水滴析出；③机械出水法，利用机械阻挡和旋风分离的方法，析出水滴；④冷冻法，利用制冷设备使压缩空气冷却到零点以下，使空气中的水汽凝结成水而析出。

2. 油

这里是指使用过的因受热而变质的润滑油。压缩机使用的一部分润滑油成雾状混入压缩空气中，受热后引起汽化随压缩空气一起进入系统，将使密封件变形，造成空气泄漏，摩擦阻力增大，阀和执行元件动作不良，而且还会污染环境。介质中油分造成的故障如表12-2-3所示。

表 12-2-3 介质中油分造成的故障

故　障	原因及后果
使密封圈变形	引起密封圈收缩，空气泄漏，动作不良，执行元件输出力不足 引起密封圈泡涨、膨胀、摩擦力增大，使阀不能动作，使执行元件输出力不足 引起密封圈硬化，摩擦面早期磨损使空气泄漏 因摩擦力增大，使阀和执行元件动作不良
污染环境	食品、医药品直接和空气接触时有碍卫生 防护服、呼吸器等空气直接接触人体的场所危害人体健康 工业原料、化学药品直接接触空气的场所使原料化学药品的性质变化 工业炉等直接接触火焰的场所有引起火灾的危险 使用空气的计量测试仪器会因污染而失灵 射流逻辑回路中射流元件内部的小孔被油堵塞，元件失灵 要求极度避忌油的环境，从阀、执行元件的密封部分渗出的油以及换向阀排气中含有的油雾都会污染环境

3. 粉尘

大气中含有的粉尘、管道内的锈粉及密封材料的碎屑等侵入到压缩空气中，将引起元件中的运动件卡死、动作失灵、堵塞喷嘴、加速元件磨损降低使用寿命，导致故障发生，严重影响系统性能。粉尘造成的故障如表 12-2-4 所示。

表 12-2-4 介质中粉尘造成的故障

故　障	原因及后果
粉尘进入控制元件	使控制元件摩擦副磨损、卡死，动作失灵 影响调压的稳定性
粉尘进入执行元件	使执行元件摩擦副损坏甚至卡死，动作失灵 降低输出力
粉尘进入计量测试仪器	使喷射挡板节流孔堵塞，仪器失灵
粉尘进入射流回路中	射流元件内部小孔堵塞，元件失灵

在压缩机吸气口安装空气过滤器，可减少进入压缩机中气体的灰尘量。在气体进入气动装置前设置过滤器，可进一步过滤灰尘杂质。

四、气动系统的噪声

气动系统的噪声是妨碍气动技术推广和发展的一个重要原因。目前，消除噪声的主要方法：一是利用消声器；二是实行集中排气。

五、气动系统的密封

气动系统的阀类、气缸以及其他元件，都存在密封问题。密封的作用是防止气体在元件中的内泄漏和向元件的外泄漏以及杂质从外部侵入气动系统内部。

密封性能的优良，首先要求结构设计合理。此外，密封材料的质量及其对工作介质的适应性，也是决定密封效果的重要方面。气动系统中常用的密封材料有石棉、皮革、天然橡胶、合成橡胶及合成树脂等。其中合成橡胶中的耐油丁腈橡胶用得最多。

六、气动系统的常见故障及排除

通常系统发生故障的原因主要有:(1)由于机械部件的表面故障或者由于元件堵塞;(2)控制系统的内部故障。实践表明,气动系统的故障主要是第一种原因。

气动系统常见故障与排除方法如表 12-2-5 所示。

表 12-2-5　气动系统常见故障及排除方法

排除方法	故　障	原　因
元件和管道堵塞	压缩空气质量不好,水气、油雾含量过高	检查过滤器、干燥器,调节油雾器的滴油量
元件失压或产生误操作	元件安装或管道连接不符合要求(信号线太长)	合理安装元件和管道,尽量缩短信号元件和主控阀的距离
气缸出现短时输出压力下降	供气系统压力下降	检查管道内是否泄漏、管道连接处是否松动
滑阀动作失灵或流量控制阀的排气口堵塞	管道内的铁锈、杂质使阀座被连或堵塞	清除管道内的杂质或更换管道
元件表面有锈蚀或阀门元件严重堵塞	压缩空气中凝结水含量过高	检查、清洗过滤器、干燥器
活塞杆速度有时不正常	由于辅助元件的动作而引起系统压力下降	提高压缩机供气量或检查管道是否泄漏、阻塞
活塞杆伸缩不灵活	压缩空气中含水量过高,使气缸润滑不好	检查冷却器、干燥器、油雾器工作是否正常
气缸的密封件磨损过快	气缸安装时轴向配合不好,使缸体和活塞杆上产生支承应力	调整气缸安装位置或加装可调支承架
系统停用几天后,重新启动时,润滑部件动作不畅	润滑油结胶	检查、清洗油水分离器或调小油雾器的滴油量

七、数控加工中心气动换刀系统维修方案

1. 故障现象(一)

故障产生的原因是压缩空气中含有水分。如采用空气干燥机,使用干燥后的压缩空气问题即可解决。若受条件限制,没有空气压缩机,也可在主轴锥孔吹气的管路上进行两次分水过滤,设置自动放水装置,并对气路中相关零件进行防锈处理,故障即可排除。

2. 故障现象(二)

根据该加工中心气动控制原理图分析,主轴松刀动作缓慢的原因有:

(1)气动系统压力太大或流量不足。

(2)机床主轴拉刀系统有故障,如碟形弹簧破损等。

(3)主轴松刀气缸 B 有故障。

根据分析，首先检查气动系统的压力，压力表显示压力正常。将机床操作转为手动，手动控制主轴松刀，发现系统压力下降明显，气缸的活塞杆缓慢伸出，故判断气缸内部漏气。拆下气缸，打开端盖，压出活塞和活塞环，发现密封环破损，气缸内壁拉毛。更换新的气缸后，故障排除。

3.故障现象(三)

故障分析及处理过程:插刀、拔刀动作缓慢或不动作，主要是换向阀 9 和气体泄漏的故障。

(1)换向阀不能换向或换向动作缓慢，一般是因润滑不良、弹簧被卡住或损坏、油污或杂质卡住滑动部分等原因引起的。因此，应先检查油雾器的工作是否正常、润滑油的黏度是否合适。必要时，应更换润滑油，清洗换向阀的滑动部分，或更换弹簧和换向阀。

(2)换向阀经长时间使用后易出现阀芯密封圈磨损、阀杆和阀座损伤的现象，导致阀内气体泄漏、阀的动作缓慢或不能正常换向等故障。此时，应更换密封圈、阀杆和阀座。或更换新的换向阀。

八、气动系统的定期检修

定期检修的时间间隔，通常为三个月，其主要内容有：

(1)查明系统各泄漏处，并设法予以解决。

(2)通过对方向控制阀排气口的检查，判断润滑油是否适度，空气中是否有冷凝水。如果润滑不良，考虑油雾器规格是否合适，安装位置是否恰当，滴油量是否正常等。如果有大量冷凝水排出，考虑过滤器的安装位置是否恰当，排除冷凝水的装置是否合适，冷凝水的排除是否彻底。如果方向控制阀排气口关闭时，仍有少量泄漏，往往是元件损伤的初期阶段，检查后，可更换受磨损元件以防止发生动作不良。

(3)检查安全阀、紧急安全开关动作是否可靠。定期检修时，必须确认它们动作的可靠性，以确保设备和人身安全。

(4)观察换向阀的动作是否可靠。根据换向时声音是否异常，判定铁心和衔铁配合处是否有杂质。检查铁心是否有磨损，密封件是否老化。

(5)反复开关换向阀观察气缸动作，判断活塞上的密封是否良好。检查活塞杆外露部分，判定前盖的配合处是否有泄漏。

上述各项检查和修复的结果应记录下来，以作为设备出现故障查找原因和设备大修时的参考。气动系统的大修间隔期为一年或几年。其主要内容是检查系统各元件和部件，判定其性能和寿命，并对平时产生故障的部位进行检修或更换元件，排除修理间隔期间内一切可能产生故障的因素。

思考与练习

12-1　试分析压缩空气中含水量高的原因，如何排除？

12-2　试列举气压传动系统中常见的故障及排除方法。

12-3　分析数控加工中心气动换刀装置的故障及排除。

附　录
常用液压与气压元件图形符号
（摘自 GB/T786.1-1993）

一、基本符号

名　称	符　号	说　明	名　称	符　号	说　明
液压源		一般符号	消声器		气动
气压源		一般符号	直接排气		不带连接措施
电动机	M		带连接排气		
原动机	M	电动机除外	报警器		气动
压力机			气—液转换器		
液面计			行程开关		一般符号

续表

名　称	符　号	说　明	名　称	符　号	说　明
温度计			模拟传感器	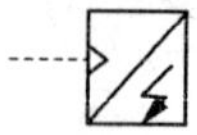	气动
流量计	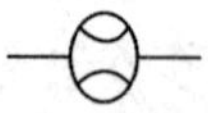		转速仪	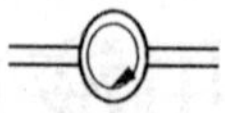	
压力继电器	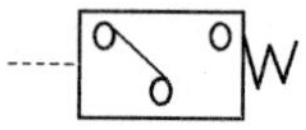	一般符号	转矩仪	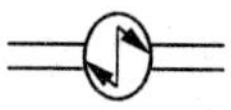	

二、管路、管路连接和管接头

名　称	符　号	说　明	名　称	符　号	说　明
工作管路			组合元件线		
控制管路			快换接头	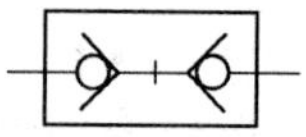	带单向阀
连接管路	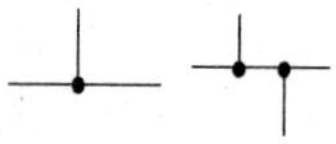		快换接头	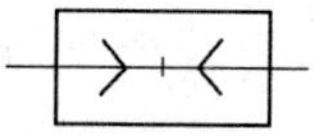	无单向阀
交叉管路	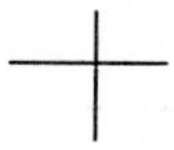		旋转接头	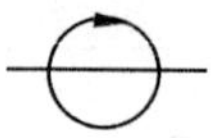	单通路
柔性管路			旋转接头	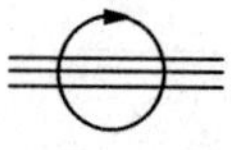	三通路

三、控制方法

名　称	符　号	说　明
人力控制	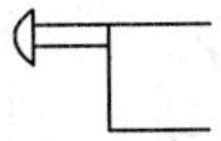	按钮式
	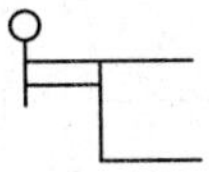	手柄式
	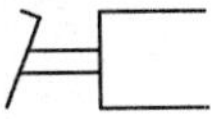	踏板式
机械控制	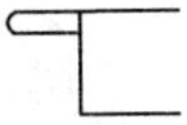	顶杆式
	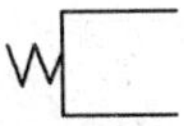	弹簧式
	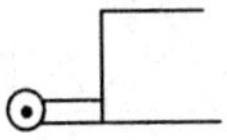	滚轮式
加压控制	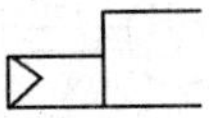	气压先导内控
	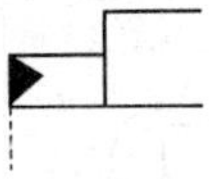	液压先导外控
	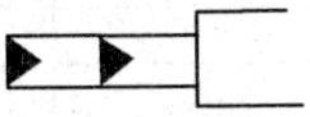	液压先导二级内控
	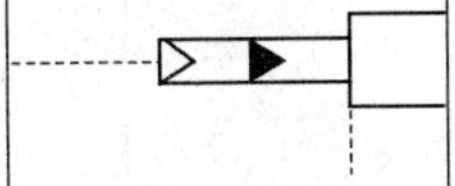	气液先导外控
	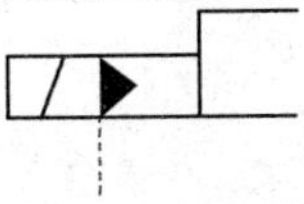	电液先导外控
	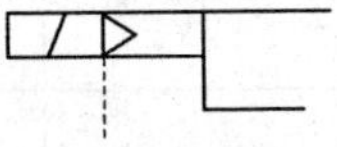	电气先导外控
卸压控制	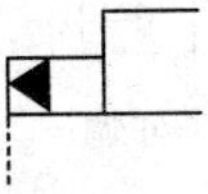	液压先导内控

名　称	符　号	说　明
电气控制	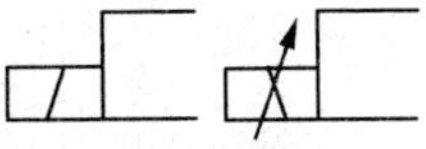	单作用电磁铁
	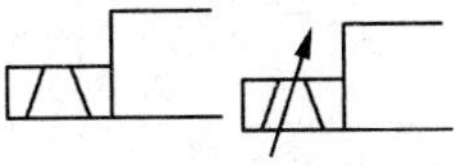	双作用电磁铁
电动机控制	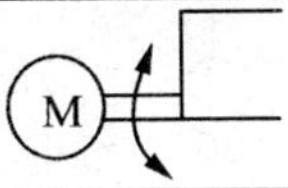 M	旋转
压力控制	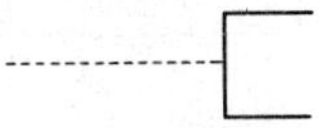	加压或卸压控制
	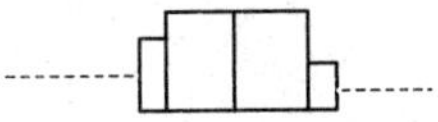	差动控制
	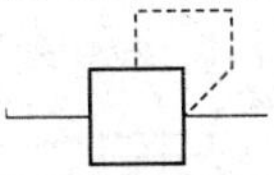	内部压力控制
	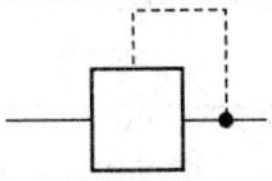	外部压力
卸压控制	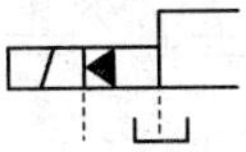	电源先导外控
	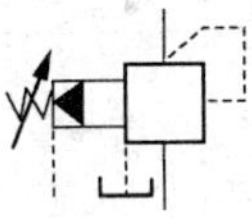	先导压力遥控
	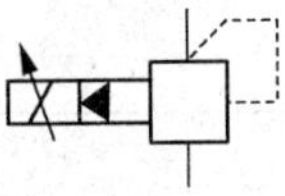	先导比例电控
外反馈	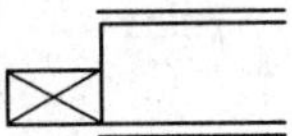	电反馈
内反馈	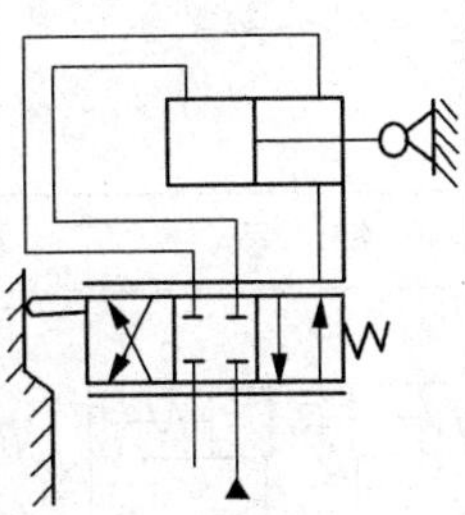	机械反馈 随动阀仿形控制回路

四、泵和马达

名称	符号	说明	名称	符号	说明
液压泵		一般符号	变量液压泵		单向
气马达		一般符号	变量液压泵		双向
定量液压泵		单向	定量马达		单向
定量液压泵		双向	定量马达		双向
变量马达		单向	传动装置		液压整体式
变量马达		双向	摆动马达		
定量液压泵—马达					

五、缸

名称	符号	说明	名称	符号	说明
弹簧复位缸		单作用	缓冲缸	不可调　可调	单向

续表

名　称	符　号	说　明	名　称	符　号	说　明
伸缩缸		单作用	缓冲缸	不可调　可调	双向
单活塞杆缸		双作用	伸缩缸	不可调　可调	双作用
双活塞杆缸		双作用	增压器	X　Y	气压力 X 转换成液压力 Y

六、方向控制阀符号

名　称	符　号	说　明	名　称	符　号	说　明
单向阀			与门型梭阀		与门
液控单向阀			快速排气阀		
或门型梭阀		或门	二位二通换向阀	常闭　常开	手动
二位三通换向阀	W	电动	三位四通换向阀		通用
二位五通换向阀		液动	三位五通换向阀		通用

七、压力控制阀符号

名　称	符　号	说　明	名　称	符　号	说　明
溢流阀	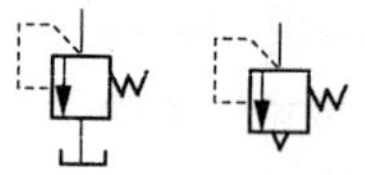	直动型	定比减压阀	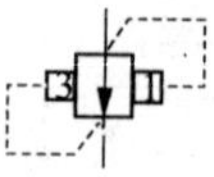	
溢流阀		先导型	定差减压阀	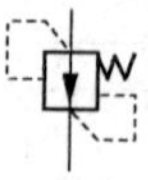	
比例电磁式溢流阀	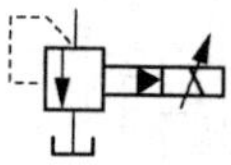	先导型	顺序阀	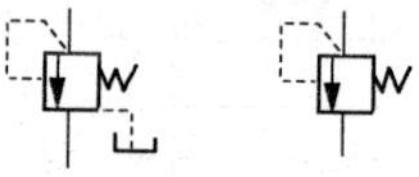	直动型
卸荷溢流阀	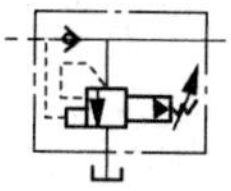		顺序阀	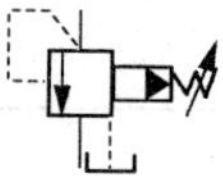	先导型
减压阀	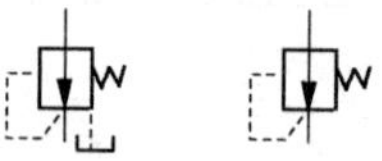	直动型	单向顺序阀	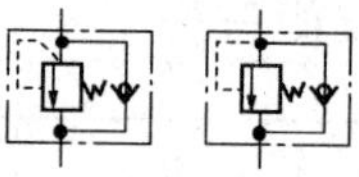	平衡阀
减压阀	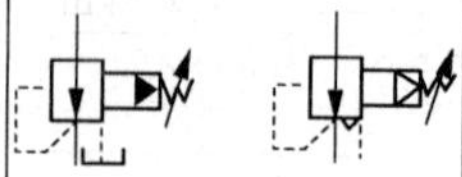	先导型	卸荷阀	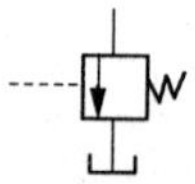	直动型
溢流减压阀	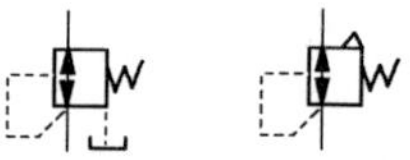		制动阀	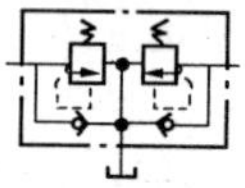	
	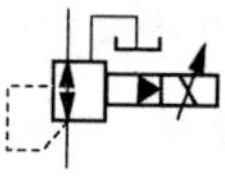		三位四通电液换向阀	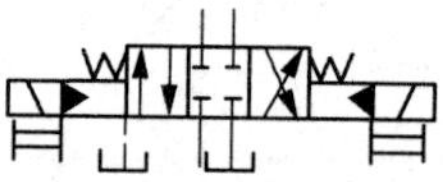	
比例电磁式溢流减压阀		先导型	四通电液伺服阀	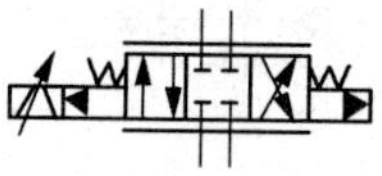	二级

八、流量控制阀符号

名　称	符　号	说　明	名　称	符　号	说　明
节流阀	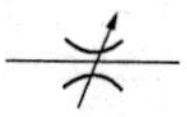	可调	旁通型调速阀	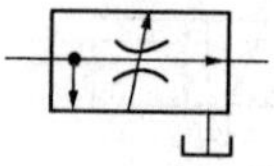	

续表

名　称	符　号	说　明	名　称	符　号	说　明
单向节流阀	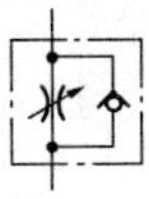	可调	单向调速阀	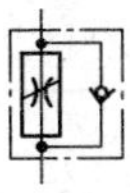	
消声节流阀	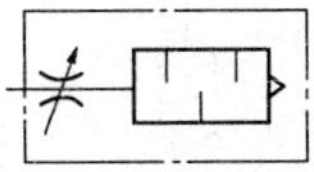	带消声器	分流阀	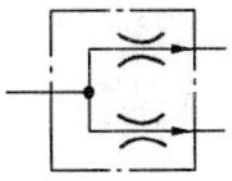	
调速阀	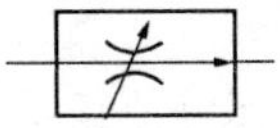		集流阀	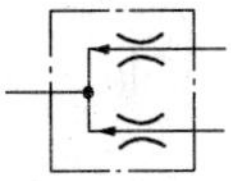	
温度补偿型调速阀	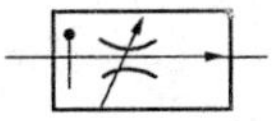				

九、辅助元件符号

名　称	符　号	说　明	名　称	符　号	说　明
油箱（垂直绘制）	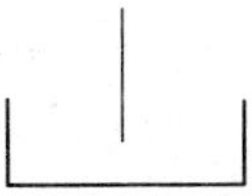	管端在液面以上	分水排水器	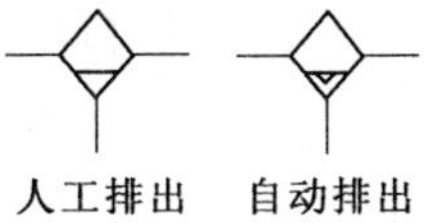 人工排出　自动排出	
	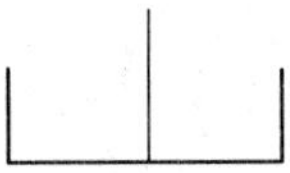	管端在液面以下	空气过滤器	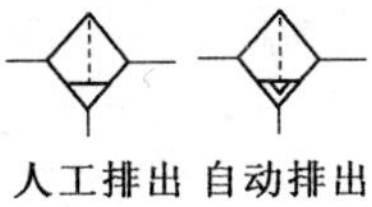 人工排出　自动排出	
	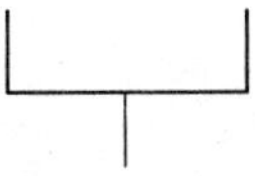	管端连接于油箱底部	除油器	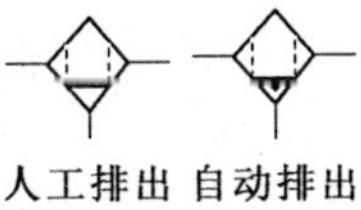 人工排出　自动排出	
	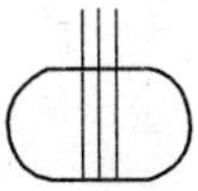	加压油箱或密闭油箱	空气干燥器	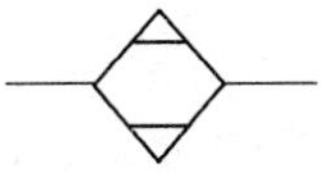	
过滤器	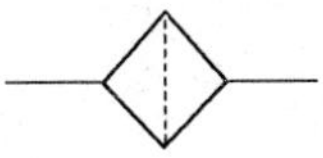	一般符号	油雾器	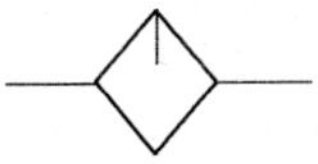	
带磁芯过滤器	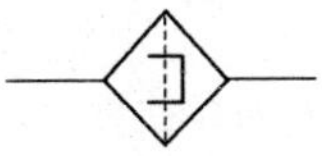		气源调节装置	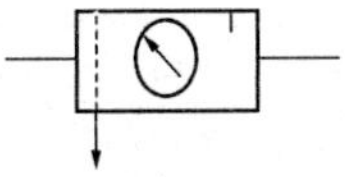	
带污染指示器过滤器	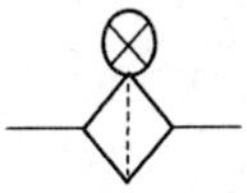		冷却器	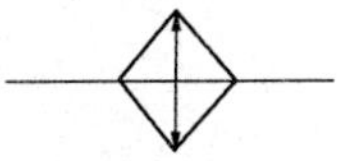	

续表

名　称	符　号	说　明	名　称	符　号	说　明
加热器			蓄能器 （垂直绘制）		弹簧式
蓄能器 （垂直绘制）		一般符号	辅助气瓶		垂直绘制
		气体隔离式	气罐		
		重锤式			

参考文献

[1]薛彦登.液压与气压传动.济南:山东大学出版社,2005
[2]张群生.液压与气压传动.北京:机械工业出版社,2008
[3]罗洪波,曹坚.液压与气动系统应用与维修.北京:北京理工大学出版社,2009
[4]马廉洁.液压与气动.北京:机械工业出版社,2009
[5]宋新萍.液压与气压传动.北京:机械工业出版社,2009
[6]黄志坚,袁周.液压设备故障诊断与监测实用技术.北京:机械工业出版社,2006
[7]陈平.液压与气动技术.北京:机械工业出版社,2010
[8]王文深.液压与气动.北京:机械工业出版社,2010
[9]韩学军,宋锦春,陈立新.液压与气压传动实验教程.北京:冶金工业出版社,2008
[10]张安全,王德洪.液压气动技术与实训.北京:人民邮电出版社,2008
[11]屈圭.液压与气压传动.北京:机械工业出版社,2002
[12]徐从清,王尔湘.液压与气动技术.西安:西北工业大学出版社,2009
[13]李芝.液压传动.北京:机械工业出版社,2009
[14]刘延俊.液压与气压传动.北京:机械工业出版社,2004

图书在版编目(CIP)数据

一体化液压与气压传动技术/李绍华,陈福恒,程刚主编.—济南:山东大学出版社,2016.12(2018.7重印)

ISBN 978-7-5607-4485-8

Ⅰ.①一…

Ⅱ.①李… ②陈… ③程…

Ⅲ.①液压传动—高等职业教育—教材
②气压传动—高等职业教育—教材

Ⅳ.①TH137②TH138

中国版本图书馆CIP数据核字(2011)第197998号

山东大学出版社出版发行
(山东省济南市山大南路20号　邮政编码:250100)
山 东 省 新 华 书 店 经 销
济南华林彩印有限公司印刷
787毫米×1092毫米　1/16　20印张　461千字
2016年12月第2版　2018年7月第3次印刷
定价:33.00元